21世纪高等学校计算机类专业

核心课程系列教材

MySQL 8.0数据库
应用与开发 微课视频版

◎ 姜桂洪 主编
孙福振 刘秋香 编著

清华大学出版社
北京

内 容 简 介

本书采用 MySQL 8.0.22 版本软件，全面系统地讲述了 MySQL 数据库的基础知识和基本操作，以及各种常用数据库对象的创建和管理、MySQL 语言及其应用、数据备份与恢复、日志管理、安全管理与性能优化等，对数据操作中较为常用的数据表的创建与管理、数据检索、数据完整性、索引和视图、存储过程、触发器、并发控制等内容进行了详细的阐述，并介绍了利用 PHP 访问 MySQL 数据库的方法和利用 JSP 开发 MySQL 数据库应用系统的基本过程。另外，本书还专门介绍了 NoSQL 数据库的基本概念，以及 MongoDB 和 Redis 数据库的基本操作。

全书体系完整，结构安排合理，内容叙述翔实，例题丰富，可操作性强，可作为高等院校计算机及相关专业的学生学习数据库管理和应用系统开发技术的教材，也可作为从事数据库管理与开发的信息技术领域的科技工作者的参考书。另外，本书还配有辅导教材《MySQL 8.0 数据库应用与开发习题解答与上机指导》，以帮助读者进一步巩固 MySQL 数据库的知识，并了解 NoSQL 数据库的基本知识。

图书在版编目（CIP）数据

MySQL 8.0 数据库应用与开发：微课视频版 / 姜桂洪主编. —北京：清华大学出版社，2023.1（2025.1重印）
21 世纪高等学校计算机类专业核心课程系列教材
ISBN 978-7-302-60514-0

Ⅰ. ①M… Ⅱ. ①姜… Ⅲ. ①SQL 语言–程序设计–高等学校–教材 Ⅳ. ①TP311.138

中国版本图书馆 CIP 数据核字（2022）第 055938 号

策划编辑：魏江江
责任编辑：王冰飞
封面设计：刘 键
责任校对：郝美丽
责任印制：曹婉颖

出版发行：清华大学出版社
    网   址：https://www.tup.com.cn，https://www.wqxuetang.com
    地   址：北京清华大学学研大厦 A 座   邮 编：100084
    社 总 机：010-83470000   邮 购：010-62786544
    投稿与读者服务：010-62776969，c-service@tup.tsinghua.edu.cn
    质 量 反 馈：010-62772015，zhiliang@tup.tsinghua.edu.cn
    课 件 下 载：https://www.tup.com.cn，010-83470236
印 装 者：北京同文印刷有限责任公司
经 销：全国新华书店
开 本：185mm×260mm   印 张：25   字 数：612 千字
版 次：2023 年 1 月第 1 版   印 次：2025 年 1 月第 5 次印刷
印 数：7501~9500
定 价：59.80 元

产品编号：091504-01

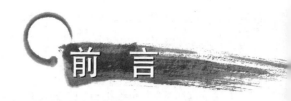
前 言

党的二十大报告指出：教育、科技、人才是全面建设社会主义现代化国家的基础性、战略性支撑。必须坚持科技是第一生产力、人才是第一资源、创新是第一动力，深入实施科教兴国战略、人才强国战略、创新驱动发展战略，开辟发展新领域新赛道，不断塑造发展新动能新优势。高等教育与经济社会发展紧密相连，对促进就业创业、助力经济社会发展、增进人民福祉具有重要意义。

大数据时代的数据库技术迅猛发展，使得单日处理 PB 和 EB 级别数据量的系统已经成为现实，依托大数据获取隐含知识或决策依据的系统和技术的基础就是数据库的开发和管理。MySQL 作为目前最流行的关系数据库管理系统之一，叠加了 NoSQL 数据库的巨大影响，促使数据库系统从单一的关系数据库向混合数据库技术方向发展，以满足大数据高并发读写和高效存储功能的需求，并为 Web 2.0 的分布集群数据库系统的应用提供了技术支持。

MySQL 所使用的 SQL 是用于访问数据库的最常用的标准化语言。MySQL 数据库以其精巧灵活、运行速度快、开放源代码等优势，作为网站数据库获得许多网站开发公司的青睐。MySQL 性能卓越，搭配 PHP 和 Apache 可组成良好的软件开发环境，并且已经大量部署到企业和高校的教学平台。

本书从教学实际需求出发，结合初学者的认知规律，由浅入深、循序渐进地讲解 MySQL 数据库管理与开发过程中的知识。全书以 MySQL 8.0 数据库软件和数据库对象的基本操作为主线，将数据库理论内容嵌入实际操作中，让学生在操作过程中进一步认知数据管理的理念，体会数据操作的优势，提高数据处理的能力。通过介绍 NoSQL 数据库的基本概念和操作，读者可以对非关系数据库 NoSQL、MongoDB 和 Redis 的基本操作有较为深入的理解。

全书体系完整，可操作性强，以大量的例题对常用操作进行示范，内容涵盖设计一个数据库应用系统要用到的主要知识，另外还增加了 Workbench 软件可视化操作的详细过程。全书例题和习题中的所有代码均在 MySQL 8.0 下调试通过。

本书共分 14 章。

第 1 章：MySQL 数据库概述，介绍 MySQL 数据库管理系统的基础知识和关系数据库理论。

第 2 章：MySQL 8.0 语言基础，介绍 MySQL 的数据类型、运算符、常用函数和表达式等。

第 3 章：MySQL 8.0 数据库和表的基本操作，介绍 MySQL 数据库和表的设计、创建和管理的基本操作，以及 MySQL 8.0 数据表的数据完整性的实现等内容。

第 4 章：数据检索，介绍利用 select 语句进行数据查询的内容，包括单表查询、多表连接、子查询、通用表表达式、窗口函数的应用以及使用正则表达式进行模糊查询等。

第 5 章：索引和视图，介绍索引和视图的创建与管理以及视图的应用等。

第 6 章：MySQL 8.0 编程基础，主要介绍变量、begin…end 语句块的应用，以及自定义函数的创建和维护管理、MySQL 控制流语句的应用。

第 7 章：存储过程和触发器，介绍存储过程的创建、应用和管理，并利用存储过程实现游标、触发器和事件等数据库对象的创建及应用。

第 8 章：并发事务与锁机制，介绍事务的并发处理机制和锁机制的功能与应用。

第 9 章：权限管理及安全控制，介绍 MySQL 权限系统的工作原理、账户管理、权限管理及 MySQL 数据库安全的常见问题。

第 10 章：数据的备份恢复与日志管理，介绍 MySQL 数据库备份和恢复的基本理论以及表数据的导入与导出等基本操作，并介绍 MySQL 日志文件管理，例如错误日志、二进制日志、通用查询日志和慢查询日志的文件管理与应用。

第 11 章：MySQL 8.0 的性能优化，介绍优化 MySQL 服务器的方法、优化查询的概念和操作以及分区技术。

第 12 章：使用 PHP 管理 MySQL 数据，介绍 PHP 语言的特点和搭建 PHP+MySQL 集成开发环境的过程，以及使用 PHP 操作 MySQL 数据库的常见操作。

第 13 章：基于 JSP 技术的 MySQL 数据库应用开发实例，介绍基于 JSP 技术的 MySQL 数据库应用开发实例的数据库设计以及在线考试系统的应用开发、运行与测试过程。

第 14 章：NoSQL 数据库技术及基本操作，专门介绍有关 NoSQL 数据库的基本概念，并详细介绍典型的非关系数据库 MongoDB 和 Redis 的基本操作。

为便于教学，本书提供丰富的配套资源，包括教学大纲、教学课件、电子教案、程序源码、在线作业和 450 分钟的微课视频。其中，在线作业包括 8 套模拟试题及参考答案。

资源下载提示

课件等资源：扫描封底的"课件下载"二维码，在公众号"书圈"下载。

素材（源码）等资源：扫描目录上方的二维码下载。

在线作业：扫描封底的作业系统二维码，登录网站在线做题及查看答案。

视频等资源：扫描封底的文泉云盘防盗码，再扫描书中相应章节的二维码，可以在线学习。

全书由姜桂洪主编，孙福振、刘秋香参与编写，在编写过程中编者参阅了大量数据库方面的文献和网站资料，在此对资料和提供者深表感谢。

另外，本书还配有辅导教材《MySQL 8.0 数据库应用与开发习题解答与上机指导》，内容包括本书所有习题的参考答案，MySQL 软件安装、配置的常见操作，MySQL 数据库的常用可视化软件 Workbench、Navicat 和 phpMyAdmin 的安装、配置和基本操作方法，以及按本书章节顺序配备的实验及实验指导等。

由于编者水平有限，书中存在错误与疏漏之处在所难免，恳请读者批评指正。

编　者
2022 年 10 月

源码下载

IV MySQL 8.0数据库应用与开发(微课视频版)

第1章

MySQL数据库概述

数据库技术是计算机科学的重要组成部分，也是信息管理的技术依托，主要用于研究向用户提供具有共享性、安全性和可靠性数据的方法。数据库技术解决了计算机信息处理过程中有效地组织和存储海量数据的问题，而大数据的发展更是将数据库技术的应用平台推上一个新的高度。数据库的建设规模、数据信息的存储量度和处理能力已成为衡量一个国家现代化程度的重要标志。

数据库与其他学科技术的结合还形成了一系列新数据库，例如分布式数据库、并行数据库、多媒体数据库、知识库等，以及与大数据技术紧密相关的非关系型数据库 NoSQL，这将是数据库技术重要的发展方向。在种类繁多的数据库中，MySQL 目前所占的软件行业市场份额名列前茅。在我国未来的信息领域公共设施建设中，MySQL 必将成为重要的数据库工具软件之一。

本章主要介绍数据库系统的有关概念以及 MySQL 数据库的基本知识。

1.1 认识 MySQL 数据库

MySQL 是一个开放源代码的小型、跨平台数据库管理系统，被广泛地应用在 Internet 上的中小型网站中。目前 MySQL 和 Oracle 数据库一样，都属于甲骨文公司。由于其具有体积小、运行速度快、总体拥有成本低、开放源代码的优势，许多中小型网站为了降低网站总体拥有成本而选择了 MySQL 作为网站数据库。下面介绍与 MySQL 数据库相关的基本知识。

1. MySQL 数据库的发展背景

MySQL 是一个天赋极高的程序员 Monty Widenius 经过近 20 年的坚持而成功开发的数据库软件。

1996 年，发布了能够在小范围内使用的 MySQL 1.0 版。

2000 年，MySQL 数据库集成了存储引擎 InnoDB，这个引擎同样支持事务处理，还支持行级锁。该引擎之后被证明是最为成功的 MySQL 事务存储引擎。

2003 年 12 月，MySQL 5.0 版本发布，提供了视图和存储过程等功能。

2008 年 1 月，MySQL AB 公司被 Sun 公司收购。2008 年 11 月，MySQL 5.1 发布，它提供了分区、事件管理，以及基于行的复制和基于磁盘的 NDB 集群系统，同时修复了大量的 Bug。

2009 年 4 月，甲骨文公司收购 Sun 公司，自此 MySQL 数据库进入 Oracle 时代。

2010 年 12 月，MySQL 5.5 发布，其主要新特性包括半同步的复制及对 SIGNAL/
RESIGNAL 的异常处理功能的支持，最重要的是 InnoDB 存储引擎终于变为当前 MySQL
数据库的默认存储引擎。2013 年 4 月发布 MySQL 5.7.1 版本。

2016 年 9 月，MySQL 8.0.0 正式发布。截至 2022 年 10 月，其版本号已经更新到 8.0.31。
本书采用 2020 年 9 月发布的 mysql-installer-community-8.0.22 版本编写。

2. MySQL 的使用优势

MySQL 数据库的市场份额增长迅速，其应用非常广泛，尤其是在 Web 应用方面。许
多大型网站之所以选择 MySQL 数据库来存储数据，主要是因为 MySQL 数据库具有以下四
方面的优势。

（1）MySQL 数据库是开放源代码的数据库：MySQL 数据库作为一款自由软件，完全
继承了自由软件基金会（GNU）的思想，这就保证了 MySQL 是一款可以自由使用的数
据库。

（2）MySQL 数据库的跨平台性：MySQL 不仅可以在 Windows 系列的操作系统上运
行，还可以在 UNIX、Linux 和 Mac 等操作系统上运行。许多网站都选择 UNIX 和 Linux
作为服务器，因此 MySQL 数据库的跨平台性保证了其在 Web 应用方面的优势。

（3）MySQL 的价格优势：MySQL 的社区版本是免费使用的，即使是需要付费的附加
功能，价格也是很便宜的。相对于 Oracle 等昂贵的商业软件，MySQL 数据库具有绝对的
价格优势。

（4）功能强大、使用方便：MySQL 数据库是一个多用户、多线程 SQL 数据库服务器，
MySQL 采用 C/S 结构，由一个服务器守护程序 mysqlId 和很多不同的客户程序与库文件组
成。MySQL 能够快速、有效和安全地处理大量的数据，并达到快速、健壮和易用的目标。

3. MySQL 的系统特性

MySQL 数据库的市场份额快速增长，除了自身的优势外，也离不开它的特性，具体优
势可以描述如下。

（1）使用 C 和 C++编写，并使用了多种编译器进行测试，保证源代码的可移植性，同
时为 PHP、Java、C、C++、Python 和 Perl 等多种编程语言提供了应用程序接口。

（2）支持 Windows、Linux、Mac、FreeBSD、NovellNetware、OpenBSD、OS/2 Wrap
以及 Solaris 等多种操作系统。

（3）能够自动优化 SQL 查询算法，有效地提高了信息查询速度。

（4）能够作为一个单独的应用程序应用在客户端服务器网络环境中，也可以作为一个
库嵌入其他软件中。

（5）提供多种自然语言支持，常见的编码如中文的 GB2312、BIG5 及国际通用转换格
式 UTF-8 等，都可以用作数据表名和数据列名。MySQL 8.0 以 utf8mb4 为默认字符集，并
提供几个新的排序规则，其中包括 utf8mb4_ja _0900_as_cs。

（6）提供 TCP/IP、ODBC 和 JDBC 等多种数据库连接技术。

（7）支持多种存储引擎，提供用于管理、检查、优化数据库操作的管理工具。

（8）具有大型数据库的所有常用功能，可以处理亿万条记录级的海量数据。

4. MySQL 的发行版本

MySQL 数据库的版本较多，目前发布的所有 MySQL 都已经经过严格的测试，可以保

证其安全、可靠地使用。

（1）根据操作系统的类型来划分，MySQL 数据库大体上可以分为 Windows 版、UNIX 版、Linux 版和 Mac OS 版。如果要下载 MySQL 数据库，用户必须要了解自己使用的操作系统，然后根据操作系统下载相应的 MySQL 数据库。

（2）根据发布顺序来划分，MySQL 数据库可以分为 4.0、5.0、5.7 以及 8.0 等系列版本。MySQL 8.0 是目前最新开发的普遍常用（Generally Available，GA）的稳定发布系列，已经可以正常使用。MySQL 的命名机制由 3 个数字和一个后缀组成。

例如，MySQL 8.0.22 版本的含义如下：

① 第 1 个数字"8"是主版本号，描述了文件格式，即所有版本的发行版都有相同的文件格式。

② 第 2 个数字"0"是发行级别，主版本号和发行级别组合在一起便构成了发行序列号。

③ 第 3 个数字"22"是在此发行系列中的版本号，随每次新分发版本递增。

（3）根据 MySQL 数据库用户群体的不同，将其分为社区版（Community Edition）和企业版（Enterprise）。社区版可以自由下载而且是免费开源的，但是没有官方的技术支持。企业版提供了最全面的高级功能、管理工具和技术支持，实现了最高水平的 MySQL 数据库可扩展功能、安全性、可靠性和无故障运行时间。企业版还能够以很高的性价比为企业提供数据仓库应用，支持事务处理，提供完整的提交、回滚、崩溃恢复和行级锁定功能，该版本需付费使用，官方提供了电话技术支持。

5. MySQL 8.0 的新功能

MySQL 8.0 版与以前的版本相比，主要包括以下几方面的新功能。

（1）数据字典：MySQL 8.0 新增了事务类型的数据字典，将所有数据字典信息和系统表都存储在 mysql.ibd 文件中，将所有的元数据信息都用 InnoDB 存储引擎进行存储。InnoDB 存储引擎也可以保证对于数据字典表的更新是事务性的，并可以通过视图（Views）的方式来查看数据字典，查询性能提升近百倍。

（2）原子数据定义语言语句：MySQL 8.0 支持原子数据定义语言（Data Definition Language，DDL）语句。DDL 语句将与 DDL 操作关联的数据字典更新，将存储引擎操作和二进制日志写入组合到单个原子事务中。即使服务器在操作期间暂停也会提交事务，并将适当的更改保留到数据字典、存储引擎和二进制日志，或者回滚事务。

（3）InnoDB 增强功能：MySQL 8.0 增强了 InnoDB 功能，将自增主键的计数器持久化到重做日志中。如果索引损坏，InnoDB 将索引损坏标志写入重做日志，从面使得损坏标志安全。另外，该版本利用了新的动态变量 innodb.deadlock.detect，可用于禁用死锁检测。死锁检测会导致速度减慢，此时禁用死锁检测可能更有效。

（4）安全和账户管理：MySQL 数据库的授权表统一为能够支持事务的存储引擎 InnoDB 的表。从 MySQL 8.0 开始支持角色（Role），管理员可以创建和删除角色。从 MySQL 8.0 开始维护有关密码历史的信息，可设置重试策略（Reuse Policy），从而限制了以前密码的重用，Grant 授权语句不再支持隐式创建用户。MySQL 8.0 允许账户具有双密码，从而在多服务器系统中无缝地执行分阶段密码更改，无须停机。

（5）优化器索引：其主要包括隐藏索引（Invisible Index）、降序索引和函数索引 3 种方式。隐藏索引要应用于逻辑删除，即先将索引隐藏，当最终确认系统不会受到影响时才将其彻底删除。MySQL 8.0 利用降序索引可以进行更高效的正向扫描。函数索引可以将表达式的值作为索引的内容。

（6）JSON 增强功能：JSON（JavaScript Object Notation）是一种存储信息的格式，可以很好地替代 XML。MySQL 8.0 扩展了对 JSON 的支持，并且性能更好，增加了从 JSON 查询中返回范围的功能，还增加了新的聚合函数，使得在同一个查询语句中能结合 MySQL 原生的结构化数据和 JSON 的半结构化数据。

（7）资源管理：MySQL 支持资源组的创建和管理，并允许将服务器内运行的线程分配给特定的资源组（Resource Groups）。数据库管理员可以根据不同的工作负载修改这些属性，可用来控制线程的优先级及其能使用的资源。

（8）字符集支持：默认字符集已经更改 latin1 为 utf8mb4。该 utf8mb4 字符集有几个新的排序规则，其中包括 utf8mb4_ja _0900_as_cs。

（9）数据类型的支持：MySQL 8.0 支持将表达式用作数据类型的默认值，包括 BLOB、TEXT、GEOMETRY 和 JSON 等数据类型。

（10）查询的优化：MySQL 8.0 开始支持隐藏索引，数据库管理员可以此检测索引对查询性能的影响。从 MySQL 8.0 开始支持降序索引，DESC 在索引定义中不再被忽略，而且会降序存储索引字段。

另外，MySQL 数据库还增加了公用表表达式、窗口函数、统计直方图、备份锁和配置持久化等功能，在后续相关章节将详细介绍。

1.2　数据库的基本概念

数据库技术经过长期发展已经形成了系统的科学理论，数据管理和信息处理是数据库技术的主要内容。大数据技术的迅速发展又为数据库技术的应用提供了更大的潜力。

1.2.1　信息与数据库

1. 数据和信息

数据（Data）是描述事物的符号记录，它有多种表现形式，可以是文本、图表、图形、图像、音频、视频等。

信息（Information）是具有特定意义的数据。信息不仅具有能够感知、存储、加工、传播和再生等自然属性，同时也是具有重要价值的社会资源。信息是用一定的规则或算法筛选的数据集合。

2. 数据库

数据库（Database，DB）是长期存储在计算机内、有组织、可共享的大量数据的集合。数据库中的数据需要创建数据模型来描述，例如网络、层次、关系模型。数据库中的数据具有冗余度小、独立性高和易扩展等特点。

例如，利用 MySQL 软件创建一个教务管理数据库 teaching，将学生的基本信息（学号、姓名、性别、出生日期、手机号等）存放在一起，就可以创建 teaching 数据库中的学生信息表 student，如表 1-1 所示；将学生成绩信息（学号、课程号、平时成绩、期末成绩等）存放在一起，就可以创建 teaching 数据库中的学生成绩表 score，如表 1-2 所示。

数据库中的数据除了其本身外，还包含数据库对数据的语义描述。例如，表 1-1 中的数据 21125221327 经过 studentno 语义描述就成为学号，而数据 13178978999 经过 phone 语义描述就成为一个手机号。若数据不经过语义描述，其本身的意义是不完整的，只表示一个常量值。

表 1-1 student 表

studentno	sname	sex	birthdate	phone
21125221327	何桐影	女	2004/12/4	13178978999
21131133071	崔依歌	男	2002/6/6	15556845645
…	…	…	…	…

表 1-2 score 表

studentno	courseno	daily	final
21125221327	c06172	88	62
21131133071	c06172	78	95
…	…	…	…

1.2.2 结构化查询语言

结构化查询语言（Structured Query Language，SQL）是用于管理数据的一种数据库查询和程序设计语言。其主要用于存取、查询和更新数据，还能够管理关系数据库系统中的数据库对象。

SQL 现在有许多不同的类型，主要有 3 个标准：ANSI（美国国家标准机构）SQL；对 ANSI SQL 修改后在 1992 年采纳的标准，称为 SQL-92 或 SQL2；SQL-99 标准，从 SQL2 扩充而来，并增加了对象关系特征和许多其他新功能。另外，各大数据库厂商提供了不同版本的 SQL，这些版本的 SQL 不仅能包括原始的 ANSI 标准，而且在很大程度上支持 SQL-92 标准。

1. SQL 的特点

SQL 的特点如下。

（1）一体化：SQL 集数据定义、数据操纵和数据控制于一体，可以完成数据库中的全部工作。

（2）使用方式灵活：可以直接以命令方式交互使用，也可以嵌入 C、C++、Fortran、COBOL 和 Java 等主语言中使用。

（3）非过程化：只需要提供操作要求，不必描述操作步骤，也不需要导航。在使用时只需要告诉计算机"做什么"，而不需要告诉它"怎么做"。

（4）语言简洁，语法简单，好学好用：在 ANSI 标准中只包含了 94 个英文单词，核心功能只用 6 个动词，语法接近英语口语。

2. SQL 的组成

SQL 包含以下几部分。

（1）数据定义语言（Data Definition Language，DDL），包括 create、alter 和 drop 语句，用于在数据库中创建、修改或删除数据库对象，例如表、索引、视图、存储过程、触发器和事件等。

（2）数据操纵语言（Data Manipulation Language，DML），包括 select、insert、update 和 delete 语句，分别用于查询、插入、修改和删除表中的数据行等。select 是使用最多的语句，也称为数据查询语言（Data Query Language，DQL），其他常用的 DQL 保留字有 where、order by、group by 和 having。这些 DQL 保留字常与其他类型的 SQL 语句一起使用。

（3）数据控制语言（Data Control Language，DCL），包括 grant 语句和 revoke 语句。通过 grant 语句获得权限许可，通过 revoke 语句撤销权限许可，确定单个用户和用户组对数据库对象的访问权限。某些数据库管理系统可用 grant 或 revoke 语句控制对表中单列的访问。

（4）事务处理语言（Transaction Processing Language，TPL），它的语句能确保被 DML 语句影响的表的所有行及时得以更新。TPL 语句包括 begin transaction、commit 和 rollback。

（5）指针控制语言（Cursor Control Language，CCL），主要包括 declare cursor、fetch into 和 update where current 等语句，用于对一个或多个表中的单独行操作。

在应用程序中也可以通过 SQL 语句来操作数据。例如，可以在 Java 语言中嵌入 SQL 语句。通过执行 Java 语言来调用 SQL 语句，就可在数据库中插入数据、查询数据。SQL 语句也可以嵌入 C#、PHP 等编程语言中。

1.2.3　数据库管理系统

数据库管理系统（Database Management System，DBMS）位于用户和操作系统之间，是一种操纵和管理数据库的大型软件，用于建立、使用和维护数据库。DBMS 可以对数据库进行统一管理和控制，以保证数据的安全性和完整性，是数据库系统的核心。数据库中数据的插入、修改和检索均要通过数据库管理系统进行。

用户通过 DBMS 访问数据库中的数据，数据库管理员（Database Administrator，DBA）也通过 DBMS 进行数据库的维护工作。它可以使多个应用程序和用户采用不同的方法在同一时刻或不同时刻建立、修改和查询数据库。

如图 1-1 所示，DBMS 提供了数据定义语言（DDL）、数据操纵语言（DML）和应用程序，可以帮助用户定义数据库的模式结构与权限约束，实现对数据的追加、删除等操作。数据库管理系统由多种不同的程序模块组成，数据库管理系统的系统架构主要包括 4 个部分。

（1）存储管理（Storage Manager）：数据库管理系统通常会自行配置磁盘空间，将数据存入存储装置的数据库。

（2）查询处理（Query Processor）：负责处理用户下达的查询语句，可以再细分成多个模块，负责检查语法、优化查询命令的处理程序。

（3）事务管理（Transaction Manager）：负责处理数据库的事务，保障数据库事务的操作需要及并发控制管理（Concurrency-Control Manager）、资源锁定等。

（4）恢复管理（Recovery Manager）：主要是日志管理（Log Manager），负责记录数据库中的所有操作，可以恢复数据库系统存储的数据到指定的时间点。

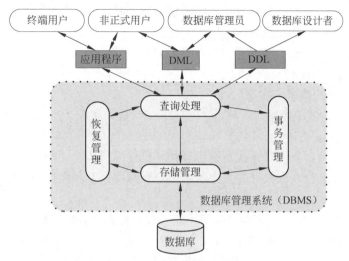

图 1-1 数据库管理系统架构示意图

1.2.4 数据库系统

1. 数据库系统的组成

数据库系统（Database System，DBS）通常由硬件、软件、数据和用户组成，管理的对象是数据，其中软件主要包括操作系统、各种宿主语言、实用程序以及数据库管理系统。数据库系统的架构如图 1-2 所示。

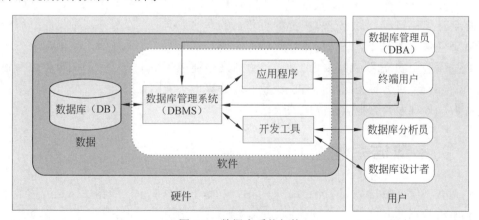

图 1-2 数据库系统架构

（1）用户（Users）：用户执行 DDL 定义数据库架构，使用 DML 新增、删除、更新和查询数据库中的数据，通过操作系统访问数据库中的数据。按不同角色划分，用户可以分为多种，例如终端用户（End-Users）、数据库设计者（Database Designers）、系统分析师（System Analyst，SA）、应用程序设计师（Application Programmer）和数据库管理员等。数据库管理员负责创建、监控和维护整个数据库，一般由业务水平较高、资历较深的人员担任。

（2）数据（Data）：数据库系统中的数据种类包括永久性数据（Persistent Data）、索引（Indexes）、数据字典（Data Dictionary）和事务日志（Transaction Log）等。

（3）软件（Software）：指在数据库环境中使用的软件，包括数据库管理系统、应用程序和开发工具（Development Tools）等。

（4）硬件（Hardware）：安装数据库相关软件的硬件设备，包含主机（CPU、内存和网卡等），磁盘阵列，光驱和备份装置等。

2. 数据库系统的体系结构

数据库系统的体系结构主要包括集中式、客户/服务器式（Client/Server，C/S）；浏览器/服务器式（Browser/Server，B/S）和分布式等几种。

（1）集中式结构：集中式系统是指运行在一台计算机上，不与其他计算机系统交互的数据库系统。例如运行在个人计算机上的单用户数据库系统和运行在大型主机上的高性能数据库系统。

（2）C/S 结构：C/S 结构可将数据库功能大致分为前台客户端系统和后台服务器系统。客户端系统主要包括图形用户界面工具、表格及报表生成和书写工具等；服务器系统负责数据的存取和控制，包括故障恢复和并发控制等。客户机通过网络将要求传递给服务器，服务器按照客户机的要求返回结果。

（3）B/S 结构：B/S 结构将客户机上的应用层从客户机中分离出来，集中于一台高性能的计算机上，成为应用服务器，也称为 Web 服务器。这种模式统一了客户端，将系统功能实现的核心部分集中到服务器上，简化了系统的开发、维护和使用。在客户机上只要安装一个浏览器，服务器安装 SQL Server、Oracle 等数据库。Web 服务器充当了客户端与数据库服务器的中介，架起了用户界面与数据库之间的"桥梁"。

（4）分布式结构：分布式数据库系统是计算机网络发展的必然产物，分布式数据库系统由多台计算机组成，每台计算机都配有各自的本地数据库。在分布式数据库系统中，大多数处理任务由本地计算机访问本地数据库完成局部应用。该系统满足了地理上分散组织对于数据库应用的需求。该系统通常由计算机网络连接起来，被连接的逻辑单位（包括计算机、外部设备等）称为结点。对于少量本地计算机不能胜任的处理任务，可以通过网络同时存取和处理多个异地数据库中的数据。

1.3 关系数据库理论

关系数据库（Relational Database，RDB）是基于关系模型的数据库，是应用数学理论处理和组织数据的一种方法。

1.3.1 概念模型及其表示方法

概念模型是现实世界中信息的抽象反映，不依赖于具体的计算机系统，是现实世界到计算机世界的一个中间层次。

1.实体的相关概念

（1）实体（Entity）：客观存在并可以相互区分的事物叫实体。从具体的人、物、事件到抽象的状态与概念都可以用实体抽象地表示。例如在学校里，一名学生、一名教师、一门课程等都称为实体。

（2）属性（Attribute）：属性是实体所具有的某些特性，通过属性可以对实体的特征进行描述，即可以理解为实体是由属性组成的。一个实体往往有多个属性，这些属性之间是有关系的，它们构成该实体的属性集合。

（3）候选键（Candidate Key）和主键（Primary Key）：一个实体本身具有许多属性，能够唯一标识实体的属性或属性组合称为该实体的候选键。在有多个候选键的关系表中，可以选择一个唯一标识数据行的候选键作为主键。主键里包含的属性称为主属性，不包含在主键中的属性称为非主属性。如果其中一个属性或者多个属性构成的子集能够唯一标识整个属性集合，则称该属性子集为属性集合的主键。例如，学号是学生实体的主键，每个学生都有一个属于自己的学号，通过学号可以唯一确定是哪位学生，在同一个学校里不允许有两个学生具有相同的学号。

（4）实体型（Entity Type）：具有相同属性的实体必然具有共同的特征和性质。用实体名及其属性名集合来抽象和刻画同类实体，称为实体型。例如，学生（学号，姓名，性别，出生日期，班级，入学成绩）就是一个实体型。

（5）实体集（Entity Set）：同型实体的集合称为实体集。例如，全体学生就是一个实体集。

（6）联系（Relationship）：现实世界中的事物之间是有联系的。这些联系必然要在信息世界中加以反映。例如，教师实体与学生实体之间存在着教和学的联系。

2. 实体之间的联系

实体间的联系是错综复杂的，但就两个实体集的联系来说，如图 1-3 所示，主要有以下 3 种类型。

（1）一对一联系（1:1）：对于实体集 A 中的每一个实体，实体集 B 中至多有一个实体与之联系，反之亦然，则称实体集 A 与实体集 B 具有一对一联系，记为 1:1。例如，通常一个班内只有一个班长，班级和班长之间具有一对一联系。

（2）一对多联系（1:M）：对于实体集 A 中的每一个实体，实体集 B 中有 M 个实体（M≥2）与之联系；反过来，对于实体集 B 中的每一个实体，实体集 A 中至多有一个实体与之联系，则称实体集 A 与实体集 B 具有一对多联系，记为 1:M。例如，一个班内有多名同学，一名同学只能属于一个班，即班级与同学之间具有一对多联系。

（3）多对多联系（M:N）：对于实体集 A 中的每一个实体，实体集 B 中有 N 个实体（N≥0）与之联系；反过来，对于实体集 B 中的每一个实体，实体集 A 中也有 M 个实体

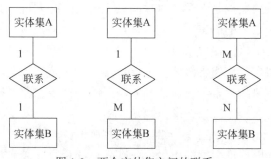

图 1-3 两个实体集之间的联系

（M≥0）与之联系，则称实体集 A 与实体集 B 具有多对多联系，记为 M:N。例如，学生在选课时，一个学生可以选多门课程，一门课程也可以被多个学生选取，则学生和课程之间具有多对多联系。

3. 概念模型的表示方法

概念模型的表示方法有很多，其中最常用的是实体—联系模型（Entity-Relationship Model），简称为 E-R 模型。在 E-R 模型中，信息由实体型、实体属性和实体间的联系 3 种概念单元来表示。

（1）实体型表示建立概念模型的对象，用长方框表示，在框内写上实体名。例如学生、课程等。

（2）实体属性是实体的说明，用椭圆框表示实体的属性，并用无向边把实体与其属性连接起来。例如，学生实体有学号、姓名、性别、出生日期、手机号等属性。

（3）实体间的联系是两个或两个以上实体类型之间的有名称的关联。实体间的联系用菱形框表示，菱形框内要有联系名，并用无向边把菱形框分别与有关实体相连接，在无向边的旁边标上联系的类型，部分联系还有自己的属性。例如，可以用 E-R 图来表示某学校学生选课情况的概念模型，如图 1-4 所示。一个学生可以选修多门课程，一门课程也可以被多个学生选修，因此学生和课程之间具有多对多联系，而联系"选修"还有自己的属性"成绩"。

图 1-4　实体、实体属性及实体联系模型

1.3.2　数据模型

在概念模型的基础上建立的适用于数据库层的模型称为数据模型。数据模型能够精确地描述系统的静态特征、动态特征和完整性约束条件。

1. 数据模型的三要素

数据模型由数据结构、数据操作和完整性约束 3 个要素组成。

（1）数据结构：数据结构是对象和对象间联系的表达和实现，是所研究的对象类型的集合，用于描述数据库系统的静态特性。数据结构所研究的是数据本身的类型、内容和性质，以及数据之间的关系。例如关系模型中的主键、外键等。

（2）数据操作：数据操作用于描述数据库系统的动态特征，是对数据库中对象实例允许执行的操作集合，主要指检索和更新（插入、删除、修改）两类操作。数据模型必须定义这些操作的确切含义、操作符号、操作规则（例如优先级）以及实现操作的语言。

（3）完整性约束：完整性约束是一组完整性规则的集合，它规定数据库的状态及状态变化所应满足的条件，以保证数据的正确性、有效性和相容性。完整性规则是给定的数据模型中的数据及其联系所具有的制约和存储规则，用于限定符合数据模型的数据库的状态以及状态的变化。在关系模型中，一般关系必须满足实体完整性和参照完整性两个条件。

2. 常用数据模型

（1）层次模型（Hierarchical Model）：层次数据库用树形结构表示实体之间联系的模型叫作层次模型，它的数据结构类似一棵倒置的树，每个结点表示一个记录类型，记录之间的联系是一对多联系，现实世界中的很多事物是按层次组织起来的。

层次模型的优点是结构清晰，表示各结点之间的联系简单；容易表示现实世界中的层次结构的事物及其之间的联系。其缺点是不能表示两个以上实体之间的复杂联系和实体之间的多对多联系；严格的层次顺序使数据的插入和删除操作变得复杂。

（2）网状模型（Network model）：网状数据库是用来处理以记录类型为结点的网状数据模型的数据库。网状模型采用网状结构表示实体及其之间的联系。网状结构的每一个结点代表一个记录类型，记录类型可包含若干字段，联系用链接指针表示，去掉了层次模型的限制。由于网状模型比较复杂，一般实际的网状数据库管理系统对网状都有一些具体的限制。

网状模型的优点是能够表示实体之间的多种复杂联系。其缺点是比较复杂，需要程序员熟悉数据库的逻辑结构；在重新组织数据库时容易失去数据独立性。

（3）关系模型（Relational Model）：关系数据库是建立在关系数据库模型基础上的数据库，借助于集合代数等概念和方法来处理数据库中的数据，是用户看到的二维表格集合形式的数据库。关系模型是目前最重要的一种数据模型，关系数据库系统采用关系模型作为数据的组织方式，MySQL 数据库就是基于关系模型建立的。

（4）面向对象模型（Object Oriented Model）：面向对象模型采用面向对象的方法来设计数据库。面向对象的数据库存储对象是以对象为单位，每个对象包含对象的属性和方法，具有类和继承等特点。Computer Associates 的 Jasmine 就是面向对象模型的数据库系统。

1.3.3 关系运算

关系数据操作就是关系运算，即从一个关系中找出所需要的数据。

1. 关系模型中的基本运算

在关系中访问所需的数据时，需要对关系进行一定的关系运算。关系数据库主要支持选择、投影和连接关系运算，它们源于关系代数中的选择、投影和连接等运算。

（1）选择：从一个表中找出满足指定条件的记录行形成一个新表的操作称为选择。选择是从行的角度进行运算得到新的表，新表的关系模式不变，其记录是原表的一个子集。选择关系运算如图 1-5 所示。

例如，在 student 关系中查询所有性别为"女"的学生。

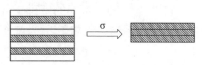

图 1-5 选择关系

（2）投影：从一个表中找出若干字段形成一个新表的操作称为投影。投影是从列的角度进行的运算，通过对表中的字段进行选择或重组得到新的表。新表的关系模式所包含的字段个数一般比原表少，或者字段的排列顺序与原表不同，其内容是原表的一个子集。投影关系运算如图 1-6 所示。

例如，在 student 关系中查询所有学生的学号（studentno）和出生日期（birthdate）。

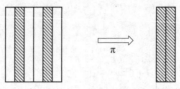

图 1-6　投影关系

（3）连接：选择和投影都是对单表进行的运算。在通常情况下，需要从两个表中选择满足条件的记录。连接就是这样的运算方式，它是将两个表中的行按一定的条件横向结合，形成一个新的表。连接关系运算如图 1-7 所示。

例如，查询学生的姓名（sname）和期末成绩（final），两个数据项分别来自 student 关系和 score 关系，需要在两个关系连接之后再从中按照一定的条件筛选出 sname 和 final 的数据。

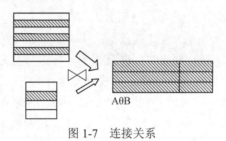

图 1-7　连接关系

2. 关系模型的规范化设计

数据依赖是一个关系内部属性与属性之间的一种约束关系。这种约束关系是通过属性间值的相等与否体现出来的数据间相关联系，它是现实世界属性间相互联系的抽象，是数据内在的性质，是语义的体现。

在进行数据库设计时有一些专门的规则，称为数据库的设计范式，遵守这些规则将创建设计良好的数据库，下面逐一讲解数据库设计中著名的范式理论。

（1）第一范式（1NF，Normal Form）：第一范式的目标是确保每列的原子性。如果每列都是不可再分的最小数据单元（也称为最小的原子单元），则满足第一范式（1NF）。

（2）第二范式（2NF）：第二范式是在第一范式的基础上要求确保表中的每列都和主码相关，即每一个非主属性都要完全函数依赖于主码。

（3）第三范式（3NF）：第三范式是在第二范式的基础上要求确保表中的每列都和码直接相关，而不是间接相关。如果一个关系满足 2NF，并且除了码以外的其他列都不相互依赖，则满足第三范式（3NF）。

在实际的数据库设计过程中，在利用规范化设计考察关系模式时，能够针对不同的关系以及关系转化成的表可以预估的数据量和物理存取路径等因素对规范化关系采用一些另外的处理方法。

3. 关系的数据完整性

确保持久化数据检索不出错对于数据管理来说非常关键，也是数据库面临的最主要问题。没有数据完整性，则不能保证查询结果的正确性，那么可用性也就无从谈起了。

（1）实体完整性：实体完整性是指关系的主关键字不能取"空值"。一个关系对应现实世界中的一个实体集。现实世界中的实体是可以相互区分、相互识别的，即它们应具有某种唯一性标识。在关系模式中，以主关键字作为唯一性标识，而主关键字中的属性（称为主属性）不能取空值，否则表明关系模式中存在着不可标识的实体（因为空值是"不确定"的）。这与现实世界的实际情况相矛盾，这样的实体就不是一个完整的实体。按实体完整性规则要求，主属性不得取空值，如果主关键字是多个属性的组合，那么所有主属性均不得取空值。

例如，表1-1中的studentno作为主关键字，该列不得有空值，否则无法对应某个具体的学生。如果存在空值，则该表不完整，对应关系不符合实体完整性规则的约束条件。在物理数据库中，表的主键强制执行实体完整性。

（2）域完整性：确保属性中只允许一个有效数据。域是属性可能值的范围，例如整数、日期或字符。是否可以是空值也是域完整性的一部分。在物理数据库中，可以利用表中的数据类型和行可空性强制执行域完整性。

（3）参照完整性：参照完整性是定义建立关系之间联系的主关键字与外部关键字引用的约束条件。关系数据库中通常包含多个存在相互联系的关系，关系与关系之间的联系是通过公共属性来实现的。

例如，在teaching数据库中将score关系作为参照关系，将student关系作为被参照关系，将studentno作为两个关系进行关联的属性，则studentno是student关系的主键，是score关系的外键。score关系通过外键studentno参照student关系。其中，公共属性studentno是关系student（称为被参照关系）的主键，同时又是score关系（称为参照关系）的外键。

（4）事务完整性：事务可以确保每个逻辑单元的工作（例如插入100行或更新1000行数据）作为单个事务执行。事务可通过其4个基本属性检测数据库产品的质量，即原子性（全部执行或全部不执行）、一致性（数据库必须在一致的状态下开始及结束事务）、隔离性（一项事务不应该影响其他事务）和持久性（一旦提交，则始终提交）。

（5）用户定义完整性：对于数据完整性，除了前面4个普遍接受的定义以外还添加了用户定义完整性。用户定义完整性是根据应用环境的要求和实际需要对某一具体应用所涉及的数据提出约束性条件。这一约束机制一般不应由应用程序提供，而应由关系模型提供定义并检验，用户定义完整性主要包括字段有效性约束和记录有效性。

1.4 MySQL 8.0 数据库软件的使用

1.4.1 MySQL 8.0 的安装和配置步骤

在Windows 10操作系统下，MySQL 8.0数据库的安装一般选择图形化界面安装，图形化界面包有完整的安装向导，安装和配置非常方便。用户也可以选择相关MySQL版本的zip压缩包进行安装和配置。

视频讲解

1. 安装前的准备

在安装之前，需要到 MySQL 数据库的官方网站（http://dev.mysql.com/downloads）找到要安装的数据库版本，并进行下载。当然，读者也可以直接在一些搜索引擎中搜索下载链接。在此简单介绍一下安装的过程，至于详细的配置过程，请参考本书的辅导教材《MySQL 8.0 数据库应用与开发习题解答与上机指导》中第 15.3 节的内容。

2. 安装 MySQL 数据库的简单过程

下载 MySQL 完成后找到下载到本地的文件，并且解压缩包，简单的安装步骤如下。

（1）双击 MySQL 安装程序（mysql-installer-community-8.0.22.0.msi），进入 gathering required information 提示框，收集安装 MySQL 需要的环境信息。之后进入 finding all installed packages 提示框，查找所有软件安装包。

（2）进入 MySQL 8.0 的安装类型选择界面，如图 1-8 所示，选择需要的版本，例如 Full（完整版）。界面左侧提供了 5 种安装类型，默认选中 Developer Default 选项。在另外 4 项中，Server only 表示仅作为服务器，Client only 表示仅作为客户端，Full 表示完全安装类型，Custom 表示自定义安装类型。界面右侧的 Setup Type Description 表示要安装的应用程序，包括安装的所有产品，例如 MySQL 服务器、MySQL 壳、MySQL 路由器、MySQL 工作台、MySQL 连接器、文档、样品和例子等。

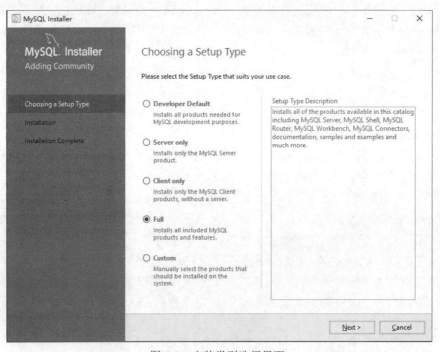

图 1-8　安装类型选择界面

（3）单击 Next 按钮，进入如图 1-9 所示的界面。单击 Execute 按钮后进入"安装许可"界面，选择"我同意许可条款和条件"单选按钮，表示接受用户安装时的许可协议。单击"安装"按钮，选择包括 MySQL 8.0 在内的各种软件，如图 1-10 所示。

（4）单击 Next 按钮，进入将要安装或更新的应用程序界面，如图 1-11 所示。

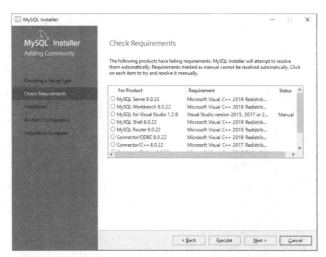

图 1-9　选择安装软件界面

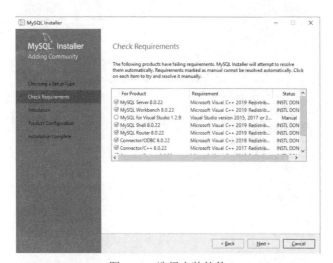

图 1-10　选择安装软件

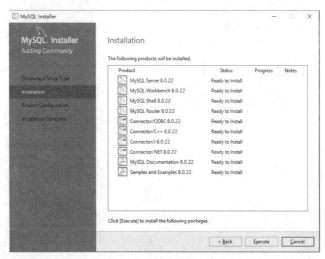

图 1-11　准备安装软件

（5）单击 Execute 按钮，软件安装完成，如图 1-12 所示。单击 Next 按钮，显示软件产品信息。单击 Next 按钮，进入如图 1-13 所示的"配置服务器类型和网络设置"窗口。然后从 Config Type 下拉列表框中选择如图 1-14 所示的配置服务器类型。

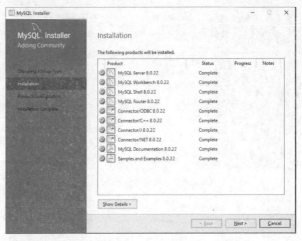

图 1-12　软件安装完成

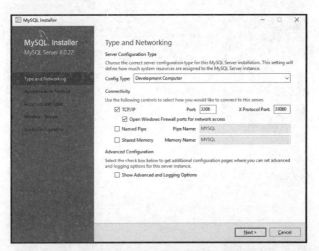

图 1-13　配置服务器类型和网络设置窗口

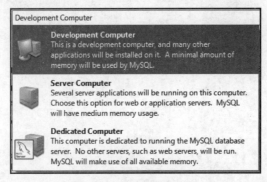

图 1-14　配置服务器类型

（6）单击 Next 按钮，进入配置 MySQL 服务器授权的界面，保持默认选择，如图 1-15 所示。

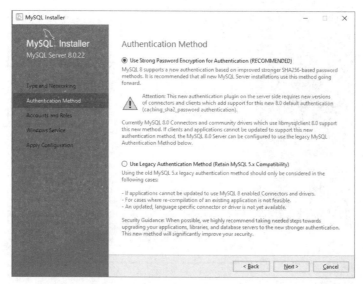

图 1-15　配置服务器授权

（7）单击 Next 按钮，进入账户和角色界面，按要求设置 root 账户密码，如图 1-16 所示。

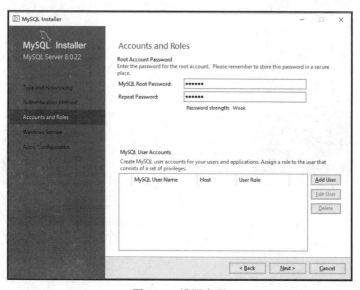

图 1-16　设置密码

（8）单击 Next 按钮，进入如图 1-17 所示的设置服务器名称界面，保持默认选择。

（9）单击 Next 按钮，进入如图 1-18 所示的"确认服务器设置"窗口，然后单击 Finish 按钮，MySQL 数据库安装完成。

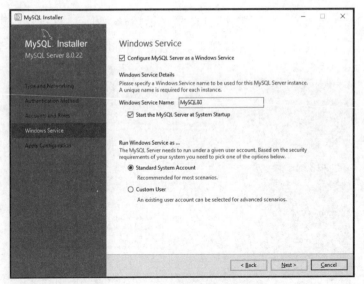

图 1-17　设置服务器名称

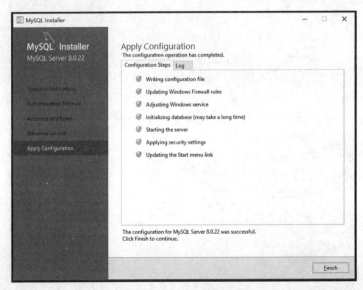

图 1-18　确认服务器设置

（10）在系统的"开始"菜单中找到与 MySQL 数据库有关的文件，之后就可以进行 MySQL 的登录和其他操作了。

3. MySQL 服务的配置

下面介绍环境变量的设置方法，其步骤如下：

（1）右击"计算机"图标，在弹出的快捷菜单中选择"属性"命令，在相应对话框中单击"高级系统设置"，弹出"系统属性"对话框，选择"高级"选项卡，如图 1-19 所示。

（2）单击"环境变量"按钮，弹出"环境变量"对话框，如图 1-20 所示。

（3）在"环境变量"对话框中定位到"系统变量"中的 Path 选项，单击"编辑"按钮，将弹出"编辑环境变量"对话框，如图 1-21 所示。

视频讲解

图 1-19　"系统属性"对话框

图 1-20　"环境变量"对话框

（4）在"编辑环境变量"对话框中将 MySQL 服务器的 bin 文件夹的位置（C:\Program Files\MySQL\MySQL Server 8.0\bin）添加到变量值文本框中，最后单击"确定"按钮。

（5）在环境变量设置完成后，使用 MySQL 命令就可以成功连接 MySQL 服务器了。

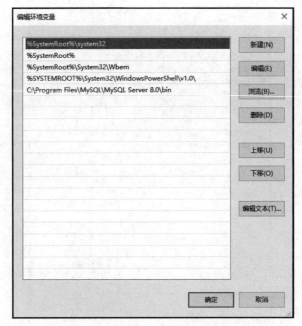

图 1-21 "编辑环境变量"对话框

1.4.2　MySQL 的工作流程

MySQL 数据库的工作流程如图 1-22 所示,具体包括以下内容:

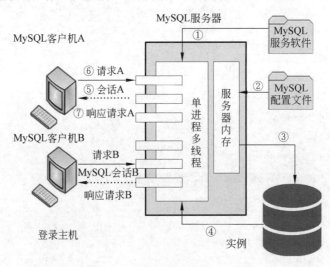

图 1-22　MySQL 数据库的工作流程

① 操作系统用户启动 MySQL 服务。

② 在 MySQL 服务启动期间,首先将配置文件中的参数信息读入服务器内存。

③ 根据 MySQL 配置文件的参数信息或者编译 MySQL 时参数的默认值生成一个服务实例进程(Instance)。

④ MySQL 服务实例进程派生出多个线程为多个客户机提供服务。

⑤　数据库用户访问 MySQL 服务器中的数据时，首先需要选择一台登录主机，然后在该登录主机上开启客户机，输入正确的账户名、密码，建立一条客户机与服务器之间的"通信链路"。

⑥　数据库用户可以在 MySQL 客户机上输入 MySQL 命令或 SQL 语句，这些 MySQL 命令或 SQL 语句沿着该通信链路传送给 MySQL 服务实例，这个过程称为客户机向 MySQL 服务器发送请求。

⑦　MySQL 服务实例负责解析这些 MySQL 命令或 SQL 语句，并选择一种执行计划运行这些 MySQL 命令或 SQL 语句，然后将执行结果沿着通信链路返回给客户机，这个过程称为 MySQL 服务器向 MySQL 客户机返回响应。

最后，数据库用户关闭 MySQL 客户机，通信链路被断开，该客户机对应的 MySQL 会话结束。

1.4.3　MySQL 数据库工具简介

MySQL 数据库管理系统提供了许多命令行工具，这些工具可以用来管理 MySQL 服务器、对数据库进行访问控制、管理 MySQL 用户以及进行数据库备份和恢复工具等。另外，MySQL 还提供了图形化的管理工具，这使得用户对数据库的操作更加简单。

1. MySQL 服务器端的常用工具

MySQL 服务器端的常用工具如下。

（1）mysqld：SQL 后台程序（即 MySQL 服务器进程）。该程序必须运行之后，客户端才能通过连接服务器来访问数据库。

（2）mysql.server：服务器启动脚本。在 UNIX 中 MySQL 分发版包括 mysql.server 脚本。用户可以调用 mysqld_safe 来启动 MySQL 服务器。

（3）mysql_multi：服务器启动脚本，可以启动或停止系统上安装的多个服务器。

（4）myisamchk：用来描述、检查、优化和维护 MyISAM 表的实用工具。

（5）mysqlbug：MySQL 缺陷报告脚本，可以用来向 MySQL 邮件系统发送缺陷报告。

（6）mysql_install_db：该脚本用默认权限创建 MySQL 授权表。通常只是在系统上首次安装 MySQL 时执行一次。

2. MySQL 客户端的常用工具

MySQL 客户端的常用工具如下：

（1）mysql：交互式输入 SQL 语句或从文件以批处理模式执行它们的命令行工具。

（2）mysqlaccess：检查访问主机名、用户名和数据库组合的权限的脚本。

（3）mysqladmin：执行管理操作的客户程序，例如创建或删除数据库、重载授权表、将表刷新到硬盘上，以及重新打开日志文件，还可用来检索版本、进程，以及服务器的状态信息。

（4）mysqlbinlog：从二进制日志读取语句的工具。在二进制日志文件中包含执行过的语句，可用来帮助系统从崩溃中恢复。

（5）mysqlcheck：检查、修复、分析以及优化表的表维护客户程序。

（6）mysqldump：将 MySQL 数据库转储到一个文件（例如 SQL 语句或 Tab 分隔符文本文件）的客户程序。

（7）mysqlhotcopy：服务器在运行时快速备份 MyISAM 或 ISAM 表的工具。

（8）mysqlimport：使用 load data infile 将文本文件导入相关表的客户程序。

（9）mysqlshow：显示数据库、表、列以及索引相关信息的客户程序。

（10）perror：显示系统或 MySQL 错误代码含义的工具。

1.4.4 MySQL 8.0 的启动和登录

视频讲解

MySQL 数据库安装完成后，可以在 DOS 窗口中执行登录数据库语句。MySQL 数据库分为客户端和服务器端，下面介绍启动 MySQL 服务和登录 MySQL 数据库两部分内容。

1. 启动 MySQL 服务

在安装 MySQL 数据库的过程中可以设置 MySQL 服务的自动启动。如果 MySQL 服务没有启动，Windows 操作系统通常通过以下两种方式进行启动。

（1）cmd 控制台启动：这种方式非常简单，net start mysql80 表示启动 MySQL 服务，net stop mysql80 表示关闭 MySQL 服务。

（2）手动启动：单击"开始"按钮，选择"运行"命令，在弹出的对话框中输入 services.msc 并按 Enter 键，弹出如图 1-23 所示的窗口。

图 1-23 "服务"窗口

从图 1-23 中可以看到 MySQL 服务已经启动，而且服务的启动类型是自动启动。MySQL 服务启动后，可以在 Windows 的任务管理器中查看服务是否已经运行，此时可以通过客户端来访问 MySQL 数据库。

另外，选中 MySQL80 服务项并右击，在弹出的快捷菜单中选择"属性"命令，将弹出如图 1-24 所示的对话框。

从图 1-24 中看到，可以更改服务状态为"停止""暂停""恢复"，还可以设置服务的启动类型。在"启动类型"下拉列表框中可以选择"自动""手动""已禁用"选项，说明如下。

- 自动：MySQL 服务自动启动，可以手动将服务状态变为停止、暂停和重新启动等。

  如果读者经常练习 MySQL 数据库的操作，最好将 MySQL 设置为自动启动，这样

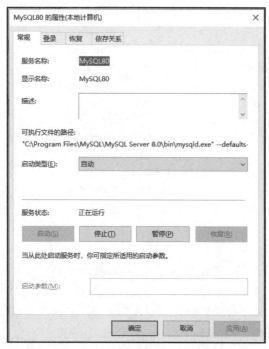

图 1-24　更改服务的启动类型

可以避免每次手动启动 MySQL 服务。

- 手动：MySQL 服务需要手动启动，启动后可以改变服务状态，例如停止和暂停等。如果读者使用 MySQL 数据库的频率很低，可以考虑将 MySQL 服务设置为手动启动，这样可以避免 MySQL 服务长时间占用系统资源。
- 已禁用：MySQL 服务不能启动，也不能改变服务状态。

2. 登录 MySQL 数据库

视频讲解

MySQL 服务启动后，可以通过客户端来登录 MySQL 数据库。在 Windows 操作系统下有两种登录 MySQL 数据库的方式：一种是执行 cmd 命令，在打开的 DOS 窗口中以命令行的方式登录 MySQL 数据库；另一种是在 MySQL 客户端直接登录数据库。

（1）在 DOS 窗口中登录 MySQL 数据库：在通过 DOS 窗口执行语句登录 MySQL 数据库时，右击"开始"按钮，在相应菜单中选择"运行"命令，在弹出的对话框中输入 cmd 后按 Enter 键，即可进入 DOS 窗口。

在 DOS 窗口中首先进入当前 MySQL 的安装目录下，可以先练习服务器的停止和启动，然后再执行 MySQL 语句登录数据库，登录成功后会出现"Welcome to the MySQL monitor"的欢迎语。其结果如下：

```
Microsoft Windows [版本 10.0.16299.15]
(c) 2017 Microsoft Corporation。保留所有权利。
C:\Users\Administrator>net stop mysql80
MySQL80 服务正在停止..
MySQL80 服务已成功停止。
C:\Users\Administrator>net start mysql80
```

```
MySQL80 服务正在启动...
MySQL80 服务已经启动成功。
C:\Users\Administrator>mysql -u root -p
Enter password: ******
Welcome to the MySQL monitor.  Commands end with ; or \g.
Your MySQL connection id is 8
Server version: 8.0.22 MySQL Community Server - GPL
Copyright (c) 2000, 2020, Oracle and/or its affiliates. All rights
reserved.
Oracle is a registered trademark of Oracle Corporation and/or its
affiliates. Other names may be trademarks of their respective owners.
Type 'help;' or '\h' for help. Type '\c' to clear the current input
statement.
mysql>
```

在上述执行语句的代码中，-u 后面紧跟着数据库的用户名，此处使用 root 用户进行登录；-p 表示用户密码，按 Enter 键输入密码，输入的密码使用星号（*）替代。

（2）在 MySQL 客户端登录数据库：在 Windows 10 操作系统中，单击"开始"按钮，在 MySQL 目录下可以找到 MySQL Command Line Client 和 MySQL Command Line Client-Unicode 两个选项。二者都是 MySQL 客户端的命令行工具，也可以称为 MySQL 的 DOS 窗口或控制台。通过在控制台中执行语句可以登录 MySQL 数据库，然后执行其他相关 SQL 语句进行操作。

打开 MySQL Command Line Client，弹出 MySQL 客户端的控制台，直接输入密码后按 Enter 键，登录成功后的输出内容与上述代码一致，这里不再显示。

无论是 DOS 窗口还是控制台，登录成功后除了显示欢迎语外，还包含一些说明性的语句，这些语句的说明如下。

- Commands end with ; or \g：说明 MySQL 控制台下的命令是以分号（;）或"\g"来结束的，遇到这个结束符就开始执行命令。
- Your MySQL connection id is 8：id 表示 MySQL 数据库的连接次数，如果数据库是新安装的，并且是第一次登录，则显示 1。如果安装成功后已经登录过，将会显示其他的数字。
- Server version：Server version 之后的内容表示当前数据库版本，这里安装的版本是 8.0.22-enterprise-commercial-GPL。
- Type 'help;' or '\h' for help：表示输入"help;"或者\h 可以看到帮助信息。
- Type '\c' to clear the current input statement：表示遇到\c 就清除当前输入语句。

在 MySQL 数据库安装完成后，可能会根据实际情况更改 MySQL 数据库的某些配置。一般可以通过两种方式进行更改：一种是通过配置向导进行更改；另一种是通过手动方式更改 MySQL 数据库的某些配置。手动更改方式虽然比较困难，但是这种方式更加灵活。

在控制台执行语句时，如果执行的语句不合法或者错误，则会输出有关的错误信息。例如，在命令行中执行"select year(current_data);"语句时出现 1054 错误。

```
mysql> select year(current_data);
```

```
ERROR 1054 (42S22): Unknown column 'current_data' in 'field list'
```

　　详细错误代码介绍请参考本书的辅导教材《MySQL 8.0 数据库应用与开发习题解答与上机指导》中第 15.4 节的内容。

　　在登录 MySQL 数据库后就可以执行一些语句查看操作结果了，例如查看系统的帮助信息、系统的当前时间和当前版本等。

　　在登录 MySQL 数据库成功后可以直接输入"help"或"\h"查看帮助信息，也可以在控制台中输入"help"语句并按 Enter 键，输出结果如下：

```
mysql> help
For information about MySQL products and services, visit:
   http://www.mysql.com/
For developer information, including the MySQL Reference Manual, visit:
   http://dev.mysql.com/
To buy MySQL Enterprise support, training, or other products, visit:
   https://shop.mysql.com/
List of all MySQL commands:
Note that all text commands must be first on line and end with ';'
?         (\?) Synonym for 'help'.
clear     (\c) Clear the current input statement.
connect   (\r) Reconnect to the server. Optional arguments are db and host.
delimiter (\d) Set statement delimiter.
ego       (\G) Send command to mysql server, display result vertically.
exit      (\q) Exit mysql. Same as quit.
go        (\g) Send command to mysql server.
help      (\h) Display this help.
notee     (\t) Don't write into outfile.
print     (\p) Print current command.
prompt    (\R) Change your mysql prompt.
quit      (\q) Quit mysql.
rehash    (\#) Rebuild completion hash.
source    (\.) Execute an SQL script file. Takes a file name as an argument.
status    (\s) Get status information from the server.
system    (\!) Execute a system shell command.
tee       (\T) Set outfile [to_outfile]. Append everything into given outfile.
use       (\u) Use another database. Takes database name as argument.
charset   (\C) Switch to another charset. Might be needed for processing binlog
with multi-byte charsets.
warnings  (\W) Show warnings after every statement.
nowarning (\w) Don't show warnings after every statement.
reset connection(\x) Clean session context.
For server side help, type 'help contents'
mysql>
```

　　当然，也可以使用 select 语句查询一些系统参数。select 语句可以用于查询，在 MySQL 数据库中经常会使用到该语句。类似于其他编程语言中的 print 或者 write，可以用来显示一个字符串、数字或数学表达式的结果等。

例如要查看系统的当前时间，直接在控制台中输入并执行"select now();"语句即可，执行结果如下：

```
mysql> select now();
+---------------------+
| now()               |
+---------------------+
| 2020-11-30 20:05:56 |
+---------------------+
1 row in set (0.05 sec)
mysql>
```

视频讲解

1.4.5　MySQL 常用可视化软件的基本操作

MySQL 的图形管理工具有很多，常用的有 MySQL Workbench、phpMyAdmin 和 Navicat 等软件。本书选择 MySQL Workbench 软件作为可视化操作的示例管理工具。对于 Navicat 软件和 phpMyAdmin 软件的安装和使用，请参看本书的辅导教材《MySQL 8.0 数据库应用与开发习题解答与上机指导》中第 16 章的内容。

MySQL Workbench 为数据库管理员、程序开发者和系统规划师提供可视化设计、模型建立以及数据库管理功能。MySQL Workbench 还包含了用于创建复杂的数据建模 E-R 模型、正向和逆向数据库工程，以及用于执行通常需要花费大量时间和难以变更与管理的文档任务。

MySQL Workbench 除了与 MySQL 8.0 软件集合安装的方式外，还可以独立安装。下面以安装 mysql-workbench-community-8.0.22-winx64 版本的 MySQL Workbench 工具为例，简单介绍 MySQL Workbench 工具的独立安装过程。该软件的安装步骤如下：

（1）双击安装文件"mysql-workbench-community-8.0.22-winx64"，进入安全警告界面，单击 Next 按钮，进入安装向导界面，如图 1-25 所示。

图 1-25　开始安装

（2）单击 Next 按钮，进入选择安装文件夹界面，单击 Change 按钮，可以选择合适的安装模式，如图 1-26 所示。

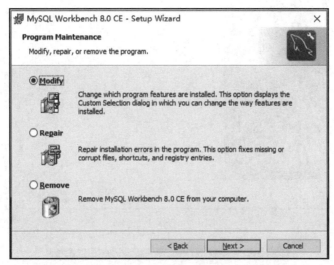

图 1-26　设置安装模式

（3）依次单击 Next 按钮，进入选择安装类型和准备安装项目界面，如图 1-27 所示。

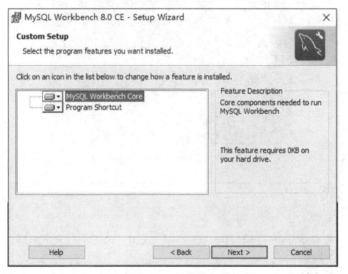

图 1-27　安装准备

（4）单击 Install 按钮，进入安装过程。最后在如图 1-28 所示的界面单击 Finish 按钮，即可完成 MySQL Workbench 软件的安装。

（5）单击"开始"按钮，选择"所有程序"，按照图 1-29 所示，单击 MySQL 下的 MySQL Workbench 8.0CE，即可进入如图 1-30 所示的 MySQL Workbench 界面，然后单击 Local instance MySQL80，进入如图 1-31 所示的连接参数设置页面。接下来就可以利用 MySQL Workbench 软件实现 MySQL 数据库的可视化操作了。

图 1-28　完成安装

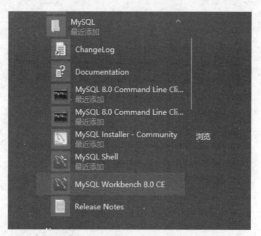

图 1-29　单击 MySQL Workbench 8.0 CE

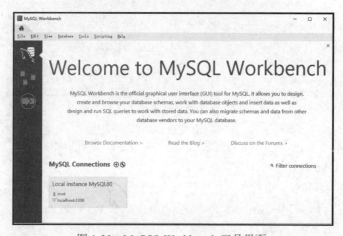

图 1-30　MySQL Workbench 工具界面

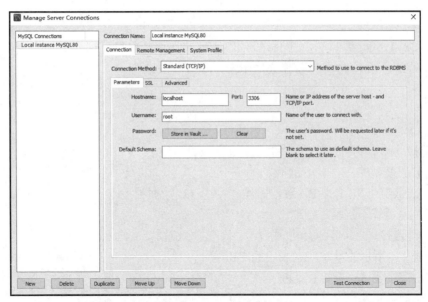

图 1-31　连接参数设置

（6）在图 1-31 中单击 Test Connection，即可进入连接测试。

（7）创建连接：在图形界面中最常用的还是对数据库的基本操作，例如执行 SQL 语句实现数据库的添加、数据库表的添加、数据的添加，以及删除和修改等操作。如果要实现这些操作，首先要连接到数据库，选择 Database→Manage Connections 命令，弹出 Manage Server Connections 对话框，在其中输入连接名称，如图 1-31 所示，输入完成后单击 Test Connection 按钮进行测试，输入 root 密码，测试成功后如图 1-32 所示。单击 OK 按钮，返回主界面，单击 Close 按钮即可完成连接。

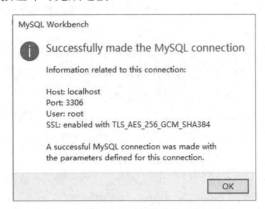

图 1-32　连接成功

1.5　实践操作指导

本章的实践操作主要包括 MySQL 8.0 的可视化软件的安装、配置和使用，以及 MySQL Workbench 的基本操作。本章的操作要点如下：

- MySQL 数据库的安装步骤，以及安装过程中的界面说明。

- 配置 MySQL 的基本过程。
- 启动 MySQL 客户端，并能够利用 select 语句进行简单查询。
- MySQL Workbench 可视化界面中主要功能区的操作。

习题 1

1. 选择题

（1）数据模型的三要素不包括_____。

    A. 数据结构   B. 数据操作   C. 数据类型   D. 完整性约束

（2）关系运算不包括_____。

    A. 连接   B. 投影   C. 选择   D. 查询

（3）表 1-1 所示的学生信息表中的主键为_____。

    A. studentno   B. sex   C. birthday   D. sname

（4）下面数据库产品中_____是开源数据库。

    A. Oracle   B. SQL Server   C. MySQL   D. DB2

（5）在 E-R 模型中，信息的 3 种概念单元不包括_____。

    A. 实体型   B. 实体值   C. 实体属性   D. 实体间联系

（6）E-R 图是数据库设计工具之一，一般适用于建立数据库的_____。

    A. 概念模型   B. 结构模型   C. 物理模型   D. 逻辑模型

（7）SQL 又称_____。

    A. 结构化定义语言   B. 结构化控制语言

    C. 结构化查询语言   D. 结构化操纵语言

（8）从 E-R 模型向关系模型转换，一个 M:N 的联系转换成一个关系模式时，该关系模式的主键是_____。

    A. M 端实体的键   B. N 端实体的键

    C. M 端实体键与 N 端实体键的组合   D. 重新选取其他属性

（9）DB、DBS 和 DBMS 三者之间的关系是_____。

    A. DB 包括 DBMS 和 DBS   B. DBS 包括 DB 和 DBMS

    C. DBMS 包括 DB 和 DBS   D. 不能相互包括

2. 简答题

（1）什么是数据库管理系统？请举出日常生活中一些应用数据库的实际范例。

（2）MySQL 数据库管理系统的基本架构拥有哪 4 个模块？

（3）举例说明 3 种关系运算的特点。

3. 上机练习题

（1）在"服务"窗口中练习 MySQL 服务器的启动和关闭方法。

（2）在控制台中完成启动 MySQL 服务后打开控制台，在控制台中输入密码完成 MySQL 的登录，并且执行 select 相关语句查看系统的当前日期。

（3）打开 MySQL Workbench 软件，简述其可视化界面的主要功能区。

第2章 MySQL 8.0语言基础

MySQL 使用的语言是一系列操作数据库及数据库对象的命令语句，因此使用 MySQL 数据库必须掌握构成其基本语法和流程语句的语法要素，主要包括常量、变量、关键字、运算符、函数、表达式和控制流语句等。字符集是最基本的 MySQL 脚本组成部分，也是 MySQL 数据库对象的描述符号。

本章主要介绍 MySQL 的基本语法要素。

2.1 MySQL 的基本语法要素

MySQL 8.0 能够支持 41 种字符集和 272 个校对原则。本节介绍 utf8mb4、latin1、UFT-8 和 GB2312 字符集的用法，修改默认字符集的方法以及在实际应用中如何选择合适的字符集，避免在向数据表中输入中文数据或查询包括中文字符的数据时出现乱码现象，同时介绍常量、变量、标识符和关键字的使用。

2.1.1 字符集与标识符

1. 字符集及字符序概念

字符（Character）是指人类语言中最小的表义符号。例如'A'、'7'、'%'等字母、数字和特殊符号。字符校对原则（Collation）也称为字符序，是指在同一字符集内字符之间的比较规则。字符集只有在确定字符序后才能在一个字符集上定义什么是等价的字符，以及字符之间的大小关系。每个字符序对应唯一一种字符集，但一个字符集可以对应多种字符校对原则，其中一个是默认字符校对原则（Default Collation）。

MySQL 服务器默认的字符集是 utf8mb4。MySQL 的字符集支持可以细化到 4 个层次，服务器（Server）、数据库（Database）、数据表（Table）和连接层（Connection）。

MySQL 中的字符序名称遵从命名惯例：以字符序对应的字符集名称开头；以_ci（表示大小写不敏感）、_cs（表示大小写敏感）或_bin（表示按编码值比较）结尾。例如，在字符集 utf8mb4 的默认字符序 utf8mb4_0900_ai_ci 中，字符'a'和'A'是等价的。

如果不进行设置，那么连接层级、客户端级和结果返回级、数据库级、表级、字段级都默认使用 utf8mb4 字符集。

2. 字符序与常用字符集

MySQL 的字符集通过 show character set 语句查看。在命令窗口中执行以下命令，即可查看到 MySQL 的 41 种字符集。

```
mysql> show character set;
```

对于任何一个给定的字符集至少有一个校对原则，也可能有几个校对原则。例如，执行显示 utf8mb4 系列的命令：

```
mysql> show collation like 'utf8mb4%';
```

其结果如图 2-1 所示。

```
mysql> show collation like 'utf8mb4%';
+--------------------+---------+-----+---------+----------+---------+---------------+
| Collation          | Charset | Id  | Default | Compiled | Sortlen | Pad_attribute |
+--------------------+---------+-----+---------+----------+---------+---------------+
| utf8mb4_0900_ai_ci | utf8mb4 | 255 | Yes     | Yes      |       0 | NO PAD        |
| utf8mb4_0900_as_ci | utf8mb4 | 305 |         | Yes      |       0 | NO PAD        |
| utf8mb4_0900_as_cs | utf8mb4 | 278 |         | Yes      |       0 | NO PAD        |
| utf8mb4_0900_bin   | utf8mb4 | 309 |         | Yes      |       1 | NO PAD        |
| utf8mb4_bin        | utf8mb4 |  46 |         | Yes      |       1 | PAD SPACE     |
| utf8mb4_croatian_ci| utf8mb4 | 245 |         | Yes      |       8 | PAD SPACE     |
| utf8mb4_cs_0900_ai_ci| utf8mb4 | 266 |        | Yes      |       0 | NO PAD        |
| utf8mb4_cs_0900_as_cs| utf8mb4 | 289 |        | Yes      |       0 | NO PAD        |
| utf8mb4_czech_ci   | utf8mb4 | 234 |         | Yes      |       8 | PAD SPACE     |
| utf8mb4_danish_ci  | utf8mb4 | 235 |         | Yes      |       8 | PAD SPACE     |
......|
| utf8mb4_zh_0900_as_cs | utf8mb4 | 308 |        | Yes      |       0 | NO PAD        |
+--------------------+---------+-----+---------+----------+---------+---------------+
75 rows in set (0.51 sec)
```

图 2-1　utf8mb4 系列字符序

说明：

（1）MySQL 8.0 用 utf8mb4（utf8 most bytes 4）作为默认字符集。utf8mb4 能够实现 UTF-8 Unicode 机制的编码，其中 mb4 表示 most bytes 4，最多占用 4 字节。UTF-8 编码是一种变长的编码机制，可以用 1～4 字节存储字符。其默认字符序是 utf8mb4_0900_ai_ci，属于 utf8mb4_unicode_ci 中的一种，具体含义如下：

- utf8mb4 表示用 UTF-8 编码方案，每个字符最多占 4 字节。
- 0900 指的是 Unicode 校对算法版本（Unicode 归类算法是用于比较符合 Unicode 标准要求的两个 Unicode 字符串的方法）。
- ai 指的是口音不敏感。也就是说，排序时 e、è、é、ê和 ë 之间没有区别。
- ci 表示不区分大小写。也就是说，排序时 p 和 P 之间没有区别。

注意：UTF-8 编码中汉字字符占 3 字节，当遇到占 4 字节的 UTF-8 编码时，会导致存储异常。

（2）UTF-8（8-bit Unicode Transformation Format）被称为通用转换格式，它是针对 Unicode 字符的一种变长字符编码。该字符集是用于解决国际上字符的一种多字节编码，对英文使用 8 位（即 1 字节），对中文使用 24 位（3 字节）来编码。UTF-8 包含全世界所有国家需要用到的字符，是国际编码，通用性强。UTF-8 编码的文字可以在各国支持 UTF-8 字符集的浏览器上显示。例如，如果是 UTF-8 编码，则在国外网站的英文 IE 浏览器上也能显示中文，而无须下载 IE 的中文语言支持包。

（3）早期的 MySQL 系统启动时默认的字符集是 latin1，latin1 是一个 8 位字符集，字符集的名称为 ISO 8859-1latin 1，也简称为 ISO latin-1。latin1 把位于 128～255 的字符用于拉丁字母表中特殊语言字符的编码，也因此而得名。

（4）GB2312 是简体中文字符集，GBK 是对 GB2312 的扩展，其校对原则分别为 gb2312_chinese_ci、gbk_chinese_ci。GBK 是在 GB2312 的基础上扩容后兼容 GB2312 的标准。GBK 的文字编码是用双字节表示的，即不论中、英文字符均使用双字节来表示，为了区分中文，将其最高位都设定成 1。GBK 包含全部中文字符，是国家编码，通用性比 UTF-8 差，不过 UTF-8 占用的数据库比 GBK 大。

GBK、GB2312、latin1 等与 UTF-8 之间必须通过 Unicode 编码才能相互转换。对于一个网站、论坛来说，如果英文字符较多，则建议使用 utf8mb4 节省空间。不过现在很多论坛的插件一般只支持 GBK。

2.1.2　MySQL 字符集的转换过程

在编译 MySQL 时，系统默认的字符集是 utf8mb4，可以通过以下方法进行转换。

（1）最简单的修改方法就是修改 MySQL 的 my.ini（C:\ProgramData\MySQL\MySQL Server 8.0）文件中的字符集，查找[mysql]键值，在下面加上一行"default-character-set=utf8mb4"，如图 2-2 所示。

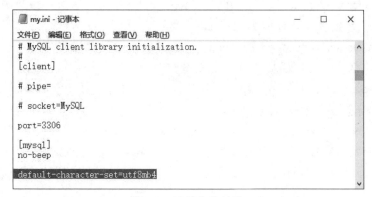

图 2-2　字符集的转换

修改完后，重启 MySQL 的服务，使用下列语句查看，发现数据库编码均已改成 utf8mb4。

```
mysql> show variables like 'character%';
```

（2）另外还有一种修改字符集的方法，就是使用 MySQL 的命令。用命令行的方式修改只是临时更改，当服务器重启后又将恢复默认设置。

```
mysql> set character_set_client = utf8mb4;
mysql> set character_set_connection = utf8mb4;
mysql> set character_set_database = utf8mb4;
mysql> set character_set_results = utf8mb4;
mysql> set character_set_server = utf8mb4;
```

（3）如果设置表的 MySQL 默认字符集为 utf8mb4，并且通过 UTF-8 编码发送查询，有时存入数据库的数据仍然是乱码，问题就出在这个 connection 层上。

解决方法是在发送查询前执行下面的语句。

```
mysql> set names ('utf8mb4');
```

其效果与下面 3 个语句等价。

```
mysql> set character_set_client = (utf8mb4);
mysql> set character_set_results = (utf8mb4);
mysql> set character_set_connection = (utf8mb4);
```

2.1.3　MySQL 字符集的层次设置

MySQL 对于字符集的支持可以细化到 4 个层次，即服务器、数据库、数据表和连接层，对于字符集的指定可以细化到一个数据库、一张表和一列，或者细化到应该用什么字符集。

MySQL 用下列系统变量描述字符集。

(1) character_set_server 和 collation_server：这两个变量是服务器的字符集，是默认的内部操作字符集。

(2) character_set_client：客户端来源数据使用的字符集，这个变量用来决定 MySQL 怎么解释客户端发到服务器的 SQL 命令文字。

(3) character_set_connection 和 collation_connection：连接层字符集，这两个变量用来决定 MySQL 怎么处理客户端发来的 SQL 命令。

(4) character_set_results：查询结果字符集，当 SQL 有结果返回的时候，这个变量用来决定发给客户端的结果中文字量的编码。

(5) character_set_database 和 collation_database：当前选中数据库的默认字符集，create database 命令有两个参数，可以用来设置数据库的字符集和比较规则。

(6) character_set_system：系统元数据的字符集 utf8mb4，数据库、表和列的定义都是用的这个字符集。

对于以 "collation_" 开头的与上面对应的变量，用来描述字符集校对原则。

表的字符集：create table 的参数里可以设置，为列的字符集提供默认值。

列的字符集：决定本列的文字数据的存储编码。列的比较规则比 collation_connection 高。也就是说，MySQL 把 SQL 中的文字直接转成列的字符集后再与列的文字数据比较。

字符集的依存关系如图 2-3 所示。

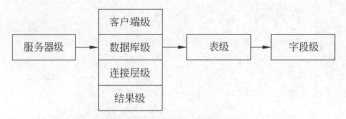

图 2-3　字符集的依存关系

- MySQL 默认的服务器级的字符集决定客户端、连接级和结果级的字符集。
- 服务器级的字符集决定数据库、客户端、连接层和结果集的字符集。
- 数据库的字符集决定表的字符集。

● 表的字符集决定字段的字符集。

2.1.4　标识符和关键字

MySQL 的脚本由一条或多条 MySQL 语句组成，在保存时脚本文件的扩展名一般为 .sql。在控制台下，MySQL 客户端也可以对语句进行单句的执行而不用保存为.sql 文件。在这些语句中最常用的就是标识符和关键字。

1. 标识符

标识符用来命名一些对象，例如数据库、表、列、变量等，以便在脚本中的其他地方引用。MySQL 标识符的命名规则稍微有点烦琐，其通用的命名规则是标识符由以字母或下画线（_）开头的字母、数字或下画线序列组成。

对于标识符是否区分大小写取决于当前的操作系统，在 Windows 下是不敏感的，但对于大多数 Linux/UNIX 系统来说，这些标识符对大小写是敏感的。

2. 关键字

MySQL 的关键字众多，不同版本的 MySQL 语言关键字略有变化。MySQL 5.7 大约有 600 个关键字，MySQL 8.0 在此基础上增加了 90 多个。用户可以在学习过程中把常用的、重要的关键字进行不断积累。所有关键字有自己特定的含义，应尽量避免作为标识符。

2.1.5　常量和变量

1. 常量

常量也称为文字值或标量值，是指某个过程中值始终不变的量。MySQL 的常量类型和用法如表 2-1 所示。

表 2-1　MySQL 的常量类型和用法

常量类型	常量表示说明	示　例
字符串	包括在单引号（''）或双引号（""）中，由字母（a～z、A～Z）、数字字符（0～9）以及特殊字符（例如感叹号（!）、at 符（@）和数字号（#））组成	'China'、"Output X is:"、N'hello'（Unicode 字符串常量，只能用单引号括起字符串）
十进制整型	使用不带小数点的十进制数据表示	1234、654、+2008、−125
十六进制整型	使用前缀 0x 后跟十六进制数字串表示	0x1F00、0xEEC、0X19
日期	使用单引号（' '）将日期时间字符串括起来。MySQL 是按年-月-日的顺序表示日期的。中间的间隔符可以使用 "-"，也可以使用 "\" "/" "@" "%" 等特殊符号	'2018-01-03'、'2018/01/09'、'2017@12@10'
实型	有定点表示和浮点表示两种方式	897.1、−123.03、19E+24、−83E+2
位字段值	使用 b'value'符号写位字段值。value 是一个用 0 和 1 写成的二进制值。直接显示 b'value'的值可能是一系列特殊的符号	b'0'显示为空白，b'1'显示为一个笑脸图标
布尔	布尔常量只包含两个可能的值：true 和 false。false 的数字值为 0，true 的数字值为 1	获取 true 和 false 的值：select true, false
null 值	null 值适用于各种列类型，它通常用来表示"没有值""无数据"等意义，并且不同于数字类型的"0"或字符串类型的空字符串	null

2. 系统变量

变量就是在某个过程中其值可以改变的量，可以利用变量存储程序执行过程中涉及的数据，例如计算结果、用户输入的字符串以及对象的状态等。系统变量包括全局系统变量和会话系统变量两种类型。

（1）全局系统变量和会话系统变量的区别：全局系统变量在 MySQL 启动时由服务器自动初始化为默认值，主要影响整个 MySQL 实例的全局设置，大部分全局系统变量都是作为 MySQL 的服务器调节参数存在。对全局系统变量的修改会影响整个服务器。会话系统变量在每次建立一个新的连接时由 MySQL 来初始化。会话系统变量的定义是在前面加一个@符号，随时定义和使用，会话结束就释放。对会话系统变量的修改只会影响当前的会话，也就是当前的数据库连接。

（2）大多数的系统变量应用于其他 SQL 语句时必须在名称前加两个@符号。例如：

```
select @@version,current_date;
```

（3）显示系统变量清单的格式。

```
show [global|session] variables [like '字符串']
```

例如查看以字符"a"开头的系统变量的命令如下：

```
show variables like 'a%';
```

（4）修改系统变量的值：在 MySQL 中，有些系统变量的值是不能改变的，例如 @@version 和系统日期，而有些系统变量是可以通过 set 语句来修改的，例如将全局系统变量 sort_buffer_size 的值改为 25000。

```
set @@global.sort_buffer_size=25000;
```

再如，对于当前会话，把系统变量 sql_select_limit 的值设置为 100。

```
set @@session.sql_select_limit=100;
```

该变量决定了 select 语句的结果集中的最大行数。执行以下命令可以显示：

```
select @@local.sql_select_limit;
```

用户能够将一个系统变量的值设置为 MySQL 默认值,可以使用 default 关键字。例如：

```
set @@local.sql_select_limit=default;
```

当然，用户也可以定义编程过程中自己需要的变量，此内容将在后续章节中介绍。

2.2 MySQL 的数据类型

数据类型是数据的一种属性，其可以决定数据的存储格式、有效范围和相应的值范围限制。MySQL 的数据类型包括字符串类型、整数类型、浮点数类型、定点数类型、日期和时间类型、二进制类型。在 MySQL 中创建表时需要考虑为字段选择哪种数据类型是最合适的。选择了合适的数据类型，会提高数据库的运行效率。

2.2.1　字符串类型

字符串类型是在数据库中存储字符串的数据类型。

字符串类型可以分为两类，即普通的文本字符串类型（char 和 varchar）和特殊类型（set 和 enum）。它们之间有一定的区别，值的范围不同，应用的地方也不同。

（1）普通的文本字符串类型，即 char 和 varchar 类型，char 列的长度被固定为创建表时所声明的长度，取值范围为 1～255；varchar 列的值是变长的字符串，取值和 char 一样。下面介绍普通的文本字符串类型，如表 2-2 所示。

表 2-2　普通的文本字符串类型

类　　型	取　值　范　围	说　　明
[national] char(m) [binary|ASCII|unicode]	0～255 个字符	固定长度为 m 的字符串，其中 m 的取值范围为 0～255。national 关键字指定了应该使用的默认字符集。binary 关键字指定了数据是否区分大小写（默认是区分大小写的）。ASCII 关键字指定了在该列中使用 latin1 字符集。unicode 关键字指定使用 UCS 字符集
char	0～255 个字符	与 char(m)类似
[national]varchar(m) [binary]	0～255 个字符	长度可变，其他和 char(m)类似

（2）特殊类型 enum 和 set，介绍如表 2-3 所示。

表 2-3　enum 和 set 类型

类　　型	最　大　值	说　　明
enum ("value1", "value2",…)	65 535	该类型的列只可以容纳所列值之一或为 null
set ("value1", "value2",…)	64	该类型的列可以容纳一组值或为 null

说明：在创建表时，使用字符串类型应遵循以下原则。

（1）从速度方面考虑，要选择固定的列，可以使用 char 类型。

（2）要节省空间，使用动态的列，可以使用 varchar 类型。

（3）要将列中的内容限制在一种选择，可以使用 enum 类型。

（4）允许在一个列中有多于一个的条目，可以使用 set 类型。

（5）如果要搜索的内容不区分大小写，可以使用 text 类型。

2.2.2　数字类型

数字类型总体可以分成整数类型和浮点数据类型两类。

（1）整数类型：整数类型是数据库中最基本的数据类型。在标准 SQL 中支持 integer 和 smallint 两种整数类型。MySQL 数据库除了支持这两种类型以外，还支持 tinyint、mediumint 和 bigint。MySQL 支持所有的 ANSI/ISO SQL 92 数字类型。这些类型不仅包括准确数字的数据类型（numeric、decimal、integer 和 smallint），还包括近似数字的数据类型（float、real 和 double precision）。其中的关键字 int 是 integer 的同义词。整数类型的详细内容如表 2-4 所示。

表 2-4　整数类型

数据类型	取 值 范 围	说　明	单　位
tinyint	符号值：−127～127；无符号值：0～255	最小的整数	1 字节
bit	符号值：−127～127；无符号值：0～255	最小的整数	1 字节
bool	符号值：−127～127；无符号值：0～255	最小的整数	1 字节
smallint	符号值：−32 768～32 767 无符号值：0～65 535	小型整数	2 字节
mediumint	符号值：−8 388 608～8 388 607 无符号值：0～16 777 215	中型整数	3 字节
int	符号值：−2 147 483 648～2 147 483 647 无符号值：0～4 294 967 295	标准整数	4 字节
bigint	符号值：−9 223 372 036 854 775 808～9 223 372 036 854 775 807； 无符号值：0～18 446 744 073 709 551 615	大整数	8 字节

说明：此处取值范围都是按十进制形式处理的。bool、bit 类型都占 1 字节，与 tinyint 类型相同。

需要注意的是，无论是定义变量还是在表中定义列宽，显示宽度和数据类型的取值范围是无关的。显示宽度是指明 MySQL 最大可能显示的数字占用位数，当数值的位数小于指定的宽度时会用空格填充；如果插入了大于显示宽度的值，只要该值不超过该类型整数的取值范围，数值将按照实际大小显示。例如，定义变量为 int (2)类型，则会占用 4 字节的存储空间，并且允许的最大值不会是 99，而是 int 整型所允许的最大值。

（2）浮点数据类型：MySQL 中使用浮点数类型和定点数类型来表示小数。浮点数类型包括单精度浮点数（float 型）和双精度浮点数（double 型）。定点数类型就是 decimal 型，关键字 dec 是 decimal 的同义词。浮点数据类型的详细内容如表 2-5 所示。

表 2-5　浮点数据类型

数据类型	取 值 范 围	说　明	单　位
float	−3.402823466E+38～−1.175494351E−38, 0, +1.175494351E−38～+3.402823466E+38	有符号单精度浮点数	4 字节
	0, 1.175494351E−38～3.402823466E+38	无符号单精度浮点数	
double	−1.7976931348623157E+308～−2.2250738585072014E−308, 0, +2.2250738585072014E−308～+1.7976931348623157E+308	有符号双精度浮点数	8 字节
	0, −2.2250738585072014E−308～−1.7976931348623157E+308	无符号双精度浮点数	
decimal	可变	定点小数	自定义长度

说明：在创建表时，使用哪种数字类型应遵循以下原则。

（1）选择最小的可用类型，如果值永远不超过 127，则使用 tinyint 比使用 int 强。

（2）对于完全都是数字的，可以选择整数类型。

（3）浮点类型用于可能具有小数部分的数。例如货物单价、网上购物交付金额等。

2.2.3 日期和时间类型

日期和时间类型是为了方便在数据库中存储日期和时间而设计的。在 MySQL 中有多种表示日期和时间的数据类型。其中，year 类型表示年份；date 类型表示日期；time 类型表示时间；datetime 和 timestamp 类型表示日期和时间。每种类型都有其取值范围，如果赋予它一个不合法的值，将会被"0"代替。下面介绍日期和时间类型，如表 2-6 所示。

表 2-6　日期和时间类型

类　型	取　值　范　围	说　明
date	1000-01-01～9999-12-31	日期，格式 YYYY-MM-DD
time	−838:59:59～838:59:59	时间，格式 HH:MM:SS
datetime	1000-01-01 00:00:00～ 9999-12-31 23:59:59	日期和时间，格式 YYYY-MM-DD HH:MM:SS
timestamp	1970-01-01 00:00:00～ 2037 年的某个时间	时间标签，在处理报告时使用的格式取决于当前时区的值
year	1901～2155	年份可指定两位数字和 4 位数字的格式

2.2.4 二进制类型

二进制类型是在数据库中存储二进制数据的类型。二进制类型包括 binary、varbinary、bit、tinyblob、blob、mediumblob 和 longblob 类型。tinytext、longtext 和 text 等适合存储长文本的类型，也放在这里介绍。

text 和 blob 类型的大小可以改变，text 类型适合存储长文本，而 blob 类型适合存储二进制数据，支持任何数据，例如文本、声音和图像等。下面介绍 text 和 blob 类型，如表 2-7 所示。

表 2-7　text 和 blob 类型

类　型	最大长度（字节数）	说　明
tinyblob	2^8-1（255）	小 blob 字段
tinytext	2^8-1（255）	小 text 字段
blob	$2^{16}-1$（65 535）	常规 blob 字段
text	$2^{16}-1$（65 535）	常规 text 字段
mediumblob	$2^{24}-1$（16 777 215）	中型 blob 字段
mediumtext	$2^{24}-1$（16 777 215）	中型 text 字段
longblob	$2^{32}-1$（4 294 967 295）	长 blob 字段
longtext	$2^{32}-1$（4 294 967 295）	长 text 字段

MySQL 把每个 blob 和 text 当作一个独立的对象处理。当 blob 和 text 值太大时，InnoDB 会使用专门的外部存储区域来进行存储，此时每个值在行内需要 1～4 个值存储一个指针，然后在外部存储区域存储实际值。

2.3　MySQL 的运算符和表达式

运算符是用来连接表达式中各个操作数的符号，其作用是指明对操作数所进行的运算。MySQL 数据库通过使用运算符，不仅可以使数据库的功能更加强大，而且可以更加灵活地使用表中的数据。MySQL 运算符包括 4 类，分别是算术运算符、比较运算符、逻辑运算符和位运算符。

需要说明的是，MySQL 中的 select 语句具有输出功能，能够显示函数和表达式的值。

视频讲解

2.3.1　算术运算符

算术运算符是 MySQL 中最常用的一类运算符。MySQL 支持的算术运算符包括加、减、乘、除、求余。下面列出算术运算符的符号和功能，如表 2-8 所示。

表 2-8　算术运算符

符　　号	功　　能	符　　号	功　　能
+	加法运算	%	求余运算
−	减法运算	div	除法运算，返回商，同"/"
*	乘法运算	mod	求余运算，返回余数，同"%"
/	除法运算		

说明：

（1）加（+）、减（−）和乘（*）可以同时运算多个操作数。加（+）运算还可用于连接两个字符串，或者计算某个日期增加的天数、某个时间的秒数等。减（−）运算还可用于计算某个日期减少的天数、某个时间的秒数等。

（2）除号（/）和求余运算符（%）也可以同时计算多个操作数。

（3）div 和 mod 这两个运算符只有两个参数。在进行除法和求余运算时，除以零的除法是不允许的，MySQL 会返回 null。

【例 2.1】　使用算术运算符进行加、减、乘、除、求余等运算。

代码和运算结果如下：

```
mysql> select 3+2,1.5*3,3/5,100-23.5,5%3;
    +-----+-------+--------+----------+------+
    | 3+2 | 1.5*3 | 3/5    | 100-23.5 | 5%3  |
    +-----+-------+--------+----------+------+
    |   5 |   4.5 | 0.6000 |     76.5 |    2 |
    +-----+-------+--------+----------+------+
    1 row in set (0.01 sec)
```

2.3.2　比较运算符

比较运算符是查询数据时最常用的一类运算符。select 语句中的条件语句经常要使用比较运算符。通过比较运算符可以判断表中的哪些记录是符合条件的。比较运算符的符号、作用和应用示例如表 2-9 所示。

表 2-9　比较运算符

运算符	作 用	示 例	运算符	作 用	示 例
=	等于	id=5	is not null	非空	id is not null
>	大于	id>5	between	区间比较	id between1 and 15
<	小于	id<5	in	属于	id in (3,4,5)
>=	大于或等于	id>=5	not in	不属于	name not in (shi,li)
<=	小于或等于	id<=5	like	模式匹配	name like ('shi%')
!=或<>	不等于	id!=5	not like	模式不匹配	name not like ('shi%')
is null	空	id is null	regexp	常规表达式	name regexp 正则表达式

下面对几种较常用的比较运算符进行讲解。

（1）运算符"="："="用来判断数字、字符串和表达式等是否相等。如果相等，返回1，否则返回 0。

说明：在运用"="运算符判断两个字符是否相同时，数据库系统都是根据字符的 ASCII 码进行判断的。如果 ASCII 码相等，则表示这两个字符相同；如果 ASCII 码不相等，则表示两个字符不相同。空值（null）不能使用"="来判断。

（2）运算符"<>"和"!="："<>"和"!="用来判断数字、字符串、表达式等是否不相等。如果不相等，则返回 1，否则返回 0。这两个符号也不能用来判断空值（null）。

（3）运算符">"："">"用来判断左边的操作数是否大于右边的操作数。如果大于，返回 1，否则返回 0。同样空值（null）不能使用">"来判断。"<"运算符、"<="运算符和">="运算符与">"运算符的使用方法基本相同，这里不再赘述。

【例 2.2】　使用比较运算符进行判断。

代码和运算结果如下：

```
mysql> select 'A'>'B',1+1=2, 'X'<'x', 7<>7, 'a'<= 'a';
    +---------+-------+---------+------+-----------+
    | 'A'>'B' | 1+1=2 | 'X'<'x' | 7<>7 | 'a'<= 'a' |
    +---------+-------+---------+------+-----------+
    |       0 |     1 |       0 |    0 |         1 |
    +---------+-------+---------+------+-----------+
    1 row in set （0.02 sec)
```

（4）运算符"is null"："is null"用来判断操作数是否为空值（null）。当操作数为 null 时，结果返回 1，否则返回 0。is not null 刚好与 is null 相反。

【例 2.3】　运用 is null、is not null 运算符。

代码和运算结果如下：

```
mysql> select null is not null,17.3 is null, 11.7 is not null;
    +------------------+--------------+------------------+
    | NULL IS NOT  NULL | 17.3 IS NULL | 11.7 IS NOT NULL |
    +------------------+--------------+------------------+
    |                0 |            0 |                1 |
    +------------------+--------------+------------------+
    1 row in set （0.00 sec)
```

说明：

① "="" < > " "!=" " > " " >= " " < " " <= "等运算符都不能用来判断空值（null），一旦使用，结果将返回 null。如果要判断一个值是否为空值，可以使用" < > "、is null 和 is not null 来判断。

② null 和'null'是不同的，前者表示空值，后者表示一个由 4 个字母组成的字符串。

（5）运算符"between and"："between and"用于判断数据是否在某个取值范围内，也可以添加 not 对一个 between 运算进行取反。其表达式如下：

```
x1 between m and n
```

视频讲解

如果 x1 大于或等于 m，且小于或等于 n，结果将返回 1，否则将返回 0。

【例 2.4】 运用"between and"运算符判断一个数是否在某个范围内。

代码和运算结果如下：

```
mysql> select 11.7  not between 0 and 10, 51  between 0 and 70;
        +-----------------------------+----------------------+
        | 11.7  NOT between 0 AND 10 | 51  between 0 AND 70 |
        +-----------------------------+----------------------+
        |                          1 |                    1 |
        +-----------------------------+----------------------+
        1 row in set  (0.00 sec)
```

（6）运算符"in"："in"用于判断数据是否存在于某个集合中。其表达式如下：

```
x1 in(值1,值2,…,值n)
```

视频讲解

如果 x1 等于值 1 到值 n 中的任何一个值，结果将返回 1；如果不等于，结果将返回 0。

【例 2.5】 运用"in"运算符判断某值是否在指定的范围内。

代码和运算结果如下：

```
mysql> select 7 in(1,2,5,6,7,8,9), 3 not in (1,10);
        +----------------------+-----------------+
        | 7 IN(1,2,5,6,7,8,9) | 3 NOT IN (1,10) |
        +----------------------+-----------------+
        |                    1 |               1 |
        +----------------------+-----------------+
        1 row in set  (0.00 sec)
```

（7）运算符"like"："like"用来匹配字符串。其中，"%"匹配任意多个字符，"_"匹配一个字符。其表达式如下：

```
x1 like s1
```

视频讲解

如果 x1 与字符串 s1 匹配，结果将返回 1，否则返回 0。

【例 2.6】 使用"like"运算符判断某字符串是否与指定的字符串匹配。

代码和运算结果如下：

```
mysql> select 'MySQL' like 'My%', 'APPLE' like 'A_';
       +-------------------+-------------------+
       | 'MySQL' like 'My%' | 'APPLE' like 'A_' |
       +-------------------+-------------------+
       |                 1 |                 0 |
       +-------------------+-------------------+
       1 row in set (0.00 sec)
```

（8）运算符"regexp"：regexp 同样用于匹配字符串，但其使用的是正则表达式进行匹配。使用"regexp"运算符匹配字符串，方法非常简单。"regexp"运算符经常与"^""$"
"."一起使用。"^"用来匹配字符串的开始部分；"$"用来匹配字符串的结尾部分；"."用来代表字符串中的一个字符。其表达式如下：

```
x1 regexp '匹配方式'
```

如果 x1 满足匹配方式，结果将返回 1，否则返回 0。

regexp 运算符一般用来与表中的字段值匹配，判定该值是否以指定字符开头，或为中间的一个字符，或结尾，同时判定是否包含指定的字符串。

2.3.3　逻辑运算符

逻辑运算符用来判断表达式的真假。如果表达式是真，结果返回 1；如果表达式是假，结果返回 0。逻辑运算符又称为布尔运算符。MySQL 支持 4 种逻辑运算符，分别是与、或、非和异或。下面是 4 种逻辑运算符的符号及功能，如表 2-10 所示。

视频讲解

表 2-10　逻辑运算符

逻辑运算符	功　　能	逻辑运算符	功　　能
&&或 and	与	! 或 not	非
‖或 or	或	xor	异或

（1）与运算："&&"和"and"是与运算的两种表达方式。如果所有数据不为 0 且不为空值（null），结果返回 1；如果存在任何一个数据为 0，结果返回 0；如果存在一个数据为 null 且没有数据为 0，结果返回 null。与运算符支持多个数据同时进行运算。

（2）或运算："‖"和"or"表示或运算。如果所有数据中存在任何一个数据不为非 0，结果返回 1；如果数据中不包含非 0 的数字，但包含 null，结果返回 null；如果操作数中只有 0，结果返回 0。或运算符"‖"也可以同时操作多个数据。

（3）非运算："!"和 not 表示非运算。通过非运算，将返回与操作数相反的结果。如果操作数是非 0 的数字，结果返回 0；如果操作数是 0，结果返回 1；如果操作数是 null，结果返回 null。

【例 2.7】　逻辑运算符 and、or、not 示例。

代码和运算结果如下：

```
mysql> select not('A'='B'),('c' ='C')and('c'<'D')or(1=2);
       +--------------+------------------------------+
       | NOT('A'='B') | ('c' ='C') AND ('c'<'D') OR(1=2) |
```

```
+---------------+------------------------------------+
|       1       |                 1                  |
+---------------+------------------------------------+
1 row in set (0.00 sec)
```

（4）异或运算：xor 表示异或运算，只要其中任何一个操作数为 null，结果就返回 null。

【例 2.8】　逻辑运算符&&、xor 示例。

代码和运算结果如下：

```
mysql> select ('c'='C') && (1=2),('A'='a')xor(1+1=3);
+--------------------+--------------------+
| ('c'='C') && (1=2) | ('A'='a')XOR(1+1=3) |
+--------------------+--------------------+
|                  0 |                  1 |
+--------------------+--------------------+
1 row in set (0.02 sec)
```

2.3.4　位运算符

位运算符是在二进制数上进行计算的运算符。位运算会先将操作数变成二进制数，进行位运算，然后再将计算结果从二进制数变回十进制数。MySQL 支持 6 种位运算符，分别是按位与、按位或、按位取反、按位异或、按位左移和按位右移。6 种位运算符的符号及功能如表 2-11 所示。

表 2-11　位运算符

符号	功　　能
&	按位与。在进行该运算时，数据库系统会先将十进制数转换为二进制数，然后对应操作数的每个二进制位进行与运算。1 和 1 相与得 1，1 和 0 相与得 0。运算完成后再将二进制数转换为十进制数
|	按位或。将操作数转换为二进制数后，每一位都进行或运算。1 和任何数进行或运算的结果都是 1，0 与 0 进行或运算的结果为 0
~	按位取反。将操作数转换为二进制数后，每一位都进行取反运算。1 取反后变成 0，0 取反后变成 1
^	按位异或。将操作数转换为二进制数后，每一位都进行异或运算。相同的数异或之后结果是 0，不同的数异或之后结果为 1
<<	按位左移。"m<<n" 表示 m 的二进制数向左移 n 位，右边补上 n 个 0。例如，二进制数 001 左移 1 位后将变成 0010
>>	按位右移。"m>>n" 表示 m 的二进制数向右移 n 位，左边补上 n 个 0。例如，二进制数 011 右移 1 位后变成 001，最后一个 1 直接被移出

【例 2.9】　位运算符示例。

代码和运算结果如下：

```
mysql> select 3&2,2|3,100>>5, ~1,6^4;
+-----+-----+--------+---------------------+-----+
| 3&2 | 2|3 | 100>>5 | ~1                  | 6^4 |
```

```
+-----+-----+--------+----------------------+-----+
|  2  |  3  |    3   | 18446744073709551614 |  2  |
+-----+-----+--------+----------------------+-----+
1 row in set (0.00 sec)
```

2.3.5　表达式和运算符的优先级

（1）表达式：在 SQL 中，表达式就是常量、变量、列名、复杂计算、运算符和函数的组合。表达式通常都有返回值。与常量和变量一样，表达式的值也具有某种数据类型。根据表达式的值的类型，表达式可分为字符型表达式、数值型表达式和日期型表达式。

（2）运算符的优先级：当一个复杂的表达式有多个运算符时，运算符的优先级决定执行运算的先后次序。在一个表达式中按先高（优先级数字小）后低（优先级数字大）的顺序进行运算。运算符的优先级如表 2-12 所示，按照从高到低、从左到右的级别进行运算操作。如果优先级相同，则表达式左边的运算符先运算。

表 2-12　MySQL 运算符的优先级

优先级	运　算　符
1	!
2	~
3	^
4	*、/、div、%、mod
5	+、-
6	>>、<<
7	&
8	|
9	=、<=>、<、<=、>、>=、!=、<>、in、is、null、like、regexp
10	between and、case、when、then、else
11	not
12	&&、and
13	||、or、xor
14	:=（赋值号）

2.4　MySQL 的常用函数

MySQL 数据库中提供了很丰富的函数，这些内部函数可以帮助用户更加方便地处理表中的数据。MySQL 函数包括数学函数、字符串函数、日期和时间函数、聚合函数、条件判断函数、系统信息函数、加密函数和格式化函数等。另外，MySQL 8.0 还新增了窗口函数。

select 语句及其条件表达式都可以使用这些函数，同时 insert、update 和 delete 语句及其条件表达式也可以使用这些函数。

2.4.1　数学函数

数学函数是 MySQL 中常用的一类函数，主要用于处理数字，包括整数类型、浮点数类型等。数学函数包括绝对值函数、正弦函数、余弦函数、获取随机数的函数等，常用的数学函数如表 2-13 所示。

视频讲解

表 2-13　常用的数学函数

函　　数	功　能　描　述
abs()	返回表达式的绝对值
acos()	反余弦函数，返回以弧度表示的角度值
asin()	反正弦函数，返回以弧度表示的角度值
atan()	反正切函数，返回以弧度表示的角度值
ceiling()	返回大于或等于指定数值表达式的最小整数
cos()	返回以弧度为单位的角度的余弦值
degree()	弧度值转换为角度值
exp()	返回给定表达式为指数的 e 值
floor()	返回小于或等于指定数值表达式的最大整数
greatest()	获得一组数中的最大值
least()	获得一组数中的最小值
log()	返回给定表达式的自然对数
log10()	返回给定表达式的以 10 为底的对数
PI()	常量，圆周率
pow()	返回给定表达式的指定次方的值
radians()	角度值转换为弧度值
rand()	返回 0～1 的随机 float 数
round()	返回指定小数位数的表达式的值
sign()	返回某个数的符号
sin()	返回以弧度为单位的角度的正弦值
sqrt()	返回给定表达式的算术平方根
tan()	返回以弧度为单位的角度的正切值

数学函数可以作为表达式或表达式的一部分使用，下面举几个例子。

【例 2.10】　floor()、ceiling()和 log()函数示例。

代码和运算结果如下：

```
mysql> select floor(3.67),ceiling(4.71),log(5);
+-------------+---------------+--------------------+
| floor(3.67) | ceiling(4.71) | log(5)             |
+-------------+---------------+--------------------+
|           3 |             5 | 1.6094379124341003 |
+-------------+---------------+--------------------+
```

```
1 row in set (0.05 sec)
```

【例 2.11】 利用取随机数函数 rand()和四舍五入函数 round()输出 60～90 和 25～65 的任意整数。

代码和运算结果如下：

```
mysql> select 60+ round(30*rand(),0),25+ round(40*rand(),0);
        +------------------------+------------------------+
        | 60+ round(30*rand(),0) | 25+ round(40*rand(),0) |
        +------------------------+------------------------+
        |                     76 |                     39 |
        +------------------------+------------------------+
1 row in set (0.00 sec)
```

说明：

（1）rand()返回的数是完全随机的。当 rand(x)函数的 x 相同时，它被用作种子值，返回的值是相同的。

（2）四舍五入函数 round(x)返回离 x 最近的整数，也就是对 x 进行四舍五入处理。round(x,y)返回 x 保留到小数点后 y 位的值，在截取时进行四舍五入处理。

2.4.2 字符串函数

字符串函数主要用于处理字符串数据和表达式，MySQL 中的字符串函数包括计算字符串长度函数、合并函数、替换函数、比较函数和查找字符串位置函数等。常用的字符串函数及其功能如表 2-14 所示。

视频讲解

表 2-14 常用的字符串函数

函　　数	功　能　描　述
char_length()	返回字符串中字符的个数
concat()	返回连接参数产生的字符串
left()	返回从字符串左边开始指定个数的字符
length()	返回给定字符串的字节长度
lower()	将大写字符数据转换为小写字符数据后返回字符表达式
ltrim()	删除起始空格后返回字符表达式
replace()	用第 3 个表达式替换第 1 个字符串表达式中出现的所有第 2 个给定字符串表达式
repeat()	以指定的次数重复字符串表达式
reverse()	返回字符表达式的反转字符串
right()	返回从字符串右边开始指定个数的字符
rtrim()	截断所有尾随空格后返回一个字符串
space()	返回由重复的空格组成的字符串
substring()	求子串函数
upper()	返回将小写字符数据转换为大写的字符表达式

下面对常用字符串函数举例说明。

【例2.12】 利用 concat()函数连接字符串。

代码和运算结果如下:

```
mysql> select concat('My',' SQL','8.0.22'),concat('ABC',null,'DEF');
        +------------------------------+--------------------------+
        | concat('My',' SQL','8.0.22') | concat('ABC', null,'DEF') |
        +------------------------------+--------------------------+
        | MySQL8.0.22                  | null                     |
        +------------------------------+--------------------------+
        1 row in set (0.04 sec)
```

说明: concat()函数返回来自参数连接的字符串。如果参数是 null,返回 null。它可以有超过两个的参数。数字参数会被转换为等价的字符串形式。

【例2.13】 利用 substring()函数返回指定字符串,并利用 reverse()逆序输出。

代码和运算结果如下:

```
mysql> select substring('ABCDEFGH',2,6),
    -> reverse (substring('ABCDEFGH',2,6));
        +--------------------------+-----------------------------------+
        | substring('ABCDEFGH',2,6) | reverse(substring('ABCDEFGH',2,6))|
        +--------------------------+-----------------------------------+
        | BCDEFG                   | GFEDCB                            |
        +--------------------------+-----------------------------------+
        1 row in set (0.00 sec)
```

2.4.3 日期和时间函数

视频讲解

日期和时间函数主要用于处理表中的日期和时间数据。日期和时间函数包括获取当前日期的函数、获取当前时间的函数、计算日期的函数和计算时间的函数等。常用的日期和时间函数如表 2-15 所示。

表 2-15　常用的日期和时间函数

函　　数	功　能　描　述
curdate()	获取当前系统的日期
curtime()	获取当前系统的时间
date_add()	可以对日期和时间进行加法运算
date_sub()	可以对日期和时间进行减法运算
datediff()	计算两个日期相隔的天数
date_format()	用来格式化日期值
day()	获取指定日期的日期整数
dayname()	以英文名方式显示,返回指定日期是星期几,例如 Tuesday 等
dayofmonth()	返回指定日期在一个月中的序数
dayofweek()	返回指定日期在一个星期中的序数
dayofyear()	返回指定日期在一年中的序数

续表

函　　数	功　能　描　述
hour()	返回指定时间的小时数
minute()	返回指定时间的分钟数
month()	获取指定日期的月份整数
now()、sysdate()	返回当前日期和时间
quarter()	获取指定日期的季度整数
second()	返回指定时间的秒钟数
time_format()	用来格式化时间值
UTC_DATE()	用来输出世界标准时间的日期
UTC_TIME()	用来输出世界标准时间
year()	获取指定日期的年份整数

1. 常用日期和时间函数举例

【例 2.14】 利用 curdate()、curtime()和 now()函数返回当前日期和时间。

代码和运算结果如下：

```
mysql> select curdate(),curdate()+7,curtime(),now()+10;
    +-----------+-------------+-----------+----------------+
    | curdate() | curdate()+7 | curtime() | now()+10       |
    +-----------+-------------+-----------+----------------+
    | 2020-12-03 |   20201210  | 13:29:15  | 20201203132925 |
    +-----------+-------------+-----------+----------------+
1 row in set (0.00 sec)
```

【例 2.15】 返回指定日期在一年、一个月及一星期中的序数。

代码和运算结果如下：

```
mysql> select dayofyear(20210512),dayofmonth('2021-05-12'),
    -> dayofweek(now());
    +-------------------+------------------------+----------------+
    | dayofyear(20210512)|dayofmonth('2021-05-12')|dayofweek(now())|
    +-------------------+------------------------+----------------+
    |               132 |                    12  |              5 |
    +-------------------+------------------------+----------------+
1 row in set (0.02 sec)
```

【例 2.16】 返回指定时间的时、分、秒。

代码和运算结果如下：

```
mysql> select curtime(),hour(curtime()),
    -> minute(curtime()),second(curtime());
    +----------+---------------+-----------------+-----------------+
    | curtime()|hour(curtime())|minute(curtime())|second(curtime()) |
    +----------+---------------+-----------------+-----------------+
```

```
|08:39:52  |                8 |               39 |               52   |
+----------+---------------+----------------+------------------+
1 row in set (0.00 sec)
```

2. date_add()和date_sub()函数

这两个函数可以对日期和时间进行算术操作,分别用来增加和减少日期值。date_add()和date_sub()函数的语法格式为:

```
date_add | date_sub (date, interval int keyword)
```

date 表示日期和时间;interval 关键字表示一个时间间隔;参数 keyword 使用的关键字如表 2-16 所示。

表 2-16　date_add()和 date_sub()函数的 keyword 参数

关　键　字	间隔值的格式	关　键　字	间隔值的格式
day	日期	minute	分钟
day_hour	日期:小时	minute_second	分钟:秒
day_minute	日期:小时:分钟	month	月
day_second	日期:小时:分钟:秒	second	秒
hour	小时	year	年
hour_minute	小时:分钟	year_month	年-月
hour_ second	小时:分钟:秒		

【例 2.17】 计算指定时间的 45 分钟前是什么时间。

代码和运算结果如下:

```
mysql> select date_sub('2020-10-1 10:10:10', interval 45 minute);
+---------------------------------------------------+
| date_sub('2020-10-1 10:10:10', interval 45 minute) |
+---------------------------------------------------+
| 2020-10-01 09:25:10                               |
+---------------------------------------------------+
1 row in set (0.03 sec)
```

【例 2.18】 2023 年 1 月 27 日放假,计算现在离放假还有多少天。

代码和运算结果如下:

```
mysql> select datediff('2023-1-27',now());
+----------------------------+
| datadiff('2023-1-27',now()); |
+----------------------------+
|                        55  |
+----------------------------+
1 row in set (0.03 sec)
```

3. 日期和时间格式化函数

date_format()和 time_format()函数可以用来格式化日期和时间值。

其语法格式如下：

```
date_format|time_format(date | time, fmt)
```

其中，date 和 time 是需要格式化的日期和时间值，fmt 是日期和时间值格式化的形式。表 2-17 列出了 MySQL 中的日期和时间格式。

表 2-17 MySQL 中的日期和时间格式

关键字	间隔值的格式	关键字	间隔值的格式
%a	缩写的星期名（Sun，Mon…）	%p	AM 或 PM
%b	缩写的月份名（Jan，Feb…）	%r	时间，12 小时的格式
%d	月份中的天数	%S	秒（00，01）
%H	小时（01，02…）	%T	时间，24 小时的格式
%I	分钟（00，01…）	%w	一周中的天数（0，1）
%j	一年中的天数（001，002…）	%W	长型星期的名字（Sunday，Monday…）
%m	月份，两位（00，01…）	%Y	年份，4 位
%M	长型月份的名字（January，February）		

【例 2.19】 按照指定格式输出日期。

代码和运算结果如下：

```
mysql> select date_format(now(),'%W,%d,%m, %Y , %r, %p');
    +--------------------------------------------+
    | date_format(now(),'%W,%d,%m, %Y , %r, %p') |
    +--------------------------------------------+
    | Thursday,03,12, 2020 , 01:48:27 PM, PM     |
    +--------------------------------------------+
1 row in set (0.03 sec)
```

2.4.4 聚合函数

聚合函数也叫作分组统计函数。这些函数的主要功能如表 2-18 所示，常用于对聚合在组内的数据表行进行计算。

表 2-18 MySQL 中的聚合函数

函 数	功 能 描 述
avg()	返回组中数据的平均值，忽略 null 值
count()	返回组中项目的数量
max()	返回多个数据比较的最大值，忽略 null 值
min()	返回多个数据比较的最小值，忽略 null 值
sum()	返回组中数据的和，忽略 null 值

2.4.5 其他函数

1. 系统信息函数

系统信息函数用来查询 MySQL 数据库的系统信息，例如查询数据库的版本、查询数据库的当前用户等，如表 2-19 所示。

表 2-19   MySQL 中的系统信息函数

函 数	功 能
database()	返回当前数据库名
benchmark(n, expr)	将表达式 expr 重复运行 n 次
charset(str)	返回字符串 str 的字符集
connection_id()	返回当前客户连接服务器的次数
found_rows()	返回上一次查询所返回的行数（没有以 limit 语句进行限制）
get_lock(str, dur)	获得一个由字符串 str 命名的并且有 dur 秒延迟的锁定
is_free_lock(str)	检查以 str 命名的锁定是否释放
last_insert_id()	返回由系统自动产生的最后一个 autoincrement id 的值
master_pos_wait(log, pos,dur)	锁定主服务器 dur 秒，直到从服务器与主服务器的日志 log 指定的位置 pos 同步
release_lock(str)	释放由字符串 str 命名的锁定
user()或 system_user()	返回当前登录用户名
version()	返回 MySQL 服务器的版本

【例 2.20】 返回 MySQL 服务器的版本、当前数据库名和当前用户名信息，并查看当前用户连接 MySQL 服务器的次数。

代码和运算结果如下：

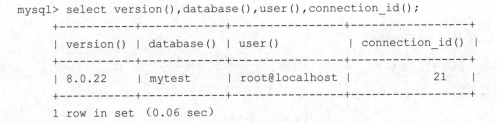

```
mysql> select version(),database(),user(),connection_id();
+-----------+------------+-----------------+-----------------+
| version() | database() | user()          | connection_id() |
+-----------+------------+-----------------+-----------------+
| 8.0.22    | mytest     | root@localhost  |              21 |
+-----------+------------+-----------------+-----------------+
1 row in set （0.06 sec）
```

2. 加密函数

MySQL 8.0 的加密函数主要用来对数据进行加密和进行界面处理。这些函数主要用于保证数据库安全。几种加密函数的作用和使用方法如下。

1）加密函数 md5( )

md5( )为字符串算出一个 md5 128 位校验和。该值以 32 位十六进制数的二进制字符串形式返回，若参数为 null，则返回 null。

【例 2.21】 使用 md5()函数加密字符串。

代码和运算结果如下：

```
mysql> select md5('student157');
      +--------------------------------+
      | md5('student157')              |
      +--------------------------------+
      | 0f7856102895480768c7fa0ed0d9c9c8 |
      +--------------------------------+
      1 row in set (0.00 sec)
```

可以看到，student157 经 md5 加密后的结果为 f7856102895480768c7fa0ed0d9c9c8。

2）加密函数 sha(str)

sha(str)函数从原明文密码 str 计算并返回加密后的密码字符串，当参数为 null 时返回 null。该加密算法比 md5( )更加安全。

【例 2.22】 使用 sha( )函数加密字符串。

代码和运算结果如下：

```
mysql> select sha('student157');
      +------------------------------------------+
      | sha('student157')                        |
      +------------------------------------------+
      | 5f56397df89dac4dde4c6e1ee2e558ea00e58831 |
      +------------------------------------------+
      1 row in set (0.03 sec)
```

3）加密函数 sha2(str, hash_length)

sha2(str, hash_length)用 hash_length 作长度加密字符串 str。hash_length 支持的值为 224、256、384、512 和 0，其中 0 等同于 256。

【例 2.23】 使用 sha2()函数加密字符串。

代码和运算结果如下：

```
mysql> select sha2('student157',0) A,sha2('student157',224) B\G
      *************************** 1. row ***************************
      A: 52dc81d893bc43469e58d39fcba4634843d9eaf52567b421ce82e7b46326ec9e
      B: b9611320e8c7331542bbb51b82d89ba68e86be5803fb53592af285f9
      1 row in set (0.03 sec)
```

可以看到，hash_length 的值中 0 相当于 256，224 比 256 少 8×4=32 位，A 和 B 相当于输出结果的标题。"\G"表示列式输出结果。

3. 格式化函数

format()函数的语法格式为：

```
format(x, y)
```

format()函数把数值格式化为以逗号分隔的数字序列。format()的第一个参数 x 是被格式化的数据，第二个参数 y 是结果的小数位数。

【例 2.24】 利用格式化函数 format()处理数据。

代码和运算结果如下：

```
mysql> select format(2/3,2),format(123456.78,0);
    +----------------+---------------------+
    | format(2/3,2)  | format(123456.78,0) |
    +----------------+---------------------+
    | 0.67           | 123,457             |
    +----------------+---------------------+
1 row in set （0.02 sec)
```

4. 窗口函数

窗口函数是 MySQL 8.0 新增的函数，可以用于实现很多新的查询方式。窗口函数类似于 sum()、count()那样的聚合函数，但不会将多行查询结果合并为一行，而是将结果放回多行中。也就是说，窗口函数是不需要 group by 语句的。

根据工作需要，可以创建用户定义窗口函数，还可以利用流程控制语句编写较为实用的程序，以提高程序的质量，相关内容将在以后的章节介绍。

2.5　实践操作指导

本章主要介绍 MySQL 数据库中常见的数据类型、函数、运算符和表达式等基础内容，从操作的角度来看，主要在 MySQL 8.0 环境下实现一些常见函数的应用和表达式运算。

- 查看 MySQL 的系统变量参数值。
- 利用 select 语句输出常量、运算符、常用函数的值。

习题 2

1. 选择题

（1）以下_____命令是 DML 语句。

  A. create database   B. alter table

  C. select   D. alter database

（2）以下关于 MySQL 的说法中错误的是_____。

  A. MySQL 是一种关系型数据库管理系统

  B. MySQL 软件是一种开放源代码的软件

  C. MySQL 服务器工作在客户端/服务器模式下或嵌入式系统中

  D. MySQL 中的 MySQL 语句区分大小写

（3）在控制台中执行_____语句可以退出 MySQL。

  A. exit   B. go 或 quit   C. go 或 exit   D. exit 或 quit

（4）关于 MySQL 数据库的说法，下列选项_____的说法是错误的。

  A. MySQL 数据库不仅开放源代码，而且能够跨平台使用

  B. MySQL 数据库启动服务时有两种方式，如果服务已经启动，可以在任务管理器中查找 mysqlid.exe 程序，如果该进程存在，则表示正在运行

C. 手动更改 MySQL 的配置文件 my.ini 时只能更改与客户端有关的配置，不能更改与服务器端相关的配置信息

D. 登录 MySQL 数据库成功后，直接输入"help;"语句，按 Enter 键可以查看帮助信息

（5）下列_____类型不是 MySQL 中常用的数据类型。

A. int   B. var   C. time   D. char

（6）在 MySQL 中会话变量前面的字符为_____。

A. 空格   B. #   C. @@   D. @

（7）设置表的默认字符集的关键字是_____。

A. default character   B. default set

C. default   D. default character set

2. 简答题

（1）简述字符集 utf8mb4 与 UTF-8 的区别。

（2）datetime 类型和 timestamp 类型有什么相同点和不同点？

（3）MySQL 支持的数据类型主要分成哪 3 类？15 属于什么类型？17 属于什么类型？

（4）简述系统变量、全局变量和会话变量的关系。

（5）简述聚合函数的特点和用途。

3. 上机练习题

（1）创建文本文件"D:\my717.txt"，查询系统当前日期、当前时间以及到 2025 年 1 月 1 日还有多少天，然后通过 MySQL 命令执行文本文件中的内容。

文本文件的内容如下：

```
select now();  -- 查询当前日期
select curtime();  -- 输出当前时间
select datediff('2025-1-1',now());   -- 到 2025 年 1 月 1 日的天数
```

（2）利用随机函数输出 20~90 的任意两个数（含两位小数）。

（3）计算 1000 天后的日期和 3000 分钟后的时间。

第3章

MySQL 8.0数据库和表的基本操作

前面学习了设计数据库的基本理论，在此基础上就可以完成以教务管理数据库为例的 MySQL 数据库的概念结构设计和逻辑结构设计部分，实现在 MySQL 8.0 的软件环境中创建和维护数据库的操作。

创建数据库的目的是存储、管理和查询数据，而表是存储数据最重要的载体。表是 MySQL 数据库中最重要的数据库对象，也是构建高性能数据库的基础。

本章将学习设计数据库的基本过程，以及创建和管理数据库的基本操作，并通过建立教务管理数据库中的学生、课程、教师和成绩等数据表介绍各种数据表的创建、修改、管理、存储与数据格式转换，以及实现数据完整性的方法和基本操作。

3.1 MySQL 8.0 数据库概述

MySQL 数据库的管理主要包括数据库的创建、打开当前操作的数据库、显示数据库结构以及删除数据库等操作。MySQL 数据库具有可移植性好、超强的稳定性和强大的查询功能，能够支持大型数据库。

MySQL 数据库管理系统提供了许多命令行工具，这些工具可以用来管理 MySQL 服务器、对数据库进行访问控制、管理 MySQL 用户以及进行数据库备份和恢复等。MySQL 还提供了图形化管理工具，这使得对数据库的操作更加简单。

3.1.1 MySQL 数据库的基础知识

1. MySQL 数据库文件

数据库管理的主要任务包括创建、操作和支持数据库。在 MySQL 8.0 中，每个数据库的文件都对应存放在一个与数据库同名的文件夹中。数据库文件的默认存放位置是 "C:\ProgramData\MySQL\MySQL Server 8.0\Data\"，用户可以通过配置向导或手工修改数据库的默认存放位置。由于 MySQL 8.0 InnoDB 引擎的重构，MySQL 8.0 中 MySQL 数据表的文件合并到数据根目录下的 mysql.ibd 中，数据库中的每个数据表的内容都存储在一个同名的扩展名为.ibd 的文件中。

2. MySQL 自动建立的数据库

在 MySQL 安装完成之后，会在其 data 目录下自动创建几个必需的数据库，用户可以使用 show databases 命令来查看当前存在的所有系统数据库，如表 3-1 所示。

表 3-1　MySQL 系统数据库

数据库名称	数据库的作用
mysql	描述用户访问权限
information_schema	保存关于 MySQL 服务器所维护的所有其他数据库的信息，例如数据库名、数据库的表、表项的数据类型与访问权限等
performance_schema	主要用于收集数据库的服务器性能参数
sakila	MySQL 官方测试用的数据库
sys	sys 数据库里面包含了一系列的存储过程、自定义函数以及视图，存储了许多系统的元数据信息
world	存储当前世界上的主要城市、国家和语言信息

3. 查看数据库

在成功安装数据库后，可以使用 show databases 命令查看 MySQL 服务器中的所有数据库信息。

【例 3.1】　使用 show databases 语句查看 MySQL 服务器中的所有数据库。

命令和运行结果如下：

```
mysql> show databases;
        +--------------------+
        | Database           |
        +--------------------+
        | information_schema |
        | mysql              |
        | performance_schema |
        | sakila             |
        | sys                |
        | world              |
        +--------------------+
        6 rows in set (0.36 sec)
```

从例 3.1 的运行结果可以看出，通过 show databases 命令可以查看 MySQL 服务器中的所有数据库，结果显示了 MySQL 服务器中的 6 个数据库。

3.1.2　MySQL 存储引擎

数据库存储引擎是数据库底层软件组件，数据库管理系统使用数据引擎进行创建、查询、更新和删除数据的操作。MySQL 数据库提供了多种存储引擎，用户可以根据不同的需求为数据表选择不同的存储引擎，用户也可以根据需要编写自己的存储引擎，MySQL 的核心就是存储引擎。

数据库的存储引擎决定了表在计算机中的存储方式。存储引擎就是如何存储数据、如何为存储的数据建立索引和如何更新、查询数据等的实现方法。因为在关系数据库中数据是以表的形式存储的，所以存储引擎简而言之就是指表的类型。

MySQL 8.0 支持的存储引擎有 InnoDB、MRG_MYISAM、MEMORY、BLACKHOLE、

MyISAM、CSV、ARCHIVE、FEDERATED 和 PERFORMANCE-SCHEMA 共 9 种。不同存储引擎有各自的特点，以适应不同的需求。MySQL 常用的存储引擎如表 3-2 所示。

表 3-2 MySQL 常用存储引擎的功能对比

功　能	InnoDB	MyISAM	MEMORY
存储限制	64TB	256TB	RAM
支持事务	支持	不支持	不支持
空间使用	高	低	低
内存使用	高	低	高
支持数据缓存	支持	不支持	不支持
插入数据的速度	低	高	高
支持外键	支持	不支持	不支持

1. 查看数据库存储引擎

MySQL 的存储引擎是一种插入式的存储引擎，这决定了 MySQL 数据库中的表可以用不同的方式存储。用户可以根据自己的不同要求选择不同的存储方式以及是否进行事务处理等。MySQL 的默认存储引擎是 InnoDB，如果想设置其他存储引擎，可以使用以下 MySQL 命令：

```
set default_storage_engine=MyISAM;
```

该命令可以临时将 MySQL 当前会话的存储引擎设置为 MyISAM，使用 MySQL 命令"show engines;"可以查看当前 MySQL 服务实例默认的存储引擎。其命令和结果如图 3-1 所示。

```
mysql> show engines;

Engine             | Support | Comment                                                          | Transactions | XA   | Savepoints
MEMORY             | YES     | Hash based, stored in memory, useful for temporary tables        | NO           | NO   | NO
MRG_MYISAM         | YES     | Collection of identical MyISAM tables                            | NO           | NO   | NO
CSV                | YES     | CSV storage engine                                               | NO           | NO   | NO
FEDERATED          | NO      | Federated MySQL storage engine                                   | NULL         | NULL | NULL
PERFORMANCE_SCHEMA | YES     | Performance Schema                                               | NO           | NO   | NO
MyISAM             | YES     | MyISAM storage engine                                            | NO           | NO   | NO
InnoDB             | DEFAULT | Supports transactions, row-level locking, and foreign keys      | YES          | YES  | YES
BLACKHOLE          | YES     | /dev/null storage engine (anything you write to it disappears)   | NO           | NO   | NO
ARCHIVE            | YES     | Archive storage engine                                           | NO           | NO   | NO

9 rows in set (0.00 sec)
```

图 3-1 查看 MySQL 8.0 数据库支持的存储引擎类型

2. 常用存储引擎介绍

1）存储引擎 InnoDB

MySQL 8.0 选择 InnoDB 作为默认存储引擎。InnoDB 是事务型数据库的首选引擎，兼具原子性、一致性、隔离性和持久性等事务的 4 个特性，是具有提交、回滚和崩溃恢复能力的事务安全存储引擎，并支持行级锁定和外键约束。

InnoDB 存储引擎还支持自动增长列 auto_increment 和全文检索功能，因此 InnoDB 存储引擎能够提供 OLTP 支持，如果表需要执行大量的添加、删除、修改数据的操作，出于事务安全方面的考虑，InnoDB 存储引擎是更好的选择。在存储表中的数据时，每张表的存储都按主键顺序存放，如果没有显示在定义表时指定主键，InnoDB 会为每行生成一个 6 字节的 ROWID，并以此作为主键。

　　InnoDB 存储引擎完全与 MySQL 服务器整合，为在主内存中缓存数据和索引而维持它自己的缓冲池。InnoDB 将它的表和索引存储在一个逻辑表空间中，表空间可以包含数个文件。

　　2）存储引擎 MyISAM

　　MyISAM 存储引擎不支持事务、外键约束，但访问速度快，对事务的完整性不要求，适合于以 select/insert 为主的表。MyISAM 表占用的空间很小。其表级锁定特性限制了读写工作负载中的性能，因此它通常用于 Web 和数据仓库配置中的只读或以读取为主的工作负载中。

　　3）存储引擎 MEMORY

　　MEMORY 存储引擎是MySQL中的一类特殊的存储引擎。其所有数据存储在RAM中，以便在需要快速查找非关键数据的环境中进行快速访问。每个 MEMORY 表可以放置数据量的大小受 max_heap_table_size 系统变量的约束，可按需求增加。此外，在定义 MEMORY 表时可通过 max_rows 子句定义表的最大行数。

　　值得注意的是，服务器需要有足够的内存来维持 MEMORY 存储引擎的表的使用。如果不需要使用了，可以释放这些内存，甚至可以删除不需要的表。

　　3. 如何选择存储引擎

　　在实际工作中，选择一个合适的存储引擎是一个很复杂的问题。每种存储引擎都有各自的优势，可以根据各种存储引擎的特点进行对比，给出不同情况下选择存储引擎的建议。

　　MySQL 中提到了存储引擎的概念，它是 MySQL 的一个特性，可简单理解为后面要介绍的表类型。每一个表都有一个存储引擎，可以在创建时指定，也可以使用 alter table 语句修改，都是通过 engine 关键字设置的。

3.2　MySQL 数据库的设计过程

　　数据库设计是指对于一个给定的应用环境，构造优化的数据库逻辑模式和物理结构，并据此建立数据库及其应用系统，使之能够有效地存储和管理数据，满足各种用户的应用需求，包括信息管理要求和数据操作要求。

　　数据库设计的目标是为用户和各种应用系统提供一个信息基础设施和高效率的运行环境。高效率的运行环境是指数据库数据的存取效率、数据库存储空间的利用率、数据库系统运行管理的效率等都是高的。

　　数据表设计的优劣将影响磁盘空间的使用效率、数据处理时内存的利用率以及数据的查询效率。在这个过程中要注意表结构的规范化、数据类型的正确选择，以及数据库和数据表字符集的统一问题。表的数据完整性规则是保证表中数据的正确性、精确性和可靠性的关键。

　　以高校的教务管理系统来说，需要数据库来存储学生的学籍信息、考试信息、教师信息、课程信息等。数据库技术可以更加有效地管理和存取大量的数据资源，以提高人力、物力和财力的利用率和工作效率。

3.2.1　数据库设计的基本过程

一般来说，按照数据库规范化设计的方法，数据库设计可分为需求分析、概念设计、逻辑设计和物理设计 4 个阶段，如图 3-2 所示。之后是软件开发阶段中的数据库创建和数据库运行与维护。在实际的项目开发中，如果系统的数据关系较复杂，数据存储量较大，设计的表较多，表和表之间的关系比较复杂，就需要首先考虑规范的数据库设计，然后再进行具体的创建库、创建表的工作。数据库设计主要包括以下内容。

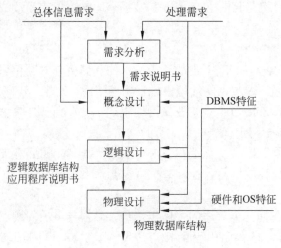

图 3-2　数据库设计的步骤

（1）需求分析：需求分析的目标是通过调查研究了解用户的数据要求和处理要求，并按一定的格式整理形成需求说明书。需求说明书是需求分析阶段的成果，也是以后设计的依据，它包括数据库所涉及的数据、数据的特征、数据量和使用频率的估计等。例如数据名、属性及其类型、主关键字属性、保密要求、完整性约束条件、使用频率、更改要求、数据量估计等。

（2）概念设计：概念设计是数据库设计的第 2 阶段，其目标是对需求说明书提供的所有数据和处理要求进行抽象与综合处理，按一定的方法构造反映用户环境的数据及其相互联系的概念模型。这种概念数据模型与 DBMS 无关，是面向现实世界的数据模型，极易为用户所理解。为保证所设计的概念数据模型能正确、完全地反映用户（单位）的数据及其相互关系，便于进行所要求的各种处理，在本阶段设计中可吸收用户参与和评议设计。

实体关系（E-R）的数据库设计方法是目前最常用的方法。基于实体关系的数据库设计方法的基本思想是在需求分析的基础上用 E-R 图构造一个纯粹反映现实世界实体之间内在关系的企业模式，然后将此企业模式转换成选定的 DBMS 上的概念模式。每个实体或联系将映射为一个数据表。

（3）逻辑设计：逻辑设计阶段的设计目标是把上一阶段得到的与 DBMS 无关的概念数据模型转换成等价的，并为某个特定的 DBMS 所接受的逻辑模型所表示的概念模式，同时将概念设计阶段得到的应用视图转换成特定 DBMS 下的应用视图。在转换过程中要进一步落实需求说明，并满足 DBMS 的各种限制。逻辑设计阶段的结果是 DBMS 提供的数据定义语言（DDL）写成的数据模式。

（4）物理设计：物理设计阶段的任务是把逻辑设计阶段得到的逻辑数据库在物理上加以实现，其主要内容是根据 DBMS 提供的各种手段设计数据的存储形式和存取路径，例如文件结构、索引设计等，即设计数据库的内模式或存储模式。数据库的内模式对数据库的性能影响很大，应根据处理需求及 DBMS、操作系统和硬件的性能进行精心设计。

在数据库设计的基本过程中，每个阶段设计基本完成后，都要进行认真的检查，看看是否满足应用需求，是否符合前面已执行步骤的要求和满足后续步骤的需要，并分析设计结果的合理性。在数据库设计完成后，就可以利用 MySQL 创建数据库了。

3.2.2　教务管理数据库设计的规范化

数据库应用程序的性质和复杂性可以使数据库的设计过程变化很大。一个简单的数据库的设计可以依赖于设计者的技巧和经验，采用直接设计数据库的方式进行；而对于为成千上万的客户处理事务的数据库，数据库设计可能是长达数百页的正式文档，其中需要包含有关数据库的各种可能细节。要进行较复杂的数据库设计，必须遵守数据库设计规范化规则（Normalization Rule），并按照软件工程提供的规范才能进行。

按照规范化规则设计数据库，可以将数据冗余降至最低，使得应用程序软件可以在此数据库中轻松实现强制完整性，且很少包括执行涉及 4 个以上表的查询。规范化理论就是为了设计好的基本关系，使每个基本关系独立表示一个实体，并且尽量减少数据冗余。满足一定条件的关系模式称为范式（Normal Form，NF），一个低级范式的关系模式通过分解（投影）方法可转换成多个高一级范式的关系模式的集合，这个过程称为规范化。

1. 按照规范化规则设计数据库

数据依赖是一个关系内部属性与属性之间的一种约束关系。这种约束关系是通过属性间值的相等与否体现出来的数据间相互联系，它是现实世界属性间相互联系的抽象，是数据内在的性质，是语义的体现。人们提出了许多种类型的数据依赖，其中最重要的是函数依赖（Function Dependency，FD）和多值依赖（Multivalued Dependency，MVD）。函数依赖极为普遍地存在于现实世界中。比如一个学生的关系 student，可以由学号、姓名、性别、电话等几个属性描述。由于一个学号只对应一个学生，所以一旦"学号"值确定，学生的姓名、性别、电话等的值也就被唯一地确定了。

例如建立一个描述学校教务的数据库 teaching，该数据库涉及的对象包括学生学号、学生姓名、学生性别、电话、课程号、课程名和成绩等数据项。假设用一个单一的关系模式"学生"来表示，则该关系模式的属性集合为：

U={学生学号，学生姓名，学生性别，电话，课程号，课程名，成绩}

考察这个关系模式发现存在以下问题。

（1）数据冗余度大：课程号和课程名重复出现，重复次数与该班所有学生的所有课程成绩出现的次数相同。

（2）更新异常：由于数据冗余，当更新数据库中的数据时，系统要付出很大的代价来维护数据库的完整性，否则会面临数据不一致的危险。

（3）插入异常：如果一门课程刚开设，尚无学生选课记录，则系统无法把该课程信息存入数据库。

（4）删除异常：如果某一级的学生全部毕业了，在删除该班学生信息的同时也把这个课程的信息一起删除了。

鉴于存在以上种种问题，可以得出这样的结论：学生关系模式不是一个规范化的关系模式，一个规范化的关系模式应当不会发生插入异常、删除异常、更新异常，数据冗余度应尽可能地小。

2. 教务管理数据库的规范设计

为了避免上述诸多异常，在进行数据库设计时需要遵守称为数据库范式的规则。下面以教务管理数据库为例，介绍数据库设计中的范式（NF）理论。

（1）第 1 范式（1NF）：第 1 范式的目标是确保每列的原子性。如果每列都是不可再分的最小数据单元，则满足第 1 范式（1NF）。

现以学生表为例，设计学生表的结构如下：

学生（学生学号，学生姓名，学生性别，电话，课程号，课程名，成绩）

以上学生表中的各项都符合 1NF 条件。

（2）第 2 范式（2NF）：第 2 范式在第 1 范式的基础上要求确保表中的每列都和码相关，即每一个非主属性都要完全函数依赖于码。

分析学生关系模式，码应该为（学生学号，课程号），很明显，在该关系模式中学生姓名、课程名、学生性别、电话等只完全函数依赖于学生学号，因此对码（学生学号，课程号）是部分函数依赖，故该关系模式不满足第 2 范式。

如果把学生的相关属性单独拿出来，形成关系模式：

学生（学生学号，学生姓名，学生性别，电话，课程号，课程名）

选修（学生学号，课程号，成绩）

则以上两个关系模式都符合第 2 范式。

（3）第 3 范式（3NF）：第 3 范式是在第 2 范式的基础上要求确保表中的每列都和码直接相关，而不是间接相关。如果一个关系满足 2NF，并且除了码以外的其他列都不相互依赖，则满足第 3 范式（3NF）。

为了理解第 3 范式，需要根据 Armstrong 公理之一定义传递函数依赖。假设 A、B 和 C 是关系模式 R 的 3 个属性，如果 A→B 且 B→C，则从这些函数依赖中可以得出 A→C。

考察上述分解后的关系模式：

学生（学生学号，学生姓名，学生性别，电话，课程号，课程名）

可以得出课程名→课程号，而课程号→学生学号（假设学生选修该课程），因此存在课程名→学生学号的传递函数依赖，故该关系模式不符合第 3 范式。

如果把学生关系模式中课程的相关属性单独拿出来，形成关系模式：

学生（学生学号，学生姓名，学生性别，电话）

课程（课程号，课程名）

则以上两个关系模式都满足第 3 范式。

分析学生实体和课程实体之间的联系，并添加一些必要的属性，可以得出学生实体和课程实体之间是多对多（M:N）的联系，因此绘制学生实体和课程实体的"选修"关系局部 E-R 图如图 3-3 所示。如果再加上教师实体，并针对本系统的特点修改，则教务管理系统的 E-R 图如图 3-4 所示。

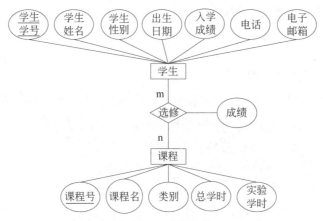

图 3-3　学生-课程"选修"关系 E-R 图

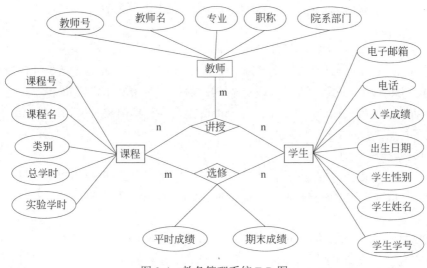

图 3-4　教务管理系统 E-R 图

之后就可以在此基础上根据 E-R 图的转换利用 MySQL 等软件创建 teaching 数据库和 student、score、course、teacher 等数据表了。

3.3　用户数据库的创建和管理

本节利用 MySQL 语句创建和维护教务管理数据库，用于存储学校的学生、课程、教师和成绩等基本数据。本节建立名为 teaching 的教务管理数据库，将在本书中作为数据库管理的示例数据库应用。

3.3.1　创建数据库

在创建数据库时，数据库的命名要符合标识符规则，名称最长可为 64 个字符，而别名最长可多达 256 个字符。另外，不能使用关键字作为数据库名、表名，以及已经存在的数据库名。

视频讲解

在默认情况下，Windows 下数据库名、表名的大小写是不敏感的，而在 Linux 下数据库名、表名的大小写是敏感的。为了便于数据库在平台间进行移植，可以用小写字母来定义数据库名和表名。

1. 创建数据库的语法结构

使用 create database 或 create schema 命令创建数据库。其语法结构如下：

```
create {database|schema}[if not exists]databasename
[[default]character set charset_name]
[|[default]collate collation_name];
```

说明：

（1）create database | schema：创建数据库的命令。在 MySQL 中 schema 也是指数据库。

（2）if not exists：如果已存在某个数据库，再创建一个同名的库，这时会出现错误信息。为避免出现错误信息，可以在建库前加上这一判断，只有在该库目前不存在时才执行 create database 操作。

（3）databasename：数据库标识符名。

（4）[default] character set charset_name：default character set 指定数据库的默认字符集（Charset），charset_name 为字符集名称。在创建数据库时最好指定字符集。

（5）[default] collate collation_name：collate 指定字符集的校对规则，collation_name 为校对规则名称。

2. 创建数据库示例

创建数据库是指在数据库系统中划分一块空间，用来存储相应的数据。这是进行表操作的基础，也是进行数据库管理的基础。在 MySQL 中，创建数据库是通过 SQL 语句 create database 实现的。

【例 3.2】 通过 create database 语句创建一个名为 mysqltest 的数据库。

命令和运行结果如下：

```
mysql> create database if not exists mysqltest;
       Query OK, 1 row affected (0.05 sec)
```

结果表明，创建 mysqltest 数据库成功。

【例 3.3】 创建教务管理数据库 teaching，并指定字符集为 utf8mb4，校对原则为 utf8mb4_0900_ai_ci。

命令和运行结果如下：

```
mysql> create database teaching
    -> default character set utf8mb4
    -> default collate utf8mb4_0900_ai_ci;
       Query OK, 1 row affected (0.13 sec)
```

成功创建数据库后，可以使用 show database 命令查看数据库，也可以在指定路径（或数据库的默认存放位置）下查看数据库。

视频讲解

3.3.2　管理数据库

1. 打开数据库

在数据库创建后，若要操作一个数据库，还需要使其成为当前的数据库，即打开数据库。用户可以使用 use 语句打开一个数据库，使其成为当前默认数据库。

例如选择名为 mysqltest 的数据库，设置其为当前默认的数据库。

命令和运行结果如下：

```
mysql> use mysqltest;
        Database changed
```

其中，Database changed 表明数据库 mysqltest 已经打开，变成了当前数据库，用户可以在数据库 mysqltest 中进行相关的操作了。

2. 修改数据库

在数据库创建后，如果需要，可以修改数据库的参数。

修改数据库的语法格式如下：

```
alter {database | schema} [db_name]
[default] character set charset_name]
[|[default] collate collation_name];
```

其中，alter 是修改数据库的命令关键字。

【例 3.4】 修改 mysqltest 库的字符集为 GB2312，校对原则为 gb2312_chinese_ci。

命令和运行结果如下：

```
mysql> alter database mysqltest
    -> default character set gb2312
    -> collate gb2312_chinese_ci;
      Query OK, 1 row affected (0.17 sec)
```

3. 显示数据库结构

如果要查看数据库的相关信息，例如 MySQL 版本 id、默认字符集等，使用 show 命令实现。

【例 3.5】 显示数据库 teaching 的结构信息。

命令和运行结果如下：

```
mysql> show create database teaching;
    +----------+----------------------------------------------+
    | Database | Create Database                              |
    +----------+----------------------------------------------+
    | teaching | CREATE DATABASE 'teaching'
                    /*!40100 DEFAULT CHARACTER SET utf8mb4
                        COLLATE utf8mb4_0900_ai_ci */
                    /*!80016 DEFAULT ENCRYPTION='N' */ |
    +----------+----------------------------------------------+
```

```
1 row in set (0.05 sec)
```

4. 删除数据库

删除数据库是指在数据库系统中删除已经存在的数据库。在删除数据库之后，原来分配的空间将被收回。删除数据库的语法格式如下：

```
drop database [if exists] db_name
```

例如，删除 mysqltest 库的命令如下：

```
mysql> drop database mysqltest;
```

需要注意的是，删除数据库会删除该数据库中所有的表和所有数据，因此删除数据库前最好存有备份。

3.4 MySQL 数据库表的管理

在 MySQL 数据库系统中可以按照不同的标准对表进行分类。

（1）按照表的用途分类。

① 系统表：用于维护 MySQL 服务器和数据库正常工作的数据表。例如，在系统数据库 mysql 中就存在若干系统表。

② 用户表：由用户自己创建的用于各种数据库应用系统开发的表。

③ 分区表：分区表是将数据水平划分为多个单元的表，这些单元可以分布到数据库的多个文件组中。在维护整个集合的完整性时，使用分区可以快速而有效地访问或管理数据子集，从而使大型表或索引更易于管理。

（2）按照表的存储时间分类。

① 永久表：包括 SQL Server 的系统表和用户在数据库中创建的数据表，该类表除非人工删除，否则将一直存储在介质中。

② 临时表：临时表只有创建该表的用户在用来创建该表的连接中可见。当临时表关联的连接被关闭时，临时表自动被删除。如果服务器关闭，则所有临时表会被清空、关闭。

3.4.1 InnoDB 存储引擎的表空间

MySQL 8.0 的数据库表默认使用 InnoDB 存储引擎，InnoDB 表空间是 MySQL 数据表的存储空间的管理模式。在这种管理模式下，数据库中不仅存储数据文件和重做日志文件，还要管理这些文件的表空间文件。InnoDB 表空间分为共享表空间和独立表空间两种类型。

1. 表空间的基本概念

（1）共享表空间：MySQL 8.0 服务实例承载着数据库中所有 InnoDB 表的数据、索引、各种元数据以及事务回滚（undo）信息，全部存放在共享表空间文件中。在默认情况下，该文件位于数据库的根目录下，文件名是 ibdata1，初始大小为 12MB，能够自动扩展。也就是说，InnoDB 的所有文件共享一个表空间，其最大容量限制约为 64TB。

（2）独立表空间：每一个表都会以独立的文件方式来进行存储，每一个表都有一个.ibd 文件。该文件包括一个表单独的数据内容以及索引内容。

2. 查看数据库的表空间

利用以下命令可以查看数据库的表空间：

```
mysql> show variables like 'InnoDB_data%';
        +----------------------+----------------------+
        | Variable_name        | Value                |
        +----------------------+----------------------+
        | innodb_data_file_path | ibdata1:12M:autoextend |
        | innodb_data_home_dir  |                      |
        +----------------------+----------------------+
        2 rows in set, 1 warning (0.35 sec)
```

如果用 autoextend 选项描述最后一个数据文件，当 InnoDB 用尽所有表自由空间后将会自动扩充最后一个数据文件，每次的增量约为 8 MB。

不管是共享表空间还是独立表空间，都会存在 InnoDB_data_file 文件，因为这些文件不仅要存放数据，还要存储事务回滚（undo）信息。

3. 共享表空间和独立表空间的比较

（1）共享表空间的特点：表空间可以分成多个文件存放在一起方便管理，且共享表空间分配后不能回缩。多个表及索引在表空间中混合存储，当数据量非常大的时候，表做了大量的删除操作后表空间中将会有大量的空隙，特别是对于统计分析，经常进行删除操作的这类应用最不适合用共享表空间。

（2）独立表空间的特点：每个表都有独立的表空间，每个表的数据和索引都会存储在自己的表空间中，可以实现单表在不同的数据库中移动。对于使用独立表空间的表，不管怎么删除，表空间的碎片都不会严重影响性能，而且还有机会处理。单表增加过大，当单表占用的空间过大时，存储空间会不足。drop table 操作能自动回收表空间，对于统计分析或者是日志表，删除大量数据的命令如下：

```
alter table TableName engine=innodb;
```

4. 共享表空间和独立表空间之间的转换

（1）查看当前数据库的表空间管理类型：可以通过以下命令查看。

```
mysql> show variables like "InnoDB_file_per_table";
```

对于独立表空间，如果将全局系统变量 InnoDB_file_per_table 的值设置为 on（InnoDB_file_per_table 的默认值为 off，on 代表独立表空间管理，off 代表共享表空间管理），那么之后再创建 InnoDB 存储引擎的新表，这些表的数据信息、索引信息都将保存到独立表空间文件。

（2）修改数据库的表空间管理方式：修改 InnoDB_file_per_table 的参数值（InnoDB_file_per_table=1 为使用独立表空间，InnoDB_file_per_table=0 为使用共享表空间）即可，但是修改不能影响之前已经使用过的共享表空间和独立表空间。

（3）共享表空间转换为独立表空间的方法（参数 InnoDB_file_per_table=1 需要设置）：单个表的转换操作可以用以下命令实现：

```
alter table table_name engine=innodb;
```

3.4.2 创建数据库表

视频讲解

在数据库创建之后，数据库是空的，是没有表的，可以用 show table 命令查看。

1. 创建表的语法结构

表决定了数据库的结构，表是存放数据的地方，一个库需要什么表，各数据库表中有什么样的列，是要合理设计的。创建表的语法结构如下：

```
create [temporary]table[if not exists]table_name
[([column_definition],…|[index_definition])]
[table_option][select_statement];
```

说明：

（1）temporary：使用该关键字表示创建临时表。

（2）if not exists：如果数据库中已存在某张表，再创建一个同名的表，这时会出现错误信息。为避免出现错误信息，可以在建表前加上这一判断，只有在该表目前不存在时才执行 create table 操作。

（3）table_name：要创建的表名。

（4）column_definition：字段的定义，包括指定字段名、数据类型、是否允许空值，指定默认值、主键约束、唯一性约束、注释字段名、是否为外键，以及字段类型的属性等。字段定义的具体格式如下：

```
col_name type [not null | null] [default default_value]
[auto_increment] [unique [key] | [primary] key]
[comment 'string'] [reference_definition]
```

其中：

① col_name：字段名。

② type：声明字段的数据类型。

③ null（not null）：表示字段是否可以是空值。

④ default：指定字段的默认值。

⑤ auto_increment：设置自增值属性，只有整数类型才能设置此属性。auto_increment 列值从 1 开始。每个表只能有一个 auto_increment 列，并且它必须被索引。

⑥ unique key：对字段指定唯一性约束。

⑦ primary key：对字段指定主键约束。

⑧ comment 'string'：注释字符串。

⑨ reference_definition：指定字段外键约束。

（5）index_definition：为表的相关字段指定索引。

（6）table_option：表的选项，包括存储引擎、字符集等。

（7）select_statement：用于定义表的查询语句。

2. 利用 SQL 语句创建数据表

本书的教务管理数据库 teaching 将根据前面的需求分析和简化创建 5 张表，即 student（学生表）、course（课程表）、score（成绩表）、teacher（教师表）和 teach_course（纽带表）。各表的结构如表 3-3~表 3-7 所示。

【例 3.6】 按照表 3-3 所示的结构创建 student 表。

表 3-3　student 表的结构

列序号	字 段 名	类 型	取 值 说 明	列 含 义
1	studentno	char(11)	主键	学生学号
2	sname	char(8)	否	学生姓名
3	sex	enum (2)	否	学生性别
4	birthdate	date	否	出生日期
5	entrance	int(3)	否	入学成绩
6	phone	varchar(12)	否	电话
7	Email	varchar(20)	否	电子邮箱

程序代码如下：

```
mysql> create table if not exists student
    (
    studentno  char(11)not null comment'学生学号',
    sname char(8)not null comment'学生姓名',
    sex enum('男', '女') default '男'comment'学生性别',
    birthdate date not null comment'出生日期',
    entrance int(3)null comment'入学成绩',
    phone varchar(12) not null comment'电话',
    Email varchar(20) not null comment'电子邮箱',
    primary key (studentno)
    );
```

【例 3.7】 利用 create table 命令建立课程表 course，表结构如表 3-4 所示。

表 3-4　course 表的结构

列序号	字 段 名	类 型	取 值 说 明	列 含 义
1	courseno	char(6)	主键	课程号
2	cname	char(6)	否	课程名
3	type	char(8)	否	类别
4	period	int(2)	否	总学时
5	exp	int(2)	否	实验学时
6	term	int(2)	否	开课学期

程序代码如下：

```
mysql> create table if not exists course
    (
      courseno char(6) not null,
      cname char(6) not null,
      type char(8) not null,
      period int(2) not null,
      exp int(2) not null,
      term int(2) not null,
      primary key (courseno)
    );
```

【例3.8】 利用 create table 命令建立成绩表 score，表结构如表 3-5 所示。在该表中，主键由两个列构成。

表 3-5 score 表的结构

列 序 号	字 段 名	类 型	取 值 说 明	列 含 义
1	studentno	char(11)	主键	学生学号
2	courseno	char(6)		课程号
3	daily	float(4,1)	否	平时成绩
4	final	float(4,1)	否	期末成绩

利用 create table 语句在数据库 teaching 中建立成绩表 score 的程序代码如下：

```
mysql> create table if not exists score
    ( studentno  char(11) not null,
      courseno  char(6) not null,
      daily float(4,1) default 0,
      final float(4,1) default 0,
      primary key (studentno, courseno)
    );
```

【例3.9】 利用 create table 命令建立教师表 teacher，表结构如表 3-6 所示。

表 3-6 teacher 表的结构

列 序 号	字 段 名	类 型	取 值 说 明	列 含 义
1	teacherno	char(6)	主键	教师号
2	tname	char(8)	否	教师名
3	major	char(10)	否	专业
4	prof	char(10)	否	职称
5	department	char(16)	否	院系部门

利用 create table 语句在数据库 teaching 中建立教师表 teacher 的程序代码如下：

```
mysql> create table if not exists teacher
    ( teacherno char(6) not null comment '教师号',
      tname  char(8) not null comment '教师名',
```

```
   major  char(10) not null comment '专业',
   prof char(10) not null comment '职称',
   department char(16) not null comment '院系部门',
   primary key (teacherno)
);
```

【例 3.10】　为了完善 teaching 数据库的表间联系，创建表结构如表 3-7 所示的纽带表 teach_course。

表 3-7　teach_course 表的结构

列　序　号	字　段　名	类　　型	取 值 说 明	列　含　义
1	teacherno	char(6)	主键	教师号
2	courseno	char(6)		课程号

程序代码如下：

```
mysql> create table if not exists teach_course
    (teacherno char(6) not null,
     courseno  char(6) not null,
     primary key(teacherno,courseno)
    );
```

说明：

（1）主键设置：primary key 表示设置字段为主键。例如在 student 表中，primary key (studentno)表示将 studentno 字段定义为主键。在 score 表中，primary key (studentno , courseno) 表示把 studentno、courseno 两个列一起作为复合主键。

（2）添加注释：comment'学号'表示对 studentno 字段增加注释"学号"。

（3）字段类型的选择：sex enum('男' ,'女')表示 sex 字段的类型是 enum，取值范围为'男' 和'女'。对于取值固定的字段可以设置数据类型为 enum。例如，在 course 表中 type 字段表示课程的类型，一般是固定的几种类型。因此也可以把该字段的定义写成"type enum('必修课', '选修课')　default '必修课'"。

（4）默认值的设置：default'男'表示默认值为"男"。

（5）设置精度：score 表中的 daily float(4,1)表示精度为 4，小数位数为 1 位。

（6）如果没有指定是 null 或是 not null，则列在创建时假设为 null。

3. 设置表的属性值自动增加

在 MySQL 数据表中，一个整数列可以拥有一个附加属性 auto_increment。auto_increment 也是一个特殊的约束条件，其主要用于为表中插入的新记录自动生成唯一的序列编码。在默认情况下，该字段的值从 1 开始自增，用户也可以自定义开始值。一个数据表只能有一个字段使用 auto_increment 约束，且该字段必须为主键的一部分。该自增主键的计数器持久化到重做日志中，每次计数器改变，都会将其写入重做日志中。如果数据库重启，InnoDB 会根据重做日志中的信息来初始化计数器的内存值。auto_increment 约束的字段可以是任何整数类型（如 tinyint、smallint、int、bigint 等）。

设置属性值字段增加的基本语法如下：

视频讲解

属性名　数据类型　auto_increment

【例 3.11】　在 teaching 库中创建选修表 sc，选课号 sc_no 是自动增量，选课时间默认为当前时间，其他字段分别是学生学号、课程号和教师号。

程序代码如下：

```
mysql> create table sc
       (  sc_no int(6) not null auto_increment,
          studentno  char(11) not null,
          courseno  char(6) not null,
          teacherno char(6) not null,
          score float(4,1) null,
          sc_time timestamp not null default now(),
          primary key(sc_no)
       );
```

3.4.3　查看表

在数据表创建后，就可以用 show tables 命令查询已创建表的情况，也可以查看表结构，即查看数据库中已存在的表的定义。查看表结构的语句包括 describe 语句和 show create table 语句。通过这两个语句可以查看表的字段名、字段的数据类型、完整性约束条件等。

（1）查看已经创建的表：其命令和运行结果如下。

```
mysql> show tables;
       +--------------------+
       | Tables_in_teaching |
       +--------------------+
       | course             |
       | sc                 |
       | score              |
       | student            |
       | teach_course       |
       | teacher            |
       +--------------------+
       6 rows in set (0.00 sec)
```

（2）查看表基本结构的语句 describe：在 MySQL 中，使用 describe 语句可以查看表的基本定义，其中包括字段名、字段的数据类型、是否为主键和默认值等。

describe 语句的命令和运行结果如下：

```
mysql> describe  student;
       +-----------+---------------+------+-----+--------+-------+
       | Field     | Type          | Null | Key | Default| Extra |
       +-----------+---------------+------+-----+--------+-------+
       | studentno | char(11)      | NO   | PRI | NULL   |       |
       | sname     | char(8)       | NO   |     | NULL   |       |
```

```
| sex       | enum('男','女') | YES |    | 男    |      |
| birthdate | date           | NO  |    | NULL |      |
| entrance  | int(3)         | YES |    | NULL |      |
| phone     | varchar(12)    | NO  |    | NULL |      |
| Email     | varchar(20)    | NO  |    | NULL |      |
+-----------+----------------+-----+----+------+------+
7 rows in set (0.05 sec)
```

（3）查看表详细结构的语句 show create table：在 MySQL 中，使用 show create table 语句可以查看表的详细定义，其中包括表的字段名、字段的数据类型、完整性约束条件等信息，除此之外还可以查看表默认的存储引擎和字符编码。

show create table 语句的命令和运行结果（整理格式）如下：

```
mysql> show create table course;
    +--------+-------------------------------------------------+
    | Table  | Create Table                                    |
    +--------+-------------------------------------------------+
    | course | CREATE TABLE 'course' (
      'courseno' char(6) NOT NULL,   'cname' char(6) NOT NULL,
      'type' char(8) NOT NULL,        'period' int NOT NULL,
      'exp' int NOT NULL,             'term' int NOT NULL,
      PRIMARY KEY ('courseno')
    )
     ENGINE=InnoDB DEFAULT CHARSET=utf8mb4
    COLLATE=utf8mb4_0900_ai_ci|
    +--------+-------------------------------------------------+
     1 row in set (0.02 sec)
```

说明：

① "ENGINE=InnoDB" 表示本表采用的存储引擎是 InnoDB，InnoDB 是 MySQL 在 Windows 平台上默认的存储引擎。

② "CHARSET=utf8mb4" 表示本数据库表的字符集是 utf8mb4。

（4）当数据库表创建完毕后，也可以通过安装路径（例如 "C:\ProgramData\MySQL\ MySQL Server 8.0\Data\teaching"）查看磁盘文件数据库及其包含的数据表文件，如图 3-5 所示。

图 3-5　查看数据表文件

从图 3-5 中可以查看数据库 teaching 中创建的各个数据表文件，例如课程表 course、成绩表 score、选修表 sc 等。

3.4.4   修改数据库表

视频讲解

修改表是指修改数据库中已存在的表的定义。修改表比重新定义表简单，不需要重新加载数据，也不会影响正在进行的服务。在 MySQL 中通过 alter table 语句来修改表。修改表包括修改表名、修改字段的数据类型、修改字段名、增加字段、删除字段、修改字段的排列位置、更改默认存储引擎和删除表的外键约束等。

1. 修改表的语法格式

修改数据库表的语法格式如下：

```
alter [ignore] table tbl_name
alter_specification [, alter_specification] …
alter_specification:
add [column] column_definition [first | after col_name ]  //添加字段
|alter [column]col_name{set default literal|drop default}//修改字段的默认值
|change [column] old_col_name column_definition        //重命名字段
[first|after col_name]
|modify [column]column_definition[first|after col_name]//修改字段的数据类型
|drop [column] col_name                                //删除列
|rename [TO] new_tbl_name                              //对表重命名
|order by col_name                                     //按字段排序
|convert TO character set charset_name[collate collation_name]
                                        //将字符集转换为二进制
|[default] character set charset_name [collate collation_name]
                                        //修改表的默认字符集
```

2. 修改数据库表的示例

alter table 语句用于更改原有表的结构，例如增加或删减字段、重新命名字段或表，以及修改默认字符集。

（1）增加字段：在创建表时，表中的字段就已经定义完成。如果要增加新的字段，可以通过 alter table 语句进行增加。增加表的字段可以实现以下功能：

- 增加无完整性约束条件的字段。
- 增加有完整性约束条件的字段。
- 在表的第一个位置增加字段。
- 在表的指定位置之后增加字段。

【例 3.12】 在 student 表的 Email 列后面增加一列 address。

命令和运行结果如下：

```
mysql> alter table student
    -> add address varchar(30) not null after Email;
Query OK, 0 rows affected (1.63 sec)
Records: 0  Duplicates: 0  Warnings: 0
```

结束添加操作后，也可以执行"describe student;"查看结果。

（2）修改表名：表名可以在一个数据库中唯一确定一张表。数据库系统通过表名来区分不同的表。在 MySQL 中，修改表名是通过 SQL 语句 alter table 实现的。

【例3.13】 将 sc 表重名为 se_course。

命令和运行结果如下：

```
mysql> alter table sc rename to se_course;
        Query OK, 0 rows affected (0.20 sec)
```

（3）修改字段的数据类型：alter table 语句也可以用来修改字段的数据类型。

【例3.14】 修改 course 表中的 type 字段，该字段一般取固定值，因此也可以把该字段的定义写成"type enum ('必修', '选修') default '必修'"。

命令和运行结果如下：

```
mysql> alter  table course
    -> modify type enum('必修','选修') default '必修';
        Query OK, 0 rows affected (0.47 sec)
        Records: 0  Duplicates: 0  Warnings: 0
```

（4）删除字段：删除字段是指删除已经定义好的表中的某个字段。在 MySQL 中，alter table 语句也可以用来删除表中的字段。

【例3.15】 删除 student 表中的字段 address。

命令和运行结果如下：

```
mysql> alter table student  drop address;
        Query OK, 0 rows affected (0.21 sec)
        Records: 0  Duplicates: 0  Warnings: 0
```

3.4.5 删除数据库表

删除表是指删除数据库中已存在的表。在删除表时会删除表中的所有数据，因此用户在删除表时要特别注意。在 MySQL 中通过 drop table 语句来删除表。

删除表的语法格式如下：

```
drop table  table_name
```

【例3.16】 在 mytest 数据库中创建 example 表，然后删除 example 表。

代码和运行结果如下：

```
mysql> use mytest;
        Database changed
mysql> create  table  example(
    -> today datetime,
    -> name char(20)
    -> );
        Query OK, 0 rows affected (0.11 sec)
mysql> desc example;
```

```
+-------+----------+------+-----+---------+-------+
| Field | Type     | Null | Key | Default | Extra |
+-------+----------+------+-----+---------+-------+
| today | datetime | YES  |     | NULL    |       |
| name  | char(20) | YES  |     | NULL    |       |
+-------+----------+------+-----+---------+-------+
2 rows in set (0.02 sec)
mysql> drop table example;
        Query OK, 0 rows affected (0.07 sec)
```

代码运行成功，从数据库 mytest 中删除 example 表。在执行代码之前，先用 describe
语句查看是否存在 example 表，以便与删除后进行对比。

3.4.6　管理临时表

当工作在非常大的表上时，用户偶尔需要运行很多查询获得一个大量数据的小的子集，
不是对整个表运行这些查询，而是让 MySQL 每次找出所需的少数记录，将记录选择到一
个临时表可能更快些，然后在这些表运行查询。

创建临时表很容易，给正常的 create table 语句加上 temporary 关键字即可。例如创建
临时表 tmp_emp1：

```
mysql> create temporary table tmp_emp1
    -> (name varchar(10) not null,
    -> value integer not null
    -> );
```

临时表将在连接 MySQL 期间存在，可以通过"describe tmp_emp1;"命令查看临时表
的结构，也可以通过"describe table tmp_emp1;"命令查看临时表的一些物理属性。在断开
时，MySQL 将自动删除表并释放所用的空间。当然，也可以在仍然连接的时候删除临时表
并释放空间。其删除方法与一般用户表的删除方法相同，语法格式如下：

```
drop table tmp_table
```

说明：

（1）创建临时表必须有 create temporary table 权限。

（2）show tables 语句不会列举临时表。

（3）不能用 rename 来重命名一个临时表。

3.5　表的数据操作

MySQL 数据表分为表结构（Structure）和数据记录（Record）两部分。前面创建表的
操作仅是创建了表结构，表结构即决定表拥有哪些字段以及这些字段的名称、数据类型、
长度、精度、小数位数、是否允许空值（null）、设置默认值和主键等。对表数据的操作将
在本节介绍。

MySQL 一般通过 insert、update 和 delete 3 种 DML 语句对表进行数据的添加、更新和

删除，并以此维护和修改表的数据。

3.5.1　表记录的插入

为数据表输入数据的方式有多种，常见的有通过命令方式添加行数据，也可以通过程序实现表数据的添加。用户可以通过 insert into、replace into 语句添加数据，也可以使用 load data 语句将保存在文本文件中的数据插入指定的表。

视频讲解

1．使用 insert into| replace into 语句添加数据

在 MySQL 中，可以使用 **insert into| replace into** 语句将文本文件导入 MySQL 数据库。

insert into| replace into 语句的语法格式如下：

```
insert | replace[into]table_name[(col_name,…)]
values({expr|default},…),(…),…
|set col_name ={expr|default}, …
```

【例 3.17】　使用 insert into 语句向 student 表中插入一行数据。

代码和运行结果如下：

```
mysql> insert into student
    -> (studentno,sname,sex,birthdate,entrance,phone,Email)
    -> values ('20112100072','许东方','男','2002/2/4',658,
    -> '12545678998','su12@163.com');
      Query OK, 1 row affected (0.07 sec)
```

【例 3.18】　使用 insert into 命令向 student 表中插入多行数据。

代码和运行结果如下：

```
mysql> insert into student values
    -> ('20112111208','韩吟秋','女','2002/2/14',666,
    -> '15878945612','han@163.com'),
    -> ('20120203567','封白玫','女','2003/9/9', 898,
    -> '13245674564','feng@126.com'),
    -> ('20120210009','崔舟帆','男','2002/11/5',789,
    -> '13623456778','cui@163.com'),
    -> ('20123567897','赵雨思','女','2003/8/4', 879,
    -> '13175689345','pingan@163.com'),
    -> ('20125121109','梁一苇','女','2002/9/3', 777,
    -> '13145678921','bing@126.com'),
    -> ('20126113307','姚扶嵋','女','2003/9/7', 787,
    -> '13245678543','zhu@163.com'),
    -> ('21125111109','敬秉辰','男','2004/3/1', 789,
    -> '15678945623','jing@sina.com'),
    -> ('21125221327','何桐影','女','2004/12/4',879,
    -> '13178978999','he@sina.com'),
    -> ('21131133071','崔依歌','男','2002/6/6', 787,
    -> '15556845645','cui@126.com'),
```

```
   -> ('21135222201','夏文斐','女','2005/10/6',867,
   -> '15978945645','xia@163.com'),
   -> ('21137221508','赵临江','男','2005/2/13',789,
   -> '12367823453','ping@163.com');
Query OK, 11 rows affected (0.09 sec)
Records: 11  Duplicates: 0  Warnings: 0
```

【例3.19】 使用 insert into 命令向 teacher 表中插入多行数据。
代码和运行结果如下:

```
mysql> insert into teacher values
   -> ('t05001', '苏超然', '软件工程', '教授', '计算机学院'),
   -> ('t05002', '常可观', '会计学',   '助教',  '管理学院'),
   -> ('t05003', '孙释安', '网络安全', '教授',  '计算机学院'),
   -> ('t05011', '卢敖治', '软件工程', '副教授','计算机学院'),
   -> ('t05017', '茅佳峰', '软件测试', '讲师',  '计算机学院'),
   -> ('t06011', '夏期年', '机械制造', '教授',  '机械学院'),
   -> ('t06023', '卢释舟', '铸造工艺', '副教授','机械学院'),
   -> ('t07019', '韩庭宇', '经济管理', '讲师',  '管理学院'),
   -> ('t08017', '白成园', '金融管理', '副教授','管理学院'),
   -> ('t08058', '孙有存', '数据科学', '副教授','计算机学院');
Query OK, 10 rows affected (0.13 sec)
Records: 10  Duplicates: 0  Warnings: 0
mysql> select *  from teacher;                    //输出表的记录
   +-----------+--------+--------+-------+----------+
   | teacherno | tname  | major  | prof  |department|
   +-----------+--------+--------+-------+----------+
   | t05001    | 苏超然 | 软件工程 | 教授  | 计算机学院 |
   | t05002    | 常可观 | 会计学  | 助教  | 管理学院  |
   | t05003    | 孙释安 | 网络安全 | 教授  | 计算机学院 |
   | t05011    | 卢敖治 | 软件工程 | 副教授 | 计算机学院 |
   | t05017    | 茅佳峰 | 软件测试 | 讲师  | 计算机学院 |
   | t06011    | 夏期年 | 机械制造 | 教授  | 机械学院  |
   | t06023    | 卢释舟 | 铸造工艺 | 副教授 | 机械学院  |
   | t07019    | 韩庭宇 | 经济管理 | 讲师  | 管理学院  |
   | t08017    | 白成园 | 金融管理 | 副教授 | 管理学院  |
   | t08058    | 孙有存 | 数据科学 | 副教授 | 计算机学院 |
   +-----------+--------+--------+-------+----------+
10 rows in set (0.00 sec)
```

视频讲解

【例3.20】 使用 replace into 命令向 course 表中插入多行数据。
代码和运行结果如下:

```
mysql> replace into course values
    ('c05103','电子技术','必修','64','16','2'),
    ('c05109','C语言','必修','48','16','2'),
    ('c05127','数据结构','必修','64','16','2'),
    ('c05138','软件工程','选修','48','8','5'),
```

```
('c06108','机械制图','必修','60','8','2'),
('c06127','机械设计','必修','64','8','3'),
('c06172','铸造工艺','选修','42', '16','6'),
('c08106','经济法','必修','48','0','7'),
('c08123','金融学','必修','40','0','5'),
('c08171','会计软件','选修','32','8','8');
Query OK, 10 rows affected (0.11 sec)
Records: 10  Duplicates: 0  Warnings: 0
```

说明：

（1）使用 insert into 语句可以向表中插入一行数据，也可以插入多行数据，最好一次插入多行数据，各行数据之间用"，"分隔。

（2）values 子句：包含各列需要插入的数据清单，数据的顺序要与列的顺序相对应。若表名后不给出列名，则在 values 子句中要给出每一列（除 identity 和 timestamp 类型的列以外）的值，如果列值为空，则值必须置为 null，否则会出错。

（3）如果向表中添加已经存在的学号（已经设为主键）的记录，将出现主键冲突错误。例如，插入已经存在的学号 20123567897 的记录，结果如下：

```
mysql> insert into student values('20123567897','韩小雨',
    -> '女','2001/2/14','666','15878945612','han@163.com ');
        ERROR 1062 (23000): Duplicate entry '20123567897' for key
'student.PRIMARY'
```

（4）使用 replace into 在向表中插入数据时，首先尝试插入数据到表中，如果发现表中已经有此行数据（根据主键或者唯一索引判断），则先删除此行数据，然后插入新数据，否则直接插入新数据。

（5）用户还可以向表中插入其他表的数据，这也是成批插入数据的一种方式，但要求两个表有相同的结构，具体操作将在以后介绍。其语法格式如下：

```
insert into  table name1 select  * from table name2;
```

2. 使用 load data 语句将数据输入数据库表

在 MySQL 中，也可以使用 load data infile 命令将文本文件数据行导入 MySQL 数据库表中。

load data 命令的基本语法形式如下：

```
load data infile 'filename.txt' into table tablename ;
```

视频讲解

说明：

（1）load data：该命令可以将文本文件数据行读入数据库表中。

（2）filename.txt：该文件中保存了待存入数据库表的文本文件数据行。

（3）tablename：添加数据的目标表，表结构必须与导入文件的数据行匹配。

【例 3.21】 使用 load data 语句输入 score 表的数据。

代码和运行结果如下：

```
mysql> load data local infile "D:\\score.txt" into table score;
      Query OK, 32 rows affected, 31 warnings (0.46 sec)
      Records: 32  Deleted: 0  Skipped: 0  Warnings: 31
mysql> select *  from score;
      +-------------+---------+-------+-------+
      | studentno   | courseno| daily | final |
      +-------------+---------+-------+-------+
      | 20112100072 | c05103  | 99.0  | 92.0  |
      | 20112100072 | c05109  | 95.0  | 82.0  |
      | 20112100072 | c08171  | 82.0  | 69.0  |
      | 20112111208 | c06108  | 77.0  | 82.0  |
      | 20112111208 | c06127  | 85.0  | 91.0  |
      | 20112111208 | c06172  | 89.0  | 95.0  |
      | 20120203567 | c05103  | 78.0  | 67.0  |
      | 20120203567 | c05109  | 87.0  | 86.0  |
      | 20120203567 | c06127  | 97.0  | 97.0  |
      | 20120210009 | c05103  | 65.0  | 98.0  |
      | 20120210009 | c05138  | 88.0  | 89.0  |
      | 20120210009 | c06108  | 79.0  | 88.0  |
      | 20123567897 | c06108  | 99.0  | 99.0  |
      | 20125121109 | c05103  | 88.0  | 79.0  |
      | 20125121109 | c05109  | 77.0  | 82.0  |
      | 20125121109 | c08171  | 85.0  | 91.0  |
      | 20126113307 | c05109  | 89.0  | 95.0  |
      | 20126113307 | c06108  | 78.0  | 67.0  |
      | 21125111109 | c05103  | 96.0  | 97.0  |
      | 21125111109 | c05109  | 87.0  | 82.0  |
      | 21125111109 | c08106  | 77.0  | 91.0  |
      | 21125221327 | c05109  | 89.0  | 95.0  |
      | 21125221327 | c06172  | 88.0  | 62.0  |
      | 21131133071 | c06172  | 78.0  | 95.0  |
      | 21131133071 | c08123  | 78.0  | 89.0  |
      | 21131133071 | c08171  | 88.0  | 98.0  |
      | 21135222201 | c08106  | 91.0  | 77.0  |
      | 21135222201 | c08123  | 79.0  | 99.0  |
      | 21135222201 | c08171  | 85.0  | 92.0  |
      | 21137221508 | c05103  | 77.0  | 92.0  |
      | 21137221508 | c05138  | 74.0  | 91.0  |
      | 21137221508 | c08106  | 89.0  | 62.0  |
      +-------------+---------+-------+-------+
      32 rows in set (0.00 sec)
```

【例 3.22】 使用 load data 语句输入 teach_course 表的数据。

代码和运行结果如下：

```
mysql> load data local infile "D:\\teach_course.txt" into table teach_course;
      Query OK, 12 rows affected (0.06 sec)
```

```
      Records: 12  Deleted: 0  Skipped: 0  Warnings: 0
mysql> select * from teach_course;
      +----------+----------+
      | teacherno| courseno |
      +----------+----------+
      | t05001   | c05103   |
      | t05002   | c05109   |
      | t05003   | c05127   |
      | t05011   | c05138   |
      | t05017   | c06108   |
      | t05017   | c06172   |
      | t06011   | c06127   |
      | t06023   | c05127   |
      | t06023   | c06172   |
      | t07019   | c08106   |
      | t08017   | c08123   |
      | t08058   | c08171   |
      +----------+----------+
      12 rows in set (0.00 sec)
```

3. 使用 set 子句插入数据

使用 set 子句直接赋值时可以不按列顺序插入数据，对允许空值的列可以不插入。

【例 3.23】 使用 set 子句向 se_course 表中插入数据。

代码和运行结果如下：

```
mysql> insert into se_course
      set studentno='21125111109',courseno='c06172',teacherno='t05017';
      Query OK, 1 row affected (0.07 sec)
mysql> select *  from  se_course;
      +-------+-----------+----------+----------+--------+-------------------+
      | sc_no | studentno | courseno | teacherno| score  | sc_time           |
      +-------+-----------+----------+----------+--------+-------------------+
      | 1     | 21125111109|c06172   | t05017   | NULL   |2020-12-09 17:22:01|
      +-------+-----------+----------+----------+--------+-------------------+
      1 row in set (0.00 sec)
```

4. 图片数据的插入

MySQL 还支持图片的存储，图片一般可以以路径的形式来存储，即直接插入图片的存储路径。当然，也可以直接插入图片本身，只要用 load_file()函数即可。

视频讲解

【例 3.24】 参照 student 表的结构创建 student01 表，添加一个能够存储图片的字段，然后插入一行数据。图片的路径为 "D: \image\ picture.jpg"。

代码和运行结果如下：

```
mysql> create table student01 as select *  from student where 0;
      Query OK, 0 rows affected (0.29 sec)
      Records: 0 Duplicates: 0 Warnings: 0
```

```
mysql> select *  from student01;
    Empty set (0.00 sec)
mysql> alter table  student01 add imgs mediumblob comment'照片';
    Query OK, 0 rows affected (0.29 sec)
    Records: 0  Duplicates: 0  Warnings: 0
mysql> insert into student01  values
    -> ('22122221329','何影映','女','2003/12/9','877',
    -> '13178978997', 'heyy1@sina.com ', 'D:\\image\\picture.jpg');
    Query OK, 1 row affected (0.04 sec)
```

说明：

（1）存放图片的字段要使用 blob 类型，blob 是专门存储二进制文件的类型，有大小之分，例如 mediumblob、longblob 等，以存储大小不同的二进制文件，一般的图形文件使用 mediumblob 就足够了。

（2）插入图片文件路径的方法是将图片存入指定的文件夹，然后把文件的路径和文件名存入数据库。

3.5.2　表记录的修改

使用 update…set…命令可以修改一个表的数据。修改表记录的语法格式如下：

```
update table_name
set col_name1= expr1 [,col_name2=expr2 …]
[where 子句]
```

说明：

（1）set 子句：根据 where 子句中指定的条件对符合条件的数据行进行修改，若语句中没设定 where 子句，则更新所有行。

（2）expr1、expr2 等可以是常量、变量或表达式，能够同时修改所在数据行的多个列值，中间用逗号隔开。

【例 3.25】将学号为 20112111208 的学生的课程号为 c06108 的平时成绩修改为 87 分。

命令和运行结果如下：

```
mysql> select *  from  score
    -> where studentno='20112111208' && courseno='c06108';
    +-------------+----------+-------+-------+
    | studentno   | courseno | daily | final |
    +-------------+----------+-------+-------+
    | 20112111208 | c06108   |  77.0 |  82.0 |
    +-------------+----------+-------+-------+
    1 row in set, 1 warning (0.00 sec)
mysql> update score set daily=87
    -> where studentno='20112111208' && courseno='c06108';
    Query OK, 1 row affected, 1 warning (0.12 sec)
    Rows matched: 1  Changed: 1  Warnings: 0
mysql> select *  from  score
```

```
-> where studentno='20112111208' && courseno='c06108';
+-------------+----------+-------+-------+
| studentno   | courseno | daily | final |
+-------------+----------+-------+-------+
| 20112111208 | c06108   | 87.0  | 82.0  |
+-------------+----------+-------+-------+
1 row in set, 1 warning (0.00 sec)
```

【例 3.26】 将 student01 表中高于 700 分的入学成绩增加 5%。
命令和运行结果如下：

```
mysql> update student01 set entrance=entrance*1.05 where entrance>700;
Query OK, 1 row affected (0.54 sec)
Rows matched: 1  Changed: 1  Warnings: 0
```

3.5.3　表记录的删除

使用 delete…from…语句可以从单个表中删除指定的表数据，删除表记录的语法格式如下：

```
delete[low_priority] [quick] [ignore]  from tbl_name
[where 子句]
[order by 子句]
[limit row_count]
```

说明：

（1）low_priority：降低 delete 操作的优先级。

（2）quick 修饰符：可以加快部分种类的删除操作的速度。

（3）ignore：忽略删除过程中的所有错误。

（4）from 子句：用于指定从何处删除数据。

（5）where 子句：指定删除条件。如果省略 where 子句，则删除该表的所有行。

（6）order by 子句：各行按照子句中指定的顺序进行删除，此子句只在与 limit 联合使用时起作用。

（7）limit 子句：用于告知服务器在控制命令返回到客户端前被删除的行的最大值。

数据被删除后将不能恢复，因此在执行删除之前一定要对数据做好备份。

【例 3.27】 删除 student01 表中入学成绩低于 750 分的记录。
命令和运行结果如下：

```
mysql> delete  from student01 where entrance <750;
Query OK, 0 rows affected (0.04 sec)
```

【例 3.28】 删除 student01 表中入学成绩最低的两行记录。
命令和运行结果如下：

```
mysql> delete  from student01 order by entrance limit 2;
Query OK, 1 rows affected (0.01 sec)
```

3.6　表的数据完整性

在定义表结构的同时还可以定义与该表相关的完整性约束条件,包括实体完整性、参照完整性和用户定义完整性。这些完整性约束条件都被存入系统的数据字典中,当用户操作表中的数据时,由数据库管理系统自动检查该操作是否违背这些完整性约束条件。如果完整性约束条件涉及该表的多个属性列,则必须定义在表级上,其他情况既可以定义在列级上也可以定义在表级上。这些约束条件主要包括 not null(非空约束)、primary key(主键约束)、unique(唯一性约束)、foreign key(外键参照完整性约束)以及 check(检查约束)。学习创建和修改约束的方法,掌握数据约束条件的实际应用,对实现数据完整性起到不可或缺的作用。

3.6.1　非空约束

在前面的数据表定义过程中,每个字段都要有一个是否为 null 值的选择,这就是对数据表中将来的数据提出的约束条件。

(1) null(允许空值):表示数值未确定,并不是数字"0"或字符"空格"。比较两个空值或将空值与其他任何数值相比均为空值。

(2) not null(不允许空值):表示数据列中不允许空值出现,这样可以确保数据列中必须包含有意义的值。对数据列设置"不允许空值",在向表中输入数据时,必须输入一个值,否则该行数据将不会被收入表中。

例如学生选课时,学号、课程号就不能为空值,因为它们必须是确定值才能描述哪位同学选的什么课。如果存在成绩字段,则成绩字段应该允许空值,因为此时还没有结束课程,成绩是不确定的。设置表的非空约束是指在创建表时为表的某些特殊字段加上 not null 约束条件。非空约束将保证所有记录中该字段都有值。如果在用户新插入的记录中该字段为空值,则数据库系统会自动报错。

3.6.2　主键约束

视频讲解

设置主键主要可以帮助 MySQL 以最快的速度查找到表中的指定信息。primary key 可以指定一个字段作为表的主键,也可以指定两个及两个以上的字段作为复合主键,其值能唯一地标识表中的每一行记录,而且 primary key 约束中的列不允许取空值。由于 primary key 约束能确保数据唯一,所以经常用来定义标志列。

用户可以在创建表时创建主键,也可以对表中已有的主键进行修改或者增加新的主键。设置主键通常有两种方式,即通过表的完整性约束和列的完整性约束。

1. 在创建表时定义完整性约束

前面第 3.4.2 节中定义 student、course、score、teacher 等数据表时都是采用表级约束的方式,此时需要在最后加上一条 primary key(col_name, …)语句。若在进行列定义时加上关键字 primary key,就可以定义列的完整性约束主键。

【例 3.29】 在 mytest 数据库中参照 course 表结构创建 course01 表,用列的完整性约束设置主键。

程序代码如下：

```
mysql> create table if not exists course01
    ( courseno  char(6) not null primary key,
      cname  char(6) not null,
      type char(8) not null,
      period int(2) not null,
      exp int(2) not null,
      term int(2) not null
    );
```

说明：

（1）主键是单一字段时可以是表级约束，也可以是列级约束。

（2）当表中的主键为复合主键时，只能定义为表的完整性约束。例如，前面定义 score 表时就是采用这种方式。

2. 修改表的主键

修改表的主键可以单独进行，也可以通过修改表结构来实现。

【例 3.30】　在 mytest 数据库中参照 student 表创建 student02 表，删除原来的主键 sname，更换 studentno 作为主键。

代码和运行结果如下：

```
mysql> create table student02  as select * from teaching.student where 0;
      Query OK, 0 rows affected (1.01 sec)
      Records: 0  Duplicates: 0  Warnings: 0
mysql> alter table student02  add primary key (sname);
      Query OK, 0 rows affected (1.74 sec)
      Records: 0  Duplicates: 0  Warnings: 0
mysql> alter table  student02 drop primary key;
      Query OK, 0 rows affected (1.02 sec)
      Records: 0  Duplicates: 0  Warnings: 0
mysql>  alter table  student02 add primary key (studentno);
      Query OK, 0 rows affected (1.08 sec)
       Records: 0  Duplicates: 0  Warnings: 0
```

3.6.3　外键约束

1. 理解参照完整性

视频讲解

在关系型数据库中，有很多规则是和表之间的关系有关的，表与表之间往往存在一种"父子"关系。例如，studentno 字段是 score 表的属性，且依赖于 student 表的主键 studentno，那么称 student 表为父表，score 表为子表。通常将 studentno 设为 score 表的外键，参照 student 表的主键字段，通过 studentno 字段将父表 student 和子表 score 建立关联关系。

外键的作用是建立子表与其父表的关联关系，保证子表与父表关联数据的一致性。在父表中更新或删除某条信息时，子表中与之对应的信息也必须有相应的改变。

设置外键的原则：必须依赖于数据库中已存在的父表的主键；外键可以为空值。

这样，当需要在 score 表中添加、删除、修改 studentno 字段的数据时，其结果中的 studentno 值必须在 student 表中存在。即编辑 score 表中的学号 studentno 时，该学号必须是 student 表中存在的学号。这种类型的关系就是参照完整性约束（referential integrity constraint）。

外键声明和参照完整性定义的语法格式如下：

```
constraint foreign_key_name  foreign key(col_name1 [,col_name2…])
references table_name(col_name1[,col_name2…)])
[on delete {restrict | cascade | set null | no action}]
[on update {restrict | cascade | set null | no action}]
```

说明：

（1）constraint foreign_key_name：定义外键约束和约束名。foreign key(col_name1 [,col_name2…])为外键引用的字段表。

（2）外键被定义为表的完整性约束，references 中包含了外键所参照的表和列，还可以声明参照动作。

（3）restrict：当要删除或更新父表中被参照列上在外键中出现的值时，拒绝对父表的删除或更新操作。

（4）cascade：从父表删除或更新行时自动删除或更新子表中匹配的行。

（5）set null：当从父表删除或更新行时，设置子表中与之对应的外键列为 null。如果外键列没有指定 not null 限定词，这就是合法的。

（6）no action：no action 意味着不采取动作，就是如果有一个相关的外键值在被参考的表里，删除或更新父表中主要键值的企图不被允许，和 restrict 一样。

2. 对已有的表添加外键

【例 3.31】 在 teaching 数据库中利用 alter table 语句为 score 表添加外键约束。

代码和运行结果如下：

```
mysql> use teaching;
    Database changed
mysql> alter table score
    -> add constraint fk_st_score
    -> foreign key(studentno) references student(studentno);
    Query OK, 32 rows affected (2.18 sec)
    Records: 32  Duplicates: 0  Warnings: 0
mysql> alter table score
    -> add constraint fk_cou_score
    -> foreign key(courseno) references course(courseno);
    Query OK, 32 rows affected (1.36 sec)
    Records: 32  Duplicates: 0  Warnings: 0
```

3. 在创建表时创建外键

【例 3.32】 在 mytest 数据库中参照 score 表创建 score1 表，其中 studentno 作为外键，参照 student02 表中的 studentno 字段。

代码和运行结果如下：

```
mysql> create table if not exists score1
    -> (studentno  char(11) not null,
    -> courseno  char(6) not null,
    -> daily float(3,1) default 0,
    -> final float(3,1) default 0,
    -> primary key(studentno, courseno),
    -> foreign key(studentno)
    -> references student02(studentno)
    -> on update cascade
    -> on delete cascade);
      Query OK, 0 rows affected (0.21 sec)
```

3.6.4　检查约束

利用主键和外键约束可以实现一些常见的完整性操作。在进行数据完整性管理时，还需要一些针对数据表的列进行数值范围限制的约束。例如，score表中final字段的值要在0～100内，表中的birthdate字段必须大于2000年12月31日。这样的规则可以使用check约束来指定。

check约束在创建表时定义，可以定义为列完整性约束，也可以定义为表完整性约束。定义check约束时的格式比较简单。

【例3.33】　在mysqltest数据库中对student02表的birthdate列添加check约束，要求出生日期必须大于2000年12月31日，性别只能是"男"或"女"。

代码和运行结果如下：

```
mysql> alter table student02
    -> add constraint ch_stu_birth
    -> check(birthdate>'2000-12-31');
      Query OK, 0 rows affected (1.35 sec)
      Records: 0  Duplicates: 0  Warnings: 0
```

3.6.5　唯一性约束

唯一性是指所有记录中该字段的值不能重复出现。设置表的唯一性约束是指在创建表时为表的某些特殊字段加上unique约束条件。唯一性约束将保证所有记录中该字段的值不能重复出现。在创建表时可以设置列的唯一性约束，也可以在已经创建的表的列上添加唯一。例如，在Email字段上加上唯一性约束，所以记录中Email字段上不能出现相同的值。

【例3.34】　对student表的Email列添加唯一性约束，并进行验证。

代码和运行结果如下：

```
mysql> use teaching;
      Database changed
mysql> alter table student add unique (Email);
```

```
        Query OK, 0 rows affected (1.11 sec)
        Records: 0  Duplicates: 0  Warnings: 0
mysql> select  studentno,sname,email  from student limit 3;
        +-------------+--------+-------------+
        | studentno   | sname  | email       |
        +-------------+--------+-------------+
        | 20112100072 | 许东方 | su12@163.com |
        | 20112111208 | 韩吟秋 | han@163.com  |
        | 20120203567 | 封白玫 | feng@126.com |
        +-------------+--------+-------------+
        3 rows in set (0.02 sec)
mysql> insert into student
    -> values ('20104444444' , '张思睿', '男' ,
    -> '2002-01-01',  '809', '13102020207' , 'han@163.com');
        ERROR 1062 (23000): Duplicate entry 'han@163.com' for key
'student.Email'
```
　　　　　　　　　　　　　　　　　　　//插入失败，违反唯一性约束的条件

说明：

（1）一个数据表只能创建一个主键，但可以有若干个 unique 约束。

（2）主键列值不允许为 null，而 unique 字段的值可以取 null，但是必须使用 null 或 not null 声明。

（3）一般在创建 primary key 约束时系统会自动产生 primary key 索引，在创建 unique 约束时系统会自动产生 unique 索引。

3.7　实践操作指导

本章主要介绍了创建数据库和表的基本知识，具体的实践操作主要有以下几点：

● 数据库的创建、修改和删除。

● 数据表结构的创建、修改和删除操作。

● 表记录的插入、更新和删除。

● 表的完整性约束条件的创建、修改和删除操作。

● 利用 Workbench 图形管理工具实现数据库和表的各种基本操作。

习题 3

1. 选择题

（1）在 MySQL 数据库中，通常使用_____语句来指定一个已有数据库作为当前工作数据库。

　　　　A. using　　　　　B. used　　　　　C. uses　　　　　　D. use

（2）_____命令用于删除一个数据库。

　　　　A. create database　B. drop database　　C. alter database　　D. use InnoDB

（3）在使用 insert 语句插入记录时，使用_____关键字会忽略导致重复关键字的错误记录。

      A. no same   B. ignore   C. repeat   D. unique

（4）删除列的命令是_____。

      A. alter table⋯delete⋯   B. alter table⋯delete column⋯

      C. alter table⋯drop⋯   D. alter table⋯drop column⋯

（5）下列关于 truncate table 的描述不正确的是_____。

      A. truncate 将删除表中的所有数据

      B. 表中包含 auto_increment 列，使用 truncate table 可以重置序列值为该列的初始值

      C. truncate 操作比 delete 操作占用的资源多

      D. 用 truncate table 删除表，然后重新构建表

（6）在创建表时，可以使用_____关键字使当前建立的表为临时表。

      A. ignore   B. temporary   C. temptable   D. truncate

2. 简答题

（1）简述在 MySQL Workbench 窗口中创建数据库的步骤。

（2）简述创建表时各类约束对表中数据的作用。

（3）MySQL 支持的数据完整性有哪几类？各有什么作用？

（4）简述在 MySQL Workbench 中创建含有主键的表的步骤。

3. 上机练习题

（1）登录数据库系统以后，创建 student 数据库，数据库创建成功后，查看数据库系统中还存在哪些数据库。

（2）创建 booksmgt 数据库，在 booksmgt 数据库中使用 MySQL 语句创建 book 表和 author 表，结构如下：

```
book(bookid  char(6),bookname  varchar(30),  price float(5,2))
author( authorid char(6), authorname  varchar(10), bookid  char(6), phone
varchar(15))
```

设置 book 表中的 bookid 为主键，author 表中的 bookid 为外键。

（3）在 booksmgt 数据库中利用 MySQL 语句创建一个图书销售表 booksales，结构如下：

```
booksales(bookid nchar(6), sellnum int, selldate datetime)
```

分别利用 insert、delete、update 语句添加、删除和更新数据。

（4）利用 MySQL 语句先删除 booksales 表中销售时间在 2019 年 12 月以前的记录，再删除全部记录，然后删除该表。

第 4 章

数据检索

数据检索是指从数据库中按照预定条件查询数据，以及引用相关数据进行计算处理而获取所需信息的过程。查询数据是数据库操作中最常用、最重要的操作。MySQL 是通过 select 语句查询实现数据检索的。

本章介绍利用 select 语句进行单表查询、多表连接和子查询的详细操作。

4.1　基本查询语句

视频讲解

select 语句是 SQL 从数据库中获取信息的一个基本语句。该语句可以实现从一个或多个数据库的一个或多个表中查询信息，并将结果显示为另外一个二维表的形式，称之为结果集（result set）。

select 语句的基本语法格式可归纳如下：

```
select [all|distinct]selection_list
from  table_source
[where search_condition]
[group by grouping_columns][with rollup]
[having search_condition]
[order by order_expression [asc|desc]]
[limit count]
```

说明：

- select：描述结果集的列，是一个用逗号分隔的表达式列表。每个选择列表表达式通常是对从中获取数据源列的引用，但也可能是其他表达式。all 是默认值，代表所有行。distinct 取消结果集中的重复行。中括号[]表示可选项的格式。
- from：指定所要查询的数据源，例如表、视图、表达式等。可以指定两个以上的表，表与表之间用逗号隔开。
- where：定义源表中的行要满足 select 语句的要求所必须达到的条件。
- group by：用于对查询结果根据 grouping_columns 的值进行分组。使用带 rollup 操作符的 group by 子句，指定在结果集内不仅包含由 group by 提供的正常行，还包含汇总行。
- having：应用于分组结果集的附加条件。having 子句通常与 group by 子句一起使用，用来在 group by 子句后选择行。

- order by：用于对查询结果进行排序。
- asc | desc：用于指定行的排序，asc 代表升序，是默认值，desc 代表降序。
- limit：限制查询的输出结果行。通常与 order by 子句一起使用。

下面介绍 select 语句的简单应用。

（1）使用 select 语句查询一个数据表：在使用 select 语句时，首先要确定所要查询的列。"*" 代表所有的列。

【例 4.1】 查询 teaching 数据库的 course 表中的所有数据。

代码和运行结果如下：

```
mysql> use teaching;
        Database changed
mysql> select * from  course;
        +----------+----------+------+--------+-----+------+
        | courseno | cname    | type | period | exp | term |
        +----------+----------+------+--------+-----+------+
        | c05103   | 电子技术  | 必修  |     64 |  16 |    2 |
        | c05109   | C 语言    | 必修  |     48 |  16 |    2 |
        | c05127   | 数据结构  | 必修  |     64 |  16 |    2 |
        | c05138   | 软件工程  | 选修  |     48 |   8 |    5 |
        | c06108   | 机械制图  | 必修  |     60 |   8 |    2 |
        | c06127   | 机械设计  | 必修  |     64 |   8 |    3 |
        | c06172   | 铸造工艺  | 选修  |     42 |  16 |    6 |
        | c08106   | 经济法    | 必修  |     48 |   0 |    7 |
        | c08123   | 金融学    | 必修  |     40 |   0 |    5 |
        | c08171   | 会计软件  | 选修  |     32 |   8 |    8 |
        +----------+----------+------+--------+-----+------+
        10 rows in set (0.06 sec)
```

这是查询整个表中所有列的操作，还可以针对表中的某一列或多列进行查询。

（2）查询表中的指定列：针对表中的多列进行查询，只要在 select 后面指定要查询的列名即可，多列之间用 "," 分隔。

【例 4.2】 查询 student 表中的 studentno、sname 和 phone 数据。

代码和运行结果如下：

```
mysql> select studentno,sname,phone from student;
        +-------------+-------+-------------+
        | studentno   | sname | phone       |
        +-------------+-------+-------------+
        | 20112100072 | 许东方 | 12545678998 |
        | 20112111208 | 韩吟秋 | 15878945612 |
        | 20120203567 | 封白玫 | 13245674564 |
        | 20120210009 | 崔舟帆 | 13623456778 |
        | 20123567897 | 赵雨思 | 13175689345 |
        | 20125121109 | 梁一苇 | 13145678921 |
        | 20126113307 | 姚扶媚 | 13245678543 |
```

```
| 21125111109 | 敬秉辰 | 15678945623 |
| 21125221327 | 何桐影 | 13178978999 |
| 21131133071 | 崔依歌 | 15556845645 |
| 21135222201 | 夏文斐 | 15978945645 |
| 21137221508 | 赵临江 | 12367823453 |
+-------------+-------+-------------+
12 rows in set (0.03 sec)
```

（3）从一个或多个表中获取数据：使用 select 语句进行查询，需要确定所要查询的数据在哪个表中或在哪些表中，在对多个表进行查询时，同样使用"，"对多个表进行分隔。进行多表查询，主要采用多表连接或子查询的方式，也可以通过在 where 子句中使用连接运算符来确定表之间的联系，然后根据这个条件返回查询结果。

4.2 单表查询

单表查询是指从一张表中查询所需要的数据。下面将通过 select 语句的各子句的应用介绍在单表上进行查询的常见操作。

4.2.1 select 子句和 from 子句的使用

select 子句的主要功能是输出字段或表达式的值，form 子句的主要功能是指定数据源。这两个子句在进行数据库表查询时都是必选项。下面结合 select 子句的输出项的操作介绍查询语句的基本操作。

1. 为字段取别名

在利用 select 语句查询数据时，输出项一般显示创建表时定义的字段名。MySQL 可以为查询显示的每个输出字段或表达式取一个别名，以增加结果集的可读性。例如，可以用 as 关键字给字段取一个中文名。实现给 select 子句中的各项取别名的语法格式为：

```
select 项的原名  as  别名
```

【例 4.3】 在 student 表中查询出生日期在 2002 年以后的学生的学号、姓名、电话和年龄。

分析：可以通过 as 为列或表达式更改名称，以增加可读性。

代码和运行结果如下：

```
mysql> select  studentno as '学号',sname as '姓名',
    -> phone as '电话',year(now())-year(birthdate) as  '年龄'
    -> from  student
    -> where  year(birthdate)>2002;
+-------------+-------+-------------+-----+
| 学号        | 姓名  | 电话        | 年龄 |
+-------------+-------+-------------+-----+
| 20120203567 | 封白玫 | 13245674564 |  17 |
| 20123567897 | 赵雨思 | 13175689345 |  17 |
| 20126113307 | 姚扶嵋 | 13245678543 |  17 |
```

```
| 21125111109 | 敬秉辰  | 15678945623 |   16 |
| 21125221327 | 何桐影  | 13178978999 |   16 |
| 21135222201 | 夏文斐  | 15978945645 |   15 |
| 21137221508 | 赵临江  | 12367823453 |   15 |
+-------------+-------+-------------+------+
7 rows in set (0.12 sec)
```

2. 使用谓词过滤记录

如果希望一个列表没有重复值,可以利用 distinct 子句从结果集中除掉重复的行。在使用 distinct 子句时需要注意以下事项:

(1)选择列表的行集中,所有值的组合决定行的唯一性。

(2)数据检索包含任何唯一值组合的行,如果不指定 distinct 子句,则将所有行返回到结果集中。

【例 4.4】　在 score 表中查询期末成绩高于 95 分的学生的学号和课程号,并按照学号排序。

分析:不管学生有几门课的成绩高于 95 分,只要有一门就可以显示,利用 distinct 子句可以将重复行消除。

代码和运行结果如下:

```
mysql> select  distinct studentno,courseno
    -> from   score
    -> where final>95
    -> order  by studentno;
    +-------------+----------+
    | studentno   | courseno |
    +-------------+----------+
    | 20120203567 | c06127   |
    | 20120210009 | c05103   |
    | 20123567897 | c06108   |
    | 21125111109 | c05103   |
    | 21131133071 | c08171   |
    | 21135222201 | c08123   |
    +-------------+----------+
    6 rows in set (0.13 sec)
```

4.2.2　使用 where 子句过滤结果集

1. 查询符合指定条件的记录数据

如果要从很多记录中查询出指定的记录,那么就需要一个查询条件。设定查询条件使用的是 where 子句,通过 where 子句可以实现很多复杂的条件查询。在使用 where 子句时,需要使用一些比较运算符来确定查询的条件。

【例 4.5】　查询 student 表中入学成绩在 800 分以上的学生的学号、姓名和电话信息。

分析:本例中要求输出学号、姓名和电话信息,即 select 子句输出表列数据源为 student 表,条件为入学成绩在 800 分以上。

代码和运行结果如下：

```
mysql> select  studentno,sname,phone
    -> from    student
    -> where   entrance>800;
    +-------------+--------+-------------+
    | studentno   | sname  | phone       |
    +-------------+--------+-------------+
    | 20120203567 | 封白玫 | 13245674564 |
    | 20123567897 | 赵雨思 | 13175689345 |
    | 21125221327 | 何桐影 | 13178978999 |
    | 21135222201 | 夏文斐 | 15978945645 |
    +-------------+--------+-------------+
    4 rows in set (0.00 sec)
```

2. 带 in 关键字的查询

使用 in 关键字可以判断某个字段的值是否在指定的集合中。如果字段的值在集合中，则满足查询条件，该记录将被查询出来；如果字段的值不在集合中，则不满足查询条件。实际上，使用 in 搜索条件相当于用 or 连接两个比较条件，例如"x in(10, 15)"相当于表达式"x=10 or x=15"。用户也可以使用 not in 关键字查询不在某取值范围内的记录行数据。

【例 4.6】 查询学号分别为 20123567897、21135222201 和 20120203567 的学生的学号、课程号、平时成绩和期末成绩。

分析：在检索条件中枚举某些确定值的范围，一般可以用 in 关键字实现。

代码和运行结果如下：

```
mysql> select studentno,courseno ,daily ,final
    -> from score
    -> where studentno in('20123567897','21135222201','20120203567');
    +-------------+----------+-------+-------+
    | studentno   | courseno | daily | final |
    +-------------+----------+-------+-------+
    | 20120203567 | c05103   | 78.0  | 67.0  |
    | 20120203567 | c05109   | 87.0  | 86.0  |
    | 20120203567 | c06127   | 97.0  | 97.0  |
    | 20123567897 | c06108   | 99.0  | 99.0  |
    | 21135222201 | c08106   | 91.0  | 77.0  |
    | 21135222201 | c08123   | 79.0  | 99.0  |
    | 21135222201 | c08171   | 85.0  | 92.0  |
    +-------------+----------+-------+-------+
    7 rows in set (0.02 sec)
```

3. 带 between…and 的范围查询

在 where 子句中，可以使用 between 搜索条件检索指定范围内的行。在使用 between 搜索条件时，相当于用 and 连接两个比较条件，例如"x between 10 and 27"相当于表达式"x>=10 and x<=27"。由此可见，在生成结果集中边界值也是符合条件的。检索条件指定排

除某个范围的值，一般可以用 not between 关键字实现。

【例 4.7】 查询选修课程号为 c05109 的学生的学号和期末成绩，并且要求平时成绩在80~95 分内。

分析：检索条件设置在某个范围内，一般可以用 between 关键字实现。

代码和运行结果如下：

```
mysql> select studentno, final
    -> from score
    -> where courseno='c05109' and daily between 80 and 95;
    +-------------+-------+
    | studentno   | final |
    +-------------+-------+
    | 20112100072 | 82.0  |
    | 20120203567 | 86.0  |
    | 20126113307 | 95.0  |
    | 21125111109 | 82.0  |
    | 21125221327 | 95.0  |
    +-------------+-------+
    5 rows in set (0.03 sec)
```

4. 带 like 的字符匹配查询

使用通配符结合的 like 搜索条件，通过进行字符串的比较来选择符合条件的行。当使用 like 搜索条件时，模式字符串中的所有字符都有意义，包括开头和结尾的空格。like 主要用于字符类型数据。字符串内的英文字母和汉字都算一个字符。用户也可以用通配符并使用 not like 作为查询条件。

like 属于较常用的比较运算符，通过它可以实现模糊查询。它有两种通配符，即"%"和下画线"_"。

- %：可以匹配一个或多个字符，可以代表任意长度的字符串，长度可以为 0。
- _：只匹配一个字符。

【例 4.8】 在 student 表中显示所有姓何或姓韩的学生的姓名、出生日期和电子邮箱。

分析：设置 where 条件实现上述要求，需要用 or、like 等逻辑运算。like 操作符可以和通配符一起将列的值与某个特定的模式作比较，列的数据类型可以是任何字符串类型。

代码和运行结果如下：

```
mysql> select sname, birthdate, Email
    -> from student
    -> where sname like '何%' or sname like '韩%';
    +--------+------------+--------------+
    | sname  | birthdate  | Email        |
    +--------+------------+--------------+
    | 韩吟秋 | 2002-02-14 | han@163.com  |
    | 何桐影 | 2004-12-04 | he@sina.com  |
    +--------+------------+--------------+
    2 rows in set (0.00 sec)
```

5. 用 is null 关键字查询空值

涉及空值的查询用 null 来表示。create table 语句或 alter table 语句中的 null 表明在列中允许存在被称为 null 的特殊数值,它不同于数据库中的其他任何值。在 select 语句中,where 子句通常会返回比较的计算结果为真的行。

那么,在 where 子句中如何处理 null 值的比较呢?为了取得列中含有 null 的行,MySQL 语句包含了操作符功能 is [not] null。

说明:

(1)一个字段值是空值或者不是空值,要表示为"is null"或"is not null",不能表示为"=null"或"<>null"。

(2)如果写成"字段=null"或"字段<>null",系统的运行结果直接处理为 null 值,按照 false 处理而不报错。

where 子句有以下通用格式:

```
where column is [not] null
```

下面通过实例介绍空值查询的方法。

【例 4.9】 在 se_course 表中添加成绩字段 score,查询 se_course 表中学生的学号、课程号和成绩。

分析:se_course 表中的成绩允许空值,以此成绩是否为空值作为查询条件,即可查到学生的选课情况。

代码和运行结果如下:

```
mysql> alter table se_course
    -> add score float(3,1) null after teacherno;
       Query OK, 0 rows affected (1.27 sec)
       Records: 0  Duplicates: 0  Warnings: 0
mysql> select studentno, courseno,teacherno, score
    -> from  se_course
    -> where score is null;
       +-------------+----------+-----------+-------+
       | studentno   | courseno | teacherno | score |
       +-------------+----------+-----------+-------+
       | 21125111109 | c06172   | t05017    | NULL  |
       +-------------+----------+-----------+-------+
       1 row in set (0.00 sec)
```

6. 带 and 的多条件查询

where 子句的主要功能是利用指定的条件选择结果集中的行。符合条件的行出现在结果集中,不符合条件的行不出现在结果集中。在利用 where 子句指定行时,条件表达式中的字符型和日期类型值要放到单引号内,数值类型的值直接出现在表达式中。

【例 4.10】 在 score 表中显示期中成绩高于 90 分、期末成绩高于 85 分的学生的学号、课程号和成绩。

分析:设置 where 条件实现上述要求,需要用 and 逻辑运算,将两个比较运算表达式连接起来。

代码和运行结果如下：

```
mysql> select studentno,courseno,daily,final
    -> from score
    -> where daily > 90 and final > 85;
    +-------------+----------+-------+-------+
    | studentno   | courseno | daily | final |
    +-------------+----------+-------+-------+
    | 20112100072 | c05103   | 99.0  | 92.0  |
    | 20120203567 | c06127   | 97.0  | 97.0  |
    | 20123567897 | c06108   | 99.0  | 99.0  |
    | 21125111109 | c05103   | 96.0  | 97.0  |
    +-------------+----------+-------+-------+
    4 rows in set (0.00 sec)
```

7. 带 or 的多条件查询

带 or 的多条件查询，实际上只要符合多条件中的一个，记录就会被搜索出来；如果不满足这些查询条件中的任何一个，这样的记录将被排除掉。or 可以用来连接两个条件表达式，而且可以同时使用多个 or 关键字连接多个条件表达式。

【例 4.11】 查询计算机学院具有高级职称教师的教师号、姓名和专业。

分析：where 子句设置的条件包括部门和职称，其中高级职称又包括教授和副教授两类，需要用 or 和 and 两种逻辑运算。

代码和运行结果如下：

```
mysql> select teacherno,tname, major
    -> from teacher
    -> where department='计算机学院' and (prof='副教授' or prof='教授');
    +-----------+--------+--------+
    | teacherno | tname  | major  |
    +-----------+--------+--------+
    | t05001    | 苏超然 | 软件工程 |
    | t05003    | 孙释安 | 网络安全 |
    | t05011    | 卢敖治 | 软件工程 |
    | t08058    | 孙有存 | 数据科学 |
    +-----------+--------+--------+
    4 rows in set (0.03 sec)
```

4.2.3 使用 order by 子句对结果集排序

使用 order by 子句可以对查询的结果进行升序（asc）或降序（desc）排列。排序可以依照某个列的值，若列值相等，则根据第二个属性的值排序，依此类推。

使用 order by 子句进行排序需要注意以下事项和原则：

（1）在默认情况下，结果集按照升序排列，可以在输出项的后面加上关键字 desc 来实现降序输出。在对含有 null 值的列进行排序时，如果是按升序排列，null 值将出现在最前面；如果是按降序排列，null 值将出现在最后。

（2）order by 子句包含的列并不一定出现在选择列表中。

（3）order by 子句可以通过指定列名、函数值和表达式的值进行排序。

（4）order by 子句不可以使用 text、blob、longtext 或 mediumblob 类型的列。

（5）在 order by 子句中可以同时指定多个排序项。

【例 4.12】　在 student 表中查询入学成绩高于 850 分的学生的学号、姓名和入学成绩，并按照入学成绩降序排列。

分析：升序 asc 是默认值，而降序 desc 必须表明，也可以给字段取别名。

代码和运行结果如下：

```
mysql> select studentno as '学号',sname as '姓名',entrance as '入学成绩'
    -> from student
    -> where entrance>850
    -> order by entrance  desc;
    +------------+-------+---------+
    | 学号       | 姓名  | 入学成绩 |
    +------------+-------+---------+
    | 20120203567 | 封白玫 |   898   |
    | 20123567897 | 赵雨思 |   879   |
    | 21125221327 | 何桐影 |   879   |
    | 21135222201 | 夏文斐 |   867   |
    +------------+-------+---------+
    4 rows in set (0.00 sec)
```

【例 4.13】　在 score 表中查询总评成绩大于 90 分的学生的学号、课程号和总评成绩，并先按照课程号的升序，再按照总评成绩的降序排列。总评成绩的计算公式如下：

总评成绩=daily×0.2+final×0.8

分析：本例利用表达式作比较和排序的依据。

代码和运行结果如下：

```
mysql> select courseno 课程号,daily *0.2+ final*0.8 as '总评成绩',studentno
as '学号'
    -> from score
    -> where daily *0.2+ final*0.8>90
    -> order by courseno, daily *0.2+ final*0.8 desc;
    +--------+---------+-------------+
    | 课程号 | 总评成绩 | 学号        |
    +--------+---------+-------------+
    | c05103 | 96.8    | 21125111109 |
    | c05103 | 93.4    | 20112100072 |
    | c05103 | 91.4    | 20120210009 |
    | c05109 | 93.8    | 20126113307 |
    | c05109 | 93.8    | 21125221327 |
    | c06108 | 99.0    | 20123567897 |
    | c06127 | 97.0    | 20120203567 |
```

```
| c06172 | 93.8      | 20112111208 |
| c06172 | 91.6      | 21131133071 |
| c08123 | 95.0      | 21135222201 |
| c08171 | 96.0      | 21131133071 |
| c08171 | 90.6      | 21135222201 |
+--------+-----------+-------------+
12 rows in set (0.02 sec)
```

4.2.4 group by 子句和 having 子句的使用

视频讲解

group by 子句可以将查询结果按属性列或属性列组合在行的方向上进行分组，每组在属性列或属性列组合上具有相同的聚合值。如果聚合函数没有使用 group by 子句，则只为 select 语句报告一个聚合值。

将一列或多列定义为一组，使组内的所有行在那些列中的数值相同。注意，出现在查询的 select 列表中的每一列都必须同时出现在 group by 子句中。

1. 使用 group by 关键字来分组

单独使用 group by 关键字，查询结果只显示每组的一条记录。

【例 4.14】 利用 group by 子句对 score 表中的数据分组，显示每个学生的学号和平均分。总评成绩的计算公式如下：

总评成绩=daily×0.3+final×0.7

分析：通过学号分组，可以求出每个学生的平均分。avg() 函数用于求平均值，round() 函数用于对平均值的某位数据进行四舍五入。

代码和运行结果如下：

```
mysql> select studentno 学号, round(avg(daily*0.3+final*0.7),2) as '平均分'
    -> from score
    -> group by studentno;
    +-------------+--------+
    | 学号        | 平均分 |
    +-------------+--------+
    | 20112100072 |   84.3 |
    | 20112111208 |  88.63 |
    | 20120203567 |  84.53 |
    | 20120210009 |  87.37 |
    | 20123567897 |     99 |
    | 20125121109 |   83.8 |
    | 20126113307 |  81.75 |
    | 21125111109 |     89 |
    | 21125221327 |   81.5 |
    | 21131133071 |   90.2 |
    | 21135222201 |  88.03 |
    | 21137221508 |  81.17 |
    +-------------+--------+
    12 rows in set (0.03 sec)
```

2. group by 关键字与 group_concat()函数一起使用

使用 group by 关键字和 group_concat()函数查询，可以将每个组中的所有字段值都显示出来。

【例4.15】 使用 group by 关键字和 group_concat()函数对 score 表中的 studentno 字段进行分组查询，可以查看选学该门课程的学生的学号。

代码和运行结果如下：

```
mysql> select courseno 课程号,group_concat(studentno) 选课学生学号
    -> from score
    -> group by courseno;
    +--------+----------------------------------------------------------+
    | 课程号 | 选课学生学号                                             |
    +--------+----------------------------------------------------------+
    | c05103 | 20112100072,20120203567,20120210009,20125121109,…       |
    | c05109 | 20112100072,20120203567,20125121109,20126113307,…       |
    | c05138 | 20120210009,21137221508                                  |
    | c06108 | 20112111208,20120210009,20123567897,20126113307         |
    | c06127 | 20112111208,20120203567                                  |
    | c06172 | 20112111208,21125221327,21131133071                     |
    | c08106 | 21125111109,21135222201,21137221508                     |
    | c08123 | 21131133071,21135222201                                 |
    | c08171 | 20112100072,20125121109,21131133071,21135222201         |
    +--------+----------------------------------------------------------+
    9 rows in set (0.02 sec)
```

3. group by 关键字与 having 一起使用

select 语句中的 where 和 having 子句控制用数据源表中的哪些行来构造结果集。where 和 having 是筛选，这两个子句指定一系列搜索条件，只有满足搜索条件的行才能用来构造结果集。

having 子句通常与 group by 子句结合使用，尽管指定该子句时也可以不带 group by。having 子句指定在应用 where 子句的筛选后要进一步应用的筛选。

【例4.16】 查询选课在 3 门以上且各门课程的期末成绩均高于 75 分的学生的学号及其总成绩，查询结果按总成绩降序列出。

分析：可以利用 having 子句筛选分组结果，使之满足 count(*)>=3 的条件即可。

代码和运行结果如下：

```
mysql> select studentno 学号,sum(daily*0.3+final*0.7) as '总分'
    -> from  score
    -> where final>75
    -> group by studentno
    -> having count(*)>3
    -> order by sum(daily*0.3+final*0.7) desc;
    +-------------+-------+
    | 学号        | 总分  |
    +-------------+-------+
```

```
| 21131133071 | 270.6 |
| 21125111109 | 267.0 |
| 20112111208 | 265.9 |
| 21135222201 | 264.1 |
| 20120210009 | 262.1 |
| 20125121109 | 251.4 |
+-------------+-------+
6 rows in set (0.02 sec)
```

4. 利用 group by 与 with rollup 进行统计

应用 MySQL 中的 with rollup，可以在分组统计数据的基础上进行相同的总体统计。例如对于成绩表，查询某一门课的平均值和所有成绩的平均值，使用普通的 group by 语句是不能实现的。

【例 4.17】 查询 score 表中每一门课的期末平均分和所有成绩的平均分。

分析：如果使用有 with rollup 子句的 group by 语句，则可以实现这个要求。

代码和运行结果如下：

```
mysql> select courseno 课程号,avg(final) 课程期末平均分
    -> from score
    -> group by courseno with  rollup;
    +--------+---------------+
    | 课程号  | 课程期末平均分  |
    +--------+---------------+
    | c05103 |      87.50000 |
    | c05109 |      87.00000 |
    | c05138 |      90.00000 |
    | c06108 |      84.00000 |
    | c06127 |      94.00000 |
    | c06172 |      84.00000 |
    | c08106 |      76.66667 |
    | c08123 |      94.00000 |
    | c08171 |      87.50000 |
    | NULL   |      86.59375 |
    +--------+---------------+
10 rows in set (0.02 sec)
```

在运行结果中，最后一行即为所有成绩的平均分。

4.2.5　用 limit 限制查询结果的数量

limit 是用来限制查询结果的数量的子句，可以指定查询结果从哪条记录开始显示，还可以指定一共显示多少条记录。limit 可以指定初始位置，也可以不指定初始位置。

【例 4.18】 查询 student 表中学生的学号、姓名、出生日期和电话，按照 entrance 进行降序排列，显示前 3 条记录。

代码和运行结果如下：

视频讲解

```
mysql> select studentno,sname,birthdate,phone
    -> from  student
    -> order by  entrance  desc
    -> limit  3;
    +-------------+-------+------------+-------------+
    | studentno   | sname | birthdate  | phone       |
    +-------------+-------+------------+-------------+
    | 20120203567 | 封白玫 | 2003-09-09 | 13245674564 |
    | 20123567897 | 赵雨思 | 2003-08-04 | 13175689345 |
    | 21125221327 | 何桐影 | 2004-12-04 | 13178978999 |
    +-------------+-------+------------+-------------+
    3 rows in set (0.02 sec)
```

使用 limit 还可以从查询结果的中间部分取值。首先要定义两个参数,参数 1 是开始读取的第 1 条记录的编号(注意,在总查询结果中第 1 条记录的编号为 0);参数 2 是要查询记录的个数。

【例 4.19】 查询 score 表中期末成绩高于 85 分的学生,按照平时成绩进行升序排列,从编号 2 开始,查询 5 条记录。

代码和运行结果如下:

```
mysql> select  *  from  score
    -> where  final>85
    -> order  by  daily  asc
    -> limit  2,5;
    +-------------+----------+-------+-------+
    | studentno   | courseno | daily | final |
    +-------------+----------+-------+-------+
    | 21137221508 | c05103   | 77.0  | 92.0  |
    | 21125111109 | c08106   | 77.0  | 91.0  |
    | 21131133071 | c06172   | 78.0  | 95.0  |
    | 21131133071 | c08123   | 78.0  | 89.0  |
    | 21135222201 | c08123   | 79.0  | 99.0  |
    +-------------+----------+-------+-------+
    5 rows in set (0.02 sec)
```

4.3　函数查询

在 MySQL 的查询中常用聚合函数进行聚合运算。从 MySQL 8.0 版开始能够使用窗口函数进行查询,实现一些新的查询方法。

4.3.1　聚合函数在查询中的应用

MySQL 中的常用聚合函数包括 count()、sum()、avg()、max()和 min()等。其中,count()用来统计记录的条数;sum()用来计算字段的值的总和;avg()用来计算字段的值的平均值;max()用来查询字段的最大值;min()用来查询字段的最小值。利用聚合函数可以满足表中记录的聚合运算。例如，需要计算学生成绩表中的平均成绩，可以使用 avg()函数。group by 关键字通常需要与聚合函数一起使用。

1. count()函数

对于除"*"以外的任何参数，count()函数返回所选择聚合中非 null 值的行的数目；对于参数"*"，count()函数返回所选择聚合中所有行的数目，包含 null 值的行。没有 where 子句的 count(*)是经过内部优化的，能够快速返回表中所有的记录总数。

【例 4.20】 通过查询求 20 级学生的总数。

分析：求学生数即为求符合要求的记录行数，一般利用 count()函数实现。

代码和运行结果如下：

```
mysql> select count(studentno) as '20 级学生数'
    -> from student
    -> where substring(studentno,1,2) ='20';
    +------------+
    | 20 级学生数 |
    +------------+
    |          7 |
    +------------+
    1 row in set (0.05 sec)
```

2. sum()函数和 avg()函数

使用 sum()函数可以求出表中某个字段取值的总和，使用 avg()函数可以求出表中某个字段取值的平均值。

【例 4.21】 查询 score 表中期末总分大于 270 分的学生的学号、总分及平均分。

分析：先按照 studentno 对 final 值进行分组，再利用 sum()函数和 avg()函数分别计算期末总分和平均分，然后进行期末总成绩大于 270 分的学生的筛选。

代码和运行结果如下：

```
mysql> select studentno 学号, sum(final) 总分, avg(final)  平均分
    -> from score
    -> group by studentno
    -> having sum(final)>270
    -> order by studentno;
    +-------------+-------+----------+
    | 学号        | 总分  | 平均分   |
    +-------------+-------+----------+
    | 20120210009 | 275.0 | 91.66667 |
    | 21131133071 | 282.0 | 94.00000 |
    +-------------+-------+----------+
    2 rows in set (0.00 sec)
```

3. max()函数和 min()函数

使用 max()函数可以求出表中某个字段取值的最大值，使用 min()函数可以求出表中某个字段取值的最小值。

　　【**例 4.22**】 查询选修课程号为 c05109 的课程的期末成绩最高分、最低分及之间相差的分数。

　　分析：分别利用 max()和 min()函数求得 final 的最大值和最小值。

　　代码和运行结果如下：

```
mysql> select  max(final) 最高分, min(final) 最低分,
    -> max(final)- min(final) as  分差
    -> from score
    -> where (courseno = 'c05109');
    +--------+--------+------+
    | 最高分  | 最低分  | 分差  |
    +--------+--------+------+
    |  95.0  |  82.0 | 13.0 |
    +--------+--------+------+
    1 row in set (0.02 sec)
```

4.3.2　窗口函数在查询中的应用

　　MySQL 8.0 提供了窗口函数（Window Functions），它们实际上是关于查询记录集的函数。窗口函数可以实现很多 SQL 标准支持的跨多行聚合计算的功能，并允许从查询中访问到单独的行，可以通过标准的 SQL 关键字 over 来实现窗口函数的功能。

1. 窗口函数的分类和功能

　　按照功能划分，可以把 MySQL 8.0 支持的窗口函数分为 5 类，其功能如表 4-1 所示。

表 4-1　窗口函数的分类和功能

函数分类	函 数 名 称	函 数 功 能
序号函数	row_number()	输出结果集中的记录行序数，例如 1,2,3,4,…
	dense_rank()	根据 order by 子句为其分区中的每一行分配一个排名，具有相同值的行分配相同的排名，即输出结果集中的排序等值序数 rank，例如 1,1,1,2,…
	rank()	与 dense_rank()的功能类似，除了当两个或更多行具有相同等级时排序值序列中存在间隔，即输出结果集中的排序等值的首行序数，例如 1,1,1,4,…
分布函数	percent_rank()	计算分区或结果集中行的百分位数，即输出记录行的排序序数值 rank−1 与序数行值 rows−1 的比值（rank−1/ rows−1）
	cume_dist()	计算一组值中值的累积分布，输出小于或等于序数的行数（<=rank）与总序数行数的比值
前后函数	lag(expr,n)	返回当前行的前 n 行表达式 expr 的值,如果不存在前一行,则返回 null
	lead(expr,n)	返回当前行的后 n 行表达式 expr 的值,如果不存在后续行,则返回 null
头尾函数	first_val(expr)	返回第一个表达式 expr 的值
	last_val(expr)	返回最后一个表达式 expr 的值
其他函数	nth_value(expr,n)	返回第 n 行表达式 expr 的值
	nfile(n)	将每个分区的行分配到指定数量的已排名组中，即将有序序数分 n 组，记录等级值

2. 窗口函数的一般格式

窗口函数的一般格式如下：

```
window_function_name(expression)
    over (
        [partition_definition]
        [order_definition]
        [frame_definition]
        )
```

说明：

（1）window_ function_name：窗口函数的名称，expression 为函数参数表达式。用户可以给窗口指定一个别名，如果 SQL 中涉及的窗口较多，采用别名看起来更清晰、易读。

（2）over：关键字，用来指定函数执行的窗口范围，如果后面括号中什么都不写，则表示窗口包含满足 where 条件的所有行，窗口函数基于所有行进行计算；如果不为空，则支持其他 3 种语法来设置窗口。

（3）partition 子句：窗口按照哪些字段进行分组，窗口函数在不同的分组上分别执行。

（4）order 子句：按照哪些字段进行排序，窗口函数将按照排序后的记录顺序进行编号。该子句可以和 partition 子句配合使用，也可以单独使用。

（5）frame 子句：frame 是当前分区的一个子集，子句用来定义子集的规则，通常用来作为滑动窗口使用。

【例 4.23】 在 score 表中，利用 rank()函数输出按照 final 排序的记录的行序数值。

代码和运行结果如下：

```
mysql> select *, rank() over w as 'rank' from score
    -> window w as (order by final);
    +-------------+----------+-------+-------+--------+
    | studentno   | courseno | daily | final | 'rank' |
    +-------------+----------+-------+-------+--------+
    | 21125221327 | c06172   | 88.0  | 62.0  |      1 |
    | 21137221508 | c08106   | 89.0  | 62.0  |      1 |
    | 20120203567 | c05103   | 78.0  | 67.0  |      3 |
    | 20126113307 | c06108   | 78.0  | 67.0  |      3 |
    | 20112100072 | c08171   | 82.0  | 72.0  |      5 |
    | 21135222201 | c08106   | 91.0  | 77.0  |      6 |
    | 20125121109 | c05103   | 88.0  | 79.0  |      7 |
    ......
    | 20123567897 | c06108   | 99.0  | 99.0  |     31 |
    | 21135222201 | c08123   | 79.0  | 99.0  |     31 |
    +-------------+----------+-------+-------+--------+
    32 rows in set (0.04 sec)
```

其中，w 为窗口函数 rank()的别名。

【例 4.24】 在 score 表中，利用窗口函数输出每个学生的期末成绩 final 和总分。

代码和运行结果如下：

```
mysql> select  studentno, courseno, final, sum(final)
    -> over (partition by studentno) total_score
    -> from  score;
    +-------------+----------+-------+------------+
    | studentno   | courseno | final | total_score|
    +-------------+----------+-------+------------+
    | 20112100072 | c05103   | 94.8  |      250.4 |
    | 20112100072 | c05109   | 84.5  |      250.4 |
    | 20112100072 | c08171   | 71.1  |      250.4 |
    | 20112111208 | c06108   | 84.5  |      276.1 |
    | 20112111208 | c06127   | 93.7  |      276.1 |
    | 20112111208 | c06172   | 97.9  |      276.1 |
    | 20120203567 | c05103   | 67.0  |      250.0 |
    ......
    | 21137221508 | c05138   | 91.0  |      245.0 |
    | 21137221508 | c08106   | 62.0  |      245.0 |
    +-------------+----------+-------+------------+
    32 rows in set (0.05 sec)
```

【例 4.25】 在 score 表中，利用窗口函数输出每个学生的每科期末成绩 final 在所有课程期末成绩总分中的占比。

代码和运行结果如下：

```
mysql> select *,(final)/(sum(final) over()) as rate   from score;
    +-------------+----------+-------+-------+---------+
    | studentno   | courseno | daily | final | rate    |
    +-------------+----------+-------+-------+---------+
    | 20112100072 | c05103   | 99.0  | 95.0  | 0.03411 |
    | 20112100072 | c05109   | 95.0  | 84.0  | 0.03016 |
    | 20112100072 | c08171   | 82.0  | 72.0  | 0.02585 |
    | 20112111208 | c06108   | 87.0  | 85.0  | 0.03052 |
    | 20112111208 | c06127   | 85.0  | 93.0  | 0.03339 |
    | 20112111208 | c06172   | 89.0  | 96.0  | 0.03447 |
    ......
    | 21137221508 | c05138   | 74.0  | 91.0  | 0.03268 |
    | 21137221508 | c08106   | 89.0  | 62.0  | 0.02226 |
    +-------------+----------+-------+-------+---------+
    32 rows in set (0.05 sec)
```

【例 4.26】 在 score 表中，利用窗口函数 lag()输出每行数据的前 3 行数据中的学号。

代码和运行结果如下：

```
mysql> select *, lag(studentno,3)  over ww2  as lag3 from score;
    -> window ww2 as (order by studentno);
    +-------------+----------+-------+-------+-------------+
    | studentno   | courseno | daily | final | lag3        |
    +-------------+----------+-------+-------+-------------+
```

```
| 20112100072 | c05103    | 99.0  | 95.0 | NULL        |
| 20112100072 | c05109    | 95.0  | 84.0 | NULL        |
| 20112100072 | c08171    | 82.0  | 72.0 | NULL        |
| 20112111208 | c06108    | 87.0  | 85.0 | 20112100072 |
| 20112111208 | c06127    | 85.0  | 93.0 | 20112100072 |
......
| 21137221508 | c05138    | 74.0  | 91.0 | 21135222201 |
| 21137221508 | c08106    | 89.0  | 62.0 | 21135222201 |
+-------------+----------+-------+-------+-------------+
32 rows in set (0.00 sec)
```

4.4 多表连接

连接是关系数据库中常用的多表查询数据的模式,连接可以根据各表之间的逻辑关系来利用一个表中的数据选择另外表中的行实现数据的关联操作。如果要在数据库中完成复杂的查询,必须将两个或两个以上的表连接起来。连接条件可在 from 或 where 子句中指定。连接条件与 where 和 having 搜索条件组合,用于控制 from 子句引用的数据源中所选定的行。

MySQL 处理连接时,查询引擎从多种可能的方法中选择最高效的方法处理连接。尽管不同连接的物理执行可以采用多种不同的优化,但逻辑序列都是通过应用 from、where 和 having 子句中的连接条件和搜索条件实现的。

连接条件中用到的字段虽然不必具有相同的名称或相同的数据类型,但是如果数据类型不相同,则必须兼容或可进行隐性转换。

MySQL 显式定义了连接操作,增强了查询的可读性。被显式定义的与连接有关的关键字如下。

(1) inner join:内连接,结果只包含满足条件的行。

(2) left outer join:左外连接,结果包含满足条件的行及左侧表中的全部行。

(3) right outer join:右外连接,结果包含满足条件的行及右侧表中的全部行。

(4) cross join:结果只包含两个表中所有行的组合,指明两表之间的笛卡儿操作。

4.4.1 内连接

内连接(inner join)查询是通过比较数据源表间共享列的值,从多个源表检索符合条件的行的操作,可以使用等号运算符连接,也可以连接两个不相等的列中的值。

【例 4.27】 查询选修课程号为 c05109 的学生的学号、姓名和期末成绩。

分析:本例中要求所输出的列分别在 student 表和 score 表中,可以通过 studentno 列,使用内连接的方式连接两个表,找出选修课程号为 c05109 的行。程序中的两个表存在相同的列 studentno,在引用时需要标明该列所属的源表。

代码和运行结果如下:

```
mysql> select student.studentno,sname,final
    -> from   student inner join score
```

视频讲解

```
    -> on student.studentno = score.studentno
    -> where  score.courseno = 'c05109';
    +-------------+-------+-------+
    | studentno   | sname | final |
    +-------------+-------+-------+
    | 20112100072 | 许东方 | 82.0 |
    | 20120203567 | 封白玫 | 86.0 |
    | 20125121109 | 梁一苇 | 82.0 |
    | 20126113307 | 姚扶嵋 | 95.0 |
    | 21125111109 | 敬秉辰 | 82.0 |
    | 21125221327 | 何桐影 | 95.0 |
    +-------------+-------+-------+
    6 rows in set (0.00 sec)+
```

另外还有一种方法,就是直接通过 where 子句的复合条件查询,可以实现与内连接同样的结果。其代码如下:

```
mysql> select student.studentno,sname,final
    -> from   student,score
    -> where  student.studentno= score.studentno
    -> and score.courseno = 'c05109';
```

视频讲解

4.4.2 外连接

外连接(outer join)不仅返回满足搜索条件的连接表中的所有行,甚至返回在其他连接表中没有匹配行的一个表中的行。当一个表中的行与其他表中的行不匹配时所返回的结果集行,将为解析到不存在相应行的表的所有结果集列提供 null 值。

外连接会返回 from 子句中提到的至少一个表或视图中的所有行,只要这些行符合任何 where 或 having 搜索条件,将检索通过左外连接引用的左表中的所有行,以及通过右外连接引用的右表中的所有行。

外连接是使用 outer join 关键字将两个表连接起来。外连接生成的结果集不仅包含符合连接条件的行数据,而且包含左表(左外连接时的表)、右表(右外连接时的表)中所有的数据行。

1. 左外连接

左外连接(left outer join)是指将左表中的所有数据分别与右表中的每条数据进行连接组合,返回的结果除内连接的数据外,还包括左表中不符合条件的数据,并在右表的相应列中添加 null 值。

【例 4.28】 在 student01 表中删除 imgs 列,插入适当的数据,利用左外连接方式查询学生的学号、姓名、平时成绩和期末成绩。

分析:当右表中的行与左表中的行不匹配时,左外连接方式会将右表的所有结果集列赋以 null 值。

代码和运行结果如下:

```
mysql> select * from student01;
```

```
+-----------+------+----+-----------+-------+---------+-------+
| studentno | sname| sex| birthdate| entrance | phone  | Email |
+-----------+------+----+-----------+-------+---------+-------+
|21555221327|许塞克 |女|2002-02-14|666|15878945612|han@163.com    |
|20120203567|封白玫 |女|2003-09-09|898|13245674564|feng@126.com   |
|20556113307|王法务 |男|2002-11-05|789|13623456778|cui@163.com    |
|21555111109|张思睿 |女|2003-08-04|879|13175689345|pingan@163.com|
|20125121109|梁一苇 |女|2002-09-03|777|13145678921|bing@126.com   |
+-----------+------+----+-----------+---+-----------+-------------+
5 rows in set (0.00 sec)
mysql> select  student01.studentno,sname,daily,final
    -> from  student01  left join score
    -> on student01.studentno=score.studentno;
    +------------+-------+-------+-------+
    | studentno  | sname | daily | final |
    +------------+-------+-------+-------+
    | 21555221327 | 许塞克 | NULL  | NULL  |
    | 20120203567 | 封白玫 | 78.0  | 67.0  |
    | 20120203567 | 封白玫 | 87.0  | 86.0  |
    | 20120203567 | 封白玫 | 97.0  | 97.0  |
    | 20556113307 | 王法务 | NULL  | NULL  |
    | 21555111109 | 张思睿 | NULL  | NULL  |
    | 20125121109 | 梁一苇 | 88.0  | 79.0  |
    | 20125121109 | 梁一苇 | 77.0  | 82.0  |
    | 20125121109 | 梁一苇 | 85.0  | 91.0  |
    +------------+-------+-------+-------+
    9 rows in set (0.00 sec)
```

2. 右外连接

右外连接（right outer join）也是外部连接的一种，其结果中包含 join 子句中最右侧表的所有行。如果右侧表中的行与左侧表中的行不匹配，将为结果集中来自左侧表的所有列分配 null 值。

【例 4.29】 利用右外连接方式查询教师的排课情况。

分析：当左表中的行与右表中的行不匹配时，右外连接方式会将左表的所有结果集列赋以 null 值。

代码和运行结果如下：

```
mysql> select teacher.teacherno,tname, major, courseno
    -> from  teacher right join teach_course
    -> on teacher.teacherno = teach_course.teacherno;
    +----------+-------+---------+---------+
    | teacherno| tname | major   | courseno|
    +----------+-------+---------+---------+
    | t05001   | 苏超然 | 软件工程 | c05103  |
    | t05002   | 常可观 | 会计学   | c05109  |
    | t05003   | 孙释安 | 网络安全 | c05127  |
```

```
| t05011    | 卢敖治 | 软件工程 | c05138  |
| t05017    | 茅佳峰 | 软件测试 | c06108  |
| t05017    | 茅佳峰 | 软件测试 | c06172  |
| t06011    | 夏期年 | 机械制造 | c06127  |
| NULL      | NULL   | NULL     | c09099  |
| t06023    | 卢释舟 | 铸造工艺 | c05127  |
| t06023    | 卢释舟 | 铸造工艺 | c06172  |
| t07019    | 韩庭宇 | 经济管理 | c08106  |
| t08017    | 白成园 | 金融管理 | c08123  |
| t08058    | 孙有存 | 数据科学 | c08171  |
+----------+--------+--------+---------+
13 rows in set (0.04 sec)
```

4.4.3　交叉连接

交叉连接（cross join）是在没有 where 子句的情况下产生表的笛卡儿积。当两个表做交叉连接时，结果集大小为二者行数之积。该种方式在实际过程中用得很少。

【例 4.30】 显示 student 表和 score 表的笛卡儿积。

分析：其结果集有 384 行数据，应该是 student 表行数与 score 表行数的乘积数。

代码和运行结果如下：

```
mysql> select  student.studentno,sname,score.*
    -> from   student cross join score;
+-------------+-------+-------------+---------+-------+-------+
| studentno   | sname | studentno   |courseno | daily | final |
+-------------+-------+-------------+---------+-------+-------+
| 20112100072 | 许东方 | 20112100072 | c05103  | 99.0  | 92.0  |
| 20112111208 | 韩吟秋 | 20112100072 | c05103  | 99.0  | 92.0  |
| 20120203567 | 封白玫 | 20112100072 | c05103  | 99.0  | 92.0  |
| 20120210009 | 崔舟帆 | 20112100072 | c05103  | 99.0  | 92.0  |
| 20123567897 | 赵雨思 | 20112100072 | c05103  | 99.0  | 92.0  |
| 20125121109 | 梁一苇 | 20112100072 | c05103  | 99.0  | 92.0  |
| 20126113307 | 姚扶嵋 | 20112100072 | c05103  | 99.0  | 92.0  |
......
| 21135222201 | 夏文斐 | 21137221508 | c08106  | 89.0  | 62.0  |
| 21137221508 | 赵临江 | 21137221508 | c08106  | 89.0  | 62.0  |
+-------------+-------+-------------+---------+-------+-------+
384 rows in set (0.04 sec)
```

视频讲解

4.4.4　连接多个表

从理论上说，使用 select 语句进行连接的表的数目没有上限。但如果在一条 select 语句中连接的表多于 10 个，那么数据库很可能达不到最优化设计，MySQL 引擎的执行计划会变得非常烦琐。

需要注意的是，对于 3 个以上关系表的连接查询一般遵循下列规则：连接 n 个表至少需要 n−1 个连接条件，以避免笛卡儿积的出现。为了缩小结果集，采用多于 n−1 个连接条件或使用其他条件都是允许的。

【例 4.31】 查询 20 级学生的学号、姓名、课程名、期末成绩及学分。

分析：本例要求输出的各项分别存在于 student、course 和 score 这 3 个表中，因此至少需要创建两个连接条件。每 16 个学时计为 1 学分。

代码和运行结果如下：

```
mysql> select student.studentno,sname,cname,final,round(period/16,1)
    -> from score  join student on  student.studentno=score.studentno
    ->             join  course on  score.courseno=course.courseno
    -> where  substring(student.studentno,1,2)='20';
    +-------------+-------+--------+-------+------------------+
    | studentno   | sname | cname  | final |round(period/16,1)|
    +-------------+-------+--------+-------+------------------+
    | 20112100072 | 许东方 | 电子技术 | 92.0  |              4.0 |
    | 20120203567 | 封白玫 | 电子技术 | 67.0  |              4.0 |
    | 20120210009 | 崔舟帆 | 电子技术 | 98.0  |              4.0 |
    | 20125121109 | 梁一苇 | 电子技术 | 79.0  |              4.0 |
    | 20112100072 | 许东方 | C 语言  | 82.0  |              3.0 |
    | 20120203567 | 封白玫 | C 语言  | 86.0  |              3.0 |
    | 20125121109 | 梁一苇 | C 语言  | 82.0  |              3.0 |
    | 20126113307 | 姚扶嵋 | C 语言  | 95.0  |              3.0 |
    | 20120210009 | 崔舟帆 | 软件工程 | 89.0  |              3.0 |
    ......
    | 20125121109 | 梁一苇 | 会计软件 | 91.0  |              2.0 |
    +-------------+-------+--------+-------+------------------+
18 rows in set (0.04 sec)
```

4.4.5 合并多个结果集

使用 union 操作符可以将多个 select 语句的返回结果组合到一个结果集中。当要检索的数据在不同的结果集中，并且不能够利用一个单独的查询语句得到时，可以使用 union 合并多个结果集。将两个或更多查询的结果合并为单个结果集，该结果集包含联合查询中的所有查询的全部行。union 运算不同于使用连接合并两个表中的列的运算。

在使用 union 合并两个查询结果集时，所有查询中的列数和列的顺序必须相同，并且数据类型必须兼容。

union 操作符的基本语法格式如下：

```
select_statement union [all] select_statement
```

参数说明如下。

（1）select_statement：select 语句。

（2）union：指定组合多个结果集并返回为单个结果集。

（3）all：将所有行合并到结果中，包括重复的行。如果不指定，将删除重复的行。

【例 4.32】 利用 student 表创建 student01，将 student01 和 student 表的部分查询结果集合并。

分析：虽然两个表的结构不同，但需要合并的两个结果集的结构相同、列的数据类型兼容。

代码和运行结果如下：

```
mysql> create table student01 as
    -> select studentno,sname,phone from teaching.student;
       Query OK, 12 rows affected (0.43 sec)
       Records: 12  Duplicates: 0  Warnings: 0
mysql> select studentno,sname,phone from student01
    -> where phone like '%131%'
    -> union
    -> select studentno,sname,phone from teaching.student
    -> where phone like '%132%';
       +-------------+-------+-------------+
       | studentno   | sname | phone       |
       +-------------+-------+-------------+
       | 20123567897 | 赵雨思 | 13175689345 |
       | 20125121109 | 梁一苇 | 13145678921 |
       | 21125221327 | 何桐影 | 13178978999 |
       | 20120203567 | 封白玫 | 13245674564 |
       | 20126113307 | 姚扶嵋 | 13245678543 |
       +-------------+-------+-------------+
       5 rows in set (0.06 sec)
```

4.5 子查询

子查询就是一个嵌套在 select、insert、update、delete 语句或其他子查询中的查询。部分子查询和连接可以相互替代，使用子查询也可以替代表达式。通过子查询可以把一个复杂的查询分解成一系列的逻辑步骤，利用单个语句的组合解决复杂的查询问题。

（1）子查询的执行过程：MySQL 对嵌套查询的处理过程是从内层向外层处理，即先处理最内层的子查询，然后把查询的结果用于其外查询的查询条件，再层层向外求解，最后得出查询结果。

（2）子查询和连接的关系：一般情况下，包含子查询的查询语句可以写成连接查询的方式，因此通过子查询也可以实现多表之间的查询。在有些方面，多表连接的性能要优于子查询，原因是连接不需要查询优化器执行排序等额外的操作。

（3）子查询中常见的运算：子查询中可以包含 in、not in、any、all、exists、not exists 等逻辑运算符，也可以包含比较运算符，例如=、!=、>和<等。

（4）子查询的类型：根据子查询的结果又可以将 MySQL 子查询分为以下 4 种类型。

① 表子查询：返回一个表的子查询是表子查询。

② 行子查询：返回带有一个或多个值的一行的子查询是行子查询。

③ 列子查询：返回一行或多行，但每行上只有一个值的子查询是列子查询。

④ 标量子查询：只返回一个值的子查询是标量子查询。从定义上讲，每个标量子查询都是一个列子查询和行子查询。

（5）在使用子查询时应该注意以下事项。

① 子查询需要用括号括起来。在子查询中也可以再包含子查询，嵌套可以多至 32 层。

② 当需要返回一个值或一个值列表时，可以利用子查询代替一个表达式，也可以利用子查询返回含有多个列的结果集代替表或连接操作的相同功能。

③ 子查询不能够检索数据为 text、blob、longtext 或 mediumblob 等类型的列。

④ 子查询在使用 order by 时，只能在外层使用，不能在内层使用。

视频讲解

4.5.1　利用子查询做表达式

在 MySQL 语句中，可以把子查询的结果当成一个普通的表达式来看待，用在其外查询的选择条件中。此时子查询必须返回一个值或单个列值的表，此时的子查询可以替换 where 子句中包含 in 关键字的表达式。

【例 4.33】　查询学号为 20125121109 的学生的入学成绩、所有学生的平均入学成绩，以及该学生的成绩与所有学生的平均入学成绩的差。

分析：利用子查询求学生的平均入学成绩，作为 select 子句的输出项表达式。

代码和运行结果如下：

```
mysql> select studentno,sname,entrance,
    -> (select avg(entrance) from student) 平均成绩,
    -> entrance -(select avg(entrance) from student) 分差
    -> from student
    -> where studentno='20125121109';
    +-------------+--------+----------+----------+----------+
    | studentno   | sname  | entrance | 平均成绩 | 分差     |
    +-------------+--------+----------+----------+----------+
    | 20125121109 | 梁一苇 |      777 | 797.0833 | -20.0833 |
    +-------------+--------+----------+----------+----------+
    1 row in set (0.35 sec)
```

4.5.2　利用子查询生成派生表

select 的数据源由 from 子句指定，from 子句可以指定单个表或者多个表，还可以查询来自视图、临时表或结果集的数据源。也就是可以利用子查询生成一个派生表，用于代替 from 子句中的数据源表，派生表可以定义一个别名，即子查询的结果集可以作为外层查询的源表。利用子查询生成派生表实际上是在 from 子句中使用子查询作为派生表数据源。

【例 4.34】　查询期末成绩高于 85 分、总评成绩高于 90 分的学生的学号、课程号和总评成绩。

分析：利用子查询过滤出期末成绩高于 85 分的结果集，以 TT 命名，然后对结果集 TT 中的数据进行查询。

代码和运行结果如下：

```
mysql> select TT.studentno 学号,TT.courseno 课程号,
    ->          TT.final*0.8+TT.daily*0.2  总评
    -> from (select *  from score  where final>85) as TT
    -> where TT.final*0.8+TT.daily*0.2>90;
    +-------------+--------+------+
    | 学号        | 课程号  | 总评  |
    +-------------+--------+------+
    | 20112100072 | c05103 | 93.4 |
    | 20112111208 | c06172 | 93.8 |
    | 20120203567 | c06127 | 97.0 |
    | 20120210009 | c05103 | 91.4 |
    | 20123567897 | c06108 | 99.0 |
    | 20126113307 | c05109 | 93.8 |
    | 21125111109 | c05103 | 96.8 |
    | 21125221327 | c05109 | 93.8 |
    | 21131133071 | c06172 | 91.6 |
    | 21131133071 | c08171 | 96.0 |
    | 21135222201 | c08123 | 95.0 |
    | 21135222201 | c08171 | 90.6 |
    +-------------+--------+------+
    12 rows in set (0.14 sec)
```

4.5.3　where 子句中的子查询

视频讲解

where 子句中的子查询实际上是将子查询的结果作为该语句条件中的一部分，然后利用这个条件过滤本层查询的数据。

1. 带比较运算符的子查询

子查询可以作为动态表达式，该表达式可以随着外层查询的每一行的变化而变化。即查询处理器为外部查询的每一行计算子查询的值，每次计算一行，而该子查询每次都会作为该行的一个表达式取值并返回到外层查询。这使得动态执行的子查询与外部查询有一个非常有效的连接，从而将复杂的查询分解为多个简单而相互关联的查询。查询可以使用比较运算符，这些比较运算符包括=、!=、>、>=、<、<=等。比较运算符在子查询中的使用非常广泛。

在创建关联子查询时，外部查询有多少行，子查询就执行多少次。

【例 4.35】　查询期末成绩比选修该课程的平均期末成绩低的学生的学号、课程号和期末成绩。

分析：在本例中 score 表采用别名形式，一个表就相当于两个表。子查询在执行时使用的 a.courseno 相当于一个常量。在别名为 b 的表中根据分组计算平均分，然后与外层查询的值进行比较。该过程很费时间。

代码和运行结果如下：

```
mysql> select studentno,courseno,final
    -> from score as a
```

```
-> where final < (select avg(final)
->                 from score as b
->                 where a.courseno=b.courseno
->                 group by  courseno);
   +-------------+----------+-------+
   | studentno   | courseno | final |
   +-------------+----------+-------+
   | 20112100072 | c05109   | 82.0  |
   | 20112100072 | c08171   | 69.0  |
   | 20112111208 | c06108   | 82.0  |
   | 20112111208 | c06127   | 91.0  |
   | 20120203567 | c05103   | 67.0  |
   | 20120203567 | c05109   | 86.0  |
   | 20120210009 | c05138   | 89.0  |
   | 20125121109 | c05103   | 79.0  |
   | 20125121109 | c05109   | 82.0  |
   | 20126113307 | c06108   | 67.0  |
   | 21125111109 | c05109   | 82.0  |
   | 21125221327 | c06172   | 62.0  |
   | 21131133071 | c08123   | 89.0  |
   | 21137221508 | c08106   | 62.0  |
   +-------------+----------+-------+
14 rows in set (0.04 sec)
```

2. 带 in 关键字的子查询

当子查询返回的结果列包含一个值时，利用比较运算符适合查询要求。假如一个子查询返回的结果集是值的列表，这时比较运算符就可以用 in 运算符代替。

in 运算符可以检测结果集中是否存在某个特定的值，如果检测成功就执行外部的查询。not in 的作用与 in 刚好相反。

【例 4.36】 获取 student 表中期末成绩中含有高于 93 分的学生的学号、姓名、电话和电子邮箱。

分析：利用操作符 in 允许指定一个表达式（或常量）集合，可以利用 select 语句的子查询输出表达式（或常量）集合。

代码和运行结果如下：

```
mysql> select studentno,sname,phone,Email
    -> from student
    -> where studentno in (select studentno
    ->                     from score
    ->                     where final>93);
   +-------------+--------+-------------+----------------+
   | studentno   | sname  | phone       | Email          |
   +-------------+--------+-------------+----------------+
   | 20112111208 | 韩吟秋 | 15878945612 | han@163.com    |
   | 20120203567 | 封白玫 | 13245674564 | feng@126.com   |
```

```
| 20120210009 |  崔舟帆  | 13623456778 | cui@163.com     |
| 20123567897 |  赵雨思  | 13175689345 | pingan@163.com  |
| 20126113307 |  姚扶嵋  | 13245678543 | zhu@163.com     |
| 21125111109 |  敬秉辰  | 15678945623 | jing@sina.com   |
| 21125221327 |  何桐影  | 13178978999 | he@sina.com     |
| 21131133071 |  崔依歌  | 15556845645 | cui@126.com     |
| 21135222201 |  夏文斐  | 15978945645 | xia@163.com     |
+-------------+--------+-------------+----------------+
9 rows in set (0.04 sec)
```

3. 带 exists 关键字的子查询

使用 exists 关键字时，内层查询语句不返回查询的记录，而是返回一个真（假）值。如果内层查询语句查询到满足条件的记录，就返回一个真值（true），否则将返回一个假值（false）。当返回的值为 true 时，外层查询语句将进行查询；当返回的值为 false 时，外层查询语句不进行查询或者查询不出任何记录。not exists 与 exists 刚好相反，在使用 not exists 关键字时，若返回的值是 true，外层查询语句不执行查询；若返回的值是 false，外层查询语句将执行查询。

【例 4.37】 查询 student 表中是否存在 2003 年 12 月 12 日以后出生的学生，如果存在，输出学生的学号、姓名、出生日期和电话。

分析：只要存在一行数据符合条件，where 条件就返回 true，于是输出所有行。

代码和运行结果如下：

```
mysql> select studentno,sname,birthdate,phone
    -> from student
    -> where exists (
    ->    select *
    ->    from student
    ->    where birthdate > '2003-12-12');
+-------------+--------+------------+-------------+
| studentno   | sname  | birthdate  | phone       |
+-------------+--------+------------+-------------+
| 20112100072 | 许东方 | 2002-02-04 | 12545678998 |
| 20112111208 | 韩吟秋 | 2002-02-14 | 15878945612 |
| 20120203567 | 封白玫 | 2003-09-09 | 13245674564 |
| 20120210009 | 崔舟帆 | 2002-11-05 | 13623456778 |
| 20123567897 | 赵雨思 | 2003-08-04 | 13175689345 |
| 20125121109 | 梁一苇 | 2002-09-03 | 13145678921 |
| 20126113307 | 姚扶嵋 | 2003-09-07 | 13245678543 |
| 21125111109 | 敬秉辰 | 2004-03-01 | 15678945623 |
| 21125221327 | 何桐影 | 2004-12-04 | 13178978999 |
| 21131133071 | 崔依歌 | 2002-06-06 | 15556845645 |
| 21135222201 | 夏文斐 | 2005-10-06 | 15978945645 |
| 21137221508 | 赵临江 | 2005-02-13 | 12367823453 |
+-------------+--------+------------+-------------+
12 rows in set (0.02 sec)
```

4. 对比较运算进行限制的子查询

all、some 和 any 都可以对比较运算进一步限制。all 指定表达式要与子查询结果集中的每个值都进行比较，当表达式与每个值都满足比较的关系时才返回 true，否则返回 false。some 和 any 是同义词，表示表达式只要与子查询结果集中的某个值满足比较的关系，就返回 true，否则返回 false。

【例 4.38】 查找 score 表中所有比 c05109 课程的期末成绩高的学生的学号、姓名、电话和期末成绩。

分析：本题的输出项是学号、姓名、电话和期末成绩，分别存在于 student 表和 score 表中，因此外层查询先做一个内连接。在此基础上，从外层查询数据源中找出每一个期末成绩 final 的值，让该值分别与子查询中的 c05109 课程的每一个值进行比较，当该外层 final 值比内层的每一个 c05109 课程的成绩都高时，即为查询结果集中的一行记录。依此类推，即可得到本题的结果集。

代码和运行结果如下：

```
mysql> select student.studentno,sname, phone,final
    -> from score inner join student
    ->      on score.studentno= student.studentno
    -> where  final >all
    ->          (select final from score where courseno= 'c05109');
+-------------+--------+-------------+-------+
| studentno   | sname  | phone       | final |
+-------------+--------+-------------+-------+
| 20120203567 | 封白玫 | 13245674564 | 97.0  |
| 20120210009 | 崔舟帆 | 13623456778 | 98.0  |
| 20123567897 | 赵雨思 | 13175689345 | 99.0  |
| 21125111109 | 敬秉辰 | 15678945623 | 97.0  |
| 21131133071 | 崔依歌 | 15556845645 | 98.0  |
| 21135222201 | 夏文斐 | 15978945645 | 99.0  |
+-------------+--------+-------------+-------+
6 rows in set (0.00 sec)
```

如果将本段代码中的 all 关键字换成 any 或 some 关键字，在进行数值比较时，外层查询数据源中每一个期末成绩 final 的值只要比内层查询中的任何一个 c05109 课程的成绩高，即为查询结果集中的一行记录。

4.5.4 利用子查询插入、更新与删除数据

利用子查询修改表数据，就是利用一个嵌套在 insert、update 或 delete 语句中的子查询成批地添加、更新或删除表中的数据。

视频讲解

1. 利用子查询插入记录

insert 语句中的 select 子查询可用于将一个或多个其他表或视图的值添加到表中。使用 select 子查询可同时插入多行。

【例 4.39】 将 student 表中 2003 年以后出生的学生记录添加到 student01 表中。

分析：子查询的选择列表必须与 insert 语句列的列表匹配。如果 insert 语句没有指定

列的列表，则选择列表必须与正向其插入的表或视图的列匹配且顺序一致。

代码和运行结果如下：

```
mysql> insert into student01
    ->      (select * from student
    ->       where birthdate>'2003-12-31');
       Query OK, 4 rows affected (0.49 sec)
       Records: 4  Duplicates: 0  Warnings: 0
```

2. 利用子查询更新数据

update 语句中的 select 子查询可用于将一个或多个其他表或视图的值进行更新。使用 select 子查询可同时更新多行数据。使用子查询更新数据实际上是通过将子查询的结果作为更新条件表达式中的一部分。

【例 4.40】 将 student 表中入学成绩低于 700 分的所有学生的期末成绩增加 3%。

分析：利用 update 成批修改表中数据，可以在 where 子句中利用子查询实现。

代码和运行结果如下：

```
mysql> update score
    -> set final= final*1.03
    -> where studentno in
           (select studentno
            from student
            where entrance <700);
       Query OK, 6 rows affected (0.71 sec)
       Rows matched: 6  Changed: 6  Warnings: 0
```

同样在 delete 语句中利用子查询可以删除符合条件的数据行。这实际上是通过将子查询的结果作为删除条件表达式中的一部分。

4.5.5　通用表表达式

MySQL 8.0 的通用表表达式（Common Table Expression，CTE）是一个在语句级别定义的临时结果集，其作用范围是当前语句。通用表表达式 with 子句的语法如下：

```
with [recursive]
cte_name [(col_name [, col_name] …)] as (subquery)
[,cte_name [(col_name [, col_name] …)]as (subquery)] …
```

说明：

（1）with：通用表表达式的关键字。with 子句可以出现在 select、update、delete 语句的开始部分，以及子查询的开始部分；在同一个语句级别中只允许存在一个 with 子句；一个 with 子句可以定义一个或多个 CTE，但是每个 CTE 在该子句中必须唯一。

（2）recursive：如果在 CTE 的子查询中引用了自己的名称，则被称为递归的通用表表达式。如果 with 子句中包含任何 CTE，必须使用关键字 recursive。

（3）cte_name：指定了一个 CTE 名称，可以在 with 子句中作为一个表进行引用。

（4）subquery：as（subquery）的 subquery 用于产生 CTE 的结果集，as 后面的括号不能省略。

1. 基本通用表表达式的应用

通用表表达式定义之后，可以在当前语句中多次引用该 CTE 表达式，这与子查询是有区别的。

【**例4.41**】 定义通用表表达式 cte95，获取入学成绩高于 800 分，期末成绩中含有高于 95 分的学生的学号、姓名、电话、电子邮箱以及本课程的平时成绩。

分析：可以用通用表表达式输出含有高于 95 分的学生集合 cte95。

代码和运行结果如下：

```
mysql> with  cte95
    -> as (select * from score  where final>95)
    -> select student.studentno,sname,phone,Email,cte95.daily
    -> from  student  join cte95
    ->           on  student.studentno=cte95.studentno
    -> where student.entrance>800;
    +-------------+--------+--------------+----------------+-------+
    | studentno   | sname  | phone        | Email          | daily |
    +-------------+--------+--------------+----------------+-------+
    | 20120203567 | 封白玫 | 13245674564  | feng@126.com   |  97.0 |
    | 20123567897 | 赵雨思 | 13175689345  | pingan@163.com |  99.0 |
    | 21135222201 | 夏文斐 | 15978945645  | xia@163.com    |  79.0 |
    +-------------+--------+---------- --+----------------+-------+
    3 rows in set (0.00 sec)
```

2. 递归通用表表达式

在 with 子句中引用了其本身，称为递归 CTE，此时 with 子句必须使用 with recursive。对于递归 CTE 而言，需要在递归 select 部分包含一个终止递归的条件。如果某个递归查询由于没有执行时间限制而导致了死循环，可以从另一个会话中使用 kill query 命令终止该查询。对于该会话自身而言，运行查询语句的客户端程序也可能提供了终止查询的方法。例如在 MySQL 客户端中，按快捷键 Ctrl+C 将会终止当前语句。

递归 CTE 的子句存在以下语法限制：

（1）递归 select 部分不能包含聚合函数、窗口函数、group by、order by、limit、distinct 等，递归 CTE 的非递归 select 部分没有这个限制。在 union 两边的查询语句中不允许使用 distinct，可以使用 union distinct。

（2）递归 select 部分只能引用一次 CTE 自身，并且只能在 from 子句中引用，不能在任何子查询中引用。它可以引用其他的表，并且可以将它们与 CTE 进行连接查询。对于这种连接查询，CTE 不能出现在 left join 的右侧。

【**例4.42**】 斐波那契数列（Fibonacci series）从数字 0 和 1 开始，后面的每个数字等于它前面的两个数字之和。如果递归 select 中的每一行都基于前面两个数列值求和，就能生成一个 Fibonacci 数列。

分析：可以利用递归的 CTE 子句生成一个 12 个数字的序列，最开始的两个数字分别为 0 和 1。

代码和运行结果如下：

```
mysql> with recursive fibnaci(n, fib_n, next_fib_n) as
    -> (select 1, 0, 1
    ->  union
    ->  select n + 1, next_fib_n, fib_n + next_fib_n
    ->  from fibnaci
    ->  where n < 12)
    -> select  * from  fibnaci;
    +-----+-------+-----------+
    | n   | fib_n |next_fib_n |
    +-----+-------+-----------+
    |   1 |     0 |         1 |
    |   2 |     1 |         1 |
    |   3 |     1 |         2 |
    |   4 |     2 |         3 |
    |   5 |     3 |         5 |
    |   6 |     5 |         8 |
    |   7 |     8 |        13 |
    |   8 |    13 |        21 |
    |   9 |    21 |        34 |
    |  10 |    34 |        55 |
    |  11 |    55 |        89 |
    |  12 |    89 |       144 |
    +-----+-------+-----------+
12 rows in set (0.05 sec)
```

该 CTE 语句的执行过程如下：

（1）字段 n 表示该行包含了第 n 个斐波那契数列值。例如，第 11 个数列值为 55。

（2）字段 fib_n 表示斐波那契数列值 n。

（3）字段 next_fib_n 表示 n 之后的下一个斐波那契数列值。下一行数据可以再使用这个值计算它的 next_fib_n。

（4）当 n 达到 12 之后就结束递归过程。

4.6 使用正则表达式进行模糊查询

视频讲解

正则表达式通常用来检索或替换符合某个模式的文本内容，根据指定的匹配模式匹配文本中符合要求的特殊字符串。例如从一个文本文件中提取电话号码，查找一篇文章中重复的单词或者替换用户输入的某些词语等。正则表达式强大且灵活，可以应用于非常复杂的查询。本节将详细讲解如何使用正则表达式来查询。

正则表达式的查询能力比通配字符的查询能力更强大，而且更加灵活。正则表达式可以应用于非常复杂的查询。在 MySQL 中，使用 regexp 关键字来匹配查询正则表达式。正则表达式的基本语法格式如下：

```
where 字段名 regexp '操作符'
```

在 MySQL 中使用 regexp 操作符指定正则表达式的字符匹配模式，regexp 操作符中常用的字符匹配选项如表 4-2 所示。

表4-2 正则表达式中常用的字符匹配选项

选 项	说 明	示 例
^	匹配文本的开始字符	^b：匹配以字母 b 开头的字符串，例如 big
$	匹配文本的结束字符	st$：匹配以 st 结尾的字符串，例如 test
.	匹配任何单个字符	b.t：匹配 b 和 t 之间有一个字符，例如 bit
*	匹配零个或多个在它前面的字符	f*n：匹配字符*前面有任意多个 f 字符，例如 fn、fffn
+	匹配前面的字符一次或多次	ba+：匹配以 b 开头，后面至少紧跟一个 a，例如 bay、bare、battle
<字符串>	匹配包含指定的字符串的文本	fa：字符串至少要包含 fa，例如 fan
[字符集合]	匹配字符集合中的任何一个字符	[xz]：匹配 x 或 z，例如 dizzy
[^]	匹配不在括号中的任何字符	[^abc]：匹配任何不包含 a、b 或 c 的字符串
字符串{n,}	匹配前面的字符串至少 n 次	b{2,}：匹配两个或更多的 b，例如 bb、bbb
字符串{m,n}	匹配前面的字符串至少 m 次，最多 n 次。如果 n 为 0，m 为可选参数	b{2,4}：匹配至少两个 b，最多 4 个 b，例如 bb、bbbb、bbb

1. 查询以特定字符或字符串开头的记录

使用字符"^"可以匹配以特定字符或字符串开头的记录。

【例 4.43】 查询 student 表中姓"赵"的学生的部分信息。

代码和运行结果如下：

```
mysql> select studentno,sname,birthdate,phone
    -> from student
    -> where sname regexp '^赵';
    +------------+--------+------------+-------------+
    | studentno  | sname  | birthdate  | phone       |
    +------------+--------+------------+-------------+
    | 20123567897| 赵雨思 | 2003-08-04 | 13175689345 |
    | 21137221508| 赵临江 | 2005-02-13 | 12367823453 |
    +------------+--------+------------+-------------+
    2 rows in set (0.09 sec)
```

2. 查询以特定字符或字符串结尾的记录

使用字符"$"可以匹配以特定字符或字符串结尾的记录。

【例 4.44】 查询 student 表中电话号码尾数为 5 的学生的部分信息。

代码和运行结果如下：

```
mysql> select studentno, sname, phone, Email
    -> from student
```

```
    -> where phone regexp '5$';
    +-------------+--------+-------------+----------------+
    | studentno   | sname  | phone       | Email          |
    +-------------+--------+-------------+----------------+
    | 20123567897 | 赵雨思  | 13175689345 | pingan@163.com |
    | 21131133071 | 崔依歌  | 15556845645 | cui@126.com    |
    | 21135222201 | 夏文斐  | 15978945645 | xia@163.com    |
    +-------------+--------+-------------+----------------+
    3 rows in set (0.00 sec)
```

3. 用符号 "." 来代替字符串中的任意一个字符

在用正则表达式查询时，可以用 "." 来代替字符串中的任意一个字符。

【例 4.45】 查询学生姓名 sname 字段中以 "赵" 开头，以 "江" 结束的，中间包含一个字符的学生信息。

分析：要查询学生姓名 sname 字段中以 "赵" 开头，以 "江" 结束的，中间包含一个字符的学生信息，可以通过正则表达式查询来实现，正则表达式中^表示字符串的开始位置，$表示字符串的结束位置，.表示除 "\n" 以外的任何单个字符（此例中汉字按一个字符计算）。

代码和运行结果如下：

```
mysql> select studentno, sname, phone
    -> from student
    -> where  sname regexp '^赵.江$';
    +-------------+--------+-------------+
    | studentno   | sname  | phone       |
    +-------------+--------+-------------+
    | 21137221508 | 赵临江  | 12367823453 |
    +-------------+--------+-------------+
    1 row in set (0.00 sec)
```

4. 匹配指定字符串

正则表达式可以匹配字符串。当表中的记录包含这个字符串时，就可以将该记录查询出来。如果指定多个字符串，需要用符号 "|" 隔开。只要匹配这些字符串中的任意一个即可。

【例 4.46】 查询电话号码出现 131 或 132 数字的学生的信息。

代码和运行结果如下：

```
mysql> select  studentno, sname, phone, Email
    ->  from student
    ->  where phone regexp '131|132';
    +-------------+--------+-------------+----------------+
    | studentno   | sname  | phone       | Email          |
    +-------------+--------+-------------+----------------+
    | 20120203567 | 封白玫  | 13245674564 | feng@126.com   |
    | 20123567897 | 赵雨思  | 13175689345 | pingan@163.com |
```

```
| 20125121109 | 梁一苇   | 13145678921 | bing@126.com   |
| 20126113307 | 姚扶嵋   | 13245678543 | zhu@163.com    |
| 21125221327 | 何桐影   | 13178978999 | he@sina.com    |
+-------------+---------+-------------+----------------+
5 rows in set (0.00 sec)
```

由于 MySQL 中不同字符集的影响，在使用正则表达式时需要多练习、多上机实验才能更好地掌握，并实现举一反三的学习效果。

4.7 实践操作指导

本章介绍了 MySQL 数据库常见的查询方法，实践操作是围绕着查询操作进行的，具体来说可以分为以下几种：

- 利用 select 实现简单的单表查询。
- 有条件地使用 like、in、between 等条件查询。
- 利用聚合函数实现计算和统计查询操作。
- 连接查询的格式、分类和应用。
- 使用子查询时的技巧。
- 使用通用表表达式进行查询。
- 使用正则表达式进行查询。

习题 4

1. 选择题

（1）在 select 语句中使用_____关键字可以将重复行屏蔽。

    A. order by   B. having   C. top   D. distinct

（2）在 select 语句中，可以使用_____子句将结果集中的数据行根据选择列的值进行逻辑分组，以便能汇总表内容的子集，即实现对每个组的聚集计算。

    A. limit   B. group by   C. where   D. order by

（3）在使用空值查询时，表示一个列 RR 不是空值的表达式是_____。

    A. RR is null   B. RR = null   C. RR <> null   D. RR is not null

（4）下列对于"select * from city limit 5,10"的描述正确的是_____。

    A. 获取第 6 条到第 10 条记录   B. 获取第 5 条到第 10 条记录

    C. 获取第 6 条到第 15 条记录   D. 获取第 5 条到第 15 条记录

（5）在 select 语句中用于实现关系的选择运算的短语是_____。

    A. for   B. while   C. where   D. condition

（6）关于 select 语句，以下描述错误的是_____。

    A. select 语句用于查询一个表或多个表的数据

    B. select 语句属于数据操作语言（DML）

    C. select 语句的输出列必须是基于表的列

D. select 语句表示数据库中一组特定的数据记录

（7）select 语句的执行过程是从数据库中选取匹配的特定记录和字段，并将这些数据组织成一个结果集，然后以_____的形式返回。

A. 结构体数组　　　B. 系统表　　　　　C. 永久表　　　　　D. 临时表

（8）现有订单表 orders，包含用户信息 userid、产品信息 productid，以下_____语句能够返回至少被订购过两回的 productid。

A. select productid from orders where count(productid)>1;

B. select productid from orders where max(productid)>1;

C. select productid from orders where having count(productid)>1 group by productid;

D. select productid from orders group by productid having count(productid)>1;

2. 简答题

（1）简述 select 语句的各个子句的作用。

（2）MySQL 中通配符与正则表达式有什么区别？

（3）说明在 select 语句中使用聚合函数时应该注意的问题。

（4）将 null 与其他值比较会产生什么结果？

（5）简述连接查询和利用 union 语句合并结果集的应用的区别。

（6）在什么情况下使用 limit 来限制查询结果的数量？

3. 上机练习题（本题利用 teaching 数据库进行操作）

（1）查询 course 表中的所有记录。

（2）查询 student 表中女生的人数。

（3）查询 teacher 表中每一位教授的教师号、姓名和专业名称。

（4）按性别分组，求出 student 表中每组学生的平均年龄。

（5）创建新表，新表中包含学号、学生姓名、课程号和总评成绩。其中，总评成绩=final×0.8+daily×0.2。

（6）统计每个学生的期末成绩平均分。

（7）输出 student 表中年龄最大的男生的所有信息。

（8）查询 teacher 表中没有职称的职工的教师号、姓名、专业和部门。

第5章

索引和视图

在 MySQL 数据库中，索引（Index）是影响数据性能的重要因素之一，设计高效、合理的索引可以显著提高数据信息的查询速度和应用程序的性能。

视图（View）是一个存储指定查询语句的虚拟表，视图中的数据来源于由定义视图所引用的表，并且能够实现动态引用，即表中的数据发生变化，视图中的数据随之变化。

本章将介绍索引和视图等数据库对象的基本概念与常用操作。

5.1 索引

索引是由数据库表中的一列或多列组合而成的一种特殊的数据库结构，利用索引可以快速查询数据库表中的特定记录信息。在 MySQL 中，所有的数据类型都可以被创建索引。

5.1.1 理解索引

MySQL 中的索引是为了加速对数据进行检索而创建的一种分散的、物理的数据结构。索引包含从表中生成的键，以及映射到指定数据行的存储位置指针。索引是依赖于表建立的，提供了数据库表中存储、管理数据的内部方法。表的存储由两部分组成，一部分是表的数据页面，另一部分是存放索引的索引页面。

数据库中索引的形式与图书的目录相似，键值就像目录中的标题，指针相当于页码。索引的功能就像图书目录能为读者提供快速查找图书页面内容一样，不必扫描整个数据表而找到想要的数据行。

由此可知，当 MySQL 数据库在执行一条查询语句的时候，默认的执行过程是根据搜索条件进行全表扫描，遇到匹配条件的就加入搜索结果集合。如果查询语句涉及多个表连接，包括了许多搜索条件（例如大小比较、like 匹配等），而且表数据量较大，在没有索引的情况下，MySQL 需要扫描的数据块数量会很大，查询速度自然会很慢。

索引一旦创建，将由数据库自动管理和维护。例如，向表中插入、更新和删除一条记录时，数据库会自动在索引中做出相应的修改。在编写 SQL 查询语句时，具有索引的表与不具有索引的表没有任何区别，索引只是提供一种快速访问指定记录的方法。

在实际过程中，当 MySQL 执行查询时，查询优化器会对可用的多种数据检索方法的成本进行估计，从中选择最有效的查询计划。

在数据库中使用索引的优点如下。

（1）加速数据检索：索引能够以一列或多列值为基础实现快速查找数据行。

（2）优化查询：查询优化器是依赖于索引起作用的，索引能够加速连接、排序和分组等操作。

（3）强制实施行的唯一性：通过给列创建唯一性索引，可以保证表中的数据不重复。

需要注意的是，索引并不是越多越好，用户要正确认识索引的重要性和设计原则，创建合适的索引。

5.1.2　索引的分类

按照分类标准的不同，MySQL 的索引有多种分类形式。

MySQL 的索引通常包括普通索引（index）、主键索引（primary key）、唯一性索引（unique）、全文索引（fulltext）和空间索引（spatial）等类型。

（1）普通索引（index）：索引的关键字是 index。普通索引是 MySQL 中的基本索引类型，允许在定义索引的列中插入重复值和空值。

（2）主键索引（primary key）：一种特殊的唯一性索引，不允许有空值。一般在建表的时候创建主键索引，也可以通过修改表的方法增加主键，但一个表只能有一个主键索引。

（3）唯一性索引（unique）：unique 索引中列的值必须唯一，允许有空值。如果是组合索引，则列值的组合必须唯一。在一个表上可以创建多个 unique 索引。

（4）全文索引（fulltext）：全文索引是指在定义索引的列上支持值的全文查找，允许在这些索引列中插入重复值和空值。在默认情况下，该索引对于中文作用不大。

（5）空间索引（spatial）：空间索引是对空间数据类型的字段建立的索引。对于初学者来说，这类索引很少会用到。

按照创建索引键值的列数分类，索引可以分为单列索引和复合索引。

按照存储方式分类，MySQL 的索引分为 B-Tree 索引和 Hash 索引。

目前许多主流数据库管理系统（例如 Oracle、SQL Server、MySQL 等），都是将 B-Tree 索引作为最主要的索引类型的，主要是因为 B-Tree 索引的存储结构在数据库的数据检索中有着非常优异的表现。

MySQL 的 MEMORY 数据引擎还支持 Hash 索引。Hash 索引相对于 B-Tree 索引，检索效率要高不少。但 MySQL Hash 索引本身的特殊性也带来了很多限制和弊端，主要有以下内容。

- 仅能满足=、in 和<=>查询，不能使用范围查询。
- 无法被用来避免数据的排序操作。
- 不能利用部分索引键查询。
- 在任何时候都不能避免表扫描。
- 遇到大量 Hash 值相等的情况后，性能并不一定会比 B-Tree 索引高。

需要说明的是，在 MySQL 中运算符" <=>"除了能够像常规的"="运算符一样，对两个值进行比较以外，还能够用于比较 null 值。

- 运算符" <=>"和"="的相同点：像常规的"="运算符一样，两个值进行比较，结果是 0（不相等）或 1（相等）。例如，'A'<=>'B'的值为 0，'a'<=>'a'的值为 1。
- 运算符" <=>"和"="的不同点：和"="运算符不同的是，null 与常量进行比较运算，其值直接处理为 null。在使用" <=>"运算符时，例如，'a' <=> null 的值为

0，null<=> null 的值为 1，相当于 'a' is null 和 null is null，而'a' is not null 相当于 not('a' <=> null)。

5.1.3　设置索引的原则

在数据表中创建索引，为了使索引的使用效率更高，必须考虑在哪些字段上创建索引和创建什么类型的索引。首先要了解以下常用的基本原则：

（1）一个表创建大量索引会影响 insert、update 和 delete 语句的性能，因此应避免对经常更新的表创建过多的索引，要限制索引的数目。

（2）若表的数据量较大，对表数据的更新较少而查询较多，可以通过创建多个索引来提高性能。在包含大量重复值的列上创建索引，查询的时间会较长。

（3）经常需要进行排序、分组和联合操作的字段一定要建立索引，即在用于 join、where 判断和 order by 排序的字段上创建索引。

（4）不要在数据库中某个含有大量重复的值的字段上建立索引，在这样的字段上建立索引有可能降低数据库的性能。对于不再使用或者很少使用的索引要及时删除。

（5）在主键上创建索引，在 InnoDB 中如果通过主键来访问数据，效率是非常高的。每个表只能创建一个主键索引。

（6）InnoDB 数据引擎的索引键最长支持 767 字节，MyISAM 数据引擎支持 1000 字节。

5.1.4　创建索引

视频讲解

创建索引通常有 3 种命令方式，即使用 create index 语句创建索引、通过修改表来创建索引和使用 alter table 语句创建索引。当然，利用 MySQL Workbench 等工具也可以用可视化方式创建索引。下面将详细讲解这些创建索引的方法。

1. 使用 create index 语句创建索引

如果基表已经创建完毕，就可以使用 create index 语句建立索引。

创建索引的基本形式如下：

```
create [unique|fulltext|spatial] index index_name
on table_name (index_col_name,…)
```

说明：

（1）create index：创建索引的关键字。

（2）unique|fulltext|spatial：创建索引的类型。unique 是唯一性索引，fulltext 是全文索引，spatial 是空间索引。

（3）index_name：索引名。索引名可以不写，若不写索引名，则默认索引名与列名相同。

（4）on table_name：创建索引对应的表。

（5）index_col_name：索引列名 index_col_name 的格式如下。

```
col_name [(length)] [asc | desc]
```

在创建索引时，可以使用 col_name[(length)]语法对前缀编制索引。前缀包括每列值的前 length 个字符。对于 char 和 varchar 列，只用一列的一部分就可以创建索引。blob 和 text 列也可以编制索引，但是必须给出前缀长度。因为多数名称的前 10 个字符通常不同，所以前缀索引不会比使用列的全名创建的索引的速度慢很多。

另外，使用列的一部分创建索引可以使索引文件大大减小，从而节省了大量的磁盘空间，有可能提高 insert 操作的速度。

【**例 5.1**】 为便于按电话进行查询，在 student 表的 phone 列上建立一个升序普通索引 phone_index。

代码和运行结果如下：

```
mysql> use teaching;
        Database changed
mysql> create index phone_index  on student(phone asc);
        Query OK, 0 rows affected (2.80 sec)
        Records: 0  Duplicates: 0  Warnings: 0
```

【**例 5.2**】 在 course 表的 cname 列上建立一个唯一性索引 cname_index。

代码和运行结果如下：

```
mysql> create unique  index  cname_index on course(cname);
        Query OK, 0 rows affected (0.72 sec)
        Records: 0  Duplicates: 0  Warnings: 0
```

【**例 5.3**】 在 score 表的 studentno 和 courseno 列上建立一个复合索引 sc_index。

代码和运行结果如下：

```
mysql> create  index  sc_index  on  score(studentno,courseno);
        Query OK, 0 rows affected (0.73 sec)
        Records: 0  Duplicates: 0  Warnings: 0
```

2. 在创建表时创建索引

在创建表时可以直接创建索引，这种方式最简单、方便。

【**例 5.4**】 在 teacher1 表的 tname 字段上建立一个唯一性索引 tname_index，一个前缀索引 dep_index。

代码和运行结果如下：

```
mysql> use mytest;
        Database changed
mysql> create table if not exists teacher1 (
    -> teacherno char(6) not null comment '教师号',
    -> tname  char(8) not null comment '教师名',
    -> major char(10) not null comment '专业',
    -> prof char(10) not null comment '职称',
    -> department char(16) not null comment '部门',
    -> primary key (teacherno),
    -> unique  index  tname_index(tname),
```

```
    -> index dep_index(department(5))
    -> );
      Query OK, 0 rows affected (1.29 sec)
```

3. 通过 alter table 语句创建索引

【例 5.5】 在 teacher1 表上建立 teacherno 主键索引（假定未创建主键索引），建立 tname 和 prof 的复合索引。

代码和运行结果如下：

```
mysql> alter table teacher1
    -> add primary key(teacherno),
    -> add index mark(tname, prof);
      Query OK, 0 rows affected (0.71 sec)
      Records: 0  Duplicates: 0  Warnings: 0
```

如果主键索引已经创建，则会出现如下信息：

```
ERROR 1068 (42000): Multiple primary key defined
```

说明：

（1）只有表的所有者才能给表创建索引。索引的名称必须符合 MySQL 的命名规则，且必须在表中是唯一的。

（2）主键索引必定是唯一的，唯一性索引不一定是主键。在一张表上只能有一个主键，但可以有一个或者多个唯一性索引。

（3）当给表创建 unique 约束时，MySQL 会自动创建唯一性索引。在创建唯一性索引时，应保证创建索引的列不包括重复的数据，并且没有两个或两个以上的空值（null）。因为在创建索引时将两个空值也视为重复的数据，如果有这种数据，必须先将其删除，否则索引不能被成功创建。

（4）要查看表中已经创建的索引的情况，可以使用 show index from table_name 语句实现。

5.1.5　删除索引

删除不再需要的索引，可以用 drop 语句，也可以用 alter table 语句。利用 drop index 语句删除索引的语法格式如下：

```
drop index index_name on table_name ;
```

例如，删除 teacher1 表的 mark 索引：

```
mysql> drop index mark on teacher1;
```

利用 alter table 语句删除索引的语法格式如下：

```
alter [ignore] table table_name
| drop primary key
| drop index index_name
```

```
| drop foreign key fk_symbol
```

用户也可以利用 alter table 语句删除前面表中创建的索引。例如：

```
mysql> alter table teacher1 drop index mark;
```

说明：

（1）使用 drop index 子句可以删除各种类型的索引，包括唯一性索引。

（2）如果要删除主键索引，直接使用 drop primary key 子句进行删除，不需要提供索引名称，因为一个表中只有一个主键。

5.1.6 利用 MySQL Workbench 工具创建和管理索引

1. 利用 MySQL Workbench 创建索引

利用 MySQL Workbench 创建索引的步骤如下：

（1）启动 MySQL Workbench 工具，在导航区 Navigator 下的 SCHEMAS 区域选择当前数据库 teaching。

（2）在 teaching 数据库中选择 Tables，再展开 Tables 选项，右击 student 表，在弹出的快捷菜单中选择 Alter Table 命令，如图 5-1 所示。

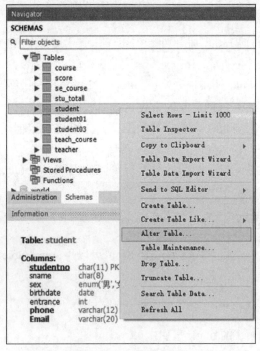

图 5-1　执行修改表命令

（3）进入修改表 student 的界面，如图 5-2 所示。选择 Indexes 选项卡，在如图 5-3 所示的界面中可以观察到如下信息。

① 数据库名和表名：指出创建索引的数据库 teaching 和表 student 的名称。

② 表 student 的默认字符集及排序规则和数据引擎 InnoDB 的索引名称。

③ 索引名 Index Name，可以查看到前面创建的主键索引 PRIMARY 和唯一性索引 phone_index。其后依次是索引类型 Type、索引引用字段 Index Columns、索引参数 Index Options 和索引注解 Index Comment 等。

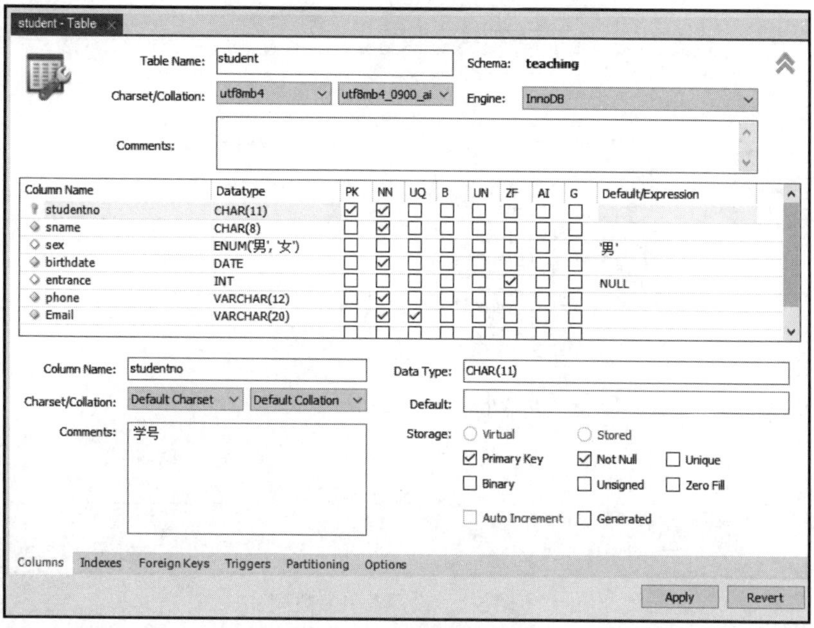

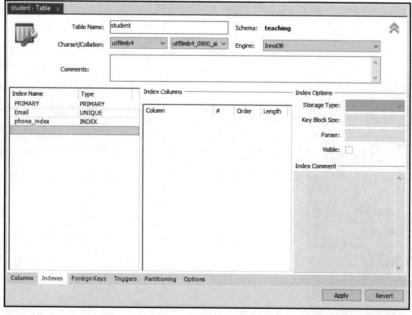

图 5-2　修改表界面

图 5-3　创建索引对话框

（4）在 Index Name 的文本框中输入索引名称 un_phone，右侧的 Index Columns 中会自动显示 student 表中的所有列名，选择 phone 列，存储类型选择 BTREE，选择索引类型

UNIQUE，按降序排列（DESC），表示创建唯一性索引，其他参数采用默认值，如图 5-4
所示。

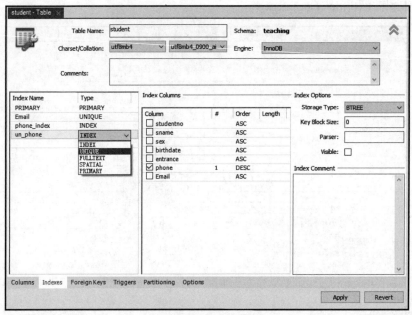

图 5-4　设置索引参数

（5）设置完成后，单击 Apply 按钮，出现如图 5-5 所示的应用脚本对话框。再单击 Apply
按钮，进入完成对话框，单击 Finish 按钮，即可完成数据库 teaching 中 student 表上的唯一
性索引 un_phone 的创建。

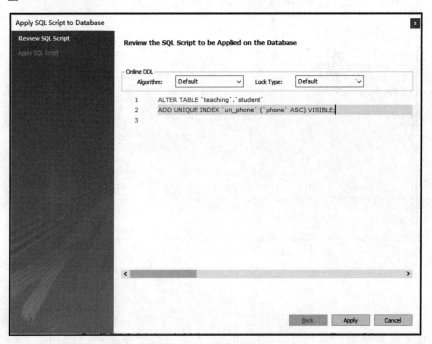

图 5-5　创建索引脚本

在 MySQL Workbench 中创建主键索引和普通索引的操作步骤基本相同。

2. 利用 MySQL Workbench 管理索引

利用 MySQL Workbench 管理索引的方法如下：

（1）利用 MySQL Workbench 可以修改索引的名字、类型以及索引引用字段和索引参数等。例如，修改 student 表中的 un_phone 索引为普通索引 un_phone_Email，将索引类型改为 INDEX，引用字段为 phone 和 Email，且为升序排列，如图 5-6 所示。单击 Apply 按钮，出现如图 5-7 所示的应用脚本对话框。再单击 Apply 按钮，进入完成对话框，如图 5-8 所

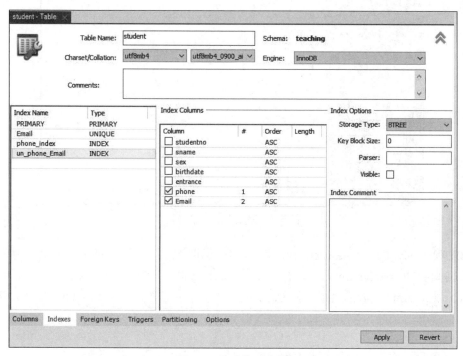

图 5-6 修改索引参数

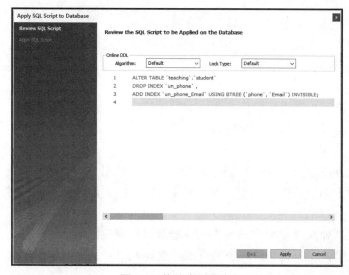

图 5-7 修改索引脚本

示，单击 Show Logs（Hide Logs）按钮，可以查看（隐藏）日志消息。单击 Finish 按钮，即可完成数据库 teaching 中 student 表上的索引 un_phone 的修改。

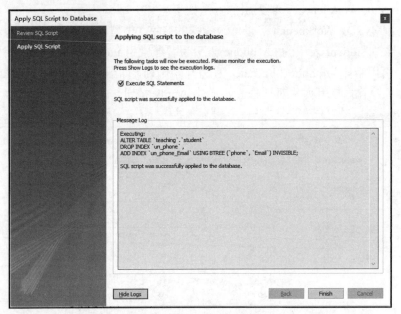

图 5-8　完成索引信息修改

（2）利用 MySQL Workbench 删除索引，例如删除普通索引 un_phone_Email。在索引界面中右击索引 un_phone_Email，执行 Delete Selected 命令，索引 un_phone_Email 即从列表中消失。单击 Apply 按钮，出现删除索引的应用脚本对话框。再单击 Apply 按钮，进入完成对话框。单击 Finish 按钮，即可删除索引 un_phone_Email。

5.2　视图的创建和管理

视图是从一个或者多个表及其他视图中通过 select 语句导出的虚拟表，在数据库中只存放了视图的定义，并没有存放视图中的数据。在浏览视图时所对应的行和列数据来自定义视图查询所引用的表，并且在引用视图时动态生成。通过视图可以实现对基表数据的查询与修改。

视图为数据库用户提供了很多便利，主要包括以下几方面。

（1）简化数据查询和处理：视图可以为用户集中多个表中的数据，简化用户对数据的查询和处理。

（2）屏蔽数据库的复杂性：数据库表的更改不影响用户对数据库的使用，用户也不必了解复杂数据库中的表结构。例如，那些定义了若干张表连接的视图，将表与表之间的连接操作对用户隐蔽起来。

（3）安全性：如果要使用户只能查询或修改用户有权限访问的数据，也可以只授予用户访问视图的权限，而不授予访问表的权限，这样就提高了数据库的安全性。

5.2.1　创建视图

创建视图是指在指定的数据库表上建立视图。视图可以建立在一张表上，也可以建立在多张表或既有视图上，要求创建用户具有针对视图的 create view 权限，以及针对由 select 语句选择的每一列上的某些权限。

1. 创建视图的语法形式

创建视图是通过 create view 实现的。其语法格式如下：

视频讲解

```
create [or replace][algorithm ={undefined|merge|temptable}]
view  view_name [(column_list)]
as select_statement
[with[cascaded|local] check option];
```

说明：

（1）create view 语句能创建新的视图，如果给定了 or replace 子句，该语句还能替换已有的视图。

（2）view_name：为视图名，视图属于数据库。在默认情况下，将在当前数据库中创建视图。如果要在其他给定数据库中创建视图，应将名称指定为 db_name.view_name。视图名不能与表名相同。

（3）algorithm = {undefined | merge | temptable}：algorithm 为视图算法选择，有 3 个选项，undefined 表示 MySQL 自动选择算法；merge 表示将合并视图定义和视图语句，使得视图定义的某一部分取代语句的对应部分；temptable 表示将视图结果存储到临时表，然后利用临时表执行语句。

（4）select_statement：用来创建视图的 select 语句，它给出了视图的定义。该语句可以从基本表或其他视图进行选择。在默认情况下，由 select 语句检索的列名将用作视图列名。如果想为视图列定义另外的名称，可使用可选的 column_list 子句，列出由逗号隔开的列名称即可。但要注意，column_list 中的名称数目必须等于 select 语句检索的列数。

（5）cascaded | local：为可选参数。cascaded 为默认值，表示更新视图时要满足所有相关视图和表的条件；local 表示更新视图时满足该视图本身的定义即可。

（6）with check option：要求具有针对视图的 create view 语句权限，以及针对由 select 语句选择列上的某些权限。对在 select 语句中使用其他来源的列，必须具有 select 语句权限，如果还有 or replace 语句，则必须具有 drop 权限。

（7）在视图定义中命名的表必须已存在，视图必须具有唯一的列名，不得有重复，就像基本表那样。另外还要有如下限制：
- 在视图的 from 子句中不能使用子查询。
- 在视图的 select 语句中不能引用系统或用户变量。
- 在视图的 select 语句中不能引用预处理语句参数。
- 在视图定义中允许使用 order by，但是如果从特定视图进行了选择，而该视图使用了具有自己 order by 的语句，它将被忽略。
- 在定义中引用的表或视图必须存在，但是在创建了视图以后，能够舍弃定义引用的表或视图。如果想检查视图定义是否存在这类问题，可使用 check table 语句。

- 在定义中不能引用 temporary 表，不能创建 temporary 视图。
- 不能将触发程序与视图关联在一起。

2. 在单表上创建视图

在 MySQL 中可以在单个表上创建视图。

【例 5.6】 在 teacher 表上创建一个简单的视图，视图名称为 teach_view1。

代码和运行结果如下：

```
mysql> create view teach_view1
    -> as select * from teacher;
       Query OK, 0 rows affected (0.70 sec)
```

利用 select 语句查询视图 teach_view1 的数据如下。

```
mysql> select * from teach_view1;
    +-----------+-------+---------+-------+----------+
    | teacherno | tname | major   | prof  |department|
    +-----------+-------+---------+-------+----------+
    | t05001    | 苏超然 | 软件工程 | 教授   | 计算机学院 |
    | t05002    | 常可观 | 会计学   | 助教   | 管理学院  |
    | t05003    | 孙释安 | 网络安全 | 教授   | 计算机学院 |
    | t05011    | 卢敖治 | 软件工程 | 副教授 | 计算机学院 |
    | t05017    | 茅佳峰 | 软件测试 | 讲师   | 计算机学院 |
    | t06011    | 夏期年 | 机械制造 | 教授   | 机械学院  |
    | t06023    | 卢释舟 | 铸造工艺 | 副教授 | 机械学院  |
    | t07019    | 韩庭宇 | 经济管理 | 讲师   | 管理学院  |
    | t08017    | 白成园 | 金融管理 | 副教授 | 管理学院  |
    | t08058    | 孙有存 | 数据科学 | 副教授 | 计算机学院 |
    +-----------+-------+---------+-------+----------+
    10 rows in set (0.06 sec)
```

3. 在多表上创建视图

在 MySQL 数据库中也可以在两个或两个以上的表上创建视图。

【例 5.7】 在 student 表、course 表和 score 表上创建一个名为 stu_score1 的视图，视图中保留 20 级的女生的学号、姓名、电话、课程名和期末成绩。

代码和运行结果如下：

```
mysql> create view stu_score1
    -> as select student.studentno, sname, phone, cname,final
    -> from score join student on student.studentno=score. studentno
    -> join course on course.courseno=score.courseno
    -> where sex='女' and left(student.studentno,2)= '20';
       Query OK, 0 rows affected (0.06 sec)
```

此视图保存 3 个表的数据，利用 select 语句查询视图 stu_score1 的数据如下。

```
mysql> select * from stu_score1;
```

```
+-------------+-------+-------------+---------+-------+
| studentno   | sname | phone       | cname   | final |
+-------------+-------+-------------+---------+-------+
| 20112111208 | 韩吟秋 | 15878945612 | 机械制图 | 85.0  |
| 20112111208 | 韩吟秋 | 15878945612 | 机械设计 | 93.0  |
| 20112111208 | 韩吟秋 | 15878945612 | 铸造工艺 | 96.0  |
| 20120203567 | 封白玫 | 13245674564 | 电子技术 | 67.0  |
| 20120203567 | 封白玫 | 13245674564 | C 语言   | 86.0  |
| 20120203567 | 封白玫 | 13245674564 | 机械设计 | 97.0  |
| 20123567897 | 赵雨思 | 13175689345 | 机械制图 | 99.0  |
| 20125121109 | 梁一苇 | 13145678921 | 电子技术 | 79.0  |
| 20125121109 | 梁一苇 | 13145678921 | C 语言   | 82.0  |
| 20125121109 | 梁一苇 | 13145678921 | 会计软件 | 91.0  |
| 20126113307 | 姚扶嵋 | 13245678543 | C 语言   | 95.0  |
| 20126113307 | 姚扶嵋 | 13245678543 | 机械制图 | 67.0  |
+-------------+-------+-------------+---------+-------+
12 rows in set (0.09 sec)
```

4. 在已存在的视图上创建视图

【例 5.8】 创建视图 teach_view2，统计计算机学院教师中的教授和副教授的教师号、教师名和专业。

代码和运行结果如下：

```
mysql> create view  teach_view2
    -> as select  teacherno, tname, major
    -> from  teach_view1
    -> where  prof  like  '%教授'  and  department='计算机学院';
    Query OK, 0 rows affected (0.08 sec)
```

通过 select 语句查看视图 teach_view2 的数据如下。

```
mysql> select * from teach_view2;
      +-----------+--------+--------+
      | teacherno | tname  | major  |
      +-----------+--------+--------+
      | t05001    | 苏超然  | 软件工程 |
      | t05003    | 孙释安  | 网络安全 |
      | t05011    | 卢敖治  | 软件工程 |
      | t08058    | 孙有存  | 数据科学 |
      +-----------+--------+--------+
      4 rows in set (0.07 sec)
```

说明：

（1）在定义视图时基本表可以是当前数据库的表，也可以是来自其他数据库的基本表，只要在表名前添加数据库名称即可，例如 mytest.student02。

（2）在定义视图时可在视图名后面指明视图列的名称，名称之间用逗号分隔，但列数要与 select 语句检索的列数相等。例如，定义视图 teach_view2 可以写成如下形式：

```
create view teach_view2(教师号,教师名,专业)
as select teacherno, tname, major …
```

（3）在使用视图查询时，若其基本表中添加了新字段，则该视图将不包含新字段。

（4）如果与视图相关联的表或视图被删除，则该视图将不能再使用。

5.2.2　查看视图的定义

查看视图是指查看数据库中已存在的视图的定义。查看视图必须要有 show view 的权限，在 MySQL 数据库下的 user 表中保存着这个信息。查看视图的方法包括使用 describe 语句、show table status 语句、show create view 语句，以及查询 information_schema 数据库下的 views 表等。

（1）使用 describe 语句查看视图的基本信息：用户可以使用 describe 语句查看表的基本定义，同样可以使用 describe 语句查看视图的基本定义。使用 describe 语句查看视图的形式与查看表的形式是一样的。

（2）使用 show table status 语句查看视图的基本信息：在 MySQL 中，可以使用 show table status 语句来查看视图的信息。其语法格式如下：

```
show table status like 'view_name';
```

其中，like 表示后面匹配的是字符串；view_name 参数指要查看的视图的名称，需要用单引号引起来。

（3）使用 show create view 语句查看视图详细信息：在 MySQL 中，show create view 语句可以查看视图的详细定义。其语法格式如下：

```
show create view view_name;
```

（4）在 views 表中查看视图的详细信息：在 MySQL 数据库中，所有视图的定义都保存在 information_schema 数据库的 views 表中。例如查询 information_schema.views 表，可以看到数据库中所有视图的详细信息。代码如下：

```
select * from information_schema.views;
```

其中，*表示查询所有列的信息；information_schema.views 表示 information_schema 数据库下面的 views 表。

5.2.3　修改视图

视频讲解

修改视图是指修改数据库中已存在的表的定义。当基本表的某些字段发生改变时，可以通过修改视图来保持视图和基本表一致。

在 MySQL 中，create or replace view 语句可以用来修改视图。该语句的使用非常灵活，在视图已经存在的情况下对视图进行修改；在视图不存在时可以创建视图。

在 MySQL 中，alter 语句可以用来修改表的定义，也可以创建索引。不仅如此，alter

语句还可以用来修改视图。使用 alter 语句修改视图的语法格式如下：

```
alter [algorithm = {undefined|merge|temptable}]
view view_name [(column_list)]
as select statements
[with [cascaded|local]check option];
```

【例 5.9】　修改视图 teach_view2，统计计算机学院和材料学院教师中教授的教师号、教师名和专业，并在视图名后面指明视图列名称。

代码和运行结果如下：

```
mysql> alter view teach_view2(教师号,教师名,专业)
    -> as select teacherno, tname, major
    -> from teach_view1
    -> where prof like '%教授'
    -> and (department='计算机学院' or department='材料学院');
       Query OK, 0 rows affected (0.04 sec)
```

通过 select 语句查看视图 teach_view2 的数据如下。

```
mysql> select * from teach_view2;
    +--------+-------+--------+
    | 教师号 | 教师名 | 专业   |
    +--------+-------+--------+
    | t05001 | 苏超然 | 软件工程 |
    | t05003 | 孙释安 | 网络安全 |
    | t05011 | 卢敖治 | 软件工程 |
    | t08058 | 孙有存 | 数据科学 |
    +--------+-------+--------+
    4 rows in set (0.00 sec)
```

5.2.4　利用 MySQL Workbench 工具创建和管理视图

1. 利用 MySQL Workbench 创建视图

利用 MySQL Workbench 创建视图的步骤如下：

（1）启动 MySQL Workbench 工具，选择当前数据库 teaching。

（2）在 teaching 数据库中选择 Views，展开 Views 选项，可以看到已经创建的视图，右击 Views，在弹出的快捷菜单中选择 Create View 命令，如图 5-9 所示。

（3）进入如图 5-10 所示的界面，输入视图的内容。

（4）检查无误后单击 Apply 按钮，进入如图 5-11 所示的代码对话框，其中是要向数据库 teaching 中存储的脚本。

（5）单击 Apply 按钮，进入如图 5-12 所示的对话框，可以通过 Show Logs（Hide Logs）按钮查看信息记录（Massage Log）框中的信息。如果查看到成功创建视图的提示"SQL script was successfully applied to the database"，单击 Finish 按钮完成视图的创建过程。

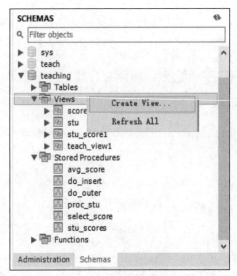

图 5-9　创建视图命令

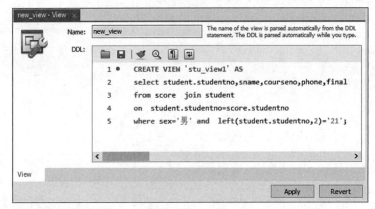

图 5-10　输入视图 stu_view1 的内容

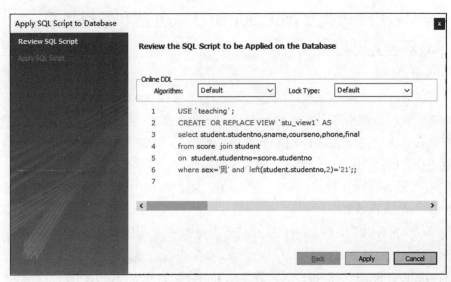

图 5-11　存储的脚本

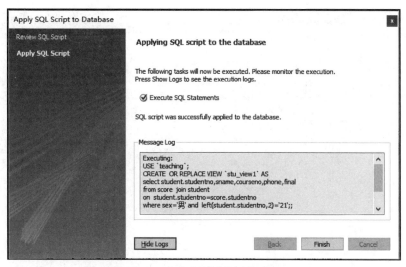

图 5-12　完成视图的创建过程

（6）在数据库 teaching 中展开 Views 文件夹，找到视图 stu_view1，执行 Select Rows-Limit 10 命令，即可看到视图 stu_view1 的查询结果，其中含有 21 级男生的学号、姓名、电话、课程号和期末成绩的结果集，如图 5-13 所示。

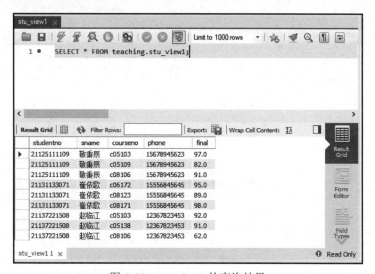

图 5-13　stu_view1 的查询结果

2. 利用 MySQL Workbench 修改视图

利用 MySQL Workbench 修改视图的方法如下：

（1）在数据库 teaching 中展开文件夹，右击视图 stu_view1，在弹出的快捷菜单中选择 Alter View 命令，进入如图 5-14 所示的修改对话框中。

（2）如图 5-15 所示，输入修改项，例如将视图名改为 stu_view2、各个视图列的输出名称改为汉语标识、过滤条件改为 20 级。

（3）依次单击对话框中的 Apply 按钮和 Finish 按钮即可完成视图的修改过程。

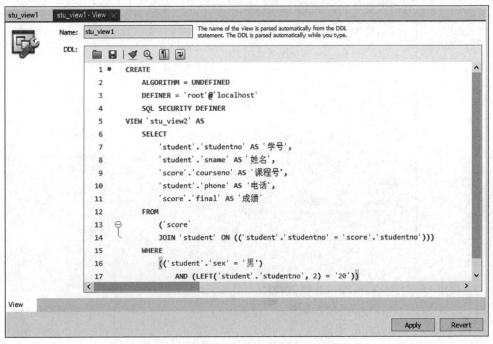

图 5-14　修改视图对话框

图 5-15　输入修改项

（4）在数据库 teaching 中展开 Views 文件夹，找到视图 stu_view2，执行 Select Rows-Limit 10 命令，即可看到视图 stu_view2 的查询结果，其中含有 20 级男生的学号、姓名、电话、课程号和成绩的结果集，如图 5-16 所示。

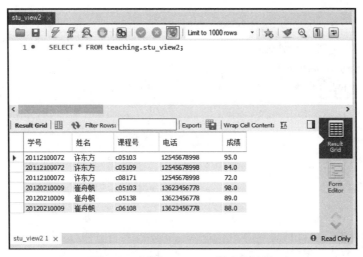

图 5-16　视图 stu_view2 的查询结果

5.2.5　删除视图

删除视图是指删除数据库中已存在的视图。在删除视图时，只会删除视图的定义，不会删除数据。在 MySQL 数据库中，用户必须拥有 drop 权限才能使用 drop view 语句来删除视图。

对于需要删除的视图，使用 drop view 语句进行删除。使用 drop view 命令可以删除多个视图，各视图名之间用逗号分隔。其基本格式如下：

```
drop view [if exists] view_name [restrict|cascaded]
```

例如，删除视图 v1_student 的命令如下：

```
drop view v1_student;
```

如果是在 MySQL Workbench 中删除视图，只需右击要删除的视图，在弹出的快捷菜单中选择 Drop View 命令，然后按照提示操作就可以完成。

5.3　视图的应用

视图的应用主要包括视图的检索，以及通过视图对基表进行插入、修改、删除操作。视图的检索几乎没有什么限制，但是对通过视图实现表的插入、修改、删除操作有一定的限制条件。

5.3.1　使用视图管理表数据

1. 使用视图进行查询

使用视图进行查询实际上是把视图作为数据源，实现查询功能。

【例 5.10】通过视图 stu_view2 查询选修课程号为 c05103 且成绩在 80 分以上的 20 级男生的学号、姓名、课程号和成绩。

视频讲解

代码和运行结果如下：

```
mysql> select 学号, 姓名,课程号,成绩
    -> from stu_view2
    -> where 课程号='c05103' and 成绩 > 80;
    +-------------+--------+--------+------+
    | 学号        | 姓名   | 课程号 | 成绩 |
    +-------------+--------+--------+------+
    | 20112100072 | 许东方 | c05103 | 95.0 |
    | 20120210009 | 崔舟帆 | c05103 | 98.0 |
    +-------------+--------+--------+------+
    2 rows in set (0.00 sec)
```

2. 使用视图进行统计计算

【例 5.11】 创建视图 course_avg，统计各门课程的平均成绩，并按课程名升序排列。

代码和运行结果如下：

```
mysql> create view course_avg
    -> as select cname 课程名, avg(final) 平均成绩
    -> from score join course on score.courseno=course.courseno
    -> group by cname;
    Query OK, 0 rows affected (0.05 sec)
mysql> select * from course_avg;
    +---------+----------+
    | 课程名  | 平均成绩 |
    +---------+----------+
    | 电子技术 | 88.00000 |
    | C语言   | 87.33333 |
    | 会计软件 | 88.25000 |
    | 机械制图 | 84.75000 |
    | 机械设计 | 95.00000 |
    | 铸造工艺 | 84.33333 |
    | 软件工程 | 90.00000 |
    | 经济法   | 76.66667 |
    | 金融学   | 94.00000 |
    +---------+----------+
    9 rows in set (0.04 sec)
```

3. 使用视图修改基本表数据

使用视图修改表数据，是指在视图中进行 insert、update 和 delete 等操作修改基表的数据。在通过视图修改表数据时，要有执行相关操作的权限。

【例 5.12】 通过视图 teach_view1 对基表 teacher 进行插入、更新和删除数据的操作。

代码和运行结果如下：

```
mysql> insert into teach_view1(teacherno,tname,major,prof,department)
    -> values ('t06027', '陶期年', '纳米技术', '教授', '材料学院');
    Query OK, 1 row affected (0.07 sec)
```

```
mysql> update teach_view1  set  prof = '副教授'  where  teacherno = 't07019';
       Query OK, 1 row affected (0.07 sec)
       Rows matched: 1  Changed: 1  Warnings: 0
mysql> delete  from  teach_view1  where  teacherno = 't08017';
       Query OK, 1 row affected (0.04 sec)
```

使用 select 语句查询 teacher 表，可以看到基表中的数据也相应地进行了修改。

```
mysql> select  *  from  teacher;
       +----------+--------+----------+------+-----------+
       |teacherno | tname  | major    | prof |department |
       +----------+--------+----------+------+-----------+
       | t05001   | 苏超然 | 软件工程 | 教授 | 计算机学院 |
       | t05002   | 常可观 | 会计学   | 助教 | 管理学院   |
       | t05003   | 孙释安 | 网络安全 | 教授 | 计算机学院 |
       | t05011   | 卢敖治 | 软件工程 | 副教授 | 计算机学院 |
       | t05017   | 茅佳峰 | 软件测试 | 讲师 | 计算机学院 |
       | t06011   | 夏期年 | 机械制造 | 教授 | 机械学院   |
       | t06023   | 卢释舟 | 铸造工艺 | 副教授 | 机械学院   |
       | t06027   | 陶期年 | 纳米技术 | 教授 | 材料学院   |
       | t07019   | 韩庭宇 | 经济管理 | 副教授 | 管理学院   |
       | t08058   | 孙有存 | 数据科学 | 副教授 | 计算机学院 |
       +----------+--------+----------+------+-----------+
       10 rows in set (0.00 sec)
```

【例 5.13】 视图 stu_score1 依赖于 student、course 和 score 等 3 张表，包括 studentno、sname、phone、cname 和 final 等 5 个字段，通过 stu_score1 修改基表 student 中学号为 20120203567 的学生的电话号码。

代码和运行结果如下：

```
mysql> update stu_score1 set phone='132123456777'
    -> where  studentno ='20120203567';
       Query OK, 1 row affected (0.12 sec)
       Rows matched: 1  Changed: 1  Warnings: 0
```

通过查看 student 表可以看到相应电话号码已做了更改。

```
mysql> select  studentno,sname, phone  from  student
    -> where  studentno ='20120203567';
       +-------------+--------+--------------+
       | studentno   | sname  | phone        |
       +-------------+--------+--------------+
       | 20120203567 | 封白玫 | 132123456777 |
       +-------------+--------+--------------+
       1 row in set (0.01 sec)
```

说明：

（1）视图若只依赖于一个基表，则可以直接通过更新视图来更新基表的数据。

（2）若一个视图依赖于多张基表，则一次只能修改一个基表的数据，不能同时修改多个基表的数据。

（3）如果视图包含下述结构中的任何一种，都是不可修改的。

- 视图的列含有聚合函数（avg、count、sum、min、max）。
- 视图的列是通过表达式并使用列计算出其他列。
- 含有 distinct 关键字。
- 含有 group by 子句、order by 子句、having 子句。
- 含有 union 运算符。
- 视图的列位于选择列表中的子查询。
- from 子句中包含多个表。
- select 语句中引用了不可更新视图。
- where 子句中的子查询引用 from 子句中的表。

视频讲解

5.3.2 检查视图的应用

在 MySQL 数据库中，视图可分为普通视图与检查视图。前面介绍的视图都没有使用 with check option 子句，当没有 with check option 时，表示 with_check_option 的值为 0，即为普通视图，普通视图不具备检查功能。如果使用了 with check option 子句，在通过检查视图更新基表数据时，只有满足检查条件的更新语句能成功执行。

【例 5.14】 在 teaching 数据库中创建一个名称为 v_dept 的视图，包含所有部门为"计算机学院"的教师的数据信息，需限制插入数据中部门必须为"计算机学院"。

分析：通过单表生成的视图 v_dept 向基表 teacher 中插入一条记录，并通过查询语句显示基表中的所有数据。

代码和运行结果如下：

```
--在"查询编辑器"中输入以下程序，创建 v_dept 视图
mysql> create view v_dept
    -> as
    -> select teacherno,tname,major,prof,department
    -> from teacher
    -> where department='计算机学院'
    -> with check option;
       Query OK, 0 rows affected (0.05 sec)
--通过视图 v_ dept 向基表 teacher 中插入数据
mysql> insert into v_dept
    -> values('t08017','时观','金融管理','副教授','计算机学院');
       Query OK, 1 row affected (0.06 sec)
mysql> select * from teacher where tname='时观';
       +-----------+-------+----------+--------+------------+
       | teacherno | tname | major    | prof   | department |
       +-----------+-------+----------+--------+------------+
       | t08017    | 时观  | 金融管理 | 副教授 | 计算机学院 |
       +-----------+-------+----------+--------+------------+
```

```
1 row in set (0.00 sec)
```

本例由于创建了 with check option 检查条件约束，当插入记录时所有部门信息不符合条件的记录无法插入和修改，并显示错误提示信息。

--通过视图 v_dept 向基表 teacher 中插入数据行('t08037','时刻','软件技术','讲师','软件学院')

```
mysql> insert into v_dept
    -> values('t08037','时刻','软件技术','讲师','软件学院');
ERROR 1369 (HY000): check option failed 'teaching.v_dept'
```

执行结果表明,在通过检查视图更新表数据时,检查视图对更新数据进行了先行检查,若更新语句的数据不满足检查条件,则检查视图会抛出异常,更新失败。

另外，检查视图又可以分为 local 视图和 cascade 视图。当 with_check_option 的值为 1 时表示 local 视图，当值为 2 时表示 cascade 视图。cascade 视图又称级联视图，是在视图的基础上再次创建另一个视图。对于相关内容，感兴趣的读者可以进一步学习探讨。

5.4 实践操作指导

在 MySQL 数据库中索引和视图是两个重要的数据库对象，它们在实践中的操作主要如下：

- 创建、管理和删除索引的命令。
- 创建、修改、删除和查询视图的命令。
- 利用视图修改基表数据的限制。
- 利用视图对数据表的数据进行修改的操作。
- 利用 MySQL Workbench 工具管理视图和索引的基本操作。

习题 5

1. 选择题

（1）下列_____语句不能用于创建索引。

    A. create index   B. create table

    C. alter table   D. create database

（2）下面对索引的相关描述正确的是_____。

    A. 经常被查询的列不适合建索引   B. 小型表适合建索引

    C. 有很多重复值的列不适合建索引   D. 是外键或主键的列不适合建索引

（3）在 MySQL 中不可对视图执行的操作有_____。

    A. select   B. insert   C. delete   D. create index

（4）下面对视图的描述错误的是_____。

    A. 视图是一张虚拟表

    B. 视图定义包含 limit 子句时才能设置排序规则

　　　　C. 可以像查询表一样来查询视图

　　　　D. 被修改数据的视图只能是一个基表的列

（5）含有 with check option 属性参数的视图没有对基表的_____进行限制。

　　　　A. 权限检查　　　　B. 删除监测　　　　C. 更新监测　　　　D. 插入监测

（6）索引可以提高_____操作的效率。

　　　　A. insert　　　　　B. update　　　　　C. delete　　　　　D. select

（7）在 MySQL 中唯一性索引的关键字是_____。

　　　　A. fulltext　　　　B. only　　　　　　C. unique　　　　　D. index

2. 简答题

（1）简述创建索引的必要性。

（2）MySQL 中普通索引、主键索引和唯一性索引的区别是什么？

（3）简述表和视图之间的关系。

（4）简述创建视图的必要性。

3. 上机练习题（本题对 teaching 数据库中的表进行操作）

（1）在 course 表的 cname 列上创建索引 IDX_cname。

（2）在 student 表的 studentno 和 phone 列上创建唯一性索引 uq_stu，并输出 student 表中的记录，查看输出结果的顺序。

（3）创建一个视图 v_teacher，查询所有"计算机学院"的教师的信息。

（4）创建一个视图 v_avgstu，查询每个学生的学号、姓名及平均分，并且按照平均分降序排序。

（5）修改 v_teacher 的视图定义，添加 with check option 选项。

（6）通过视图 v_teacher 向基表 teacher 中分别插入数据（'t05039'，'张馨月'，'计算机应用'，'讲师'，'计算机学院'）和（'t06018'，'李书诚'，'机械制造'，'副教授'，'机械学院'），并查看插入数据的情况。

（7）通过视图 v_teacher 将基表 teacher 中教师号为 t05039 的教师的职称修改为"副教授"。

第6章 MySQL 8.0编程基础

在前面介绍的控制台模式下，MySQL 客户端可以执行单句的 MySQL 命令，执行数据表的 SQL 语句进行信息查询等。如果要完成较复杂的操作，就需要一次执行一系列的命令，这就需要利用 MySQL 的脚本来实现。MySQL 的脚本就是人们通常所说的 MySQL 程序，是通过一套对字符、关键字以及特殊符号的使用规定，利用一条或多条 MySQL 语句（SQL 语句+扩展语句）编写而成的。MySQL 的脚本文件在保存时扩展名一般为.sql。

MySQL 脚本具体来说是由常量、变量、函数、表达式、关键字等组成的语句，外加注释构成的。MySQL 语句是组成 MySQL 脚本的基本单位，每条语句能完成特定的操作。

MySQL 程序包含 3 种基本结构，即顺序结构、选择结构和循环结构。实现这 3 种基本结构的语句是 MySQL 中的控制流语句。

本章主要介绍利用 MySQL 语言进行数据库编程的基础知识，以及自定义函数的创建和应用等内容。

6.1 MySQL 8.0 编程基础知识

6.1.1 自定义变量的应用

视频讲解

MySQL 的每一个客户机成功连接服务器后，都会产生与之对应的会话。在会话期间，MySQL 服务实例会在 MySQL 服务器内存中生成与该会话对应的系统会话变量，这些系统会话变量的初始值是系统全局变量值的复制。除此之外，MySQL 的用户还可以利用自定义变量。

MySQL 中的自定义变量由变量名、变量类型和变量值三要素构成。变量名要求是标识符，不能与关键字和函数名相同；变量类型和常量类型一样，决定变量的存储空间和取值范围；变量值要求符合本类型取值范围的要求。计算机中的变量和数学中的变量的概念基本一样，用户可以随时改变它们对应的数值，但需要实现存储要求。

自定义变量在 MySQL 系统中也存在两种类型，即用户会话变量和局部变量。

1. 用户会话变量

用户会话变量与系统会话变量的共同之处在于变量名大小写不敏感。用户会话变量与系统会话变量的区别如下：

- 用户会话变量一般以一个"@"开头；系统会话变量以两个"@"开头。
- 系统会话变量无须定义可以直接使用。

（1）用户会话变量的使用过程：一个用户会话变量在创建之后，就可以作为表达式或表达式的组成因素用于其他 SQL 语句中。如图 6-1 所示，MySQL 客户机 A 定义了会话变量，在会话期间，该会话变量一直有效；MySQL 客户机 C 不能访问客户机 A 定义的会话变量；客户机 A 关闭或者客户机 A 与服务器断开连接后，客户机 A 定义的所有会话变量将自动释放，以节省 MySQL 服务器的内存空间。同样，客户机 C 中定义的会话变量也是如此。

实际上 MySQL 服务器在内存中为每一个会话开辟独立的会话连接空间，不同的会话空间互不干扰，会话结束，会话空间被释放。会话变量的生命周期就是所在会话空间开辟到释放这一段时间。

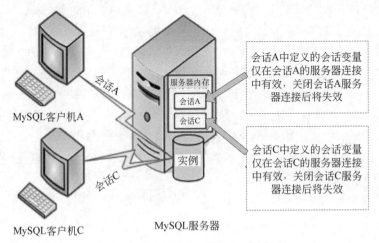

图 6-1　用户会话变量的使用过程

（2）用户会话变量的定义与赋值：在一般情况下，用户会话变量的定义与赋值会同时进行。定义和初始化一个用户会话变量可以使用 set 或 select 语句。

方法 1：使用 set 命令定义用户会话变量，并为其赋值，语法格式如下。

```
set @user_variable1=expression1 [,@user_variable2= expression2, …]
```

方法 2：使用 select 语句定义用户会话变量，并为其赋值，语法格式有两种。

```
select @user_variable1:=expression1 [,user_variable2:= expression2,…]
```

或

```
select expression1 into @user_variable1, expression2 into @user_variable2, …
```

说明：

（1）用户会话变量的数据类型是根据赋值运算符"="右边表达式的计算结果自动分配的。也就是说，等号右边的值（包括字符集和字符序）决定了用户会话变量的数据类型（包括字符集和字符序）。

（2）在使用 select 语句定义用户会话变量时，赋值号采用"：="形式，能够产生结果集；而利用 into 赋值的方式的 select 语句，仅用于用户会话变量的定义及赋值，不会产生结果集。

例如创建用户会话变量@name 并赋值为"赵临江"，可以用以下两种格式实现。

```
set @name='赵临江'
```

或

```
select @name:= '赵临江'
```

（3）赋值号":="与"="的总结比较："="是赋值号，能够实现赋值操作，即将右边的值赋给左边的变量。"="一般情况下是作为比较操作符使用的。在特殊情况下，"="只在 set 语句里面作为赋值号使用，包括 update 语句里面的 set 子句，例如"set @var1 = value;"。

【例 6.1】　使用查询结果给变量赋值。

代码和运行结果如下：

```
mysql> use teaching;
    Database changed
mysql> set @sname=(select sname from student
    -> where studentno='20126113307');
    Query OK, 0 rows affected (0.00 sec)
mysql> select studentno, sname, birthdate
    -> from student where sname=@sname;
    +-------------+--------+------------+
    | studentno   | sname  | birthdate  |
    +-------------+--------+------------+
    | 20126113307 | 姚扶嵋 | 2003-09-07 |
    +-------------+--------+------------+
    1 row in set (0.03 sec)
```

【例 6.2】　利用 select 语句将表中的数据赋值给变量。

命令和运行结果如下：

```
mysql> select @sname:=sname from student limit 0,1;
    +---------------+
    | @sname:=sname |
    +---------------+
    | 许东方        |
    +---------------+
    1 row in set (0.02 sec)
```

2. 局部变量

局部变量是指在其定义的某个局部程序范围内有效的变量。

（1）局部变量的定义与赋值：declare 命令专门用于定义局部变量及对应的数据类型。

例如定义局部变量 myvar，数据类型为 int，默认值为 100，代码如下。

```
declare myvar int default 100;
```

给局部变量 myvar 赋值 77，代码如下。

```
set myvar=77;
```

（2）局部变量的使用：局部变量必须定义在函数、触发器、存储过程等存储程序中，局部变量的作用范围仅局限于存储程序中。局部变量主要用于下面 3 种场合：

- 局部变量必须先定义，才可以使用 set 命令或者 select 语句为其赋值。局部变量定义在 begin…end 语句块之间。此时局部变量必须首先使用 declare 命令定义，并且必须指定局部变量的数据类型。
- 局部变量作为存储过程或者函数的参数使用，此时虽然不需要使用 declare 命令定义，但需要指定参数的数据类型。
- 在 SQL 语句中使用局部变量。在数据检索时，如果 select 语句的结果集是单个值，可以将 select 语句的返回结果赋给局部变量，局部变量也可以直接嵌入 select、insert、update 以及 delete 语句的条件表达式中。

3. 局部变量与用户会话变量的区别

局部变量与用户会话变量的区别如下：

（1）用户会话变量使用 set 命令或 select 语句定义并进行赋值，在定义用户会话变量时无须指定数据类型。例如"declare @student_no int;"语句是错误语句，用户会话变量不能使用 declare 命令定义。

（2）用户会话变量的作用范围与生命周期大于局部变量。用户会话变量在本次会话期间一直有效，直到关闭服务器连接。局部变量如果作为存储过程或者函数的参数，此时在整个存储过程或函数中有效；如果定义在存储程序的 begin…end 语句块中，此时仅在当前的 begin…end 语句块中有效。

（3）如果局部变量嵌入 SQL 语句中，由于局部变量名前没有"@"符号，这就要求局部变量名不能与表字段名同名，否则将出现无法预期的结果。

在 MySQL 数据库中，由于局部变量涉及 begin…end 语句块、函数、存储过程等知识，所以局部变量的具体使用方法将结合这些知识稍后一起讲解。

6.1.2　MySQL 表达式

MySQL 表达式是由运算符将常量、变量、字段名和函数等组合连接而成的有意义的字符序列。一个表达式通常可以得到一个值。具体来说，根据分类标准不同，可以对 MySQL 表达式进行不同的分类。

（1）按照表达式的值的类型分类：与常量和变量一样，表达式的值也具有某种数据类型，可能的数据类型有字符类型、数值类型、日期和时间类型。这样，根据表达式的值的类型分类，表达式可分为字符型表达式、数值型表达式和日期型表达式。

（2）按照值的形式分类：在 MySQL 中，若表达式的结果只是一个值，例如一个数值、一个字符串或一个日期，这种表达式叫作标量表达式，例如 1+2, 'a'>'b'；若表达式的结果是由不同类型的数据组成的一行值，这种表达式叫作行表达式，例如（'20110123456', '王达田', '计算机', 513）；若表达式的结果为 0 个、1 个或多个行表达式的集合，那么这个表达式就叫作表表达式。

（3）按照表达式的形式分类：表达式还可以分为单一表达式和复合表达式。单一表达式只有一个单一的值，例如一个常量、变量、函数或列名。复合表达式是用运算符将多个单一表达式连接而成的表达式，例如：

```
1+7+3, a=v+3, '2021-01-20'+ interval 6 month
```

6.1.3　定界符 delimiter 和 begin…end 语句块

视频讲解

前面在 MySQL 命令行客户端上执行的 MySQL 命令都是单条命令，为了解决更复杂的问题，MySQL 提供了自定义函数、存储过程等存储程序。在这些存储程序中，往往需要多条 SQL 命令或 MySQL 语句组合到一起执行。MySQL 可以利用 begin…end 语句块和重新设置定界符 delimiter 来实现。

1. 更改命令结束标记 delimiter

默认 MySQL 的命令行结束符就是";"，而函数和存储过程的语句中包含了很多的";"，在创建函数或存储过程的时候就会报错。

在默认情况下，不可能等到用户把这些语句全部输完之后再执行整段语句。因为 MySQL 一遇到分号就要自动执行，即在遇到语句"return;"时 MySQL 数据库解释器就要执行了。在这种情况下，需要事先把 delimiter 换成其他符号，例如//或$$。

为了避免 begin…end 语句块中的多条 MySQL 表达式被拆开，需要重置 MySQL 客户机中的命令结束标记（delimiter）。

利用 delimiter 定界符命令可以重新定义一个语句执行的结束符。由 delimiter 定义的新定界符（即重置命令结束标记，例如//或$$）告诉 MySQL 解释器该段命令的结束和执行有了新的标识。

【例6.3】　改变 MySQL 命令的结束标记示例。

代码和运行结果如下：

```
mysql> delimiter  //
mysql> select studentno,sname,phone
    -> from student where sname like '赵%'//
    +------------+--------+-------------+
    | studentno  | sname  | phone       |
    +------------+--------+-------------+
    | 20123567897| 赵雨思 | 13175689345 |
    | 21137221508| 赵临江 | 12367823453 |
    +------------+--------+-------------+
    2 rows in set (0.03 sec)
mysql> delimiter  $$
mysql> select studentno,sname,birthdate
    -> from student where sname like '韩%'$$
    +------------+--------+-------------+
    | studentno  | sname  | birthdate   |
    +------------+--------+-------------+
    | 20112111208| 韩吟秋 | 2002-02-14  |
    +------------+--------+-------------+
```

```
        1 row in set (0.02 sec)
mysql> delimiter;
```

其中，delimiter 定义结束符为"//"和"$$"，最后又定义为";"，这是因为 MySQL 的默认结束符为";"，大家在实际编程时要养成习惯。

2. begin…end 语句块

通常利用 begin…end 定义一组语句块，该语句块在其他各大数据库的客户端工具中可直接调用，但在 MySQL 中不可直接调用。在 MySQL 中，局部变量、begin…end 语句块和流程控制语句等只能用于函数、存储过程、游标和触发器定义的内部。通常 begin…end 语句块的简单形式如下：

```
begin
    [局部]变量声明；
    程序代码行集；
end;                      // end 之后以";"结束
```

6.1.4　预处理 SQL 语句

前面介绍的 MySQL 语句在运行期间，SQL 语句不能发生动态变化，这种 SQL 语句称为静态 SQL 语句。对于静态 SQL 语句而言，每次将其发送到 MySQL 服务实例时，MySQL 服务实例都会对其进行解析、执行，然后将执行结果返回给 MySQL 客户机。

MySQL 数据库还可以使用预处理的方式执行 SQL 语句。该类语句在运行期间，如果 SQL 语句或 SQL 所带的参数可以发生动态变化，这种 SQL 语句称为动态 SQL 语句或者预处理 SQL 语句。对于预处理 SQL 语句而言，在预处理 SQL 语句创建后，第一次运行预处理 SQL 语句时，MySQL 服务实例会对其解析，解析成功后将其保存到 MySQL 服务器缓存中，为今后每一次的执行做好准备（以后无须再次解析）。这样就可以将某些 SQL 语句封装为预处理 SQL 语句，实现其"一次解析，多次执行"的性能优势。

1. 预处理 SQL 语句的格式

MySQL 数据库中的 prepare、execute、deallocate prepare 统称为预处理语句（prepare statement）。其一般格式如下：

```
prepare stmt_name from preparable_stmt;
execute stmt_name [using @var_name [, @var_name] …];
{deallocate|drop} prepare stmt_name;
```

说明：

（1）prepare 语句用于预备一个语句，并赋予它名称 stmt_name，借此在以后引用该语句。preparable_stmt 可以是一个文字字符串或一个包含了语句文本的用户会话变量。该文本必须展现一个单一的 SQL 语句，而不是多个语句。使用该语句，"？"字符可以被用于制作参数，表示在执行查询时数据值在哪里与查询结合在一起。参数制作符只能被用于数据值应该出现的地方，不能用于 SQL 关键字和标识符等。

如果带有此名称的预处理语句已经存在，则在新的语句被预备之前它会被隐含地解除分配。这意味着，如果新语句包含一个错误并且不能被预备，则会返回一个错误，并且不

存在带有给定名称的语句。

预处理语句的范围是客户端会话。在此会话内语句被创建，其他客户端看不到它。

（2）execute 语句用于执行预处理语句。如果预处理语句包含任何参数制作符，则必须提供一个列举了用户会话变量（其中包含要与参数结合的值）的 using 子句。参数值只能由用户会话变量提供，using 子句必须准确地指明用户会话变量。用户会话变量的数目与 SQL 语句中的参数制作符的数量一样多。

若需要多次执行一个给定的预处理语句，在每次执行之前把不同的变量传递给它，或把变量设置为不同的值。

（3）deallocate prepare 语句用于释放预处理语句。如果终止一个客户端会话，但没有对以前已预制的语句解除分配，则服务器会自动解除分配。

2. 预处理 SQL 语句的应用

MySQL 支持预处理 SQL 语句，预处理 SQL 语句的使用主要包含 3 个步骤，即创建预处理 SQL 语句、执行预处理 SQL 语句以及释放预处理 SQL 语句。

【例 6.4】　给定直角三角形两个直角边的长度，计算斜边长度。

分析：可以使用文字字符串来创建一个预处理语句，以提供语句的文本，也可以将提供语句的文本赋值给一个用户会话变量。

代码和运行结果如下：

```
mysql> prepare hypo_c from 'select sqrt(pow(?,2) + pow(?,2)) AS hypotenuse';
       Query OK, 0 rows affected (0.00 sec)
       Statement prepared
mysql> set @a = 6;
       Query OK, 0 rows affected (0.00 sec)
mysql> set @b = 8;
       Query OK, 0 rows affected (0.00 sec)
mysql> execute hypo_c using @a, @b;
       +------------+
       | hypotenuse |
       +------------+
       |         10 |
       +------------+
       1 row in set (0.00 sec)
mysql> deallocate  prepare  hypo_c;
       Query OK, 0 rows affected (0.00 sec)
```

【例 6.5】　利用预处理 SQL 语句输出 student 中前两行记录的部分数据。

分析：利用预处理语句，可以使用 limit 子句指定记录的行数。

代码和运行结果如下：

```
mysql> set @a=2;
       Query OK, 0 rows affected (0.00 sec)
mysql> prepare  STMT
    -> from "select studentno,sname,entrance from  student  limit ?";
       Query OK, 0 rows affected (0.00 sec)
```

```
        Statement prepared
mysql> execute STMT using @a;
        +-------------+--------+----------+
        | studentno   | sname  | entrance |
        +-------------+--------+----------+
        | 20112100072 | 许东方  |      658 |
        | 20112111208 | 韩吟秋  |      666 |
        +-------------+--------+----------+
        2 rows in set (0.00 sec)
```

如果执行下列代码，则可以输出前 3 行记录，由此可以看出预处理 SQL 语句的作用。

```
mysql> set @a=3;
        Query OK, 0 rows affected (0.00 sec)
mysql> execute STMT using @a;
        +-------------+-------+----------+
        | studentno   | sname |entrance  |
        +-------------+-------+----------+
        | 20112100072 | 许东方 |      658 |
        | 20112111208 | 韩吟秋 |      666 |
        | 20120203567 | 封白玫 |      898 |
        +-------------+-------+----------+
        3 rows in set (0.00 sec)
```

说明：

（1）在使用预处理语句时，最好在编写代码前先测试预处理语句在应用程序中的运行情况。

（2）预处理语句的 SQL 语法不能用于嵌套。也就是说，被传递给 prepare 的语句本身不能是一个 prepare、execute 或 deallocate prepare 语句。

（3）预处理语句的 SQL 语法与使用预处理语句 API 调用不同。例如，不能使用 API 函数来预备一个 prepare、execute 或 deallocate prepare 语句。

（4）能够支持预处理操作的 SQL 语句有 create table、delete、do、insert、replace、select、set、update 和多数 show 语句，不支持其他语句。

（5）预处理语句的 SQL 语法可以在已存储的过程中使用，但不能在已存储的函数或触发程序中使用。

6.1.5 注释

注释是程序代码中不被执行的文本字符串，用于对代码进行说明或进行诊断的部分语句。

（1）#（井号字符）：从该字符到行尾都是注释内容。

（2）--（双连线字符）：从双连线字符到行尾都是注释内容。注意，在双连线后一定要加一个空格。

（3）正斜杠星号字符（/*…*/）：开始注释对（/*）和结束注释对（*/）之间的所有内容

均视为注释。

例如，下面的程序代码中包含注释符号。

```
USE  teaching;      -- 打开数据库
#查看学生的所有信息
select * from student;
/*  查看所有女生的学号、姓名和电话
附加条件是女生  */
select studentno,sname,phone from student
WHERE  sex='女';
```

6.2 自定义函数

第 2 章介绍了 MySQL 中常用的系统函数，实际上用户还可以根据自己的业务需要创建自定义函数。在 MySQL 中，可以利用 create function 语句创建自定义函数。创建函数必须具有 create routine 权限，并且 alter routine 和 execute 权限被自动授予它的创建者。需要注意的是，MySQL 的自定义函数在定义时需要指定当前数据库。

6.2.1 创建和调用自定义函数

1. 创建自定义函数的语法格式

在 MySQL 中，创建自定义函数的基本语法如下。

```
create function func_name([[in | out | inout]func_parameter type[,…]])
returns  return_type
[characteristic…]
begin
    function_body_statements;
    return[return_values];
end;
```

视频讲解

函数定义的说明：

（1）create function：创建自定义函数的关键字。

（2）func_name：创建自定义函数的函数名。

（3）[in | out | inout] func_parameter type：函数参数及类型列表。in 表示输入参数，out 表示输出参数，inout 表示输入输出参数，func_parameter 表示参数名，type 表示参数类型。

（4）returns return_type：函数返回值的类型。

（5）characteristic：用于指定函数的特征参数，characteristic（函数选项）由以下一种或几种选项组合而成。

```
language sql
|[not] deterministic
|{contains sql|no sql|reads sql data|modifies sql data}
|sql security {definer|invoker}
|comment 'string'
```

函数定义的 characteristic 选项的说明:

- language sql:默认选项,用于说明函数体使用 SQL 编写。
- [not]deterministic(确定性):当函数返回不确定值时,该选项是为了防止"复制"时的不一致性。如果函数总是对同样的输入参数产生同样的结果,则认为它是"确定的",否则就是"不确定"的。例如函数返回系统当前的时间,返回值是不确定的。如果既没有给定 deterministic,也没有给定 not deterministic,默认就是 not deterministic。
- {contains sql | no sql | reads sql data | modifies sql data}:指明子程序使用 SQL 语句的限制。contains sql 表示函数体中不包含读或写数据的语句(例如 set 命令等)。no sql 表示函数体中不包含 SQL 语句。reads sql data 表示函数体中包含 select 查询语句,但不包含更新语句。modifies sql data 表示函数体中包含更新语句。如果上述选项没有明确指定,默认是 contains sql。
- sql security { definer | invoker }:设置执行权限。sql security 用于指定函数的执行许可。definer 表示该函数只能由创建者调用。invoker 表示该函数可以被其他数据库用户调用。其默认值是 definer。
- comment 'string':函数添加功能说明等注释信息。

(6)begin…end:函数体起止符,内含由 function_body_statements 描述的函数要实现的任务,一般由 begin…end 来描述任务代码的起止。在函数体内要有"return return_values;"语句,表示函数返回值表达式。

2. 创建自定义函数举例

【例 6.6】 创建一个函数,计算长方形的面积。

代码和运行结果如下:

```
mysql> delimiter //
mysql> create function rectangle_area(long1 int,wide1 int) returns int
    -> no sql
    -> begin
    ->   return long1 * wide1;
    -> end //
      Query OK, 0 rows affected (0.06 sec)
mysql> delimiter;
```

【例 6.7】 创建一个名为 func_course 的函数返回 course 表中指定课程号的课程名。

代码和运行结果如下:

```
mysql> delimiter &&
mysql> create  function func_course(c_no varchar(6))
    -> returns  char(6)
    -> reads sql data
    -> begin
    ->   return (select  cname  from  course
    ->            where  courseno =c_no);
    -> end &&
      Query OK, 0 rows affected (0.00 sec)
mysql> delimiter;
```

在上述代码中，函数的参数为 c_no，返回值是 char 类型。select 语句从 course 表中查询 courseno 值等于 c_no 的记录，并将该记录的 cname 字段的值返回。执行结果显示，存储函数已经创建成功。该函数的使用方法和 MySQL 内部函数的使用方法一样，可以通过 select 语句调用函数。

3. 调用自定义函数

在 MySQL 系统中，因为函数和数据库相关，如果要调用函数，需要打开相应的数据库或指定数据库的名称。存储函数的调用与 MySQL 内部函数的调用方式相同。

【例 6.8】　分别调用函数 rectangle_area()和 func_course()。

代码和运行结果如下：

```
mysql> select rectangle_area(5,4);
       +-------------+
       | f_area(5,4) |
       +-------------+
       |          20 |
       +-------------+
       1 row in set (0.00 sec)
mysql> select func_course('c08123');
       +----------------------+
       | func_course('c08123') |
       +----------------------+
       | 金融学                |
       +----------------------+
       1 row in set (0.00 sec)
```

6.2.2　函数的维护和管理

函数的维护包括查看函数的定义、修改函数的定义以及删除函数的定义等内容。

1. 查看函数的定义

（1）查看当前数据库中所有的自定义函数信息。例如：

```
show function status;                     // 函数较少时使用
```

（2）查看指定函数的详细信息。使用 MySQL 命令：

```
mysql> show create function func_name;
```

（3）函数的信息都保存在 information_schema 数据库的 routines 表中，可以使用 select 语句检索 routines 表查询函数的相关信息。例如查看函数 func_course 的信息。

```
mysql> select * from information_schema.routines
    -> where routine_name='func_course';
```

2. 修改函数的定义

由于函数保存的只是函数体，而函数体实际上是一组 MySQL 表达式，所以函数自身不保存任何用户数据。当函数的函数体需要更改时，可以使用 drop function 语句暂时将函数的定义删除，然后使用 create function 语句重新创建相同名字的函数。这种方法对于以后要介绍的存储过程、视图、触发器等数据库对象的修改同样适用。

在 MySQL 中修改函数的语句的语法格式如下:

```
alter  function  sp_name [characteristic …];
```

【例6.9】 修改存储函数 func_course 的定义,将读写权限改为 no sql,并加上注释信息"find function name"。

代码和运行结果如下:

```
mysql> alter  function  func_course
    -> no sql
    -> comment  'find function name';
      Query OK, 0 rows affected (0.00 sec)
mysql> select  SPECIFIC_NAME,SQL_DATA_ACCESS,
    -> routine_comment  from  information_schema.routines
    -> where  routine_name='func_course';
    +---------------+-----------------+--------------------+
    | SPECIFIC_NAME | SQL_DATA_ACCESS | ROUTINE_COMMENT    |
    +---------------+-----------------+--------------------+
    | func_course   | NO SQL          | find function name |
    +---------------+-----------------+--------------------+
    1 row in set (0.00 sec)
```

3. 删除函数的定义

使用 MySQL 命令"drop function func_name"删除自定义函数。例如,删除 get_name()函数的命令如下:

```
mysql> drop function get_name;
```

另外,函数的创建和管理还可以利用 MySQL Workbench 工具实现。

启动 MySQL Workbench 工具,单击实例 mysql80。在导航区 Navigator 下的 Schemas 区域选择当前数据库 teaching,在 teaching 数据库中展开 Functions 选项,可以看到前面创建的函数。当然也可以选择一个函数,例如 func_course,在如图6-2所示的菜单中选择 Create Function、Alter Function 或 Drop Function 命令,实现对函数的创建、修改或删除等管理操作。

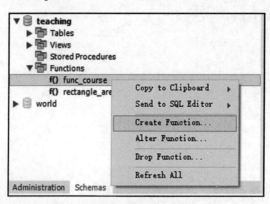

图6-2 函数的管理

6.3　MySQL 的控制流语句

利用 MySQL 语言编程，可以通过控制流语句实现程序的顺序、选择和循环 3 种基本结构，甚至编写出能够解决较为复杂问题的存储过程、函数和触发器等。下面介绍相关的控制流语句的使用方法。

6.3.1　条件控制语句

1. if 语句

if 语句用来进行条件判断，根据不同的条件执行不同的操作。该语句在执行时首先判断 if 后的条件是否为真，如果为真则执行 then 后的语句；如果为假则继续判断 if 语句直到为真为止；当以上都不满足时执行 else 语句后的内容。if 语句的表示形式如下：

```
if condition then
    ...
[else if condition then]
  ...
[else]
...
end if
```

【例 6.10】　创建函数 exam_if，通过 if…then…else 结构首先判断传入参数的值是否为 10，如果是则输出 1；如果不是则判断该传入参数的值是否为 20，如果是则输出 2；当以上条件都不满足时输出 3。然后调用函数 exam_if。

代码和运行结果如下：

```
mysql> delimiter //
mysql> create function exam_if(x int)
    -> returns int
    -> no sql
    -> begin
    -> if x=10 then set x=1;
    -> else if x=20 then set x=2;
    -> else  set x=3;
    -> end if;
    -> return x;
    -> end //
      Query OK, 0 rows affected (0.00 sec)
mysql> delimiter;
mysql> select exam_if(79);
      +-------------+
      | exam_if(79) |
      +-------------+
      |           3 |
```

```
+-------------+
1 row in set (0.00 sec)
```

2. case 语句

case 语句为多分支语句结构，该语句首先从 when 后的 value 中查找与 case 后的 value 相等的值，如果查找到则执行该分支的内容，否则执行 else 后的内容。

case 语句的表示形式如下：

```
case value
    when value then …
    [when value then…]
    [else…]
end case
```

其中，value 参数表示条件判断的变量；when…then 中的 value 参数表示变量的取值。

case 语句还有一种语法表示结构：

```
case
    when value then …
    [when value then…]
    [else…]
end case
```

【例 6.11】 创建函数 exam_case，通过 case 语句首先判断传入参数的值是否为 10，如果条件成立则输出 1；如果条件不成立则判断该传入参数的值是否为 20，如果成立则输出 2；当以上条件都不满足时输出 3。

代码和运行结果如下：

```
mysql> delimiter //
mysql> create function exam_case(x int)
    -> returns  int
    -> no sql
    -> begin
    -> case  x
    -> when 10  then set  x=1;
    -> when 20  then set  x=2;
    -> else  set  x=3;
    -> end case;
    -> return  x;
    -> end //
    Query OK, 0 rows affected (0.03 sec)
mysql> delimiter;
mysql> select exam_case(17);
    +---------------+
    | exam_case(17) |
    +---------------+
    |             3 |
```

```
+---------------+
1 row in set (0.02 sec)
```

3. 条件判断函数

MySQL 中常用的条件控制函数有 if()、ifnull()以及 case 函数，这些函数的功能是根据条件表达式的值返回不同的值，而且函数可以在 MySQL 客户机中直接调用。条件判断函数用来在 SQL 语句中进行条件判断。根据是否满足判断条件，SQL 语句执行不同的分支。

（1）if()函数：if(condition,v1,v2)函数中的 condition 为条件表达式，当 condition 的值为 true 时函数返回 v1 的值，否则返回 v2 的值。

【例 6.12】 从 student 表中查询学号 studentno 和入学成绩 entrance。若成绩大于或等于 800 分，显示"pass"，否则显示"bye!"，输出前 5 条记录。

代码和运行结果如下：

```
mysql> select  studentno, entrance,if(entrance >=800,'pass','bye! ')
    -> from  student  limit  5;
    +-------------+----------+----------------------------------+
    | studentno   | entrance | if(entrance >=800,'pass','bye! ')|
    +-------------+----------+----------------------------------+
    | 20112100072 |      658 | bye!                             |
    | 20112111208 |      666 | bye!                             |
    | 20120203567 |      898 | pass                             |
    | 20120210009 |      789 | bye!                             |
    | 20123567897 |      879 | pass                             |
    +-------------+----------+----------------------------------+
    5 rows in set (0.02 sec)
```

（2）ifnull()函数：在 ifnull(v1,v2)函数中，如果 v1 的值为 null，则该函数返回 v2 的值；如果 v1 的值不为 null，则该函数返回 v1 的值。

（3）case 函数：case 函数有两种格式，验算过程相近。如果表达式的值等于 when 语句中的某个"值 n"，则 case 函数的返回值为"结果 n"；如果与所有的"值 n"都不相等，case 函数的返回值为"其他值"。

```
case 表达式 1              //格式 1
when 值 1 then 结果 1
[when 值 2 then 结果 2]…
[else 其他值]
end
case                      //格式 2
when 表达式 1 then 值 1
[when 表达式 2 then 值 2…]
[else 其他值]
end
```

用户可以参照例 6.12 中 if()函数的用法理解 ifnull()函数和 case 函数的用法。

6.3.2　循环语句

1. while 循环语句

while 循环语句在执行时首先判断 condition 条件是否为真，如果为真则执行循环体，否则退出循环。该语句的表示形式如下：

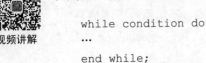

```
while condition do
...
end while;
```

【**例 6.13**】　定义函数 exam_while，用 while 语句求 1～100 的和。

分析：首先定义变量 m 和 sum，分别用来控制循环的次数和保存前 100 项的和，当变量 m 的值小于或等于 100 时使 sum 的值加 m，并同时使 m 的值增 1，直到 m 大于 100 时退出循环并输出结果。

代码和运行结果如下：

```
mysql> delimiter //
mysql> create  function  exam_while(n int) returns int
    -> no sql
    -> begin
    -> declare sum int default 0;
    -> declare m int default 1;
    -> while  m <= n  do
    -> set  sum=sum+m;
    -> set  m=m+1;
    -> end while;
    -> return  sum;
    -> end //
      Query OK, 0 rows affected (0.01 sec)
mysql> delimiter;
mysql> select exam_while(100);
      +------------------+
      | exam_while(100) |
      +------------------+
      |           5050   |
      +------------------+
      1 row in set (0.00 sec)
```

2. loop 循环语句

loop 循环语句没有内置的循环条件，但可以通过 leave 语句退出循环。loop 语句的表示形式如下：

```
loop
...
end loop
```

loop 允许某特定语句或语句群重复执行，实现一个简单的循环构造，其中间省略的部分是需要重复执行的语句。在循环内的语句一直重复，直至循环被退出，退出循环使用 leave 语句。

leave 语句经常和 begin…end 或循环一起使用，其结构如下：

```
leave label
```

label 是语句中标注的名字，这个名字是用户自定义的，加上 leave 关键字就可以用来退出被标注的循环语句。

【例 6.14】 定义函数 exam_loop，应用 loop 语句求 1～100 的和。通过 leave 语句退出循环并输出结果。

代码和运行结果如下：

```
mysql> delimiter //
mysql> create function exam_loop(k int) returns int
    -> no sql
    -> begin
    -> declare  sum int default 0;
    -> declare n int default 1;
    -> loop_label:loop
    -> set sum=sum+n;
    -> set n=n+1;
    -> if  n>k  then
    -> leave  loop_label;
    -> end if;
    -> end loop;
    -> return  sum;
    -> end //
       Query OK, 0 rows affected (0.00 sec)
mysql> delimiter;
mysql> select exam_loop(100);
       +----------------+
       | exam_loop(100) |
       +----------------+
       |           5050 |
       +----------------+
       1 row in set (0.00 sec)
```

在循环语句中还有一个 iterate 语句，它可以出现在 loop、repeat 和 while 语句内，其意思为结束本次循环。该语句的格式如下：

```
iterate  label
```

该语句的格式与 leave 大同小异，区别在于 leave 语句是结束循环，而 iterate 语句是结束本次循环。

【例 6.15】 定义函数 exam_iterate，应用 while 语句和 iterate 语句求 1～100 中的偶数之

和。通过 leave 语句退出循环并输出结果。

代码和运行结果如下：

```
mysql> delimiter //
mysql> create function exam_iterate(n int) returns int
    -> no sql
    -> begin
    -> declare sum char(20) default 0;
    -> declare s int default 0;
    -> add_num: while true do
    -> set s=s+1;
    -> if (s%2=0) then
    -> set sum=sum+s;
    -> else
    -> iterate add_num;
    -> end if;
    -> if (s=n) then
    -> leave add_num;
    -> end if;
    -> end while add_num;
    -> return sum;
    -> end;
    -> //
       Query OK, 0 rows affected (0.00 sec)
mysql> delimiter;
mysql> select exam_iterate(100);
       +-------------------+
       | exam_iterate(100) |
       +-------------------+
       |              2550 |
       +-------------------+
       1 row in set (0.00 sec)
```

视频讲解

3. repeat 循环语句

repeat 循环语句是先执行一次循环体，之后判断 condition 条件是否为真，如果为真则退出循环，否则继续执行循环。repeat 语句的表示形式如下：

```
repeat
  ...
until condition
end repeat
```

【例 6.16】 定义函数 exam_repeat，应用 repeat 语句求前 50 项的和。

代码和运行结果如下：

```
mysql> delimiter //
mysql> create function exam_repeat(k int) returns int
```

```
   -> no sql
   -> begin
   -> declare sum int default 0;
   -> declare n int default 1;
   -> repeat
   -> set sum=sum+n;
   -> set n=n+1;
   -> until n>k
   -> end repeat;
   -> return sum;
   -> end //
      Query OK, 0 rows affected (0.00 sec)
mysql> delimiter;
mysql> select exam_repeat(50);
      +-----------------+
      | exam_repeat(50) |
      +-----------------+
      |            1275 |
      +-----------------+
      1 row in set (0.00 sec)
```

在编写循环类的程序时应特别注意函数参数和函数体内变量值的变化情况，因为稍有不慎就会出现问题，例如出现数据错误、死循环等。

6.4 实践操作指导

MySQL 数据库编程的基本操作要点主要包括以下内容：

- 常量、变量、函数、表达式、关键字等 MySQL 基础的显示与计算方法。
- 用户会话变量的使用方法的定义和应用。
- 存储函数的定义和使用方法。
- 预处理语句的定义和执行方法。
- 选择结构分为 if 语句和 case 语句，适合判断类的算法处理。
- 循环语句包括 while、repeat、loop 等方式，适合处理重复执行的语句块。

习题 6

1. 选择题

（1）在 MySQL 语句中，可以匹配 0 个到多个字符的通配符是_____。

    A. *   B. %   C. ?   D. -

（2）MySQL 提供的单行注释语句可以是使用_____开始的一行内容。

    A. /*   B. #   C. {   D. /

（3）在 MySQL 中用户会话变量前面的字符为_____。

    A. *   B. #   C. @@   D. @

（4）若要计算表中数据的平均值，可以使用的函数是_____。

  A. sqrt()   B. avg()   C. square()   D. count()

（5）_____语句用于执行预处理。

  A. prepare   B. deallocate   C. execute   D. using

2. 简答题

（1）MySQL 的语言要素有哪些？主要作用是什么？

（2）如何定义变量？如何给变量赋值？

（3）流程控制语句包括哪些类型？它们各自的作用是什么？

（4）MySQL 语句共分几类？它们各自的主要功能是什么？

3. 上机练习题

（1）利用预处理 SQL 语句输出数据库 teaching 中 teacher 表的前 5 行记录的部分数据。

（2）创建函数 casetwo，通过 case 语句首先判断传入参数的值是否为 7，如果条件成立则输出 1；如果条件不成立则判断该传入参数的值是否为 14，如果成立则输出 2；当以上条件都不满足时输出−1。

（3）定义函数 exthree，应用 while 语句求 50 到指定整数之间的所有奇数之和。

（4）定义函数 exfour，应用 while 语句和 iterate 语句求 100～150 中的偶数之和，通过 leave 语句退出循环并输出结果。

第7章

存储过程和触发器

存储过程（Stored Procedure）是一组用于完成特定功能的 MySQL 语句的序列，即将一些固定的操作集中起来由 MySQL 服务器来完成，应用程序只需调用它就可以实现某个特定的任务。存储过程可以通过用户、其他存储过程或触发器来调用执行。

游标（Cursor）是一种用于实现对 select 结果集中的数据进行访问和处理的机制，允许用户访问单独的数据行。MySQL 中的游标一般通过存储过程来实现其操作。

触发器（Trigger）是一种特殊的存储过程。触发器通常在特定的表上定义，当该表的相应事件发生时自动执行，用于实现强制业务规则和数据完整性等。

事件（Event）又称事件调度器（Event Scheduler），有时也称为临时触发器（Temporal Trigger），因为事件调度器是基于特定时刻或时间周期触发来执行某些任务，而触发器是基于对表进行操作所产生的事件触发的。

本章将介绍存储过程、游标、触发器和事件的基本概念及其创建和管理的基本操作。

7.1 存储过程

本节从认识存储过程入手，学习创建、执行、修改和删除存储过程的方法，包括如何创建基本的存储过程、带有输入输出参数的存储过程、带有流程控制语句的复杂存储过程。

7.1.1 认识存储过程

在 MySQL 数据库中，利用存储过程可以保证数据的完整性，提高执行重复任务的性能和数据的一致性。例如，银行经常核算用户的利息，不同类别用户的存款利率是不一样的，这就可以将计算利率的 SQL 代码写成一个存储过程，只要将客户的某一笔存款的存款时间和存款额数输入，调用这个存储过程就可以核算出用户的利息。在存储过程被调用的过程中，参数可以被传递和返回，出错代码也可以被检验。

存储过程主要应用于控制访问权限、为数据库表中的活动创建审计追踪、将关系到数据库及其所有相关应用程序的数据定义语句和数据操作语句分隔开。

1. 存储过程的优势

利用存储过程可以让系统达到以下目的。

（1）提高处理复杂任务的能力：主要用于在数据库中执行操作的编程语句，通过接受输入参数并以输出参数的格式向调用过程或批处理返回多个值。

（2）增强代码的复用率和共享性：存储过程一旦创建即可在程序中调用任意多次，这可以改进应用程序的可维护性，并允许应用程序统一访问数据库。

（3）减少网络中数据的流量：因为存储过程存储在服务器上，并在服务器上运行，一个需要数百行 MySQL 代码的操作可以通过一条执行过程代码的语句来执行，而不需要在网络中发送数百行代码。

（4）存储过程在服务器上注册，加快过程的运行速度：存储程序只在创建时进行编译，以后每次执行存储过程都不需要再重新编译，而一般 MySQL 语句每执行一次就编译一次，所以使用存储过程可提高数据库的执行速度。

（5）加强系统的安全性：存储过程具有安全特性（例如权限）和所有权链接，用户可以被授予权限来执行存储过程而不必直接对存储过程中引用的对象具有权限。另外可以强制应用程序的安全性，参数化存储过程有助于保护应用程序不受 SQL 注入式攻击。

2. 创建存储过程

创建存储过程可以使用 create procedure 语句。如果要创建存储过程，必须具有 create routine 的权限。

create procedure 的语法格式如下：

```
create procedure sp_name([proc_parameter[,…]])
[characteristic …] routine_body
```

说明：

- create procedure：创建存储过程的关键字。
- sp_name：存储过程的名称。当需要在特定的数据库中创建存储过程时，需要在名称前面加上数据库的名称，格式为 db_name.sp_name。
- proc_parameter：存储过程的参数列表。在使用参数时要标明参数名和参数的类型，当有多个参数的时候中间用逗号隔开。MySQL 存储过程支持 3 种类型的参数，即输入参数、输出参数和输入输出参数，关键字分别是 in、out 和 inout。存储过程也可以不加参数，但是名称后面的括号是不可以省略的。
- characteristic：存储过程的某些特征设定。请参看函数定义说明。
- routine_body：存储过程体，包含在过程调用的执行语句，这个部分总是以 begin 开始，以 end 结束。当然，当存储过程体中只有一个 SQL 语句时可以省略 begin…end 标志。

3. 调用存储过程

如果要使用已经定义好的存储过程，就必须通过调用的方式来实现。存储过程是通过 call 语句来调用的。执行存储过程需要拥有 execute 权限。execute 权限的信息存储在 information_schema 数据库下面的 user_privileges 表中。

在 MySQL 数据库系统中，存储过程是数据库对象，如果要执行其他数据库中的存储过程，需要打开相应的数据库或指定数据库的名称。

MySQL 可以利用 call 命令调用存储过程，其语法格式如下：

```
call [dbname.]sp_name([parameter[,…]]);
```

说明：

（1）sp_name 为存储过程的名称，如果要调用某个特定数据库的存储过程，则需要在前面加上该数据库的名称。

（2）parameter 为调用该存储过程使用的参数，这条语句中的参数个数必须总是等于存储过程的参数个数。

7.1.2 存储过程的创建和管理

1. 存储过程的创建和执行

【例 7.1】 创建存储过程 proc_stu，从数据库 teaching 的 student 表中检索出所有电话以 131 开头的学生的学号、姓名、出生日期和电话等信息。

视频讲解

代码和运行结果如下：

```
mysql> use  teaching;
        Database changed
mysql> delimiter //
mysql> create procedure  proc_stu()
    -> reads sql data
    -> begin
    -> select studentno,sname,birthdate,phone
    -> from student
    -> where phone like '%131%' order by  studentno;
    -> end //
        Query OK, 0 rows affected (0.14 sec)
mysql> delimiter ;
```

调用存储过程 proc_stu 的代码和执行结果如下：

```
mysql> call proc_stu();
        +-------------+-------+------------+-------------+
        | studentno   | sname | birthdate  | phone       |
        +-------------+-------+------------+-------------+
        | 20123567897 | 赵雨思 | 2003-08-04 | 13175689345 |
        | 20125121109 | 梁一苇 | 2002-09-03 | 13145678921 |
        | 21125221327 | 何桐影 | 2004-12-04 | 13178978999 |
        +-------------+-------+------------+-------------+
        3 rows in set (0.05 sec)
        Query OK, 0 rows affected (0.08 sec)
```

【例 7.2】 创建存储过程 avg_score，输入课程号后，统计该课程的平均成绩。

代码和运行结果如下：

```
mysql> delimiter //
mysql> create procedure avg_score(in c_no char(6))
    -> begin
    -> select courseno,avg(final)
    -> from score
    -> where courseno=c_no;
```

```
    -> end //
       Query OK, 0 rows affected (0.05 sec)
mysql> delimiter;
```

调用存储过程 avg_score 的代码和执行结果如下:

```
mysql> call avg_score('c05109');
       +----------+------------+
       | courseno | avg(final) |
       +----------+------------+
       | c05109   |   87.33333 |
       +----------+------------+
       1 row in set (0.09 sec)
       Query OK, 0 rows affected (0.06 sec)
```

【例 7.3】 创建存储过程 select_score,用指定的学号和课程号为参数查询学生的成绩。

分析:创建带多个输入参数的存储过程。

代码和运行结果如下:

```
mysql> delimiter $$
mysql> create  procedure  select_score(in s_no char(11),c_no char(6))
    -> begin
    -> select  *  from  score
    -> where studentno=s_no and  courseno= c_no;
    -> end $$
       Query OK, 0 rows affected (0.01 sec)
mysql> delimiter;
```

调用存储过程 select_score 的代码和执行结果如下:

```
mysql> call select_score('20125121109','c05109');
       +-------------+----------+-------+-------+
       | studentno   | courseno | daily | final |
       +-------------+----------+-------+-------+
       | 20125121109 | c05109   |  77.0 |  82.0 |
       +-------------+----------+-------+-------+
       1 row in set (0.02 sec)
       Query OK, 0 rows affected (0.02 sec)
```

【例 7.4】 创建存储过程 stu_scores,统计指定学生的考试门数。

分析:在本存储过程中,输入参数为学号 s_no,输出参数为 count_num,select 语句用 count(*)计算指定学生的考试门数,最后将计算结果存入 count_num 中。在调用有输出参数的存储过程时,可以通过会话变量@c_num 实现。

代码和运行结果如下:

```
mysql> delimiter //
mysql> create  procedure  stu_scores(in s_no char(11), out count_num int)
    ->  reads SQL data
```

```
    -> begin
    -> select count(*) into count_num from score
    -> where studentno=s_no;
    -> end //
       Query OK, 0 rows affected (0.00 sec)
mysql> delimiter;
```

调用存储过程 stu_scores 的代码和执行结果如下：

```
mysql> call stu_scores('20125121109', @c_num);
       Query OK, 1 row affected (0.02 sec)
mysql> select @c_num;
       +--------+
       | @c_num |
       +--------+
       |    3   |
       +--------+
       1 row in set (0.00 sec)
```

说明：

（1）存储过程是已保存的 MySQL 语句集合。对于一般的 select 语句，如果查询的数据来自多个表，可以使用多表连接或子查询等方式。

（2）当调用存储过程时，MySQL 会根据提供的参数值执行存储过程体中的 SQL 语句。

【例 7.5】 创建存储过程 do_query，输入指定学号，查看该学生的成绩高于 85 分的科目数，如果超过两科，则输出"very good!"，并输出该学生的成绩单，否则输出"come on!"。

分析：在存储过程 do_query 中，利用 if 语句实现较为复杂的功能。该存储过程用 declare 语句声明了局部变量 AA。根据指定学号，统计该学生高于 85 分的科目数，并使用 select into 语句为变量 AA 赋值，然后根据 AA 的值进行判断。

代码和运行结果如下：

```
mysql> delimiter //
mysql> create procedure do_query(in s_no char(11), out str char(12))
    -> begin
    -> declare AA tinyint default 0;
    -> select count(*) into AA from score
    -> where studentno= s_no and final>85;
    -> if AA>=2 then
    ->   begin
    ->     set str='very good! ';
    ->     select * from score where studentno = s_no;
    ->   end;
    -> elseif AA<2 then
    -> set str='come on! ';
    -> end if;
    -> end //
       Query OK, 0 rows affected (0.02 sec)
```

```
mysql> delimiter;
```

调用存储过程 do_query 的代码和执行结果如下：

```
mysql> call do_query('20120210009',@str);
      +------------+----------+-------+-------+
      | studentno  | courseno | daily |final  |
      +------------+----------+-------+-------+
      | 20120210009 | c05103  | 65.0  | 98.0  |
      | 20120210009 | c05138  | 88.0  | 89.0  |
      | 20120210009 | c06108  | 79.0  | 88.0  |
      +------------+----------+-------+-------+
      3 rows in set (0.00 sec)
      Query OK, 0 rows affected (0.02 sec)
mysql> select @str;
      +------------+
      | @str       |
      +------------+
      | very good! |
      +------------+
      1 row in set (0.00 sec)
mysql> call do_query('20125121109',@str);
      Query OK, 1 row affected (0.00 sec)
mysql> select @str;
      +----------+
      | @str     |
      +----------+
      | come on! |
      +----------+
      1 row in set (0.00 sec)
```

【例 7.6】 创建一个存储过程 do_insert，向 score 表中插入一行记录，然后创建另一个存储过程 do_outer，调用存储过程 do_insert，并查询输出 score 表中插入的记录。

分析：利用存储过程调用其他存储过程。在调用存储过程 do_outer 时，先执行第一个存储过程 do_insert，插入了一行记录，然后再执行后面的语句，输出查询结果。

代码和运行结果如下：

```
--  先创建第 1 个存储过程 do_insert
mysql> create procedure do_insert()
    -> insert into score  values('21125221327', 'c05103' ,89,92);
       Query OK, 0 rows affected (0.03 sec)
--  创建第 2 个存储过程 do_outer，调用 do_insert
mysql> delimiter $$
mysql> create  procedure  do_outer()
    -> begin
    -> call do_insert();
    -> select  *  from  score
```

```
    -> where studentno='21125221327';
    -> end $$
       Query OK, 0 rows affected (0.02 sec)
mysql> delimiter;
```

调用存储过程 do_outer 的代码和执行结果如下：

```
mysql> call do_outer();
      +-------------+----------+-------+-------+
      | studentno   | courseno | daily | final |
      +-------------+----------+-------+-------+
      | 21125221327 | c05103   | 89.0  | 92.0  |
      | 21125221327 | c05109   | 89.0  | 95.0  |
      | 21125221327 | c06172   | 88.0  | 62.0  |
      +-------------+----------+-------+-------+
      3 rows in set (0.57 sec)
      Query OK, 0 rows affected (0.32 sec)
```

2. 查看存储过程的定义

视频讲解

在存储过程和函数创建以后，用户可以通过 show status 语句来查看存储过程和函数的状态，可以通过 show create 语句来查看存储过程和函数的定义。用户也可以通过查询 information_schema 数据库下的 routines 表来查看存储过程和函数的信息。在前面学习存储函数的基础上，下面给出已经验证过的查看存储过程的状态和定义的方法的例子。

```
mysql> show procedure status like 'do_%';
mysql> select *from information_schema.routines
    -> where routine_name='do_outer';
mysql> show create procedure do_outer;
```

3. 条件和处理程序的定义

在默认情况下，MySQL 存储程序在运行过程中发生错误时将自动终止程序的执行。此时数据库开发人员可能希望自己控制程序的运行流程，并不希望 MySQL 自动终止存储程序的执行，MySQL 的错误处理机制可以帮助数据库开发人员自行控制程序的流程。

定义条件和处理程序是事先定义程序执行过程中可能遇到的问题，并且可以在处理程序中定义解决这些问题的办法。这种方式可以提前预测可能出现的问题，并提出解决办法。这样可以增强程序处理问题的能力，避免程序异常停止。在 MySQL 中都是通过 declare 关键字来定义条件和处理程序。通过定义条件可以对可能涉及错误以及子程序中的一般流程进行控制。

1）定义条件

在 MySQL 中定义条件的基本语法如下：

```
declare  condition_name condition for condition_type;
condition_type:
sqlstate [value] sqlstate_value|mysql_error_code
```

说明:

(1) condition_name: 表示错误触发条件的名称。

(2) condition_type: 表示条件的类型,分为 MySQL 错误代码和 ANSI 标准错误代码。sqlstate_value 为长度为 5 的字符串类型错误代码;mysql_error_code 为数值型错误代码。例如,在 ERROR 1147 (42S07)中,sqlstate_value 的值为字符串"42S07",mysql_error_code 为 1147。

(3) 此语句指定需要特殊处理的条件,将指定的错误条件与一个名字联系起来。这个名字即错误名,可以在随后的定义处理程序的 declare handler 语句中应用。

【例7.7】 定义 "ERROR 1147 (42S07)" 这个错误,名称为 cannot_found。

可以用两种不同的方法来定义,代码如下:

```
-- 使用 sqlstate_value 方法定义
declare cannot_found condition for sqlstate'42S07';
-- 使用 mysql_error_code 方法定义
declare cannot_found condition for 1147;
```

2)定义处理程序

MySQL 中定义处理程序的基本语法如下:

```
declare handler_type handler for condition_value[,…] sp_statement
handler_type:
continue|exit
condition_value:
sqlstate [value]sqlstate_value|condition_name
|sqlwarning|not found|sqlexception|mysql_error_code
```

说明:

(1) handler_type: 错误处理类型,取值为 continue 或 exit。continue 表示遇到错误不处理,继续执行其他 MySQL 语句;exit 表示遇到错误马上退出其他 MySQL 语句的执行。

(2) condition_value: 错误触发条件,表示满足什么条件时自定义错误处理程序开始运行。错误触发条件定义了自定义错误处理程序运行的时机,具体包括以下取值。

- sqlstate [value] sqlstate_value: 长度为 5 的字符串类型错误代码。
- condition_name: 表示 declare condition 定义的错误条件名称。
- sqlwarning: 匹配所有以 01 开头的 sqlstate 错误代码。
- not found: 匹配所有以 02 开头的 sqlstate 错误代码。
- sqlexception: 匹配其他非 sqlwarning 和 not found 捕获的错误代码。
- mysql_error_code: 为数值型错误代码。

(3) sp_statement: 自定义错误处理程序,即遇到定义的错误时 MySQL 会立即执行自定义错误处理程序中的 MySQL 语句。自定义错误处理程序也可以是一个 begin…end 语句块。

【例7.8】 定义条件和处理程序实例。

代码和运行结果如下:

```
-- 首先建立测试表mtatest
mysql> create  table  mtatest(tf1 int,primary key(tf1));
mysql> delimiter //
mysql> create procedure handlermytest()
    -> begin
    -> declare  continue  handler for sqlstate '23000' set @x2=1;
    -> set @x=1;
    -> insert  into  mtatest values(1);
    -> set @x=2;
    -> insert  into mtatest values(1);
    -> set @x=3;
    -> Select @x,@x2;
    -> end;
    -> //
        Query OK, 0 rows affected (0.00 sec)
mysql> delimiter;
```

调用存储过程 handlermytest 的代码和执行结果如下：

```
mysql> call handlermytest();
        +------+------+
        | @x   | @x2  |
        +------+------+
        | 3    | 1    |
        +------+------+
        1 row in set (0.03 sec)
        Query OK, 0 rows affected (0.03 sec)
```

说明：

（1）在定义了异常处理程序之后，MySQL 遇到错误也会按照异常定义的那样继续执行，但只有第 1 条数据被插入表中，此时用户变量@x=3 说明已经执行到了结尾。

（2）自定义错误触发条件以及自定义错误处理程序可以在触发器、函数以及存储过程中使用。在实际的软件开发过程中，建议数据库开发人员建立清晰的错误处理规范，必要时可以将自定义错误触发条件、自定义错误处理程序封装在一个存储程序中。

7.1.3　修改存储过程

通常有两种方法修改存储过程：一种是删除并重新创建存储过程，这种方法和创建存储过程一样；另一种是使用 alter procedure 语句进行修改。使用 alter procedure 语句修改存储过程的某些参数，语法格式如下。

```
alter procedure  sp_name [characteristic …]
```

【例 7.9】 修改存储过程 do_insert 的定义，将读写权限改为 modifies sql data，并指明调用者可以执行。

代码和运行结果如下：

```
mysql> alter procedure do_insert
    -> modifies sql data
    -> sql security invoker;
        Query OK, 0 rows affected (0.02 sec)
```

7.1.4　删除存储过程

删除存储过程可以使用 drop procedure 语句。使用 drop procedure 语句删除已经存在的存储过程的语法格式如下：

```
drop procedure [if exists] sp_name
```

说明：

（1）sp_name 是要删除的存储过程的名称。

（2）if exists 子句是 MySQL 的扩展，如果程序或函数不存在，它可以防止发生错误。

例如，删除存储过程 do_insert 的代码如下：

```
MySQL> drop procedure if exists do_insert;
```

7.1.5　存储过程与函数的比较

1. 存储过程与函数的共同特点

存储过程与函数的共同特点如下：

（1）存储过程或者函数可以重复使用，能够减少数据库开发人员，尤其是应用程序开发人员的工作量。

（2）使用存储过程或者函数可以增强数据的安全访问控制，可以设定只有某些数据库用户才具有某些存储过程或者函数的执行权。

2. 存储过程与函数的不同之处

存储过程与函数的不同之处如下：

（1）函数必须有且只有一个返回值，且必须指定返回值为字符串、数值两个数据类型。存储过程可以没有返回值，也可以有返回值，甚至可以有多个返回值，所有的返回值都需要使用 out 或者 inout 参数定义。

（2）在函数体内可以使用 select…into 语句为某个变量赋值，但不能使用 select 语句返回结果集。存储过程则没有这方面的限制，存储过程甚至可以返回多个结果集。

（3）函数可以直接嵌入 SQL 语句或者 MySQL 表达式中，最重要的是函数可以用于扩展标准的 SQL 语句。存储过程一般需要单独调用，并不会嵌入 SQL 语句中使用，在调用时需要使用 call 关键字。

（4）函数中函数体的限制比较多，例如函数体内不能使用以显式或隐式方式打开、开始或结束事务的语句，如 start transaction、commit、rollback 或者 set autocommit=0 等语句；不能在函数体内使用预处理 SQL 语句。存储过程的限制相对比较少，基本上所有的 SQL 语句或 MySQL 命令都可以在存储过程中使用。

（5）Java、PHP 等应用程序在调用函数时通常将函数封装到 SQL 字符串中进行调用；

而调用存储过程时必须使用 call 关键字进行调用，如果应用程序希望获取存储过程的返回值，应用程序必须给存储过程的 out 参数或者 inout 参数传递 MySQL 会话变量，这样才能通过该会话变量获取存储过程的返回值。

另外，利用 MySQL Workbench 等可视化工具也可以管理存储过程和自定义函数，主要包括对存储程序的创建、修改、查看、删除和执行操作。

视频讲解

7.2　利用游标处理结果集

在 MySQL 数据库中大部分数据管理操作都与 select 语句有关。select 语句在执行后一般会产生包含多条记录的、存放在客户机内存中的结果集。数据库开发人员在编写存储过程或函数等存储程序时，有时需要访问 select 结果集中的具体数据行，对结果集中的每条记录进行处理。游标（Cursor）机制就是可以解决此类问题的主要方法。

游标在 MySQL 中是一种对 select 语句结果集进行访问的机制。MySQL 服务器会专门为游标开辟一定的内存空间，以存放游标操作的结果集数据，同时使用游标也会根据具体情况对某些数据进行封锁。游标能够实现允许用户访问单独的数据行，而不是只能对整个结果集进行操作。

游标主要包括结果集和游标位置两个部分，游标结果集是定义游标的 select 语句的结果集，游标位置则是指向这个结果集中的某一行的指针。

游标的执行过程如图 7-1 所示，可以概括为声明游标、打开游标、从游标中提取数据以及关闭游标。

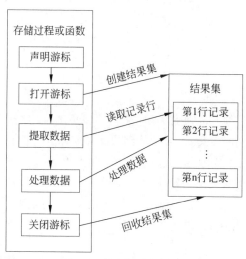

图 7-1　游标的执行过程

1．声明游标

声明游标需要使用 declare 语句，声明游标的语法格式如下：

```
declare cursor_name cursor
for select_statement;
```

例如,在teaching数据库中为teacher表创建一个普通的游标,定义名称为teach_cursor。声明游标teach_cursor的语句如下:

```
declare teach_cursor cursor
for select teacherno,tname from teacher;
```

在使用declare语句声明游标后,此时与该游标对应的select语句并没有执行,MySQL服务器内存中并不存在与select语句对应的结果集。

2. 打开游标

打开游标需要使用open语句,在使用游标之前必须首先打开游标,打开游标的语法格式如下:

```
open cursor_name;
```

例如打开前面创建的teach_cursor游标,使用以下语句:

```
open teach_cursor;
```

在使用open语句打开游标后,与该游标对应的select语句将被执行,MySQL服务器内存中将存放与select语句对应的结果集。

3. 从游标中提取数据

在打开游标以后,就可以从游标中提取数据。从游标中提取数据需要使用fetch语句,fetch语句的功能是获取游标当前指针的记录,并传给指定变量列表。如果需要提取多行数据,则需要使用循环语句去执行fetch语句。MySQL的游标是向前只读的,即只能顺序地从开始往后读取结果集,不能从后往前读取,也不能直接跳到中间的记录。

fetch语句的语法结构如下:

```
fetch cursor_name into var1[,var2,…];
```

说明:

(1)变量名的个数必须与声明游标时使用的select语句结果集中的字段个数保持一致。第一次执行fetch语句时,fetch语句从结果集中提取第一条记录;第二次执行fetch语句时,fetch语句从结果集中提取第二条记录,以此类推。

(2)fetch语句每次从结果集中仅提取一条记录,因此fetch语句需要配合循环语句才能实现整个结果集的遍历。fetch语句离不开循环语句。一般使用loop和while比较清楚,而且代码简单。这里以使用loop为例,代码如下:

```
fet_loop:loop
fetch teach_cursor into v_tno,v_tname;
end loop;
```

上述循环是死循环,没有退出的条件。MySQL是通过一个Error handler的声明来进行判断的。该语句的语法格式如下:

```
declare continue handler for not found …;
```

（3）当使用 fetch 语句从游标中提取最后一条记录后，再次执行 fetch 语句时，将产生"ERROR 1329 (02000): No data to fetch"错误信息，数据库开发人员可以针对 MySQL 错误代码 1329 自定义错误处理程序以便结束"结果集"的遍历。

（4）游标错误处理程序应该放在声明游标的语句之后。游标通常结合错误处理程序一起使用，用于结束结果集的访问。

4．关闭游标

关闭游标使用 close 语句，关闭游标的具体语法如下：

```
close cursor_name;
```

关闭游标的目的在于释放游标打开时产生的结果集，以通知服务器释放游标所占用的资源，节省 MySQL 服务器的内存空间。如果游标没有被明确地关闭，则将在它被声明的 begin…end 语句块的末尾关闭。

使用声明过的游标不需要再次声明。如果不明确关闭游标，MySQL 将会在到达 end 语句时自动关闭它。

在检索游标 teach_cursor 后可用以下语句来关闭它：

```
close  teach_cursor;
```

【例 7.10】　创建存储过程，利用循环语句控制 fetch 语句来检索游标 teach.cursor 中可用的数据。

代码和运行结果如下：

```
mysql> use teaching;
     Database changed
mysql> delimiter //
mysql> create procedure proc_cursor()
    -> reads sql data
    -> begin
    -> declare  v_tno varchar(6) default  ' ';
    -> declare  v_tname varchar(8)  default  ' ';
    -> declare  teach_cursor cursor
    ->    for  select teacherno, tname from teacher;
    -> declare continue  handler for not found  set @dovar=1;   #定义处理程序
    -> set @dovar =0;
    -> open teach_cursor;
    -> fetch_loop:loop
    -> fetch teach_cursor into  v_tno,v_tname;
    -> if @dovar=1 then
    -> leave fetch_loop;
    -> else
    -> select v_tno,v_tname;
    -> end if;
    -> end loop fetch_loop;
    -> close teach_cursor;
```

```
        -> select @dovar;
        -> end; //
            Query OK, 0 rows affected (0.10 sec)
mysql> delimiter;
```

调用存储过程 proc_cursor 的代码和执行结果如下：

```
mysql> call proc_cursor();
        +--------+---------+
        | v_tno  | v_tname |
        +--------+---------+
        | t05001 | 苏超然   |
        +--------+---------+
        1 row in set (0.06 sec)

        ...

        +--------+---------+
        | v_tno  | v_tname |
        +--------+---------+
        | t08058 | 孙有存   |
        +--------+---------+
        1 row in set (0.10 sec)
        +--------+
        | @dovar |
        +--------+
        |    1   |
        +--------+
        1 row in set (0.10 sec)
        Query OK, 0 rows affected (0.10 sec)
```

利用 declare 定义一个句柄，当 fetch 抓取数据时会自动调用该句柄。如果找不到数据，则会自动调用最后的 SQL 语句"set @dovar=1;"。其中 not found 等价于 sqlstate '02000'。

在本例中，存储过程 proc_cursor 的变量@dovar 保存的就是 fetch 操作的结果信息。如果其值为零，则表示有记录检索成功，输出相应的结果；如果值为 1，则是 fetch 语句由于某种原因而操作失败。fetch 语句获取数据到结果集最后时已经没有数据，所以执行处理程序，使得@dovar 的值为 1。

另外，利用 MySQL 的游标嵌套还可以同时访问两个表中的数据。

7.3 触发器

触发器（Trigger）是一种特殊的存储过程，可以是表定义的一部分。触发器基于一个表创建，但可以针对多个表进行操作，所以触发器可以用来对表实施复杂的完整性约束。当预定义的事件（例如用户修改指定表或者视图中的数据）发生时，触发器被自动激活，从而防止对数据进行不正确的修改。

7.3.1 认识触发器

触发器是一种特殊的存储过程,只要满足一定的条件,对数据进行 insert、update 和 delete 事件时,数据库系统就会自动执行触发器中定义的程序语句,以维护数据完整性或进行其他一些特殊的任务。如图 7-2 所示,触发器可以分为 insert、update 和 delete 3 类,每一类根据执行的先后顺序又可以分成 before 和 after 触发器。

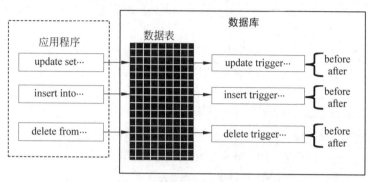

图 7-2 触发器的分类

1. 触发器的优点

触发器的优点如下:

(1)触发器自动执行,在表的数据做了任何修改(例如手工输入或者使用程序采集的操作)之后立即激活。

(2)触发器可以通过数据库中的相关表进行层叠更改,这比直接把代码写在前台的做法更安全、合理。

(3)触发器可以强制限制,这些限制比用 check 约束所定义的更复杂。与 check 约束不同的是,触发器可以引用其他表中的列。

2. 触发器的语法格式

因为触发器是一种特殊的存储过程,所以触发器的创建和存储过程的创建有很多相似之处。

创建触发器的语法格式如下:

```
create trigger trigger_name trigger_time trigger_event
on table_name for each row trigger_statement
```

说明:

(1)create trigger:创建触发器的关键字。触发器程序是与表有关的数据库对象,当表上出现特定事件时将激活该对象。

(2)table_name:触发程序的相关表。table_name 必须引用永久性表。另外不能将触发程序与 temporary 表或视图关联起来。

(3)trigger_time:触发程序的动作时间。它可以是 before 或 after,以指明触发程序是在激活它的语句之前或之后触发。

(4)trigger_event:指明激活触发程序的语句的类型,不支持在同一个表内同时存在两个有相同激活触发程序的类型。trigger_event 可以是下述值之一。

- insert：将新行插入表时激活触发程序。例如通过 insert、load data 和 replace 语句。
- update：更改某一行时激活触发程序。例如通过 update 语句。
- delete：从表中删除某一行时激活触发程序。例如通过 delete 和 replace 语句。

（5）for each row：这个声明用来指定受触发事件影响的每一行都要激活触发器的动作。目前 MySQL 仅支持行级触发器，不支持语句级别的触发器（例如 create table 等语句）。for each row 表示更新（insert、update 或者 delete）操作影响的每一条记录都会执行一次触发程序。

（6）trigger_statement：当触发程序激活时执行的语句。如果要执行多个语句，可使用 begin…end 复合语句结构，这样就能使用存储子程序中允许的相同语句。

（7）在使用触发器时，触发器执行的顺序是 before 触发器、表数据修改操作、after 触发器。其中，before 表示在触发事件发生之前执行触发程序，after 表示在触发事件发生之后执行触发器。因此严格意义上讲一个数据库表最多可以设置 6 种类型的触发器。

3. 在触发程序中可以使用 old 关键字与 new 关键字

在触发程序中可以使用 old 关键字与 new 关键字,实际上是在触发器事件发生时 MySQL 针对要修改数据的表创建了与本表结构完全一样的两个临时表 old 和 new，old 表用于存放在数据修改过程中既有的数据，new 表用于存放在数据修改过程中将要更新的数据。

当向表插入新记录时，在触发程序中可以利用 new 关键字访问新记录，当需要访问新记录的某个字段值时，可以使用 "new.字段名" 的方式访问。

当从表中删除旧记录时，在触发程序中可以利用 old 关键字访问旧记录，当需要访问旧记录的某个字段值时，可以使用 "old.字段名" 的方式访问。

当修改表的某条记录时，在触发程序中可以使用 old 关键字访问修改前的旧记录、使用 new 关键字访问修改后的新记录。当需要访问旧记录的某个字段值时，可以使用 "old.字段名" 的方式访问。当需要访问修改后的新记录的某个字段值时，可以使用 "new.字段名" 的方式访问。

old 记录是只读的，只能引用，不能更改。在 before 触发程序中可以使用 "set new.col_name = value" 语句更改 new 记录的值。

对于 insert 语句，只有 new 是合法的；对于 delete 语句，只有 old 才合法；而 update 语句可以与 new 或 old 同时使用。

7.3.2 触发器的创建和管理

1. 触发器的创建和验证

触发器由 insert、update 和 delete 等事件来触发某种特定操作，当满足触发器的触发条件时数据库系统就会执行触发器中定义的程序语句。这样做可以保证某些操作之间的一致性。

视频讲解

【例 7.11】 创建一个触发器，当更改 course 表中某门课的课程号时同时将 score 表的课程号全部更新。

代码和运行结果如下：

```
mysql> use teaching;
        Database changed
mysql> delimiter $$
mysql> create trigger cno_update after update
    -> on course for each row
    -> begin
    -> update  score set courseno=new.courseno
    ->   where courseno=old.courseno;
    -> end $$
        Query OK, 0 rows affected (0.30 sec)
mysql> delimiter;
```

验证触发器 cno_update 的功能，代码和执行结果如下：

```
mysql> update  course  set  courseno ='c08123'  where  courseno='c07123';
        Query OK, 1 row affected (0.38 sec)
        Rows matched: 1  Changed: 1  Warnings: 0
mysql> select  *  from  score  where  courseno ='c08123';
        +------------+----------+-------+-------+
        | studentno  | courseno | daily | final |
        +------------+----------+-------+-------+
        | 21131133071 | c08123  | 78.0  | 89.0  |
        | 21135222201 | c08123  | 79.0  | 99.0  |
        +------------+----------+-------+-------+
        2 rows in set (0.00 sec)
```

说明：

（1）在本例中，update course 是触发事件，after 是触发程序的动作时间。激发触发器更新 score 表中的相应记录，并使用 select 语句查看 score 表中的情况，发现所有原 c07123 课程号的记录已更新为 c08123。

（2）在 MySQL 触发器中，SQL 语句可以关联表中的任意列，但不能直接使用列的名称标识，那样会使系统混淆。

（3）在本例中，new 和 old 同时使用。当在 course 表中更新 courseno 时，原来的 courseno 变为 old. courseno，把 score 表中 old. courseno 的记录更新为 new. courseno。

【例 7.12】 在 teacher 表中定义一个触发器，当一个教师的信息被删除时，把该教师的编号和姓名添加到 de_teacher 表中。

代码和运行结果如下：

```
#创建一个空表 de_teacher，表由 teacherno 和 tname 两列组成
mysql> create table  de_teacher select teacherno,tname
    -> from teacher where 1=0;
        Query OK, 0 rows affected (0.25 sec)
        Records: 0  Duplicates: 0  Warnings: 0
#创建 teacher 表的触发器
mysql> create trigger trig_teacher
    ->   after  delete on teacher for each row
```

```
    -> insert  into  de_teacher(teacherno,tname)
    ->   values(old.teacherno, old.tname);
        Query OK, 0 rows affected (0.06 sec)
```

验证触发器 trig_teacher 的功能，代码和执行结果如下：

```
mysql> delete  from  teacher  where  tname='时观';
        Query OK, 1 row affected (0.08 sec)
mysql> select * from de_teacher;
        +-----------+-------+
        | teacherno | tname |
        +-----------+-------+
        | t08017    | 时观  |
        +-----------+-------+
        1 row in set (0.00 sec)
```

2. 查看触发器的定义

既然触发器是一类特殊的存储过程，那么查看触发器是指查看数据库中已存在的触发器的定义、状态和语法信息等，也可以通过类似的命令来完成。用户可以通过 show triggers 语句来查看触发器的状态。用户也可以通过查询 information_schema 数据库下的 triggers 表来查看触发器的信息。下面给出已经验证过的查看触发器的状态和定义的方法的例子。

```
mysql> show  triggers;
mysql> select * from information_schema.triggers;
mysql> select * from information_schema.triggers
    ->   where trigger_name='de_teacher';
```

7.3.3 使用触发器

MySQL 中的触发器在程序设计中的应用非常广泛，常见的有实现数据完整性的复杂约束、数据管理过程中的冗余数据处理以及外键约束的级联操作等，它们都可以利用触发器实现应用系统的自动维护。

1. 触发器应用举例

对于 InnoDB 存储引擎的表而言，由于支持外键约束，在定义外键约束时，通过设置外键的级联选项 cascade、set null 或者 no action（restrict），外键约束关系可以交给 InnoDB 存储引擎自动维护。

【例 7.13】 创建一个触发器，当删除 student 表中某个人的记录时删除 score 表中相应的成绩记录。

代码和运行结果如下：

```
mysql> delimiter $$
mysql> create  trigger stu_delete after delete
    -> on student for each row
    -> begin
    -> delete from score where studentno=old.studentno;
```

```
      -> end $$
         Query OK, 0 rows affected (0.06 sec)
mysql> delimiter;
```

验证触发器 stu_delete 的功能，代码和执行结果如下：

```
mysql> delete  from  student  where  studentno='21135222201';
         Query OK, 1 row affected (0.12 sec)
mysql> select  *  from  score  where studentno='21135222201';
         Empty set (0.00 sec)
```

说明：

（1）在本例中，使用 select 语句查看 score 表中的情况，可以看到已经没有 21135222201 学生的成绩记录。

（2）在 student 表执行 delete 事件之后，在触发器中引用的 score 表的 studentno 字段要用 old. studentno 表示。

【例7.14】 在 de_teacher 表上创建 before_insert 和 after_insert 两个触发器，在向 de_teacher 表中插入数据时观察这两个触发器的触发顺序。

代码和运行结果如下：

```
mysql> create table  bef_after select teacherno,tname
    -> from teacher where 1=0;
         Query OK, 0 rows affected (0.13 sec)
         Records: 0  Duplicates: 0  Warnings: 0
mysql> alter table  bef_after
    -> add tig_time timestamp not NULL default now();
         Query OK, 0 rows affected (0.37 sec)
         Records: 0  Duplicates: 0  Warnings: 0
mysql> create  trigger  before_insert  before insert
    -> on  de_teacher for each row
    -> insert into bef_after
    -> set teacherno ='t11111', tname ='扶小林';
         Query OK, 0 rows affected (0.05 sec)
mysql> create  trigger  after_insert  after  insert
    -> on  de_teacher  for each row
    -> insert into bef_after
    -> set teacherno ='t22222', tname ='秦小林';
         Query OK, 0 rows affected (0.04 sec)
```

验证触发器 before_insert 和 after_insert 的功能，代码和执行结果如下：

```
mysql> insert  into de_teacher values('t12345', '王扶晨');
         Query OK, 1 row affected (0.05 sec)
mysql> select * from bef_after;
         +-----------+--------+--------------------+
         | teacherno | tname  | tig_time           |
         +-----------+--------+--------------------+
```

```
| t11111      | 扶小林   | 2020-12-21 11:58:33 |
| t22222      | 秦小林   | 2020-12-21 11:58:33 |
+-----------+--------+---------------------+
2 rows in set (0.01 sec)
```

说明：在 MySQL 中，触发器执行的顺序是 before 触发器、表操作（insert、update 和 delete）、after 触发器。本例由于程序较短，运行速度快，虽然记录在 1 秒之内完成，但记录的插入顺序可以说明 before 触发器的执行早于 after 触发器。

2. 使用触发器的注意事项

使用触发器的注意事项如下：

（1）在触发程序中如果包含 select 语句，该 select 语句不能返回结果集。

（2）同一个表不能创建两个相同触发时间、触发事件的触发程序。

（3）在触发程序中不能使用以显式或隐式方式打开、开始或结束事务的语句，例如 start transaction、commit、rollback 或者 set autocommit=0 等语句。

（4）MySQL 触发器针对记录进行操作，当批量更新数据时，引入触发器会导致更新操作的性能降低。

（5）在 MyISAM 存储引擎中，触发器不能保证原子性。InnoDB 存储引擎支持事务，使用触发器可以保证更新操作与触发程序的原子性，此时触发程序和更新操作在同一个事务中完成。

（6）在用 InnoDB 存储引擎实现外键约束关系时，建议使用级联选项维护外键数据；MyISAM 存储引擎虽然不支持外键约束关系，但可以使用触发器实现级联修改和级联删除，进而维护外键数据，模拟实现外键约束关系。

（7）在使用触发器维护 InnoDB 外键约束的级联选项时，数据库开发人员应该选择 after 触发器还是 before 触发器？答案是应该首先维护子表的数据，然后再维护父表的数据，否则可能出现错误。

（8）MySQL 的触发程序不能对本表执行更新语句（例如 update 语句），触发程序中的更新操作可以直接使用 set 命令执行，否则可能出现错误信息，甚至陷入死循环。

（9）在 before 触发程序中，auto_increment 字段的 new 值为 0，不是实际插入新记录时自动生成的自增型字段值。

（10）在添加触发器后，建议对其进行详细的测试，测试通过后再决定是否使用触发器。

7.3.4　删除触发器

删除触发器指删除数据库中已经存在的触发器。MySQL 使用 drop trigger 语句来删除触发器，其基本格式如下：

```
drop trigger [schema_name.]trigger_name
```

例如，删除触发器 stu_score 的代码如下：

```
mysql> drop trigger stu_score;
```

7.4 事件及其应用

7.4.1 认识事件

MySQL 中的事件（Event）又称事件调度器（Event Scheduler），是一种定时任务机制，可以用于定时执行删除记录、对数据进行汇总等某些特定任务，以此取代原先只能由操作系统的计划任务来执行的工作。

MySQL 的事件调度器可以精确到每秒钟执行一个任务，比操作系统的计划任务（例如 Linux 下的 cron 或 Windows 下的任务计划）只能精确到每分钟执行一次有实时优势。对于一些对数据实时性要求比较高的应用，例如股票交易、火车购票、球赛技术统计等就非常适合。一些对数据管理的定时性操作不再依赖外部程序，直接使用数据库本身提供的功能即可。

1. 开启事件调度器

MySQL 的事件调度器是 MySQL 数据库服务器的一部分，负责调用事件，并不断地监视一个事件是否需要调用。如果要创建事件，必须打开调度器。

可以使用系统变量@@event_scheduler 来打开事件调度器，true（或 1、on）为打开，false（或 0、off）为关闭。

如果要开启 event_scheduler，可执行下面的语句：

```
set @@global.event_scheduler = true;
```

用户也可以在 MySQL 的配置文件 my.ini 中加上一行，然后重启 MySQL 服务器。

```
event_scheduler = 1
```

2. 查看事件调度器

如果要查看当前是否已开启事件调度器，可执行以下相关 SQL 语句。

代码和运行结果如下：

```
mysql> set @@global.event_scheduler = true;
       Query OK, 0 rows affected (0.05 sec)
mysql> show variables like 'event_scheduler';
       +-----------------+-------+
       | Variable_name   | Value |
       +-----------------+-------+
       | event_scheduler | ON    |
       +-----------------+-------+
       1 row in set, 1 warning (0.15 sec)
       1 row in set, 1 warning (0.00 sec)
mysql> select @@event_scheduler;
       +-------------------+
       | @@event_scheduler |
       +-------------------+
```

```
| ON                  |
+--------------------+
1 row in set (0.00 sec)
```

7.4.2　创建事件

用户可以创建在某一时刻发生的事件、指定区间周期性发生的事件，以及在事件中调用存储过程或存储函数的实际应用。

1. 创建事件的一般格式

创建事件可以使用 create event 语句，其语法格式如下：

```
create event [if not exists] event_name
on  schedule schedule
[on  completion [not] preserve]
[enable|disable|disable on slave]
[comment'comment']
do sql_statement;
```

其中，

```
schedule: at timestamp [+interval interval]
          |every interval[starts timestamp [+ interval interval]]
          [ends timestamp[+ interval interval]]
interval: count {year|quarter|month|day|hour|minute
          |week|second|year_month|day_hour|day_minute
          |day_second|hour_minute|hour_second|minute_second}
```

说明：

（1）event_name：表示事件名。

（2）schedule：时间调度，表示事件何时发生或者每隔多久发生一次。

- at 子句：表示事件在某个时刻发生。timestamp 表示一个具体的时间点，后面还可以加上一个时间间隔，表示在这个时间间隔后事件发生。interval 表示这个时间间隔，由一个数值和单位构成，count 是间隔时间的数值。

- every 子句：表示在指定时间区间内每隔多长时间事件发生一次。starts 子句指定开始时间，ends 子句指定结束时间。

（3）do sql_statement：事件启动时执行的 SQL 代码。如果包含多条语句，可以使用 begin…end 复合结构。

2. 创建某个时刻发生的事件

【例 7.15】　创建现在立刻执行的事件 direct1，并创建一个表 test1。

代码和运行结果如下：

```
mysql> use mytest;
        Database changed
mysql> create  event  direct1
    -> on  schedule  at  now()
```

```
    -> do
    -> create table test1(timeline timestamp);
        Query OK, 0 rows affected (0.00 sec)
mysql> show tables;
    +-----------------+
    | Tables_in_mytest|
    +-----------------+
    | course01        |
    | example         |
    | score1          |
    | store           |
    | student         |
    | student01       |
    | student02       |
    | teacher         |
    | teacher1        |
    | test1           |
    +-----------------+
    10 rows in set (0.09 sec)
mysql> select * from test1;
        Empty set (0.00 sec)
```

【例 7.16】 创建现在立刻执行的事件 direct2，5 秒后创建一个表 test2。
代码和运行结果如下：

```
mysql> create event  direct2
    -> on  schedule  at current_timestamp +interval 5 second
    -> do
    -> create  table  test2(timeline  timestamp);
        Query OK, 0 rows affected (0.07 sec)
```

3. 创建在指定区间周期性发生的事件

视频讲解

【例 7.17】 创建事件 test1_insert，每秒插入一条记录到数据表 test1 中。
代码和运行结果如下：

```
mysql> create  event  test1_insert
    -> on  schedule  every 1 second
    -> do
    -> insert  into  test1  values(current_timestamp);
        Query OK, 0 rows affected (0.00 sec)
mysql> select  *  from  test1;          #5 秒之后执行此语句
    +--------------------+
    | timeline           |
    +--------------------+
    | 2020-12-21 12:08:29 |
    | 2020-12-21 12:08:30 |
    | 2020-12-21 12:08:31 |
```

```
| 2020-12-21 12:08:32 |
| 2020-12-21 12:08:33 |
+---------------------+
5 rows in set (0.00 sec)
```

【例 7.18】 创建事件 startweeks,要求从下周开始,每周都清空 test1 表,并且在 2021 年的 8 月 31 日 12:00 结束。

代码和运行结果如下:

```
mysql> delimiter $$
mysql> create event  startweeks
    -> on  schedule  every  1  week
    -> starts  curdate()+interval 1 week
    -> ends  '2021-08-31 12:00:00'
    -> do
    -> begin
    ->   truncate  table  test1;
    -> end $$
      Query OK, 0 rows affected (0.00 sec)
mysql> delimiter;
```

4. 在事件中调用存储过程或存储函数

【例 7.19】 存储过程 proc_stu 用于查询学生的信息情况,创建事件 stu_week 每周查看一次学生的情况。

代码和运行结果如下:

```
mysql> delimiter $$
mysql> create event  stu_week
    -> on  schedule  every 1 week
    -> do
    -> begin
    -> call  teaching.proc_stu();
    -> end $$
      Query OK, 0 rows affected (0.03 sec)
mysql> delimiter;
```

7.4.3 管理事件

1. 查看事件

(1)在 MySQL 中查看所有事件的语法格式如下:

```
show events [from schema_name]
[like 'pattern'|where expr]
```

用户可以直接使用命令 "show events;" 查看数据库 mysqltest 中的事件。为了更直观一些,采用以下方法查看。

【例 7.20】 格式化显示所有事件。

代码和运行结果如下：

```
mysql> show events\G
*************************** 1. row ***************************
                  Db: mytest
                Name: startweeks
             Definer: root@localhost
           Time zone: SYSTEM
                Type: RECURRING
          Execute at: NULL
      Interval value: 1
      Interval field: WEEK
              Starts: 2020-12-28 00:00:00
                Ends: 2021-08-31 12:00:00
              Status: ENABLED
          Originator: 1
character_set_client: gbk
collation_connection: gbk_chinese_ci
  Database Collation: utf8mb4_0900_ai_ci
*************************** 2. row ***************************
                  Db: mytest
                Name: stu_week
             Definer: root@localhost
           Time zone: SYSTEM
                Type: RECURRING
          Execute at: NULL
      Interval value: 1
      Interval field: WEEK
              Starts: 2020-12-21 12:14:06
                Ends: NULL
              Status: ENABLED
          Originator: 1
character_set_client: gbk
collation_connection: gbk_chinese_ci
  Database Collation: utf8mb4_0900_ai_ci
*************************** 3. row ***************************
                  Db: mytest
                Name: test1_insert
             Definer: root@localhost
           Time zone: SYSTEM
                Type: RECURRING
          Execute at: NULL
      Interval value: 1
      Interval field: SECOND
              Starts: 2020-12-21 12:08:29
                Ends: NULL
              Status: ENABLED
```

```
            Originator: 1
      character_set_client: gbk
   collation_connection: gbk_chinese_ci
    Database Collation: utf8mb4_0900_ai_ci
3 rows in set (0.59 sec)
```

（2）在 MySQL 中查看 event 的创建信息的语法格式如下：

```
mysql> show create event event_name;
```

例如查看 stu_week 的创建信息的代码如下：

```
mysql> show create event stu_week;
```

2. 修改事件

在 MySQL 中可以通过 alter event 语句来修改事件的定义和相关属性，具体修改格式如下：

```
alter  event event_name
[on schedule schedule]
[rename to new_event_name]on completion[not]preserve]
[comment'comment'][enable|disable][do sql_statement]
```

例如，可以临时关闭事件或再次让它活动，修改事件的名称并加上注释等。

【例 7.21】 对事件 test1_insert 进行如下操作：临时关闭 test1_insert 事件；开启 test1_insert 事件，将每秒插入一条记录到 test1 表改为每分钟插入一次；重命名事件 test1_insert 并加上注释。

代码和运行结果如下：

```
mysql> alter event  test1_insert  disable;
      Query OK, 0 rows affected (0.00 sec)
mysql> alter  event test1_insert  enable;
      Query OK, 0 rows affected (0.00 sec)
mysql> alter event test1_insert  on  schedule  every  1  minute;
      Query OK, 0 rows affected (0.00 sec)
mysql> alter event  test1_insert
    -> rename  to  insert_test1  comment '表test1的数据操作';
      Query OK, 0 rows affected (0.00 sec)
```

3. 删除事件

在 MySQL 中用 drop event 删除事件，删除事件的语法格式如下：

```
drop event [if exists][database name.]event_name
```

例如删除事件 insert_test1 的代码如下：

```
mysql> drop event insert_test1;
```

7.5 实践操作指导

MySQL 数据库的存储过程、游标、触发器和事件的实践操作，主要是这些数据库对象的创建、修改和运行。本章的实践操作主要包括以下几点：

- 存储过程的创建和使用。
- 触发器的创建和使用。
- 事件的创建过程和应用。
- 游标的创建和使用。

习题 7

1. 选择题

（1）存储过程是在 MySQL 服务器中定义并_____的 SQL 语句集合。

    A. 保存   B. 执行   C. 解释   D. 编写

（2）下面有关存储过程的叙述错误的是_____。

    A. MySQL 允许在创建存储过程时引用一个不存在的对象

    B. 存储过程可以带多个输入参数，也可以带多个输出参数

    C. 使用存储过程可以减少网络流量

    D. 在一个存储过程中不可以调用其他存储过程

（3）MySQL 所支持的触发器不包括_____。

    A. insert 触发器   B. delete 触发器   C. check 触发器   D. update 触发器

（4）下面有关触发器的叙述错误的是_____。

    A. 触发器是一个特殊的存储过程

    B. 触发器不可以引用所在数据库以外的对象

    C. 在一个表上可以定义多个触发器

    D. 触发器在 check 约束之前执行

（5）MySQL 为每个触发器创建了两个临时表_____。

    A. max 和 min   B. avg 和 sum   C. int 和 char   D. old 和 new

（6）通过以下_____语句临时关闭事件 e_test。

    A. alter event e_test disable   B. alter event e_test drop

    C. alter event e_test enable   D. alter event e_test delete

（7）下列_____语句用来定义游标。

    A. create   B. declare

    C. declare…cursor for…   D. show

（8）下列说法中错误的是_____。

    A. 常用触发器有 insert、update、delete 等几类

    B. 对于同一张数据表，可以同时有两个 before update 触发器

    C. new 临时表在 insert 触发器中用来访问被插入的行

    D. old 临时表中的值只能读不能被更新

（9）存储程序中的选择语句有_____。

    A. if   B. while   C. select   D. switch

（10）MySQL 的存储程序中没有_____循环语句。

    A. repeat   B. while   C. loop   D. for

2. 简答题

（1）在 MySQL 中创建多条执行语句的存储过程或触发器时，为何总是遇到分号就结束创建，然后报错？如何解决这个问题？

（2）各种触发器的触发顺序是什么？

（3）什么是事件？事件有什么作用？事件与触发器的区别有哪些？

（4）简述游标在存储过程中的作用。

（5）简述存储过程与存储函数的区别。

3. 上机练习题（以下题目默认数据库为 teaching）

（1）创建存储过程 selectscore，用指定的学号查询学生的成绩。

（2）编程在 course 表中创建一个触发器 course_detrigger，用于每次删除 course 表中的一行数据时将会话变量 per1 的值设置为"old course deleted!"。

（3）创建一个存储过程，用于实现给定 student 表中一个学生的姓名即可修改 student 表中该学生的电子邮件地址为一个给定的值。

（4）创建一个事件，用于每 6 个月将 score 表中期末成绩高于 60 分的所有记录信息删除，该事件开始于 2022 年 1 月 1 日，并且在 2022 年 12 月 31 日结束。

（5）创建一个存储过程 scoreinfo，完成的功能是在 student 表、course 表和 score 表中查询：学号、姓名、性别、课程名称和期末分数。

（6）创建一个带有参数的存储过程 stu_age，该存储过程根据输入的学号在 student 表中计算此学生的年龄，并根据程序的执行结果返回不同的值。如果程序执行成功，返回整数 0；如果执行出错，则返回错误号。

（7）创建事件 e_test，每天定时清空 test 表，5 天后停止执行。

（8）假设之前创建的 course 表没有设置外键级联策略，设置触发器，实现在 course 表中删除课程信息时自动删除该课程在 score 上的成绩信息。

第8章 并发事务与锁机制

MySQL 在对数据库进行操作时，通过事务来保证数据的完整性。事务由一系列的数据操作命令序列组成，是数据库应用程序的基本逻辑操作单元。在 MySQL 环境中，事务由作为一个逻辑单元的一个或多个 SQL 语句组成。例如，前面介绍的每一条 DDL 语句都可以看成一个事务。在实际的工作中，一个事务往往需要多条语句共同组成，来完成较为复杂的数据操作。

在多用户访问数据库时，并发的情况是常态，数据库系统的并发处理能力是衡量其性能的重要标志之一。数据库系统需要通过适当的并发控制机制协调并发操作，保证数据的一致性。在 MySQL 数据库中，事务是进行数据管理的基本操作单元，锁机制是用于实现并发控制的主要方法。

本章主要介绍事务与锁的基本概念和基本操作。

8.1 认识事务机制

在程序设计过程中，与一个事务相关的数据必须保证可靠性、精确性、一致性和完整性，以符合实际的企业生产过程的需要。现实生活中的火车购票、网上购物、股票交易、银行借贷等事务都是采用事务方式来处理的。

在 MySQL 中通常由事务来完成相关操作，以确保多个数据的修改作为一个单元来处理。例如，银行系统的转账业务是最基本的且最常用的业务，有必要将转账业务的数据操作命令封装成含有事务的存储过程，调用该存储过程后即可实现两个银行账户间的数据的可靠性和完整性转账。在银行存贷业务中有一条记账原则，即"有借有贷，借贷相等"。为了保证这条原则，就得确保"借"和"贷"的登记要么同时成功，要么同时失败。如果出现了只记录"借"，或者只记录"贷"的情况，就违反了记账原则，通常称为"记错账"，数据的可靠性和完整性就无法保证。此过程实际上就是对银行服务器中的数据表进行了含有一组数据修改 SQL 语句的事务操作。

8.1.1 事务的特性

事务处理机制在程序开发过程中可以使整个系统更加安全。MySQL 系统具有事务处理功能，能够保证数据库操作的一致性和完整性，使用事务可以确保同时发生的行为与数据的有效性，不发生冲突。在 MySQL 中并不是所有的存储引擎都支持事务，例如 InnoDB 和BDB 支持，但 MyISAM 和 MEMORY 不支持。

事务中的每个 SQL 语句是互相依赖的，而且单元作为一个整体是不可分割的。如果单元中的一个语句不能完成，整个单元就会回滚全部数据操作，返回到事务开始以前的状态。因此，只有事务中的所有语句都执行完毕才能说这个事务被成功执行，才能将执行结果提交到数据库文件中，成为数据库永久的组成部分。因为由用户并发访问数据库引发的数据操作经常会同时发生在多个数据表上，为了保证数据的一致性，必须要求这些操作不能发生中断。这就要求事务本身必须具有以下 4 个特性。

（1）原子性（Atomicity）：原子性意味着每个事务都必须被看作一个不可分割的单元。假设一个事务由两个或者多个任务组成，其中的语句必须同时成功才能认为整个事务是成功的。如果事务失败，系统将会返回到该事务开始执行前的状态。

（2）一致性（Consistency）：事务执行完成后，都将数据库从一个一致状态转变到另一个一致状态，事务不能违背定义在数据库中的任何完整性检查。一致性在逻辑上不是独立的，它由事务的隔离性来表示。

（3）隔离性（Isolation）：隔离性是指每个事务在自己的会话空间发生，和其他发生在系统中的事务隔离，而且事务的结果只有在完全被执行后才能看到，即一个事务内部的操作及使用的数据对并发的其他事务是隔离的，并发执行的各个事务之间不能互相干扰。该机制是通过对事务的数据访问对象加适当的锁，排斥其他事务对同一数据库对象的并发操作来实现的。

（4）持久性（Durability）：要求一旦事务提交，那么对数据库所做的修改将是持久的，无论发生何种机器和系统故障，都不应该对其有任何影响。大多数 DBMS 产品通过保存所有行为的日志来保证数据的持久性，这些行为是指在数据库中以任何方法更改数据。数据库日志记录了所有对于表的更新、查询、报表等。例如，自动柜员机（ATM）在向客户支付一笔现金时，只要操作提交，就不用担心丢失客户的取款记录。

8.1.2 事务的分类

任何对数据的修改都是在事务环境中进行的。按照事务定义的方式可以将事务分为系统定义事务和用户定义事务。MySQL 支持 4 种事务模式分别对应上述两类事务，即自动提交事务、显式事务、隐式事务和适合多服务器系统的分布式事务，其中显式事务和隐式事务属于用户定义事务。

（1）自动提交事务：在默认情况下，MySQL 采用 autocommit 模式运行。当执行一个用于修改表数据的语句之后，MySQL 会立刻将结果存储到磁盘中。如果没有用户定义事务，MySQL 会自己定义事务，称为自动提交事务。每条单独的语句都是一个事务。例如，InnoDB 中的 create table 语句被作为一个单一事务进行处理，即用户执行 rollback 语句不会回滚用户在事务处理过程中创建的 create table 语句。

每个 MySQL 语句在完成时都被提交或回滚。如果一个语句成功地完成，则提交该语句；如果遇到错误，则回滚该语句的操作。只要没有显式事务或隐式事务覆盖自动提交模式，与数据库引擎实例的连接就以此默认模式操作。

（2）显式事务：显式事务是指显式定义了启动（start transaction | begin work）和结束（commit 或 rollback work）的事务。在实际应用中，大多数的事务是由用户来定义的。事务结束分为提交（commit）和回滚（rollback）两种状态。事务以提交状态结束，全部事务

操作完成后将操作结果提交到数据库中；事务以回滚状态结束，则事务的操作被全部取消，事务操作失败。

（3）分布式事务：一个比较复杂的环境可能有多台服务器，那么要保证在多服务器环境中事务的完整性和一致性就必须定义一个分布式事务。在分布式事务中，所有的操作都可以涉及对多个服务器的操作，当这些操作都成功时，那么所有这些操作都提交到相应服务器的数据库中；如果这些操作中有一条操作失败，那么这个分布式事务中的全部操作都被取消。

InnoDB 存储引擎支持 XA（eXtended Architecture）事务，通过 XA 事务可以支持分布式事务的实现。XA 协议作为资源管理器（数据库）与事务管理器的接口标准。目前，Oracle、Informix、DB2 和 Sybase 等各大数据库厂商都提供对 XA 的支持。

分布式事务指的是允许多个独立的事务资源（transactional resources）参与一个全局的事务。事务资源通常是关系数据库系统，也可以是其他类型的资源。

全局事务要求在其中所有参与的事务要么全部提交，要么全部回滚，这对于事务原有的 ACID 要求又有了提高。另外，在使用分布式事务的时候，InnoDB 存储引擎的事务隔离级别必须设置成 serializable。

XA 事务允许不同数据库之间的分布式事务，例如一台服务器是 MySQL 数据库，一台是 Oracle 数据库，有可能还有一台是 MySQL 数据库，只要参与全局事务中的每个节点都支持 XA 事务即可。分布式事务可能在银行系统的转账中比较常见。

分布式事务由一个或者多个资源管理器（Resource Manager）、一个事务管理器（Transaction Manager）以及一个应用程序（Application Program）组成。

- 资源管理器：提供访问事务资源的方法，通常一个数据库就是一个资源管理器。
- 事务管理器：协调参与全局事务中的各个事务，需要和参与全局事务中的资源管理器进行通信。
- 应用程序：定义事务的边界，指定全局事务中的操作。

在 MySQL 的分布式事务中，资源管理器就是 MySQL 数据库，事务管理器为连接到 MySQL 服务器的客户端。

分布式事务使用两段式提交（two-phase commit）的方式。在第一个阶段，所有参与全局事务的节点都开始准备，告诉事务管理器它们准备好提交了。在第二个阶段，事务管理器告诉资源管理器执行 rollback 或者 commit，如果任何一个节点显示不能 commit，那么所有的节点就要全部 rollback。

跨越两个或多个数据库的单个数据库引擎实例中的事务实际上也是分布式事务。该实例对分布式事务进行内部管理。对于用户而言，其操作就像本地事务一样。

对于应用程序而言，分布式提交必须由事务管理器管理，以尽量避免出现因网络故障而导致事务由某些资源管理器成功提交，另一些资源管理器回滚的情况。通过准备阶段和提交阶段管理提交进程可避免这种情况，这称为两阶段提交。

8.2 事务的管理

视频讲解

一般来说，事务的基本操作包括关闭自动提交、启动、保存、提交或回滚等环节。在 MySQL 中，当一个会话开始时，系统变量 @@autocommit 的值为 1，即自动提交功能是打开的;当用户每执行一条 SQL 语句后,该语句对数据库的修改就立即被提交成为持久性修改保存到磁盘上,一个事务也就结束了。因此,用户必须关闭自动提交,事务才能由多条 SQL 语句组成,可以使用以下语句来实现。

```
set @@autocommit=0;
```

执行此语句后,必须明确地指示每个事务的终止,事务中的 SQL 语句对数据库所做的修改才能成为持久化修改。

1. 启动事务

当一个应用程序的第一条 SQL 语句或者在 commit 或 rollback 语句后的第一条 SQL 语句执行后,一个新的事务也就开始了。另外,还可以使用一条 start transaction 语句来显式地启动一个事务。

启动事务的语法格式如下:

```
start transaction|begin work
```

利用 begin work 语句可以替代 start transaction 语句,但是 start transaction 更常用一些。

2. 结束事务

commit 语句是提交语句,它使自事务开始以来所执行的所有数据修改成为数据库的永久部分,也标志一个事务的结束。

结束事务的语法格式如下:

```
commit [work][and[no]chain][[no] release]
```

注意:MySQL 使用的是平面事务模型,因此嵌套事务是不允许的。在第一个事务中使用 start transaction 命令后,当第二个事务开始时自动地提交第一个事务。同样,下面的这些 MySQL 语句在运行时都会隐式地执行一个 commit 命令:

```
drop database / drop table / create index / drop index / alter table / rename
table / lock tables / unlock tables / set @@autocommit=1
```

3. 回滚事务

rollback 语句是回滚语句,它回滚事务所做的修改,并结束当前这个事务。

回滚事务的语法格式如下:

```
rollback [work][and[no]chain][[no]release]
```

在前面的举例中,若在最后加上以下这条语句:

```
rollback work;
```

执行完这条语句后,前面的删除动作将被回滚,可以使用 select 语句查看该行数据是否还原。

4. 设置事务保存点

除了可以回滚整个事务,用户还可以使用 rollback to 语句使事务回滚到某个点,实现事务的部分回滚,这需要使用 savepoint 语句来设置一个保存点。

设置事务保存点的语法格式如下:

```
savepoint identifier
```

其中，identifier 为保存点的名称。

利用 rollback to savepoint 语句会向已命名的保存点回滚一个事务。如果在保存点设置后当前事务对数据进行了更改，则这些更改会在回滚中被回滚。其语法格式为：

```
rollback [work] to  savepoint identifier
```

当事务回滚到某个保存点后，在该保存点之后设置的保存点将被删除。

release savepoint 语句会从当前事务的一组保存点中删除已命名的保存点，不出现提交或回滚。如果保存点不存在，会出现错误。其语法格式为：

```
release  savepoint identifier
```

5. 改变 MySQL 的自动提交模式

关闭自动提交的方法有两种，一种是显式地关闭自动提交，另一种是隐式地关闭自动提交。

（1）显式地关闭自动提交：使用 MySQL 命令"set @@autocommit=0;"可以显式地关闭 MySQL 自动提交。

【例 8.1】 变量@@autocommit 自动提交模式的修改示例。删除课程号为 c05103 的表记录，然后回滚。

代码和运行结果如下：

```
mysql> use teaching;
       Database changed
mysql> delimiter //
mysql> set @@autocommit=0;
    -> create procedure  auto_cno()
    -> begin
    -> start transaction;
    -> delete from course where  courseno='c05103';
    -> select * from course where  courseno='c05103';
    -> rollback;
    -> select * from  course where courseno='c05103';
    -> end //
       Query OK, 0 rows affected (0.04 sec)
       Query OK, 0 rows affected (0.47 sec)
mysql> delimiter;
```

调用存储过程 auto_cno，查看事务的执行结果如下：

```
mysql> call auto_cno();
       Empty set (0.50 sec)
       +----------+----------+------+--------+-----+------+
       | courseno | cname    | type | period | exp | term |
       +----------+----------+------+--------+-----+------+
       | c05103   | 电子技术 | 必修 |     64 |  16 |    2 |
```

```
+----------+----------+------+--------+-----+------+
1 row in set (0.72 sec)
Query OK, 0 rows affected (0.73 sec)
```

从执行结果中发现，course 表中已经删除课程号为 c05103 的行，显示为空记录。但是，这个修改并没有持久化，因为自动提交已经关闭了。通过 rollback 回滚这一修改，再查询时，数据回滚到了删除之前的状态。另外，也可以使用 commit 语句持久化这一修改。

若想恢复事务的自动提交功能，执行以下语句即可：

```
set @@autocommit=1;
```

（2）隐式地关闭自动提交：使用 MySQL 命令 "start transaction;" 可以隐式地关闭自动提交。隐式地关闭自动提交不会修改系统会话变量@@autocommit 的值。

下面通过例题进一步学习事务的操作。

视频讲解

【例 8.2】 将 course 表中课程号为 c05103 的课程名改为 "高等数学"，并提交该事务。

代码和运行结果如下：

```
mysql> use teaching;
    Database changed
mysql> delimiter //
mysql> create procedure  update_cno()
    -> begin
    -> start transaction;
    -> update course set cname='高等数学'
    -> where courseno='c05103';
    -> commit;
    -> select * from  course where courseno='c05103';
    -> end//
    Query OK, 0 rows affected (0.30 sec)
mysql> delimiter;
```

调用存储过程 update_cno，查看事务的执行结果如下：

```
mysql> call update_cno();
    +----------+---------+------+--------+-----+------+
    | courseno | cname   | type | period | exp | term |
    +----------+---------+------+--------+-----+------+
    | c05103   | 高等数学 | 必修  | 64     | 16  | 2    |
    +----------+---------+------+--------+-----+------+
    1 row in set (0.80 sec)
    Query OK, 0 rows affected (0.82 sec)
```

本例中使用 start transaction 定义一个事务，使用 commit 提交事务。在执行该事务后，课程号为 c05103 的课程名为 "高等数学"。

【例 8.3】 使用显式事务向 course 表中插入两条记录。

代码和运行结果如下：

```
mysql> delimiter //
mysql> create procedure insert_cno()
    -> begin
    -> start transaction;
    ->  insert into course
    ->    values('c05141','WIN 设计','选修',48,8,8);
    ->   insert into course
    ->     values('c05142','WEB 语言','选修',32,8,8);
    -> select * from  course where term=8;
    -> commit;
    -> end//
       Query OK, 0 rows affected (0.01 sec)
mysql> delimiter;
```

调用存储过程 insert_cno，查看事务的执行结果如下：

```
mysql> call insert_cno();
    +----------+----------+------+--------+-----+------+
    | courseno | cname    | type | period | exp | term |
    +----------+----------+------+--------+-----+------+
    | c05141   | WIN 设计 | 选修 |     48 |   8 |    8 |
    | c05142   | WEB 语言 | 选修 |     32 |   8 |    8 |
    | c08171   | 会计软件 | 选修 |     32 |   8 |    8 |
    +----------+----------+------+--------+-----+------+
    3 rows in set (0.05 sec)
    Query OK, 0 rows affected (0.07 sec)
```

【例8.4】 定义一个事务，向 course 表中添加一条记录，并设置保存点。然后删除该记录，并回滚到事务的保存点，提交事务。

视频讲解

代码和运行结果如下：

```
mysql> delimiter //
mysql> create procedure  sp_cno()
    -> begin
    -> start transaction;
    -> insert into course
    -> values('c05139','建模 UML','选修',48,12,7);
    -> savepoint spcno1;
    -> delete from course
    -> where courseno='c05139';
    -> rollback work  to  savepoint  spcno1;
    -> select * from  course where courseno='c05139';
    -> commit;
    -> end//
       Query OK, 0 rows affected (0.00 sec)
mysql> delimiter;
```

调用存储过程 sp_cno，运行结果如下：

```
mysql> call sp_cno();
        +----------+---------+------+--------+-----+------+
        | courseno | cname   | type | period | exp | term |
        +----------+---------+------+--------+-----+------+
        | c05139   | 建模 UML | 选修  |     48 |  12 |    7 |
        +----------+---------+------+--------+-----+------+
        1 row in set (0.06 sec)
        Query OK, 0 rows affected (0.08 sec)
```

本例定义了一个事务，向 course 表中添加一条记录，并设置保存点 spcno1。在删除该记录之后，回滚到事务的保存点 spcno1，使用 commit 提交事务。最终的结果是记录没有被删除。

【例 8.5】 编写转账业务的存储过程，要求 bank 表中账户的当前金额（cur_money 值）不能小于 1。

代码和运行结果如下：

```
mysql> use mytest;
        Database changed
#创建 bank 表，输入记录并显示
mysql> create table bank(
    -> cus_no  varchar(8),
    -> cus_name  varchar(10),
    -> cur_money  decimal(13,2));
        Query OK, 0 rows affected (0.64 sec)
mysql> insert into bank  values('bj101211','张思睿',1000);
        Query OK, 1 row affected (0.04 sec)
mysql> insert into bank  values('sd101677','李佛',1);
        Query OK, 1 row affected (0.03 sec)
mysql> select * from bank;
        +----------+----------+-----------+
        | cus_no   | cus_name | cur_money |
        +----------+----------+-----------+
        | bj101211 | 张思睿    |   1000.00 |
        | sd101677 | 李佛      |      1.00 |
        +----------+----------+-----------+
        2 rows in set (0.01 sec)
#创建存储过程 trans_bank
mysql> delimiter //
mysql> Create procedure  trans_bank()
    -> begin
    -> declare  money  decimal(13,2);
    -> start transaction;
    -> update bank  set cur_money=cur_money-1000 where  cus_no='bj101211';
    -> update bank  set cur_money=cur_money+1000 where  cus_no='sd101677';
    -> select cur_money into money from bank  where  cus_no='bj101211';
```

```
    -> if  money <1 then
    -> begin
    -> select ' The transaction fails, the rollback transaction ';
    -> rollback;
    -> end;
    -> else
    -> begin
    -> select ' A successful transaction,commits the transaction';
    -> commit;
    -> end;
    -> end if;
    -> end//
        Query OK, 0 rows affected (0.00 sec)
mysql> delimiter;
```

调用存储过程 trans_bank，查看事务的执行结果如下：

```
mysql> call trans_bank();
        +-----------------------------------------------------+
        | The transaction fails, the rollback transaction     |
        +-----------------------------------------------------+
        | The transaction fails, the rollback transaction     |
        +-----------------------------------------------------+
        1 row in set (0.04 sec)
        Query OK, 0 rows affected (0.06 sec)
```

8.3　事务的并发处理

在用户创建会话访问服务器时，系统会为用户分配私有内存区域，保存当前用户的数据和控制信息，每个用户进程通过访问自己的私有内存区域访问服务器，用户之间互不干扰，以此实现并发数据访问的控制。当数据库引擎所支持的并发操作数较大时，数据库并发程序会增多。控制多个用户如何同时访问和更改共享数据而不会彼此冲突称为并发控制。

在 MySQL 中，并发控制是通过锁来实现的。如果事务与事务之间存在并发操作，事务的隔离性是通过事务的隔离级别来实现的，而事务的隔离级别是由事务并发处理的锁机制来管理的，以此保证同一时刻执行多个事务时一个事务的执行不被其他事务干扰。

8.3.1　并发问题及其影响

当多个用户访问同一个数据资源时，如果数据存储系统没有并发控制，就会出现并发问题，比如修改数据的用户会影响同时读取或修改相同数据的其他用户。当同一个数据库系统中有多个事务并发运行时，如果不加以适当控制，可能产生数据的不一致性问题。

下面以并发取款操作为例，介绍并发操作过程中的常见问题。如果得到错误的结果往往是由于 T1、T2 两个事务并发操作引起的，数据库的并发操作导致的数据库的不一致性主要有 4 种，即更新丢失、"脏读"、不可重复读和幻读数据。另外，数据库的并发操作还能够导致死锁问题发生。

（1）更新丢失（Lost Update）：当两个或多个事务选择同一行，然后根据最初选定的值更新该行时，就会出现更新丢失的问题。每个事务都不知道其他事务的存在。最后的更新将覆盖其他事务所做的更新，从而导致数据丢失。

如表 8-1 所示。假设某客户存款的金额 M=2000 元，事务 T1 取走存款 500 元，事务 T2 取走存款 800 元，如果正常操作，即甲事务 T1 执行完毕再执行乙事务 T2，存款金额更新后应该是 700 元。但是如果按照以下顺序操作，则会有不同的结果。

① T1 事务开始读取存款金额 M=2000 元。

② T2 事务开始读取存款金额 M=2000 元。

③ T1 事务取走存款 500 元，修改存款金额 M=M−500=1500，把 M=1500 写回数据库。

④ T2 事务取走存款 800 元，修改存款金额 M=M−800=1200，把 M=1200 写回数据库。

结果两个事务共取走存款 1300 元，而数据库中的存款却只少了 800 元。

表 8-1　更新丢失

时　间	事务 T1	M 的值	事务 T2
t0		2000	
t1	select M		
t2			select M
t3	M=M−500		
t4			M=M−800
t5	update M		
t6		1500	update M
t7		1200	

（2）脏读（Dirty Read）：即读出的是不正确的临时数据。例如，T2 事务选择 T1 事务正在更新的行时就会出现一个事务可以读到另一个事务未提交的数据。T2 事务正在读取的数据尚未被 T1 事务提交，并可能由更新此行 T1 事务更改。脏读问题违背了事务的隔离性原则。

如表 8-2 所示。T2 事务读取的数据 1500 是尚未被 T1 事务提交的数据，回滚操作后金额 M 仍然是 2000，而 T2 事务却读出 1500。

表 8-2　脏读

时　间	事务 T1	M 的值	事务 T2
t0		2000	
t1	select M		
t2	M=M−500		
t3	update M		
t4		1500	select M
t5	rollback		
t6		2000	

（3）不可重复读（Non-repeatable Read）：同一个事务内两条相同的查询语句，查询结果不一致，即当一个事务多次访问同一行且每次读取不同数据时会出现不可重复读问题，因为其他事务可能正在更新该事务正在读取的数据。如表 8-3 所示，事务 T1 多次查询 M 值得到不同的结果，原因是事务 T2 修改了数据。

表 8-3　不可重复读

时　　间	事务 T1	M 的值	事务 T2
t0		2000	
t1	select M		
t2			select M
t3			M=M−800
t4			update M
t5	select M	1200	

（4）幻读（Phantom Read）：当对某行执行插入或删除操作，而该行属于某事务正在读取的行的范围时，就会出现幻读问题。由于其他事务的删除操作，使事务第一次读取行范围时存在的行在后续读取时已不存在。与此类似，由于其他事务的插入操作，后续读取显示原来读取时并不存在的行。例如，T1 事务第一次执行查询操作，查看 M 值为 2000；T2 事务删除本行记录后，T1 事务第二次执行查询操作，查看 M 值，记录为 NULL；T2 事务插入该行记录后，T1 事务第三次执行查询操作，查看 M 值为 2000，如表 8-4 所示。

表 8-4　幻读

时　　间	事务 T1	M 的值	事务 T2
t0		2000	
t1	select M		
t2			delete M
t3	select M	NULL	
t4			insert M
t5	select M	2000	

（5）死锁（Deadlock）：如果很多用户并发访问数据库，还有一个常见的现象就是死锁。简单地说，如果两个用户相互等待对方的数据，就产生了一个死锁。MySQL 检测到死锁之后会选择一个事务进行回滚，而选择的依据看哪个事务的权重最小，事务权重的计算方法为事务加的锁最少，事务写的日志最少，事务开启的时间最晚。例如，事务 T2 写了日志，事务 T1 没有，回滚事务 T1；事务 T1、T2 都没写日志，但是事务 T1 开始得早，回滚事务 T2。

8.3.2　设置事务的隔离级别

为了防止数据库并发操作导致的数据库不一致性的更新丢失、不可重复读、"脏读"和幻读数据等问题，SQL 标准定义了 4 种隔离级别，即 read uncommitted（读取未提交的数据）、read committed（读取提交的数据）、repeatable read（可重复读）以及 serializable（串行化）。4 种隔离级别逐渐增强，其中 read uncommitted 的隔离级别最低，serializable 的隔离级别最高。

MySQL 支持 4 种事务隔离级别，在 InnoDB 存储引擎中可以使用以下命令设置事务的隔离级别。

```
set {global|session}transaction isolation level{
    read uncommitted|read committed|repeatable read|serializable}
```

说明：

（1）read uncommitted：在该隔离级别，所有事务都可以看到其他未提交事务的执行结果。该隔离级别很少用于实际应用，并且它的性能也不比其他隔离级别好多少。

（2）read committed：这是大多数数据库系统的默认隔离级别（但不是 MySQL 默认的）。它满足了隔离的简单定义，即一个事务只能看见已提交事务所做的改变。

（3）repeatable read：这是 MySQL 默认的事务隔离级别，它确保同一事务内相同的查询语句执行结果一致。

（4）serializable：这是最高的隔离级别，它通过强制事务排序，使之不可能相互冲突。换而言之，它会在每条 select 语句后自动加上 lock in share mode，为每个查询操作施加一个共享锁。在这个级别可能导致大量的锁等待现象。该隔离级别主要用于 InnoDB 存储引擎的分布式事务。

低级别的事务隔离可以提高事务的并发访问性能，但可能导致较多的并发问题（例如脏读、不可重复读、幻读等并发问题）；高级别的事务隔离可以有效避免并发问题，但会降低事务的并发访问性能，可能导致出现大量的锁等待，甚至死锁现象。

系统变量@@ transaction_isolation 中存储了事务的隔离级别，用户可以使用 select 随时获得当前隔离级别的值，例如：

```
mysql> select @@transaction_isolation;
```

MySQL 默认为 repeatable read 隔离级别，这个隔离级别适用于大多数应用程序，只有在应用程序有具体的对于更高或更低隔离级别的要求时才需要改动。没有一个标准公式来决定哪个隔离级别适用于应用程序，一般是基于应用程序的容错能力和应用程序开发者对于潜在数据错误的影响的经验判断。隔离级别的选择对于每个应用程序也是没有标准的。

8.4 管理锁

多用户同时并发访问同一数据表时，仅通过事务机制是无法保证数据的一致性的，MySQL 通过锁来防止数据并发操作过程中引起的问题。锁就是防止其他事务访问指定资源的手段，它是实现并发控制的主要方法，是多个用户能够同时操作同一个数据库中的数据而不发生数据不一致现象的重要保障。

8.4.1 认识锁机制

MySQL 中引入锁机制管理的并发访问，通过不同类型的锁来管理多用户并发访问，实现数据访问的一致性。MySQL 对于不同的存储引擎支持不同的锁定机制。例如，InnoDB 存储引擎支持行级锁（row-level locking），也支持表级锁，在默认情况下支持采用行级锁；MyISAM 和 MEMORY 存储引擎支持的是表级锁（table-level locking）。

1. 锁机制中的基本概念

（1）锁的粒度：锁的粒度是指锁的作用范围。锁的粒度可以分为服务器级锁（server-level locking）和存储引擎级锁（storage-engine-level locking）。

（2）隐式锁与显式锁：MySQL 锁分为隐式锁和显式锁。MySQL 自动加锁称为隐式锁，数据库开发人员手动加锁称为显式锁。

（3）锁的类型：锁的类型包括读锁（read lock）和写锁（write lock），其中读锁也称为共享锁，写锁也称为排他锁或者独占锁。读锁允许其他 MySQL 客户机对数据同时"读"，但不允许其他 MySQL 客户机对数据进行任何"写"。写锁不允许其他 MySQL 客户机对数据同时读，也不允许其他 MySQL 客户机对数据同时写。

（4）锁的钥匙：多个 MySQL 客户机并发访问同一个数据时，如果 MySQL 客户机 A 对该数据成功地施加了锁，那么只有 MySQL 客户机 A 拥有这把锁的"钥匙"，也就是说只有 MySQL 客户机 A 能够对该锁进行解锁操作。

（5）锁的生命周期：锁的生命周期是指在同一个 MySQL 服务器连接内对数据加锁到解锁之间的时间间隔。

2. 锁定与解锁

（1）锁定表：MySQL 提供了 lock tables 语句来锁定当前线程的表。

锁定表的语法格式如下：

```
lock tables table_name[as alias]{read[local]|[low_priority]write}
```

说明：read 锁确保用户可以读取表，但是不能修改表。write 锁只有锁定该表的用户可以修改表，其他用户无法访问该表。

在对一个事务表使用表锁定的时候需要注意：在锁定表时会隐式地提交所有事务，在开始一个事务时，例如 start transaction，会隐式地解开所有表锁定。在事务表中，系统变量 @@autocommit 的值必须设为 0，否则 MySQL 会在调用 lock tables 之后立刻释放表锁定，并且很容易形成死锁。

例如，在 score 表上设置一个只读锁定。

```
mysql> lock tables score read;
```

在 course 表上设置一个写锁定。

```
mysql> lock tables course write;
```

（2）解锁表：在锁定表以后可以使用 unlock tables 命令解除锁定。该命令不需要指出解除锁定的表的名字。

解锁表的语法格式如下：

```
mysql> unlock tables;
```

8.4.2 锁机制的分类

MySQL 支持很多不同的表类型，而且对于不同的类型，锁定机制也是不同的。在 MySQL 中各存储引擎都使用了 3 种级别的锁定机制，即表级锁定、行级锁定和页级锁定。

（1）表级锁定：一个特殊类型的访问，整个表被客户锁定。根据锁定的类型，其他客户不能向表中插入记录，甚至从中读数据也受到限制。表级锁定的类型包括两种锁，即读锁（read）和写锁（write）。

- 读锁：如果表没有加写锁，那么就加一个读锁，否则将请求放到读锁队列中。
- 写锁：如果表没有加锁，那么就加一个写锁，否则将请求放到写锁队列中。

MySQL 数据库的表级锁定主要分为两种类型，一种是读锁，另一种是写锁。MySQL 数据库提供了 4 种队列来维护这两种锁，间接地说明了数据库表级锁定的 4 种状态。

- current read lock queue (lock -> read)：存放的是当前持有读锁的所有线程。
- padding read lock queue (lock -> read wait)：存放正在等待资源的信息。
- current write lock queue (lock -> write)：存放的是当前持有写锁的所有线程。
- padding write lock queue (lock-> write wait)：存放正在等待对资源写操作的信息。

MySQL 内部实现读锁和写锁有多达十几种具体的锁定类型，由系统中的一个枚举类型变量（thr_lock_type）定义，具体锁定类型为 ignore、unlock、read、write、read_with_shared_locks、read_high_priority、read_no_insert、write_allow_write、write_allow_read、write_concurrent_insert、write_delayed、write_low_priority、write_only。

（2）行级锁定：行级锁定比表级锁定或页级锁定对锁定过程提供了更精细的控制。在这种情况下，只有线程使用的行是被锁定的，表中的其他行对于其他线程都是可用的。行级锁定并不是由 MySQL 提供的锁定机制，而是由存储引擎自己实现的，其中 InnoDB 的锁定机制就是行级锁定。行级锁定的类型包括 3 种，即排他锁、共享锁和意向锁。

- 排他锁（Exclusive Locks）：排他锁又称为 X 锁，允许获得排他锁的事务更新数据，阻止其他事务取得相同数据的共享锁和排他锁。如果事务 T1 获得了数据行 D 上的排他锁，则 T1 对数据行既可读又可写。事务 T1 对数据行 D 加上排他锁，则其他事务对数据行 D 的任务封锁请求都不会成功，直至事务 T1 释放数据行 D 上的排他锁。
- 共享锁（Share Locks）：共享锁又称为 S 锁，允许一个事务在读一行数据时阻止其他事务读取相同数据的排他锁。如果事务 T1 获得了数据行 D 上的共享锁，则 T1 对数据行 D 可以读但不可以写。事务 T1 对数据行 D 加上共享锁，则其他事务对数据行 D 的排他锁请求不会成功，而对数据行 D 的共享锁请求可以成功。
- 意向锁：意向锁是一种表锁，锁定的粒度是整张表，分为意向共享锁（IS）和意向排他锁（IX）两类。意向锁表示一个事务有意对数据加上共享锁或排他锁。
  - 意向共享锁（IS）：事务打算给数据行加共享锁，事务在取得一个数据行的共享锁之前必须先取得该表的 IS 锁。
  - 意向排他锁（IX）：事务打算给数据行加排他锁，事务在取得一个数据行的排他锁之前必须先取得该表的 IX 锁。

锁模式的兼容性如表 8-5 所示。

表8-5 锁模式的兼容性

	X	IX	S	IS
排他锁（X）	冲突	冲突	冲突	冲突
意向排他锁（IX）	冲突	兼容	冲突	兼容
共享锁（S）	冲突	冲突	兼容	兼容
意向共享锁（IS）	冲突	兼容	兼容	兼容

InnoDB 表的行锁是通过对"索引"施加锁的方式实现的，也就是说只有通过索引字段检索数据的查询语句或者更新语句才可能施加行级锁，否则 InnoDB 将使用表级锁，使用表级锁必会降低 InnoDB 表的并发访问性能。

（3）页级锁定：MySQL 将锁定表中的某些行（称作页），被锁定的行只对锁定最初的线程是可行的。页级锁的开锁和加锁时间介于表级锁和行级锁之间，会出现死锁，锁定粒度介于表级锁和行级锁之间。

InnoDB 表的速度很快，适合执行大量的 insert 或 update 数据操作。影响 InnoDB 类型的表速度的主要原因是 autocommit 默认设置是打开的，如果程序没有显式调用 begin 开始事务，会导致每插入一条数据都会自动提交，严重影响了速度。

在查询（select）语句或者修改（insert、update 以及 delete）语句中，为受影响的记录施加行级锁的方法也非常简单。在修改数据时，InnoDB 存储引擎将符合更新条件的记录自动施加排他锁(隐式锁)，即 InnoDB 存储引擎自动为更新语句影响的记录施加隐式排他锁。例如，在 select 语句中为符合查询条件的记录施加共享锁和为符合查询条件的记录施加排他锁。

```
select * from student  where sex='女' lock in share mode;
select * from student  where  entrance>=850 for update;
```

8.4.3 死锁的管理

1. 死锁的原因

两个或两个以上的事务分别申请封锁对方已经封锁的数据对象，导致长期等待而无法继续运行下去的现象称为死锁。

MySQL 对并发事务的处理，使用任何方案都会导致死锁问题。在下面两种情况下会经常发生死锁现象。

第 1 种情况是，两个事务分别锁定了两个单独的对象，这时每一个事务都要求在另外一个事务锁定的对象上获得一个锁，结果是每一个事务都必须等待另外一个事务释放占用的锁，此时就发生了死锁。这种死锁是最典型的死锁形式。

第 2 种情况是，在一个数据库中有若干长时间运行的事务并行的执行操作，查询分析器处理非常复杂的查询时，例如连接查询，由于不能控制处理的顺序，有可能发生死锁。

死锁是指事务永远不会释放它们所占用的锁，死锁中的两个事务都将无限期等待下去。MySQL 的 InnoDB Engine 自动检测死锁循环，并选择一个会话作为死锁中放弃的一方，通过终止该事务来打断死锁。被终止的事务发生回滚，并返回给连接一个错误消息。

如果在交互式的 MySQL 语句中发生死锁错误,用户只要简单地重新输入该语句即可。

2. 对死锁的处理

在默认情况下,InnoDB 存储引擎一旦出现锁等待超时异常,InnoDB 存储引擎既不会提交事务,也不会回滚事务,而这是十分危险的。一旦发生锁等待超时异常,应用程序应该自定义错误处理程序,由程序开发人员选择是进一步提交事务还是回滚事务。

在 InnoDB 的事务管理和锁定机制中有专门用于检测死锁的机制。当检测到死锁时,InnoDB 会选择产生死锁的两个事务中较小的一个产生回滚,而让另外一个较大的事务成功完成。那么如何判断事务的大小呢? 主要是通过计算两个事务各自插入、更新或者删除的数据量来判断,也就是说哪个事务改变的记录数越多,在死锁中越不会被回滚。需要注意的是,如果在产生死锁的场景中涉及的不止 InnoDB 存储引擎,InnoDB 是检测不到该死锁的,这时就只能通过锁定超时限制来解决该死锁了。

在 MySQL 8.0 中执行查询时,如果获取不到锁,可以通过添加 nowait 和 skip locked 语法让查询立即返回。如果查询的行已经加锁,那么 nowait 会立即报错返回,而 skip locked 也会立即返回,只是返回的结果中不包含被锁定的行。

3. 事务与锁机制的注意事项

事务与锁机制的注意事项如下:

(1) 锁的粒度越小,应用系统的并发性能就越高,由于 InnoDB 存储引擎支持行锁,建议使用 InnoDB 存储引擎表,以提高系统的可靠性。

(2) 在使用事务时,尽量避免在一个事务中使用不同存储引擎的表。

(3) 在处理事务时尽量设置和使用较低的隔离级别。

(4) 尽量使用基于行锁控制的隔离级别,必要时使用表锁,可以避免死锁现象。

(5) 对于 InnoDB 存储引擎支持的行锁,设置合理的超时参数范围,编写锁等待超时异常处理程序,可以解决锁等待问题。

(6) 为避免死锁,当事务进行多记录修改时,尽量在获得所有记录的排他锁后进行修改操作。

(7) 为避免死锁,尽量缩短锁的生命周期,保持事务简短并处于一个批处理中。

(8) 为避免死锁,事务中尽量按照同一顺序访问数据库对象,避免在事务中存在用户交互访问数据的情况。

8.5 实践操作指导

对于并发控制和锁的基本操作需要掌握以下要点:

- 事务的定义、启动和应用场合。
- 保存点的设置和应用。
- 设置事务的隔离级别。
- 锁的管理和设置。
- 避免死锁的出现。

习题 8

1. 选择题

（1）MySQL 的事务不具有的特征是_____。

　　A. 原子性　　　　　B. 隔离性　　　　　C. 一致性　　　　　D. 共享性

（2）MySQL 中常见的锁类型不包括_____。

　　A. 共享锁　　　　　B. 意向锁　　　　　C. 架构　　　　　　D. 排他锁

（3）事务的隔离级别不包括_____。

　　A. read uncommitted　　　　　　B. read committed

　　C. repeatable read　　　　　　　D. repeatable only

（4）死锁发生的原因是_____。

　　A. 并发控制　　　　B. 服务器故障　　　C. 数据错误　　　　D. 操作失误

（5）MySQL 中发生死锁需要_____。

　　A. 用户处理　　　　B. 系统自动处理　　C. 修改数据源　　　D. 取消事务

2. 简答题

（1）简述并发控制可能产生的影响，分别描述产生的原因。

（2）如何设置事务的隔离级别？

（3）如何在事务中设置保存点？保存点有什么用途？

（4）什么是死锁？哪些方法可以解除死锁？

（5）简述 MySQL 中锁的粒度及锁的常见类型。

3. 上机练习题（本题利用 teaching 数据库中的表进行操作）

（1）创建在 score 表上执行 update 语句的事务 up_score，并执行。

（2）定义一个事务，向 course 表中添加一条记录，并设置保存点。然后删除该记录，并回滚到事务的保存点，提交事务。

（3）创建事务，练习在 student 表上进行查询、插入和更新。

（4）将 course 表中课程号为 c08123 的课程名改为"PHP 语言"，并提交该事务。

第9章
权限管理及安全控制

数据库的安全性是指保护数据库以防止不合法使用所造成的数据泄露、更改或破坏。系统安全保护措施是否有效是数据库系统主要的性能指标之一。数据库的安全性与计算机系统的安全性紧密联系，数据库管理系统提供的主要技术有强制存取控制、数据加密存储和加密传输等。控制数据存取流程，通过用户标识和鉴定、存取控制、视图、审计和数据加密等方法，对非法用户和不具备完整性的数据进行特别处理。

在 MySQL 数据库管理系统中，主要是通过用户权限管理实现其安全性控制的。MySQL 角色是指定的权限集合，如果用户被授予角色权限，则该用户拥有该角色的权限集合。当在服务器上运行 MySQL 时，数据库管理员的职责就是要想方设法使 MySQL 免遭用户的非法侵入，拒绝其访问数据库，保证数据库的安全性和完整性。

9.1　MySQL 权限系统的工作原理

了解 MySQL 数据库的安全性，首先要了解 MySQL 的访问控制系统，掌握 MySQL 权限系统的工作原理，熟悉其权限操作。当 MySQL 服务启动时，首先会读取数据库 mysql 中的权限表，并将表中的数据装入内存。当用户进行存取操作时，MySQL 会根据这些表中的数据做相应的权限控制。

9.1.1　MySQL 的权限表

通过网络连接服务器的客户对 MySQL 数据库的访问由权限表的内容来控制。用户登录以后，MySQL 数据库系统会根据这些权限表的内容为每个用户赋予相应的权限。这些权限表中最重要的是 user 表、db 表、tables_priv 表、columns_priv 表、procs_priv 表等，MySQL 8.0 的 mysql 数据库中共 34 个表。

1. user 表

user 表是 MySQL 中最重要的一个权限表，记录允许连接到服务器的账号信息。user 表列出可以连接服务器的用户及其口令，并且指定他们有哪种全局（超级用户）权限。在 user 表启用的任何权限均是全局权限，并适用于所有数据库。MySQL 8.0 中的 user 表有 51 个字段，这些字段共分为 4 类，分别是用户列、权限列、安全列和资源控制列。利用"mysql> desc user;"可以查看 user 表的结构，运行结果（部分）显示如下：

```
mysql> use mysql;
```

```
        Database changed
mysql> desc user;
        +----------------+----------------+------+-----+---------+------+
        | Field          | Type           | Null | Key | Default |Extra |
        +----------------+----------------+------+-----+---------+------+
        | Host           | char(255)      | NO   | PRI |         |      |
        | User           | char(32)       | NO   | PRI |         |      |
        | Select_priv    | enum('N','Y')  | NO   |     | N       |      |
        | Insert_priv    | enum('N','Y')  | NO   |     | N       |      |
        | Update_priv    | enum('N','Y')  | NO   |     | N       |      |
        | Delete_priv    | enum('N','Y')  | NO   |     | N       |      |
        | Create_priv    | enum('N','Y')  | NO   |     | N       |      |
        | Drop_priv      | enum('N','Y')  | NO   |     | N       |      |
          ……
        | User_attributes | json          | YES  |     | NULL    |      |
        +----------------+----------------+------+-----+---------+------+
        51 rows in set (0.18 sec)
```

从结果中可以看到用户的常见权限字段定义。例如，如果用户获得了 delete 权限，就可以从表中删除记录。其他权限表也可以采用同样的方式查看。

2. db 表和 host 表

db 表和 host 表也是 MySQL 数据库中非常重要的权限表。db 表中存储了用户对某个数据库的操作权限，决定用户能从哪个主机存取哪个数据库。host 表中存储了某个主机对数据库的操作权限，配合 db 权限表对给定主机上数据库级的操作权限做更细致的控制。这个权限表不受 grant 和 revoke 语句的影响。db 表比较常用，host 表一般很少使用。db 表和 host 表的字段大致可以分为两类，分别是用户列和权限列。

3. tables_priv 表和 columns_priv 表

tables_priv 表可以对单个表进行权限设置，tables_priv 表包含 8 个字段，分别是 Host、Db、User、Table_name、Grantor、Timestamp、Table_priv 和 Column_priv。前 4 个字段分别表示主机名、数据库名、用户名和表名。Grantor 表示权限是谁设置的。Timestamp 表示修改权限的时间。Table_priv 表示对表进行操作的权限。这些权限包括 select、insert、update、delete、create、drop、grant、references、index 和 alter。

Column_priv 表示对表中的数据列进行操作的权限。这些权限包括 select、insert、update 和 references。columns_priv 表可以对单个数据列进行权限设置，包含 7 个字段。

4. procs_priv 表

procs_priv 表可以对存储过程和存储函数进行权限设置。procs_priv 表包含 8 个字段，分别是 Host、Db、User、Routine_name、Routine_type、Proc_priv、Timestamp 和 Grantor。前 3 个字段分别表示主机名、数据库名和用户名。Routine_name 表示存储过程或函数的名称。Routine_type 表示类型，该字段有两个取值，分别是 function 和 procedure。function 表示这是一个存储函数，procedure 表示这是一个存储过程。Proc_priv 表示拥有的权限。权限分为 3 类，分别是 execute、alter routine 和 grant。Timestamp 存储更新的时间。Grantor 存储权限是谁设置的。

9.1.2　MySQL 权限系统的工作过程

为了确保数据库的安全性与完整性，数据库系统并不希望每个用户可以执行所有的数据库操作。当 MySQL 允许一个用户执行各种操作时，将首先核实用户向 MySQL 服务器发送的连接请求，然后确认用户的操作请求是否被允许。MySQL 的访问控制分为两个阶段，即连接核实阶段和请求核实阶段。

1．连接核实阶段

当用户试图连接 MySQL 服务器时，服务器基于用户提供的信息来验证用户身份，如果不能通过身份验证，服务器会完全拒绝该用户的访问；如果能够通过身份验证，则服务器接受连接，然后进入第 2 个阶段等待用户请求。

MySQL 使用 user 表中的 3 个字段（Host、User 和 Password）进行身份检查，服务器只有在用户提供主机名、用户名和密码并与 user 表中对应的字段值完全匹配时才接受连接。

2．请求核实阶段

一旦连接得到许可，服务器则进入请求核实阶段。在这一阶段，MySQL 服务器对当前用户的每个操作都进行权限检查，判断用户是否有足够的权限来执行它。用户的权限保存在 user、db、host、tables_priv 或 columns_priv 权限表中。

在 MySQL 权限表的结构中，user 表在最顶层，是全局级的。下面是 db 表和 host 表，它们是数据库层级的。最后才是 tables_priv 表和 columns_priv 表，它们是表级和列级的。低等级的表只能从高等级的表得到必要的范围或权限。

如图 9-1 所示，MySQL 接收到用户的操作请求时，首先确认用户是否有权限。如果没有，则 MySQL 首先检查 user 表，即先检查全局权限表 user，如果 user 表中对应的权限为 T（有），则此用户对应的所有数据库的权限为 T，将不再检查 db、tables_priv、columns_priv 表；如果为 F（无），则从 db 表中检查此用户对应的具体数据库，并得到 db 表中 T 的权限；如果 db 表中为 F，则检查 tables_priv 及 columns_priv 表中此数据库对应的具体表，取得表

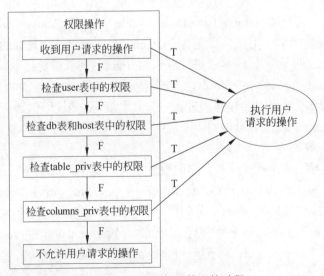

图 9-1　MySQL 权限管理的过程

中的权限 T, 以此类推。如果所有权限表都检查完毕, 依旧没有找到允许的权限操作, MySQL 服务器将返回错误信息, 用户操作不能执行, 操作失败。

9.2 账户管理

账户管理是 MySQL 用户管理最基本的内容。账户管理包括登录和退出 MySQL 服务器、创建用户、删除用户、密码管理、权限管理等内容。通过账户管理可以保证 MySQL 数据库的安全性。

9.2.1 普通用户的管理

视频讲解

MySQL 用户包括普通用户和 root 用户, 这两种用户的权限是不一样的。root 用户是超级管理员, 拥有所有的权限。root 用户的权限包括创建用户、删除用户、修改普通用户的密码等管理权限。普通用户只拥有创建该用户时赋予它的权限。用户管理包括管理用户的账户、权限等。

1. 使用 create user 语句创建新用户

在 MySQL 数据库中, 创建新用户可以直接操作 MySQL 权限表, 可以使用 create user 语句创建。如果要使用 create user 语句, 必须拥有 mysql 数据库的全局 create user 权限, 或拥有 insert 权限。对于每个账户, create user 语句会在没有权限的 mysql.user 表中创建一个新记录。如果账户已经存在, 则出现错误。使用自选的 identified by 子句可以为账户设置一个密码。在执行 create user 语句时, 服务器会有相应的用户权限表, 添加或修改用户及其权限。

create user 语句的基本语法格式如下:

```
create user 'user_name'@'hostname' [identified by [password]'password']
    [,'user_name'@'hostname'[identified by [password]'password']][,…];
```

说明:

（1）create user: 用于创建数据库用户, 如果是多个用户, 用户名用逗号分隔。

（2）user_name: 要创建的用户名, 是一个标识符。

（3）hostname: 指定了用户创建的使用 MySQL 的连接所来自的主机。如果一个用户名和主机名中包含特殊符号（如"_"）或通配符（如"%"）, 则需要用单引号将其括起来。"%"表示一组主机。本地主机一般用 localhost 表示。

（4）identified by: 用于指定用户密码, 注意用户名和密码区别大小写。

（5）[password]'password': [password]表示可选, 'password'表示设置的密码。

【例 9.1】 添加两个新用户, Hans 的密码为 hans131, Rose 的密码为 rose123。

代码和运行结果如下:

```
mysql> create user
    -> 'Hans'@'localhost' identified by 'hans131',
    -> 'Rose'@'localhost' identified by 'rose123';
    Query OK, 0 rows affected (0.19 sec)
```

2. 修改用户名称

修改用户名称可以使用 rename user 语句来实现。如果旧账户不存在或者新账户已存在，则会出现错误。

使用 rename user 语句修改用户名称的基本语法格式如下：

```
rename user old_user to new_user,[,old_user to new_user] [,…];
```

【例 9.2】 创建用户 test11 和 test22，然后将用户 test11 和 test22 的名字分别改为 king1 和 king2。

代码和运行结果如下：

```
mysql> create user
    -> 'test11'@'localhost' identified by 'test131',
    -> 'test22'@'localhost' identified by 'test232';
    Query OK, 0 rows affected (0.13 sec)
mysql> select Host,User from mysql.user where user like 'test%';
    +-----------+--------+
    | Host      | User   |
    +-----------+--------+
    | localhost | test11 |
    | localhost | test22 |
    +-----------+--------+
    2 rows in set (0.10 sec)
mysql> rename user
    -> 'test11'@'localhost' to 'king1'@'localhost',
    -> 'test22'@'localhost' to 'king2'@'localhost';
    Query OK, 0 rows affected (0.31 sec)
```

3. 删除普通用户

如果存在一个或者多个账户被闲置，应当考虑将其删除，确保不会用于可能的违法活动。利用 drop user 语句就能很容易地做到，它将从权限表中删除用户的所有信息，即来自所有授权表的账户权限记录。在 MySQL 数据库中，可以使用 drop user 语句删除普通用户，也可以直接在 mysql.user 表中删除用户。

（1）使用 drop user 语句删除用户：drop user 语句的语法格式如下。

```
drop user user_name[, user_name] [,…];
```

drop user 语句用于删除一个或多个 MySQL 账户，并取消其权限。如果要使用 drop user，必须拥有 mysql 数据库的全局 create user 权限或 delete 权限。drop user 语句不能自动关闭任何打开的用户对话。如果用户有打开的对话，则取消用户，命令不会生效，直到用户对话被关闭后才生效。一旦对话被关闭，用户也被取消，此用户再次试图登录时将会失败。

例如，删除用户 TOM1 的命令如下：

```
mysql> drop user TOM1@localhost;
```

（2）使用 delete 语句删除用户：delete 语句的基本语法格式如下。

```
delete from mysql.user where host='hostname' and user='username';
```

其中，host 和 user 为 user 表中的两个字段。

例如，使用 delete 删除用户 king1 的命令如下：

```
mysql> delete from mysql.user where host='localhost'and user='king1';
```

使用 select 语句查询 user 表中的记录，可以验证删除操作是否成功。

如果删除的用户已经创建了表、索引或其他的数据库对象，这些数据库对象将继续存在，因为 MySQL 并没有记录是谁创建了这些对象。

9.2.2　mysql 命令的使用

用户可以通过 mysql 命令登录 MySQL 服务器。前面已经简单介绍过一些登录 MySQL 服务器的方法，但是有些参数还不全。

1. 登录 MySQL 服务器

启动 MySQL 服务器后，可以通过 mysql 命令登录 MySQL 服务器。

完整的 mysql 命令如下：

```
mysql -h hostname|hostIP -P port -u username -p
Database Name -e "SQL statements";
```

说明：

- mysql：登录服务器的命令。
- -h hostname|hostIP：登录本地主机名|本地主机 IP 地址（127.0.0.1）。
- -P port：服务器的端口号，默认端口号为 3306，可省略。
- -u username：登录服务器的账户名，例如 root。
- -p：用户名之后的参数-p 后是用户登录密码，一般是在输入该参数后回车，然后直接输入登录密码。
- Database Name：要打开的数据库名。
- -e "SQL statements"：要执行的 SQL 语句字符串。
- 结束符：每条 SQL 语句应该以 ";" 或 "\g" 结束。

【例 9.3】　使用 root 用户登录到本地 MySQL 服务器的 mysql 数据库。

代码和运行结果如下：

```
C:\>mysql -h localhost -u root -p mytest
Enter password: ******
Welcome to the MySQL monitor.  Commands end with ; or \g.
Your MySQL connection id is 2328
Server version: 8.0.22 MySQL Community Server - GPL
Copyright (c) 2000, 2020, Oracle and/or its affiliates. All rights reserved.
Oracle is a registered trademark of Oracle Corporation and/or its
affiliates. Other names may be trademarks of their respective
owners. Type 'help;' or '\h' for help. Type '\c' to clear the current input
statement.
```

【例9.4】 使用root用户登录到本地MySQL服务器的mytest数据库中,同时指向一条查询语句。

代码和运行结果如下:

```
C:\> mysql -h localhost -u root -p teaching -e "select studentno,sex,
entrance,phone from student where entrance>850;"
 Enter password: ******
 +-------------+------+----------+--------------+
 | studentno   | sex  |entrance  | phone        |
 +-------------+------+----------+--------------+
 | 20120203567 | 女   |     898  | 13212345677  |
 | 20123567897 | 女   |     879  | 13175689345  |
 | 21125221327 | 女   |     879  | 13178978999  |
 | 21135222201 | 女   |     867  | 15978945645  |
 +-------------+------+----------+--------------+
C:\>
```

在运行过程中,按照提示输入MySQL服务器的密码,命令执行完成后查询student表的相关信息。查询之后退出MySQL登录状态。

2. 修改用户密码

如果要修改某个用户的登录密码,可以使用 mysqladmin 命令、update 语句或 set password 语句来实现。MySQL 8.0 的主要新密码策略如下:

- 支持密码过期策略,需要周期性地修改密码。
- 增加历史密码校验机制,防止近几次的密码相同(次数可以配置)。
- 修改密码时需要验证旧密码,防止被篡改风险。
- 支持双密码机制,即新密码与修改前的旧密码可以同时使用,并且可以选择采用主密码还是第二个密码。
- 增加密码强度约束,避免使用弱密码。

(1) root 用户修改自己的密码: root 用户的安全对于保证 MySQL 的安全非常重要,因为 root 用户拥有全部权限。修改 root 用户密码的方式有多种,可以使用 mysqladmin 命令。mysqladmin 命令的基本语法格式如下:

```
mysqladmin -u username -h localhost -p password "newpassword";
```

例如,可以使用 mysqladmin 命令将 root 用户的密码修改为"rootpwd"。

代码和运行结果如下:

```
mysql> mysqladmin -u root -p password "rootpwd";
        Enter password: *******
```

(2) 使用 update 语句在 user 表中修改用户的密码: 因为所有账户信息都保存在 user 表中,所以可以通过直接修改 user 表来改变用户的密码。用户登录到 MySQL 服务器后,使用 update 语句修改 mysql 数据库中 user 表的 authentication_string 字段值,从而修改用户的密码。

使用 update 语句修改 king1 用户的密码的代码和结果如下：

```
mysql> update mysql.user set authentication_string= 'newpasswd'
    -> where user='king1' and host='localhost';
      Query OK, 1 row affected (0.09 sec)
      Rows matched: 1  Changed: 1  Warnings: 0
mysql> select host,user, authentication_string  from user
    -> where user like 'k%';
   +-----------+-------+--------------------------------------+
   | host      | user  | authentication_string                |
   +-----------+-------+--------------------------------------+
   | localhost | king1 | newpasswd                            |
   | localhost | king2 | $A$005$uolv|{fchT{|H^YxTnHr
                          jgRfBHHmyGHk76EwBn37EeZa7dts3jG0m3aEy2 |
   +-----------+-------+--------------------------------------+
   2 rows in set (0.13 sec)
```

9.3　权限管理

权限管理主要是对登录到 MySQL 服务器的用户进行权限验证。所有用户的权限都存储在 MySQL 的权限表中。合理的权限管理能够保证数据库系统的安全，不合理的权限设置会给 MySQL 服务器带来安全隐患。

MySQL 角色是指定的权限集合，和账户一样拥有授予和撤销的权限，利用角色授予用户账户权限，则该用户就一次获得该角色的权限集合中的每一项权限。利用角色授权有利于简化数据库管理员的工作。角色也可以用来提供有效、复杂的安全模型，以及管理可用于对象的访问权限。

9.3.1　MySQL 的权限类型

MySQL 数据库中有多种类型的权限，这些权限都存储在 mysql 数据库的权限表中。在 MySQL 启动时，服务器将这些数据库中的权限信息读入内存。

grant 和 revoke 语句用来管理访问权限，也可以用来创建和删除用户，但在 MySQL 8.0 中利用 create user 和 drop user 语句更容易实现这些任务。

如果授权表拥有含有 mixed-case 数据库或表名称的权限记录，并且 lower_case_table_names 系统变量已设置，则不能使用 revoke 撤销权限，必须直接操纵授权表（当 lower_case_table_names 已设置时，grant 将不会创建此类记录，但是此类记录可能已经在设置变量之前被创建了）。

授予的权限可以分为多个层级。

（1）全局层级：全局权限适用于一个给定服务器中的所有数据库。这些权限存储在 mysql.user 表中。grant all on *.* 和 revoke all on *.* 只授予和撤销全局权限。

（2）数据库层级：数据库权限适用于一个给定数据库中的所有目标。这些权限存储在 mysql.db 和 mysql.host 表中。grant all on db_name.* 和 revoke all on db_name.* 只授予和撤销数据库权限。

（3）表层级：表权限适用于一个给定表中的所有列。这些权限存储在 mysql.tables_priv 表中。grant all on db_name.tbl_name 和 revoke all on db_name.tbl_name 只授予和撤销表权限。

（4）列层级：列权限适用于一个给定表中的单一列。这些权限存储在 mysql.columns_priv 表中。当使用 revoke 时，用户必须指定与被授权列相同的列。其采用 select(col1, col2…)、insert(col1, col2…)和 update(col1, col2…)的格式实现。

（5）子程序层级：create routine、alter routine、execute 和 grant 等权限适用于已存储的子程序。这些权限可以被授予全局层级或数据库层级，而且除了 create routine 以外，这些权限可以被授予子程序层级，并存储在 mysql.procs_priv 表中。

grant 和 revoke 语句对于谁可以操作服务器及数据库对象提供了多层次、多类别的控制权限，从谁可以关闭服务器，到谁可以修改特定表字段中的信息，都能利用权限进行控制。表 9-1 中列出了使用这些语句可以授予或撤销的常用权限。

表 9-1　grant 和 revoke 的常用管理权限

权　　限	含　　义
all [privileges]	设置除 grant option 之外的所有简单权限
alter	允许使用 alter table
alter routine	更改或取消已存储的子程序
create	允许使用 create table
create routine	创建已存储的子程序
create temporary tables	允许使用 create temporary table
create user	允许使用 create user、drop user、rename user 和 revoke all privileges
create view	允许使用 create view
delete	允许使用 delete
drop	允许使用 drop table
execute	允许用户运行已存储的子程序
file	允许使用 select…into outfile 和 load data infile
index	允许使用 create index 和 drop index
insert	允许使用 insert
lock tables	允许对用户拥有 select 权限的表使用 lock tables
process	允许使用 show full processlist
references	未被实施
reload	允许使用 flush
replication client	允许用户询问从属服务器或主服务器的地址
replication slave	用于复制型从属服务器（从主服务器中读取二进制日志事件）
select	允许使用 select
show databases	显示所有数据库
show view	允许使用 show create view
shutdown	允许使用 mysqladmin shutdown

续表

权　限	含　义
super	允许使用 change master、kill、purge masterlogs 和 set global 语句，mysqladmin debug 命令；允许用户连接（一次），即使已达到 max_connections
update	允许使用 update
usage	"无权限"的同义词

9.3.2　用户授权管理

授权就是为某个用户授予权限。在 MySQL 中使用 grant 语句为用户授予权限。新创建的用户还没任何权限，不能访问数据库。针对不同用户对数据库的实际操作要求，分别授予用户对特定表的特定字段、特定表、数据库的特定权限。

视频讲解

1. 利用 grant 语句给用户授权

在 MySQL 中使用 grant 关键字为用户设置权限，必须是拥有 grant 权限的用户才可以执行 grant 语句。

grant 语句的基本语法格式如下：

```
grant priv_type[(column_list)][,priv_type[(column_list)]][,…n]
on {db_name.*|*.*|database_name.*|database_name.table_name}
to 'username1'@'hostname' [,'username2'@'hostname'] [,…n]
[with grant option];
```

说明：

- priv_type[(column_list)]：要设置的权限项。若授予用户所有的权限（all），该用户为超级用户账户，具有完全的权限，可以做任何事情。
- {db_name.*|*.*|database_name.*|database_name.table_name}：对象类型项，可以是特定表、所有表、特定库或所有数据库。db_name.*表示特定数据库的所有表，*.*表示所有数据库。
- with grant option：在授权时若带有 with grant option 语句，该用户还可以将权限再授予其他用户。

【例 9.5】创建一个新用户 grantuser，密码为 grantpass。使用 grant 语句授予用户 grantuser 对所有数据有查询、插入权限，并授予 grant 权限。

代码和运行结果如下：

```
mysql> create user 'grantuser'@'localhost' identified by 'grantpass';
    Query OK, 0 rows affected (0.19 sec)
mysql> grant select,insert on *.* to 'grantuser'@'localhost'
    -> with grant option;
    Query OK, 0 rows affected,(0.47 sec)
```

【例 9.6】使用 grant 语句将 teaching 数据库中 student 表的 delete 权限授予用户 grantuser。

代码和运行结果如下：

```
mysql> grant delete on teaching.student to 'grantuser'@'localhost';
```

```
                    Query OK, 0 rows affected (0.15 sec)
```

【例9.7】　授予用户 grantuser 对 student 表上的 studentno 列和 sname 列有 update 权限。
代码和运行结果如下：

```
mysql> grant update(studentno, sname)
    -> on student to grantuser@localhost;
        Query OK, 0 rows affected (0.04 sec)
```

【例9.8】　授予用户 grantuser 有为 teaching 数据库创建存储过程和存储函数的权限。
代码和运行结果如下：

```
mysql> grant create routine on teaching.*
    -> to grantuser@localhost;
        Query OK, 0 rows affected (0.04 sec)
```

说明：

（1）使用 grant 语句可以完成新用户的授权。

（2）对于列权限，权限的值只能取 select、insert 和 update。在权限的后面需要加上列
名。可以同时授予多个列权限，列名与列名之间用逗号分隔。

（3）可以同时授予多个用户多个权限，权限与权限之间用逗号分隔，用户名与用户名
之间用逗号分隔。

（4）上述用 grant 语句进行授权，将会在授权表 db 中增加相应记录。

2. 收回用户权限

视频讲解

收回权限就是取消已经赋予用户的某些权限。收回用户不必要的权限在一定程度上可
以保证数据的安全性。权限被收回后，用户账户的记录将从 db、host、tables_priv 和 columns_
priv 表中删除，但是用户账户记录仍然在 user 表中保存。收回权限使用 revoke 语句来实现，
其语法格式有两种，一种是收回用户指定的权限，另一种是收回用户的所有权限。

（1）收回指定权限。

收回用户指定权限的基本语法如下：

```
revoke priv_type[(column_list)][,priv_type[(column_list)]][,…n]
    on{table_name|*|*.*|database_name.*|database_name.table_name}
    from 'username'@'hostname'[,'username'@'hostname'][,…n];
```

【例9.9】　收回 grantuser 用户对 teaching 数据库中 student 表的 update 权限。
代码和运行结果如下：

```
mysql> revoke update on teaching.student
    -> from grantuser@localhost;
        Query OK, 0 rows affected (0.05 sec)
```

（2）收回所有权限。

收回用户所有权限的基本语法如下：

```
revoke all privileges,grant option
```

```
from 'username'@'hostname'[,'username'@'hostname'][,…n];
```

【例 9.10】 使用 revoke 语句收回 grantuser 用户的所有权限，包括 grant 权限。代码和运行结果如下：

```
mysql> revoke all privileges,grant option
    -> from grantuser@localhost;
       Query OK, 0 rows affected (0.00 sec)
```

3. 查看用户权限

使用 show grants 语句可以显示指定用户的权限信息。

使用 show grants 语句查看账户权限信息的基本语法格式如下：

```
show grants for 'username'@'hostname';
```

例如，使用 show grants 语句查看 grantuser 用户的权限信息，其中 USAGE 表示无权限。

```
mysql> show grants for grantuser@localhost;
    +-------------------------------------------------+
    | Grants for grantuser@localhost                  |
    +-------------------------------------------------+
    | GRANT USAGE ON *.* TO 'grantuser'@'localhost'   |
    +-------------------------------------------------+
    1 row in set (0.00 sec)
```

4. 限制用户权限

with 子句也可以通过下列参数实现对一个用户授予使用权限，其中 count 表示次数。

（1）max_queries_per_hour count：表示每小时可以查询数据库的次数。

（2）max_connections_per_hour count：表示每小时可以连接 MySQL 数据库的次数。

（3）max_updates_per_hour count：表示每小时可以修改数据库的次数。

（4）max_user_connections：一个用户可以在同一时间连接 MySQL 实例的数量。

【例 9.11】 创建用户 fans，授予 fans 每小时可以发出查询 20 次，可以连接数据库 5 次，发出更新数据 10 次，并可以在同一时间连接两个 MySQL 实例的权限。

代码和运行结果如下：

```
mysql> create user 'fans'@'localhost' identified by 'frank'
    -> with max_queries_per_hour 20
    ->      max_updates_per_hour 10
    ->      max_connections_per_hour 5
    ->      max_user_connections 2;
       Query OK, 0 rows affected (0.06 sec)
```

如果要取消某项资源限制，就是把原先的值修改成 0。例如：

```
alter user 'fans'@'localhost' with max_user_connections 0;
```

9.3.3 角色的创建和管理

MySQL 的角色是指定的权限集合。角色也可以像用户账户一样拥有授予和撤销的权限，可以授予用户账户角色，就是将每个角色相关的权限一起授予该账户。用户被授予角色权限，则该用户拥有该角色的权限。如图 9-2 所示，权限可以直接授予用户，也可以组合成角色成批地授予用户。利用角色授权可以更方便地管理用户权限。

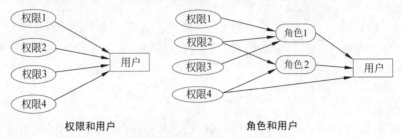

图 9-2　MySQL 角色与用户的关系

MySQL 8.0 中角色的主要操作如下。

- create role 和 drop role：角色的创建和删除。
- grant 和 revoke：为用户和角色分配和撤销权限。
- show grants：显示用户和角色的权限和角色分配。
- set default role：指定哪些账户角色默认处于活动状态。
- set role：更改当前会话中的活动角色。
- current_role()：显示当前会话中的活动角色。

1. 创建角色并授予用户角色权限

若在应用程序中利用角色调用 teaching 数据库，需要为创建和维护应用程序的开发人员以及管理员账户。针对开发人员需要完全访问数据库、有的用户只需要读取权限、有的用户需要读写权限的情况，可以创建不同的角色对不同的用户群进行授权。通过适当的角色授权，可以轻松地为用户授予所需的权限集合。

（1）创建角色：创建角色的格式如下。

```
create role role_name[role_name,…];
```

说明：角色名称 role_name 与用户账户名称非常相似，由格式中的用户部分和主机部分组成。主机部分如果省略，则默认为%。用户和主机部分可以不加引号，除非它们包含特殊字符。与账户名称不同，角色名称的用户部分不能为空。

【例 9.12】　在 teaching 数据库中创建角色 teach_developer、teach_read 和 teach_write。代码和运行结果如下：

```
mysql> use teaching;
    Database changed
mysql> create role 'teach_developer', 'teach_read', 'teach_write';
    Query OK, 0 rows affected (0.51 sec)
```

（2）为角色分配权限：与为用户分配权限的语法格式相同。

【例9.13】 分别为数据库 teaching 中的角色 teach_developer、teach_read 和 teach_write 授权。

代码和运行结果如下：

```
mysql> grant all on teaching.* to 'teach_developer';
        Query OK, 0 rows affected (0.14 sec)
mysql> grant select on teaching.* to 'teach_read';
        Query OK, 0 rows affected (0.08 sec)
mysql> grant insert, update, delete on teaching.* to 'teach_write';
        Query OK, 0 rows affected (0.04 sec)
```

（3）通过角色为用户授权：如果要为每个用户分配其所需的权限，需要使用 grant 语句列举每个用户的个人权限。使用 grant 语句通过角色授权就比较适用。

【例9.14】 先查看 teaching 数据库中的自定义用户，然后通过角色授权。

代码和运行结果如下：

```
mysql>  select  Host,User from mysql.user;
        +-----------+-----------------+
        | Host      | User            |
        +-----------+-----------------+
        | %         | teach_developer |
        | %         | teach_read      |
        | %         | teach_write     |
        | localhost | Hans            |
        | localhost | Rose            |
        | localhost | king1           |
        | localhost | king2           |
        ......
        +-----------+-----------------+
        11 rows in set (0.02 sec)
mysql> grant 'teach_developer' to 'Hans'@'localhost';
        Query OK, 0 rows affected (0.73 sec)
mysql> grant 'teach_read' to 'king1'@'localhost', 'king2'@'localhost';
        Query OK, 0 rows affected (0.05 sec)
-- 结合角色所需的读取和写入权限，在 grant 中授权 Rose 用户读取和写入的角色
mysql> grant 'teach_read', 'teach_write' to 'Rose'@'localhost';
        Query OK, 0 rows affected (0.10 sec)
```

说明：grant 授权角色的语法和授权用户的语法不同，有一个 on 来区分角色和用户的授权，有 on 的为用户授权，没有 on 的用来分配角色。由于语法不同，允许为用户分配权限和角色，但必须使用单独的 grant 语句，每种语句的语法都要与授权的内容相匹配。

2. 检查角色权限

如果要验证分配给用户的权限，使用 show grants。例如：

```
mysql> show grants for 'Hans'@'localhost';
```

它会显示每个授予的角色,而不会将其显示为角色所代表的权限。如果要显示角色权限,添加一个 using 来显示。

```
mysql> show grants for 'Hans'@'localhost' using 'teach_developer';
```

同样验证其他类型的用户。

```
mysql> show grants for 'king1'@'localhost' using 'teach_read';
```

3. 撤销角色或角色权限

revoke 可以用于修改角色权限。正如可以授权某个用户的角色一样,可以从账户中撤销这些角色。撤销角色的语法格式如下:

```
revoke role_name from user;
```

说明:撤销角色本身的权限会影响到任何授予该角色的用户权限。假设想临时让所有用户只读,使用 revoke 从该 teach_write 角色中撤销修改权限。例如:

```
mysql> revoke insert, update, delete on teaching.* from 'teach_write';
```

teach_write 角色将完全没有任何权限,因此 king1 用户现在已经没有通过角色 teach_write 获得的 insert、update 和 delete 权限。

对于被授予 teach_write 角色的任何其他用户也会发生这种情况,说明修改使用角色而不必修改个人账户的权限。如果要恢复角色的修改权限,只需重新授予它们即可。

```
mysql> grant insert, update, delete on teaching.* to 'teach_write';
```

现在 king1 再次具有修改权限,就像授权该 teach_write 角色的其他任何账户一样。

4. 删除角色

如果要删除角色,可以使用 drop role。例如:

```
mysql> drop role 'teach_read', 'teach_write';
```

删除角色会从授权它的每个账户中撤销该角色。

另外,利用图形工具也可以实现用户的创建、修改和删除等操作。例如在启动 MySQL Workbench 时,在 User and Privileges 对话框中可以实现上述操作。

5. 角色和用户的应用

从获得数据库访问权限的角度来说,角色也可以解释为用户组。例如,在教学管理系统中可以有超级管理员、管理员、教师、学生等。在对这些用户授权时,只要将相应的角色权限集授予对应的用户即可。一个学生用户获得对应学生的角色权限集合,在应用系统中的身份就是学生。因此,可以说角色是具有相近权限的用户组。

对于一个 MySQL 的应用开发项目来说,与该项目相关联的所有用户都是直接授予权限,其中一个账户是最初被授予权限的开发者用户。例如:

```
mysql> use teaching;
        Database changed
mysql> create user'one_teach_dev'@'localhost'identified by 'one_teach_psw';
```

```
        Query OK, 0 rows affected (0.28 sec)
mysql> grant all on teach.* to ' one_teach_dev'@'localhost';
        Query OK, 0 rows affected (0.05 sec)
```

如果此开发人员离开项目，则有必要将权限分配给其他用户，或者项目的参与人员增多，则可能需要多个用户。以下是解决该问题的一些方法。

（1）不使用角色：更改账户密码，以便原始开发人员不能使用它，并让新的开发人员使用该账户。

```
mysql> alter user 'one_teach_dev'@'localhost' identified by'new_passwd';
        Query OK, 0 rows affected (0.10 sec)
```

（2）使用角色：首先锁定账户，以防止任何人使用它来连接服务器。

```
mysql> alter user 'one_teach_dev'@'localhost' account lock;
        Query OK, 0 rows affected (0.07 sec)
```

然后创建角色，将该账户的权限授予角色。对于每个新开发项目的开发者来说，创建一个新账户并授予角色权限即可。

```
mysql> create role teach_dev;
        Query OK, 0 rows affected (0.08 sec)
mysql> grant 'one_teach_dev'@'localhost' to ' teach_dev';
        Query OK, 0 rows affected (0.63 sec)
mysql> create user 'new_teach_dev'@'localhost' identified by'new_passwd';
        Query OK, 0 rows affected (0.04 sec)
mysql> grant 'teach_dev' to 'new_teach_dev'@'localhost';
        Query OK, 0 rows affected (0.05 sec)
```

其效果是利用角色将原始开发者账户权限分配给新账户。

9.4 MySQL 数据库安全的常见问题

9.4.1 权限更改何时生效

在 MySQL 服务器启动时以及使用 grant 和 revoke 语句时，服务器会自动读取 grant 表，这就为手动更新这些权限表提供了方法。当手动更新权限表时，MySQL 服务器不会自动监测到这些修改的权限。

有 3 种方法可以让服务器完善这些修改权限，使之生效。最常使用的更新权限的方法是在 MySQL 命令提示符下（必须以管理员的身份登录）输入以下命令：

```
flush privileges;
```

或者，还可以在操作系统中运行：

```
mysqladmin flush-privileges
```

或

```
mysqladmin reload
```

此后，当用户再连接的时候系统将检查全局级别权限，当下一个命令被执行时将检查数据库级别的权限，而表级别和列级别权限将在用户下次请求的时候被检查。

9.4.2　设置账户的密码

在 MySQL 8.0 中设置账户的密码有以下几种方式。

（1）在 DOS 命令窗口中指定密码：利用 mysqladmin 命令重设服务器为 host_name，且用户名为 user_name 的用户的密码，新密码为 newpassword。

```
mysqladmin -u user_name -h host_name password 'newpassword'
```

（2）通过 set password 命令设置用户的密码：只有以 root 用户或有更新 MySQL 数据库权限的用户的身份登录，才可以更改其他用户的密码。

```
mysql> set password for 'Hans'@'localhost' = 'base123456';
```

（3）在创建新账户时建立密码，要为 password 列提供一个具体值：

```
C:> mysql -u root mysql insert into user(Host,User,Password)
        values('%','pool33', 'base123456');
mysql> flush privileges;
```

（4）更改已有账户的密码，要用 update 语句来设置 password 列值：

```
mysql -u root mysql
update user set password = 'base123456'
where Host ='%' and user = 'test11';
mysql> flush privileges;
```

说明：

（1）如果使用 grant…identified by 语句或 mysqladmin password 命令设置密码，它们均会自动加密密码。

（2）当用户使用该密码连接服务器时，连接使用的密码值将被加密，并与保存在 user 表中的密码进行比较。因此比较将失败，服务器拒绝连接。

9.4.3　使密码更安全

MySQL 授予 user 表定义初始 MySQL 用户账户和访问权限。在 Windows 中，MySQL 一般创建了两个 root 账户。一个 root 账户用来从本机连接 MySQL 服务器，具有所有权限；另一个允许从任何主机连接，具有 test 数据库或其他以 test 开始的数据库的所有权限。

初始账户均没有密码，因此任何人可以用 root 账户不用任何密码来连接 MySQL 服务器。

一般情况下，MySQL 创建了两个匿名用户账户，每个账户的用户名均为空。匿名账户没有密码，因此任何人可以使用匿名账户来连接 MySQL 服务器。在 Windows 中，一个匿名账户用来从本机进行连接，也具有所有权限，同 root 账户一样；另一个可以从任何主机连接，具有 test 数据库或其他以 test 开始的数据库的所有权限。为了更好地保证 MySQL 数据库的安全，可以采取以下措施。

1. root 账户和匿名账户的管理

（1）为 root 账户指定密码：使用 set password 语句为匿名账户指定密码，使用 set password 语句指定 root 账户密码的例子如下。

```
mysql> set password for root@localhost = '123456';
mysql> set password for ''@'localhost' = '1234546';
```

或者使用 update 语句修改 root 账户密码，在使用 update 更新密码后，必须让服务器用 flush privileges 重新读授权表。例子如下：

```
mysql> update  mysql.user  set password = '123456'
    -> where user = 'root';
mysql> update  mysql.user  set password = '123456'
    -> where User = '';
mysql> flush privileges;
```

（2）直接删除匿名账户：可以避免匿名访问用户的危害。例子如下：

```
mysql> delete  from  mysql.user where  user = '';
```

2. 管理 MySQL 用户密码的策略

（1）密码管理的常用参数：如果要全局建立密码重用策略，需要在服务器启动时指定变量值，设置系统参数 default_password_lifetime 作用于所有的用户账户。其常用参数如下。

- password_history = 3：新密码不能和前面 3 次的密码相同。
- password_reuse_interval = 90：新密码不能和前面 90 天内使用的密码相同。
- password_require_current = on：默认为 off，为 on 时修改密码需要用户提供当前密码。
- default_password_lifetime=180：设置 180 天过期。
- default_password_lifetime=0：设置密码不过期。

例如查看 password_history 的值：

```
mysql> show variables like '%password_history%';
      +------------------+-------+
      | Variable_name    | Value |
      +------------------+-------+
      | password_history | 0     |
      +------------------+-------+
      1 row in set, 1 warning (0.00 sec)
```

（2）设置密码过期策略：MySQL 8.0 可以使用 set persist 动态修改参数并保存在配置文件 mysqld-auto.cnf 中，保存的格式为 JSON 串。这就不必担心设置之后忘记保存在配置文件中，重启之后会被还原的问题了。

在 MySQL 8.0 中，caching_sha2_password 是默认的身份验证插件，默认的密码加密方式是 sha2 模式。如果为每个用户设置了密码过期策略，则会覆盖上述系统参数。例如：

```
-- 设置密码过期天数为指定天数
mysql> alter user 'Rose'@'localhost' password expire interval 90 day;
       Query OK, 0 rows affected (0.07 sec)
-- 设置密码永不过期
mysql> alter user 'Rose'@'localhost' password expire never;
       Query OK, 0 rows affected (0.05 sec)
-- 设置密码默认过期策略，遵循全局密码到期策略
mysql> alter user 'Rose'@'localhost' password expire  default;
       Query OK, 0 rows affected (0.56 sec)
```

（3）手动强制用户密码过期。

```
-- 设置 Rose 账户密码过期
mysql> alter user 'Rose'@'localhost'  password  expire;
       Query OK, 0 rows affected (0.10 sec)
-- 利用 Rose 账户登录 MySQL，就会出现错误信息
mysql> select 1;
       ERROR 1820 (HY000): You must SET password before executing this
statement
-- 设置用户密码重新有效
mysql> alter user user() identified by 'new_pswd';
       Query OK, 0 rows affected (0.01 sec)
```

9.4.4　确保 MySQL 安全的注意事项

确保 MySQL 安全的注意事项如下。

（1）管理员在管理用户级别时，切记不能将 mysql.user 表的访问权限授予任何一般账户。

（2）如果从非交互方式下运行一个脚本调用一个客户端，就没有从终端输入密码的机会。其最安全的方法是让客户端程序提示输入密码或在适当保护的选项文件中指定密码。

（3）可以用下面的命令模式来连接服务器，以此来隐藏设置的密码：

```
mysql -u laisone -p  db_name
Enter password: ********
```

其中，"*"字符指示输入密码的地方，输入的密码对其他用户是不可见的。

（4）审计服务器的用户账户：当已有的服务器作为公司的数据库主机时，要确保禁用所有非特权用户，最好是全部删除。虽然 MySQL 用户和操作系统用户完全无关，但他们都要访问服务器环境，仅凭这一点就可能会有意地破坏数据库服务器及其内容。为了完全确保在审计中不会有遗漏，可以考虑重新格式化所有相关的驱动器，并重新安装操作系统。

（5）设置 MySQL 的 root 用户密码：对所有 MySQL 用户使用密码，客户端程序不需要验证运行它的人员的身份。对于客户端/服务器应用程序，用户可以指定客户端程序的用户名。例如，如果 abc_user 没有密码，任何人可以简单地用 mysql -u other_user db_name 冒充他人调用 MySQL 程序进行连接。如果所有用户账户均存在密码，使用其他用户的账户

进行连接将困难得多。

（6）及时下载安装补丁软件：为操作系统和安装软件下载安装补丁软件是屏蔽恶意用户攻击的常用方法，否则即使恶意用户没有多少攻击经验，也可以毫无阻碍地攻击未打补丁的服务器。

（7）禁用所有不使用的系统服务：要始终注意在将服务器放入网络之前已经消除所有不必要的潜在的服务器攻击途径。

（8）关闭未使用的端口：关闭未使用的系统服务是减少成功攻击可能性的好方法，用户还可以通过关闭未使用的端口来添加第二层安全。对于专用的数据库服务器，如果不希望在指定端口有数据通信，就关闭这个端口。除了可以在专用防火墙工具或路由器上做这些调整之外，还可以考虑利用操作系统的防火墙。

9.5 实践操作指导

MySQL 数据库的权限管理和安全控制的实践操作要点如下：
- 权限表的访问和管理。
- 账户的创建、删除和重命名。
- 权限的授予、收回和分配。
- 管理访问权限的 grant 和 revoke 语句的格式、应用方法。
- MySQL 8.0 角色的创建、授权和删除等主要操作。

习题 9

1. 选择题

（1）在 MySQL 8.0 中，可以使用_____语句为指定数据库添加用户。

    A. revoke   B. grant   C. update   D. create

（2）MySQL 中存储用户全局权限的表是_____。

    A. tables_priv   B. procs_priv   C. columns_priv   D. user

（3）下列_____用于撤销 MySQL 用户对象权限。

    A. revoke   B. grant   C. deny   D. create

（4）给名字是 liping 的用户分配对数据库 teaching 中的 student 表有查询和插入数据权限的语句是_____。

    A. grant select,insert on teaching.student for 'liping'@'localhost'

    B. grant select,insert on teaching.student to 'liping'@'localhost'

    C. grant 'liping'@'localhost' to select,insert for teaching.student

    D. grant 'liping'@'localhost' to teaching.student on select,insert

（5）修改自己的 MySQL 服务器密码的命令是_____。

    A. mysql   B. grant   C. set password   D. change password

2. 简答题

（1）简述 MySQL 在对象上进行权限设置时角色和用户权限的关系。

（2）在 MySQL 中可以授予的权限有哪几个层次？

（3）在 MySQL 的权限授予语句中，可用于指定权限级别的值有哪几种格式？

（4）简述 MySQL 中角色和用户的关系。

3. 上机练习题（本题利用 teaching 数据库进行操作）

（1）使用 grant 语句为用户 ex_user 授予当前数据库中的所有表的查询、插入权限，并授予 grant 权限。

（2）使用 grant 语句将 teaching 数据库中 student 表的 delete 权限授予用户 ex_user。

（3）收回 ex_user 用户对 teaching 数据库中 student 表的 delete 权限。

（4）使用 revoke 语句收回 ex_user 用户的所有权限，包括 grant 权限。

（5）假定当前系统中不存在用户 swming，请编写一段 SQL 语句，要求创建这个新用户，并为其设置对应的系统登录口令"my123"，同时授予该用户在数据库 teaching 的 course 表上拥有 select 和 update 的权限。

第10章

数据的备份恢复与日志管理

数据库的安全性和完整性是确保实现数据的可靠性、精确性和高效性的重要技术手段。为了保证数据的安全，防止意外事件的发生，需要定期地对数据进行备份。如果数据库系统中的数据遭到破坏，就可以使用备份好的数据进行数据还原，将损失降到最低。另外，数据表之间的数据导入与导出技术也为数据管理提供了可靠的备份功能。

MySQL 日志是记录 MySQL 数据库的日常操作和错误信息的文件。当数据遭到意外发生丢失时，可以通过日志文件查询出错原因，并且可以通过日志文件进行数据恢复。因此用户首先要了解日志的作用，并且掌握各种日志的使用方法和使用二进制日志还原数据的方法。

本章主要介绍数据损失的原因，以及数据备份、恢复和日志文件管理的基本操作，并介绍数据库迁移、数据的导入与导出的方法。

10.1　备份和恢复概述

数据备份和恢复是数据库管理中最常用的操作。备份和恢复的目的就是将数据库中的数据进行导出，生成副本，然后在系统发生故障后能够恢复全部或部分数据。数据备份就是制作数据库结构、对象和数据的备份，以便在数据库遭到破坏时或因需求改变而能够把数据库还原到改变以前的状态。数据恢复就是指将数据库备份加载到系统中。

1. 数据丢失的原因

对于生产数据库来说，数据的安全性是至关重要的，任何数据的丢失和危险都可能给生产带来严重的损失。例如，金融行业数据库系统存储着客户账户的重要信息，绝对不允许出现故障和数据破坏。为了保证数据的安全，需要定期对数据进行备份。

制定各种故障和灾难的恢复计划，应该预计到各种形式的潜在灾难，并针对具体情况制定恢复计划。例如，数据库系统在运行过程中可能出现运行故障，计算机系统可能出现操作失误或系统故障、自然灾害、计算机病毒或者物理介质故障等。

在数据库系统生命周期中可能发生的灾难主要分为 3 类。

（1）系统故障：系统故障一般是指硬件故障或软件错误。

（2）事务故障：事务故障是指事务运行过程中没有正常提交就产生的故障。MySQL 可以通过重启服务来处理该故障。

（3）介质故障：物理介质发生读写错误，或者管理员在操作过程中不慎删除一些重要数据或日志文件，就会产生介质故障。一般来说，介质故障需要数据库管理员手工进行恢复，在恢复时需要发生故障前的数据库备份和日志备份。

2. 数据备份的分类

（1）按备份时服务器是否在线划分。

- 热备份：热备份是指在数据库在线时服务正常运行情况下进行数据备份。
- 温备份：温备份是指进行数据备份时数据库服务正常运行，但数据只能读不能写。
- 冷备份：冷备份是指在数据库已经正常关闭的情况下进行数据备份。当正常关闭时会提供一个完整的数据库。

（2）按备份的内容划分。

- 逻辑备份：逻辑备份是指使用软件技术从数据库中导出数据并写入一个输出文件，该文件格式一般与原数据库的文件格式不同，只是原数据库中数据内容的一个映像。逻辑备份支持跨平台，备份的是 SQL 语句（DDL 和 insert 语句），以文本形式存储。在恢复的时候执行备份的 SQL 语句实现数据库数据的重现。
- 物理备份：物理备份是指直接复制数据库文件进行的备份。与逻辑备份相比，其速度较快，但占用的空间比较大。

（3）按备份涉及的数据范围来划分。

- 完整备份：完整备份是指备份整个数据库。这是任何备份策略中都要求完成的第一种备份类型，因为其他所有备份类型都依赖于完整备份。换句话说，如果没有执行完整备份，就无法执行差异备份和增量备份。
- 增量备份：数据库从上一次完整备份或者最近一次的增量备份以来改变的内容的备份。
- 差异备份：差异备份是指将从最近一次完整备份以后发生改变的数据进行备份。差异备份仅捕获自该次完整备份以后发生更改的数据。

备份是一种十分耗费时间和资源的操作，不能频繁操作，用户应该根据数据库的使用情况确定一个适当的备份周期。

3. 备份的时机

备份数据库的时机和频率取决于可接受的数据丢失量和数据库活动的频繁程度，需要决定从每种灾难中进行数据还原的合理时间长度，根据灾难类型和数据库的大小不同，所需的最短数据还原时间也会不同。

用户应该定期地备份数据库，可以从下列几个方面考虑备份的时机。

（1）创建数据库或为数据库填充了数据以后，用户应该备份数据库。

（2）创建索引后备份数据库。

（3）清理事务日志后备份数据库。当执行了清理事务日志的语句后应该备份数据库。在清理之后，事务日志将不包含数据库的活动记录，也不能用来还原数据库。

（4）执行了无日志操作后也应该备份数据库。

4. 数据恢复需要注意的问题

数据恢复就是在数据库的一定生命周期的某一时刻还原数据。管理员的非法操作和计算机的故障都会破坏数据库文件。当数据库遭到这些破坏时，可以通过备份文件将数据库还原到备份时的状态，这样可以将损失降到最低。当计划从各种潜在的灾难中恢复时，需要考虑相关的问题，并为各种可能性做准备。例如，一个包含数据文件的磁盘出现故障，应该考虑下列问题。

（1）关闭数据库会造成什么后果？

（2）替换损坏的数据磁盘并用数据库备份还原数据的时间可否接受？

（3）为了使数据库不会由于单个磁盘的故障而无法使用，是否需要实现 RAID？

（4）用数据库备份还原数据的实际时间是多少？

（5）更频繁地备份数据库是否会显著地减少还原时间？

5. 数据恢复的方法

数据恢复就是当数据库出现故障时将备份的数据库加载到系统，从而使数据库恢复到备份时的正确状态。MySQL 有 3 种保证数据安全的方法。

（1）数据库备份：通过导出数据或者表文件的复制来保护数据。

（2）二进制日志文件：保存更新数据的所有语句。

（3）数据库复制：MySQL 内部复制功能，建立在两个或两个以上服务器之间，通过设定它们之间的主从关系来实现。其中一个作为主服务器，其他的作为从服务器。在此主要介绍前两种方法。

恢复是与备份相对应的系统维护和管理操作。在系统进行恢复操作时，先执行一些系统安全性的检查，包括检查所要恢复的数据库是否存在、数据库是否变化及数据库文件是否兼容等，然后根据所采用的数据库备份类型采取相应的恢复措施。

数据备份是数据库管理员的工作。系统意外崩溃或者硬件损坏都可能导致数据库的丢失，因此 MySQL 管理员应该定期对数据库进行备份，使得在意外情况发生时尽可能减少损失。

10.2 数据备份

10.2.1 使用 mysqldump 命令备份

视频讲解

MySQL 提供了很多免费的客户端程序和实用工具，在 MySQL 目录下的 bin 子目录中存储着这些客户端程序。不同的 MySQL 客户端程序可以连接服务器以访问数据库或执行不同的管理任务。

mysqldump 命令就是 MySQL 提供的一个非常有用的数据库备份工具。该实用程序存储在 "C:\Program Files\MySQL\MySQL Server 8.0\bin" 文件夹中。mysqldump 命令执行时，可以将数据库备份成一个文本文件，在该文件中实际上包含了多个 create 和 insert 语句，使用这些语句可以重新创建表和插入数据。表的结构和表中的数据将存储在生成的文本文件中。

mysqldump 命令的工作原理很简单，即先查出需要备份的表的结构，然后在文本文件中生成一个 create 语句，再将表中的所有记录转换成一条 insert 语句。这些 create 语句和 insert 语句都是在还原时使用的。在还原数据时就可以使用其中的 create 语句来创建表，使用其中的 insert 语句来还原数据。

默认 mysqldump 导出的.sql 文件中不仅包含了表数据，还包含数据库中所有数据表的结构信息。另外，使用 mysqldump 导出的 SQL 文件如果不带绝对路径，默认是保存在 bin 目录下的。

1. 备份数据库或表

mysqldump 备份数据库或表的基本语法格式如下：

```
mysqldump -u user -h host -p password
--databasename[all-databases][tablename=,[tablename=…]]>filename.sql;
```

说明：

（1）-h 后面是主机名，如果是本地主机登录，此项可忽略。

（2）使用 mysqldump 要指定用户名和密码。其中，-u 后面是用户名，-p 后面是密码，-p 选项和密码之间不能有空格。

（3）--databasename[tablename=,[tablename=…]]的选项很多。databasename 表示备份数据库；all-databases 表示备份所有数据库；tablename=表示数据和创建表的 SQL 语句分开备份成不同的文件。

（4）filename.sql 是输出文件，可以指定路径。

（5）mysqldump 命令中各参数的含义。运行帮助命令 mysqldump -help，可以获得特定版本的完整参数列表。

【例 10.1】　使用 mysqldump 命令备份数据库 mytest 中的所有表。

代码和运行结果如下：

```
mysqldump -u root -p mytest > D:/bak/mytestbak.sql
Enter password:******
```

输入密码后，MySQL 便对数据库进行了备份，在 D:\bak 文件夹下查看备份的文件，使用文本查看器打开文件可以看到文件的内容。查看文件 mytestbak.sql 的内容，如图 10-1 所示。

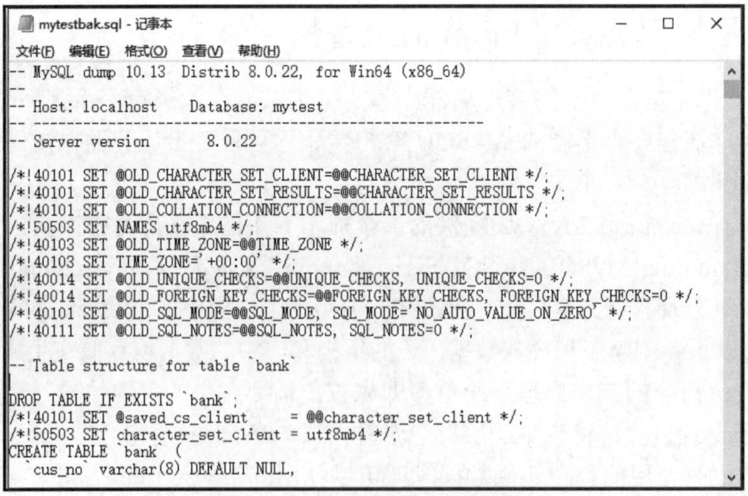

图 10-1　查看 mytestbak.sql 文本文件

从该文本文件的内容可以看到备份文件中包含的信息。在文件开头首先表明了备份文件使用的 mysqldump 工具的版本号，以及备份账户的名称和主机信息、备份数据库的名称和 MySQL 服务器的版本号 8.0.22。

备份文件中接下来的部分是一些 SET 语句，用于将系统变量值赋给用户定义变量，以确保被恢复的数据库的系统变量和原来备份时的变量相同，例如：

```
/*!40101 SET @OLD_CHARACTER_SET_CLIENT=@@CHARACTER_SET_CLIENT */;
```

该 SET 语句将当前系统变量 character_set_client 的值赋给用户定义变量@old_character_set_client，其他变量与此类似。

在该备份文件的最后几行，MySQL 使用 SET 语句恢复服务器系统变量原来的值，例如：

```
/*!40101 SET CHARACTER_SET_CLIENT=@OLD_CHARACTER_SET_CLIENT */;
```

该语句将用户所定义的变量@old_character_set_client 中保存的值赋给实际的系统变量 character_set_client。

备份文件中以"--"字符开头的行是注释语句；以"/*!"开头、"*/"结尾的语句为可执行的 MySQL 注释，这些语句可以被 MySQL 执行，但在其他数据库管理系统中将被作为注释忽略，以提高数据库的可移植性。

另外，备份文件开始的一些语句以数字开头，代表的是 MySQL 的版本号，这些语句只有在指定的 MySQL 版本或者比该版本高的情况下才能执行。例如 40101，表明这些语句只有在 MySQL 版本号为 4.01.01 或者更高的情况下才可以被执行。

【例 10.2】 使用 mysqldump 命令备份数据库中的 student 表和 score 表。

代码和运行结果如下：

```
mysqldump -u root -p teaching student  score > D:/bak/teaching_ss.sql
Enter password:******
```

【例 10.3】 使用 mysqldump 命令备份数据库中的 course 表。

代码和运行结果如下：

```
mysqldump -u root -p teaching course > D:/bak/course.sql
Enter password:******
```

说明：在利用 mysqldump 命令备份的表文件中，主要包括创建该表的 create 命令和插入该表数据的 insert 命令。

2. 备份多个数据库

使用 mysqldump 备份多个数据库，需要使用--databases 参数。

其基本语法格式如下：

```
mysqldump -u user -h host -p --databases
databasename[databasename…]>filename.sql;
```

在使用--databases 参数之后，必须至少指定一个数据库的名称，多个数据库之间用空格隔开。

【例 10.4】 使用 mysqldump 命令备份数据库 teaching 和 mytest。

代码和运行结果如下：

```
mysqldump -u root -p --databases teaching mytest > D:/bak/teach_test.sql
Enter password:******
```

3. 查看备份文件

mysqldump 能够生成移植到其他计算机的文本文件，甚至可移植到那些有不同硬件结构的计算机上，mysqldump 产生的输出可在以后用作 MySQL 的输入来重建数据库。例如：

```
mysqldump -u root -p --databases teaching > D:/bak/teach.txt
Enter password:******
```

在文本文件 teach.txt 中输出了创建表、插入表数据，以及存储过程、存储函数、触发器、事件等对象的创建语句，这些语句可作为输入来创建 MySQL 数据库，如图 10-2 所示。

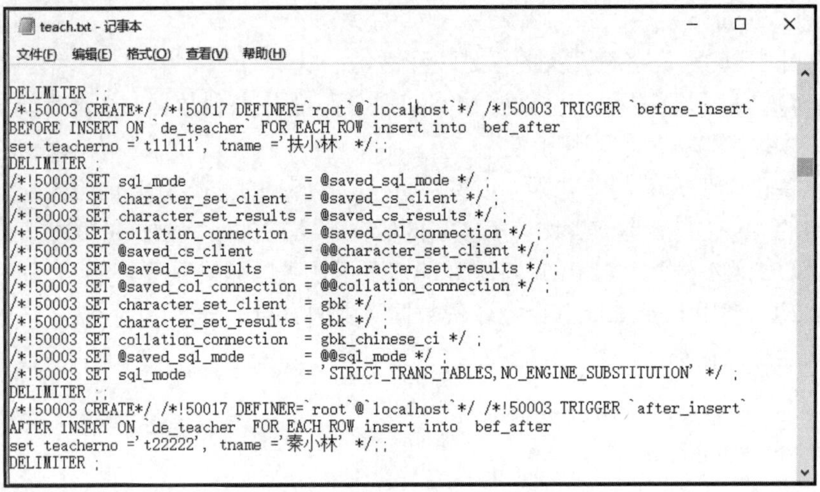

图 10-2　查看 teach.txt 文本文件

10.2.2　直接复制整个数据库目录

因为 MySQL 表保存为文件方式，所以可以直接复制 MySQL 数据库的存储目录及文件进行备份。这种方法最简单，速度也最快。在使用该方法时，最好先将服务器停止，这样可以保证在复制期间数据不会发生变化。

这种方法虽然简单、快速，但不是最好的备份方法，因为实际情况可能不允许停止 MySQL 服务器，而且这种方法对 InnoDB 存储引擎的表不适用。对于 MyISAM 存储引擎的表，这样备份和还原很方便，但还原时最好是相同版本的 MySQL 数据库，否则可能会存在文件类型不同的情况。

10.2.3　使用 mysqlhotcopy 工具快速备份

如果备份时不能停止 MySQL 服务器，可以使用 mysqlhotcopy 工具。使用 mysqlhotcopy 工具备份比使用 mysqldump 命令快。

mysqlhotcopy 工具是一个 Perl 脚本，主要在 Linux 操作系统下使用。mysqlhotcopy 工

具使用 lock tables、flush tables 和 cp 进行快速备份。

mysqlhotcopy 工具的工作原理是先将需要备份的数据库加上一个读操作锁，然后用 flush tables 将内存中的数据写回硬盘上的数据库中，最后把需要备份的数据库文件复制到目标目录。

使用 mysqlhotcopy 的命令如下：

```
[root@localhost ~]# mysqlhotcopy [option] dbname1 dbname2 … backupDir/
```

对于相关参数的含义，读者可以通过网络查询了解。

10.3　数据恢复

恢复数据库，就是让数据库根据备份的数据回到备份时的状态。当数据丢失或遭受意外破坏时，可以通过数据恢复来恢复已经备份的数据，尽量减少数据丢失和破坏造成的损失。

视频讲解

10.3.1　使用 MySQL 命令恢复数据

管理员通常使用 mysqldump 命令将数据库中的数据备份成一个文本文件。通常这个文件的扩展名是.sql。当需要还原时，可以使用 MySQL 命令来还原备份的数据。

对于使用 mysqldump 命令备份后形成的.sql 文件，可以使用 MySQL 命令导入数据库中。在备份的.sql 文件中包含 create、insert 语句，也可能包含 drop 语句。MySQL 命令可以直接执行文件中的这些语句。

MySQL 命令恢复数据的语法格式如下：

```
mysql -u user -p [databasename]<filename.sql;
```

【例 10.5】使用 MySQL 命令将备份文件 mytestbak.sql 恢复到数据库中。

代码和运行结果如下：

```
mysql -u root -p mytest <D:\bak\mytestbak.sql
Enter password:******
```

在执行语句前，必须先在 MySQL 服务器中创建了 mytest 数据库，如果不存在，则在数据恢复过程中会出错。在命令执行成功之后，mytestbak.sql 文件中的语句就会在指定的数据库中恢复以前的数据。

视频讲解

10.3.2　使用 source 命令恢复表和数据库

MySQL 最常用的数据库导入命令是 source，source 命令的用法非常简单，首先进入 MySQL 数据库的命令行管理界面，然后选择需要导入的数据库即可。

使用 source 命令能够将备份好的.sql 文件导入 MySQL 数据库中。

1. 恢复表

【例 10.6】删除 teaching 数据库中 course 表的数据，用 source 命令恢复。

代码和运行结果如下：

```
#尝试删除 course 表的数据
mysql> use teaching;
        Database changed
mysql> delete from course;
        Query OK, 14 rows affected (0.11 sec)
#利用放在"D:/ bak"路径下 course 的备份文件 course.sql，使用 source 命令把备份好的
文件导入进行恢复
mysql> source D:/bak/course.sql;
        Query OK, 0 rows affected (0.00 sec)
        Query OK, 0 rows affected (0.00 sec)
        Query OK, 0 rows affected (0.00 sec)
        ……
        Query OK, 0 rows affected (0.00 sec)
        Query OK,14 rows affected (0.03 sec)
        Records:14  Duplicates: 0  Warnings: 0
        Query OK, 0 rows affected (0.00 sec)
        ……
        Query OK, 0 rows affected (0.00 sec)
        Query OK, 0 rows affected (0.00 sec)
```

2. 恢复数据库

如果已登录 MySQL 服务器，还可以使用 source 命令导入.sql 文件。

source 命令的语法格式如下：

```
source filename.sql
```

【例 10.7】 使用 source 命令将备份文件 mytestbak.sql 恢复到数据库中。

代码和运行结果如下：

```
mysql> use mytest;
        database changed
mysql> source D:\bak\mytestbak.sql;
        Query OK, 0 rows affected (0.00 sec)
        ……
        Query OK, 0 rows affected (0.00 sec)
```

说明：

（1）用 source 命令导入已备份好的.sql 文件，可以恢复整个数据库或某张表。

（2）使用 source 命令必须进入 MySQL 控制台并进入待恢复的数据库。

（3）如果数据库已删除，由于没办法进入数据库，可以先建一个同名的空数据库，然后用 use 命令使用该数据库，再用 source 命令进行恢复。

（4）可以直接用 source 命令导入备份文件进行恢复。

（5）在导入数据前，可以先确认编码，如果不设置可能会出现乱码。

```
mysql> set names utf8mb4;
mysql> source D:/backup/mytestbak.sql;
```

10.3.3　直接复制到数据库目录

如果数据库通过复制数据库文件备份，可以直接复制备份的文件到 MySQL 数据目录下实现还原。在通过这种方式还原时，必须保证备份数据的数据库和待还原的数据库的服务器的主版本号相同，而且这种方式只对 MyISAM 存储引擎的表有效，对 InnoDB 存储引擎的表不可用。

在执行还原前要关闭 MySQL 服务，将备份的文件或文件夹覆盖 MySQL 的 data 文件夹，然后再启动 MySQL 服务。对于 Linux/UNIX 操作系统来说，复制完文件需要将文件的用户和组更改为 MySQL 运行的用户和组，通常用户是 MySQL，组也是 MySQL。

10.4　数据库迁移

数据库迁移就是指将数据库从一个系统移动到另一个系统上。数据库迁移的原因是多种多样的，可能是因为升级了计算机，或者是部署开发了管理系统，或者升级了 MySQL 数据库，甚至是换用了其他的数据库。根据上述情况，可以将数据迁移大致分为 3 类。

- 需要安装新的数据库服务器。
- MySQL 版本更新。
- 数据库管理系统的变更（例如从 Microsoft SQL Server 迁移到 MySQL）。

数据库迁移可以使用一些工具，例如在 Windows 系统下可以使用 MyODBC 实现 MySQL 和 SQL Server 之间的迁移。使用 MySQL 官方提供的工具 MySQL Migration Toolkit 也可以在不同数据库之间进行迁移。

10.4.1　相同版本的 MySQL 数据库之间的迁移

相同版本的 MySQL 数据库之间的迁移就是在主版本号相同的 MySQL 数据库之间进行数据库移动。这种迁移的方式最容易实现。

在相同版本的 MySQL 数据库之间进行数据库迁移的原因有很多，通常的原因是换了新的计算机，或者是装了新的操作系统，还有一种常见的原因就是将开发的管理系统部署到工作计算机上。因为迁移前后 MySQL 数据库的主版本号相同，所以可以通过复制数据库目录来实现数据库迁移，但是只有在数据库表都是 MyISAM 类型时才能使用这种方式。

10.4.2　不同版本的 MySQL 数据库之间的迁移

不同版本的 MySQL 数据库之间进行数据迁移通常是 MySQL 升级的原因。例如，原来很多服务器使用 5.7 版本的 MySQL 数据库。8.0 版本推出以后，改进了 5.7 版本的很多缺陷，因此需要将 MySQL 数据库升级到 8.0 版本，这样就需要在不同版本的 MySQL 数据库之间进行数据迁移。

高版本的 MySQL 数据库通常都会兼容低版本，因此可以从低版本的 MySQL 数据库迁移到高版本的 MySQL 数据库。对于 MyISAM 类型的表可以直接复制，也可以使用 mysqlhotcopy 工具。InnoDB 类型的表不可以使用这两种方法，最常用的办法是使用

mysqldump 命令来进行备份,然后通过 MySQL 命令将备份文件还原到目标 MySQL 数据库中。高版本的 MySQL 数据库很难迁移到低版本的 MySQL 数据库,因为高版本的 MySQL 数据库可能有一些新特性,这些新特性是低版本 MySQL 数据库所不具有的。在进行数据库迁移时要特别小心,最好使用 mysqldump 命令来进行备份,避免迁移时造成数据丢失。

10.4.3　不同数据库之间的迁移

不同数据库之间的迁移是指从其他类型的数据库迁移到 MySQL 数据库,或者从 MySQL 数据库迁移到其他类型的数据库。例如,某个网站原来使用 Oracle 数据库,因为运营成本太高等诸多原因,希望改用 MySQL 数据库;或者某个管理系统原来使用 MySQL 数据库,因为某种特殊性能的要求,希望改用 Oracle 数据库。不同数据库之间的迁移经常会发生,但是这种迁移没有普遍适用的解决办法。

MySQL 以外的数据库也有类似 mysqldump 这样的备份工具,可以将数据库中的文件备份成 .sql 文件或普通文本。但是不同数据库厂商没有完全按照 SQL 标准来设计数据库,这就造成了不同数据库使用的 SQL 语句有差异。例如,Oracle 数据库软件使用的是 PL/ SQL 语言,微软的 SQL Server 软件使用的是 Transact-SQL 语言。PL/SQL 语言和 Transact-SQL 中包含了非标准的 SQL 语句。这就造成了 Oracle、SQL Server 和 MySQL 的 SQL 语句不能兼容。

10.4.4　将数据库转移到新服务器

将数据库转移到新服务器的语法格式如下:

```
mysqldump -u username -p password databasename
|mysql -host=hostname -c databasename
```

mysqldump 还支持下列选项。

- -add-locks:在每个表导出之前增加 lock tables 并且之后 unlock table(为了更快地插入 MySQL)。
- -add-drop-table:在每个 create 语句之前增加一个 drop table。
- -allow-keywords:允许创建是关键字的列名字。
- -c, -complete-insert:使用完整的 insert 语句(用列名字)。
- -c, -compress:如果客户和服务器均支持压缩,压缩两者间所有的信息。
- -delayed:用 insert delayed 命令插入行。
- -e, -extended-insert:使用全新的多行insert语法(给出更紧缩并且更快的插入语句)。

10.5　表的导入与导出

MySQL 数据库中的数据可以导出到外部存储文件中,在数据库的日常维护中经常需要进行表的导出和导入操作。MySQL 数据库中的数据可以导出为.sql 文本文件、.xml 文件、.txt 文件、.xls 文件或.html 文件。同样,这些导出文件也可以导入 MySQL 数据库中。

10.5.1 用 select…into outfile 语句导出文件

在从 MySQL 数据库导出数据时，允许使用包含导出定义的 select…into outfile 语句进行数据的导出操作。其中，select 语句可以把被选择表的行内容写入一个指定的各种格式的文件中，因为输出文件会创建到服务器主机上，用户必须拥有文件的写入权限才能实现此操作。filename 不能是一个已经存在的文件。

select…into outfile 语句的基本语法格式如下：

```
select[columnlist] from table  [where condition]
into outfile 'filename'[options];
```

说明：

（1）该语句的作用是将表中 select 语句选中的行写入一个文件中。文件默认在服务器主机上创建，并且文件的原文件将被覆盖。

（2）into outfile 'filename'：将前面 select 语句的查询结果导出到文件名为 filename 的外部文件中。导出的文件可以是文本文件、.xls、.xml 或者.html 文件等。

（3）[options]为可选参数项，部分语法包含两个自选的子句——fields 子句和 lines 子句，其作用是决定数据行在文件中存放的格式。options 的格式为：

```
--options 参数
    fields  terminated by 'value'
    fields [optionally] enclosed by 'value'
    fields  escaped by 'value'
    lines   starting by 'value'
    lines   terminated by 'value';
```

各参数可能的取值如下。

- fields terminated by 'value'：设置字段之间的分隔符，可以为单个或多个字符，默认制表符为"\t"。
- fields [optionally] enclosed by 'value'：设置字段的包围字符，只能为单个字符，若使用 optionally 选项，则只能将 char 和 varchar 等字符包括。
- fields escaped by 'value'：设置如何写入或读入特殊字符，只能为单个字符，即设置转义字符，默认值为"\"。
- lines starting by 'value '：设置每行数据开头的字符，可以为单个或多个字符，在默认情况下不使用字符。
- lines terminated by 'value'：设置每行结尾的字符，可以为单个或多个字符，默认值为"\n"。例如"lines terminated by '?'"表示一行以"?"作为结束标志。

select…into outfile 语句可以快速地把一个表存储到服务器上。如果想要在服务器之外的部分客户主机上创建结果文件，不能使用 select…into outfile 语句。在这种情况下，应该在客户主机上使用" MySQL -e "SELECT.."> file_ name"的命令来生成文件。

由于 MySQL 数据库的版本不断变化，在实际过程中往往会发生一些意外错误。对于 MySQL 8.0 来说，在数据导出时也需要进行测试和探讨。

例如，利用 select…into outfile 语句将 course 表中的内容导出外部文件，系统将 course 表的数据备份在 course.bak 中，默认保存在 data 目录下（C:\ProgramData\MySQL\MySQL Server 8.0\data\）。执行的语句及执行结果如下：

```
mysql> use teaching;
        Database changed
mysql> select * from course into outfile 'course.bak';
        ERROR 1290 (HY000): The MySQL server is running with the
-- secure-file-priv option so it cannot execute this statement
```

根据错误信息查找相关资料发现，MySQL 默认对导出文件的目录有权限限制，需要通过 secure-file-priv 选项进行指定目录的操作。例如先利用相关命令找出路径，可以看到结果如下：

```
mysql> show global variables  like '%secure%';
        +-----------------------+-----------------------------------+
        |Variable_name          | Value                             |
        +-----------------------+-----------------------------------+
        |require_secure_transport| OFF                              |
        |secure_file_priv       | C:\ProgramData\MySQL
                                      \MySQL Server 8.0\Uploads\   |
        +-----------------------+-----------------------------------+
        2 rows in set, 1 warning (0.40 sec)
```

根据查询标注出来的就是正确的文件路径，将导出文件放在该目录下即可。对于上述 MySQL 命令行指令，修改并执行如下：

```
mysql> select * from course into outfile
    -> 'C:/programdata/MySQL/MySQL Server 8.0/uploads/course.bak';
        Query OK, 14 rows affected (0.00 sec)
```

这样就可以将 course 表的数据导出到对应文件夹下，成功后可以在对应文件夹下看到导出备份文件中的数据。

【例 10.8】 备份一个单独的表 student。

代码和运行结果如下：

```
mysql> select  * into outfile
    -> 'c:/ProgramData/MySQL/MySQL Server 8.0/Uploads/student.txt'
    -> from student;
        Query OK, 13 rows affected (0.00 sec)
```

【例 10.9】 将表 student 数据分别备份成.xls 和.xml 格式。

代码和运行结果如下：

```
mysql> select * into outfile
    -> 'C:/ProgramData/MySQL/MySQL Server 8.0/Uploads/student.xls'
    -> from student;
```

```
        Query OK, 13 rows affected (0.00 sec)
mysql> select * into outfile
    -> 'C:/ProgramData/MySQL/MySQL Server 8.0/Uploads/student.xml'
    -> from student;
        Query OK, 13 rows affected (0.00 sec)
```

说明：

（1）导出的数据可以按照.txt、.xls、.doc、.xml 等规定格式，通常是.txt 格式。导出的是纯数据，不存在建表信息，也可以直接导入另外一个同数据库的不同表中，当然表结构要相同。

（2）备份一个庞大的数据库，输出文件也将很庞大，难以管理，可以把数据表单独备份或者几个表一起备份，将备份文件分成较小、更易于管理的文件。

【例 10.10】 使用 select…into outfile 语句将 teaching 数据库中 score 表的记录导出到文本文件，使用 fields 选项和 lines 选项，要求字段之间用逗号"，"间隔，所有字段值用双引号括起来，定义转义字符为单引号"\"。

代码和运行结果如下：

```
mysql> select * from score into outfile
    -> 'C:/ProgramData/MySQL/MySQL Server 8.0/Uploads/score.txt'
    -> fields
    ->     terminated by ','
    ->     enclosed by '\"'
    ->     escaped by '\''
    -> lines
    ->     terminated by '\r\n';
        Query OK, 33 rows affected (0.03 sec)
```

10.5.2 用 MySQL 命令导出文本文件

视频讲解

MySQL 命令可用来登录 MySQL 服务器和还原备份文件，也可以导出文本文件。
MySQL 命令导出文本文件的基本语法格式如下：

```
mysql -u root -p Password -e|--execute =
"select statement" databasename > C:/name.txt ;
```

说明：password 表示 root 用户的密码；使用-e|--execute=选项可以执行 SQL 语句；"select 语句"用来查询记录；"C:/name.txt"表示导出文件的路径。

【例 10.11】 使用 MySQL 命令将 teaching 数据库中 teacher 表的记录导出到文本文件。
代码和运行结果如下：

```
mysql -u root -p --execute="select * from teacher;" teaching >D:/bak/
teach.txt
    Enter password:******
```

或

```
mysql -u root -p -e "select * from teacher;" teaching >D:/bak/teatxt.txt
Enter password:******
```

语句执行完毕后，会在 D 盘的 bak 文件夹中生成文件 teach.txt 或 teatxt.txt。

10.5.3 用 load data infile 命令导入文本文件

在 MySQL 中可以使用 load data infile 命令将文本文件导入 MySQL 数据库中。
load data infile 命令的基本语法格式如下：

```
load data [low_priority|concurrent] infile 'filename.txt'
[replace|ignore]  into table tablename
[options][ignore number lines]
[(columnname[|UserVariables], …)]
[(set columnname = expression, …)];
```

说明：

- low_priority | concurrent：若指定 low_priority，则延迟语句的执行。
- filename.txt：该文件中保存了待存入数据库的数据行，由 select…into outfile 语句导出产生。
- tablename：该表在数据库中必须存在，表结构必须与导入文件的数据行一致。
- replace | ignore：如果指定了 replace，则当文件中出现与原有行相同的唯一关键字值时，输入行会替换原有行。
- [options]参数：与 select…into outfile 语句中的 options 类似。

  ```
  --options 参数
    fields  terminated by 'value'
    fields  [optionally] enclosed by 'value'
    fields  escaped by 'value'
    lines  starting  by  'value'
    lines  terminated by 'value';
  ```

- ignore number lines：用于忽略文件的前几行。number 表示忽略的行数。
- [(columnname[|UserVariables], …)]：如果需要载入一个表的部分列或文件中字段值的顺序与表中列的顺序不同，就必须指定一个列清单。
- [(set columnname = expression, …)]：set 子句可以在导入数据时修改表中列的值。

【例 10.12】 恢复 student 表数据，尝试用 delete 删除 student 表的某些数据或全部数据。
代码和运行结果如下：

```
mysql> delete  from student;
        Query OK, 11 rows affected (0.09 sec)
mysql> load data infile
    -> 'C:/ProgramData/MySQL/MySQL Server 8.0/Uploads/ student.xls'
    -> into  table  student;
        Query OK, 13 rows affected (0.12 sec)
        Records: 13  Deleted: 0  Skipped: 0  Warnings: 0
```

【例 10.13】 用备份好的 student.txt 文件恢复 student 表数据。为避免主键冲突，要用 replace into table 直接将数据进行替换来恢复数据。

代码和运行结果如下：

```
mysql> load data infile
    -> 'C:/ProgramData/MySQL/MySQL Server 8.0/Uploads/student.txt'
    -> replace into  table student;
    Query OK, 26 rows affected (0.43 sec)
    Records: 13  Deleted:13  Skipped: 0  Warnings: 0
```

说明：

（1）如果表结构被破坏，不能用 load data infile 恢复数据，要先恢复表结构。

（2）如果只是删除了部分数据，例如删除了某位学生的记录，大部分记录仍在。

（3）可用"select * from student;"语句查看恢复情况。

【例 10.14】 使用 load data infile 命令将"C:/ProgramData/MySQL/MySQL Server 8.0/Uploads/score.txt"文件中的数据导入 teaching 数据库的 score 表中，使用 fields 选项和 lines 选项，要求字段之间使用逗号","间隔，所有字段值用双引号括起来，定义转义字符为单引号"\'"。

代码和运行结果如下：

```
mysql> delete from score;
        Query OK, 27 row affected (0.03 sec)
mysql> load data infile
    -> 'C:/ProgramData/MySQL/MySQL Server 8.0/Uploads/score.txt'
    -> into table score
    ->      fields
    ->          terminated by ','
    ->          enclosed by '\"'
    ->          escaped by '\''
    ->      lines
    ->          terminated by '\r\n';
    Query OK, 33 rows affected (0.07 sec)
    Records: 33  Deleted: 0  Skipped: 0  Warnings: 0
```

因为参数 secure_file_priv 配置的关系，以上文件的导入和导出必须以"C:/ProgramData/MySQL/MySQL Server 8.0/Uploads/"为默认目录。如果想自定义导入和导出路径，需要修改 my.ini 配置文件。打开文件夹"C:/ProgramData/MySQL/MySQL Server 8.0"，用记事本打开 my.ini 文件，可以搜索到以下代码：

```
secure-file-priv="C:/ProgramData/MySQL/MySQL Server 8.0/Uploads\"
```

在 my.ini 文件中的上述代码前添加"#"，然后指定当前默认路径为"D:/"，即可完成导入和导出数据的默认路径的修改，代码如下：

```
#secure-file-priv="C:/ProgramData/MySQL/MySQL Server 8.0/Uploads\"
secure-file-priv="D:/"
```

10.6　MySQL 日志文件管理

日志是 MySQL 数据库不可或缺的重要组成部分。通过分析日志文件,可以了解 MySQL 数据库的运行情况、日常操作、错误信息和哪些地方需要进行优化。

10.6.1　日志文件概述

1. 日志的特点

MySQL 日志用来记录 MySQL 数据库的运行情况、用户操作和错误信息等。例如,当一个用户登录到 MySQL 服务器时,日志文件中就会记录该用户的登录时间和执行的操作等;当 MySQL 服务器在某个时间出现异常时,异常信息也会被记录到日志文件中。日志文件可以为 MySQL 管理和优化提供必要的信息。

如果 MySQL 数据库系统意外停止服务,可以通过错误日志查看出现错误的原因,并且可以通过二进制日志文件来查看用户执行了哪些操作,对数据库文件做了哪些修改等,然后根据二进制日志文件的记录来修复数据库。

用户需要了解的是,启动日志功能会降低 MySQL 数据库的性能。例如,在查询非常频繁的 MySQL 数据库系统中,如果开启了通用查询日志和慢查询日志,MySQL 数据库会花费很多时间记录日志。同时,日志会占用大量的磁盘空间。对于用户量非常大、操作非常频繁的数据库来说,日志文件需要的存储空间甚至比数据库文件需要的存储空间还要大。

2. 日志文件的分类

在默认情况下,所有日志创建于 mysqld 数据目录中。通过刷新日志,可以强制 mysqld 来关闭和重新打开日志文件,也可以切换到一个新的日志。当执行一个 flush logs 语句或执行 mysqladmin flush-logs、mysqladmin refresh 时,将出现日志刷新。如果用户正使用 MySQL 复制功能,从复制服务器将维护更多日志文件,被称为接替日志。

MySQL 的日志包括二进制日志（binary log）、错误日志（error log）、通用查询日志（common-query log）和慢查询日志（slow-query log）4 类。除二进制日志外,其他日志都是文本文件。在默认情况下只启动了错误日志的功能,其他 3 类日志都需要数据库管理员进行设置。日志文件通常存储在 MySQL 数据库的数据目录下。4 类日志文件的具体功能如下。

- 二进制日志:以二进制文件的形式记录了数据库中所有更改数据的语句,还可以用于复制操作。
- 错误日志:记录 MySQL 服务的启动、运行和停止 mysqld 时出现的问题。
- 通用查询日志:记录用户登录和记录查询的信息。
- 慢查询日志:记录所有执行时间超过 long_query_time 秒的查询或不使用索引的查询。

10.6.2　错误日志

错误日志记载着 MySQL 数据库系统的诊断和出错信息。错误日志文件包含了 mysqld 工具启动和停止时,以及服务器运行过程中发生任何严重错误时的相关信息。MySQL 会将启动和停止数据库信息以及一些错误信息记录到错误日志文件中。

1. 启用和设置错误日志

在 MySQL 数据库中，错误日志功能是默认开启的，而且错误日志无法被禁止。在默认情况下，错误日志存储在 MySQL 数据库的数据文件夹下。通常错误日志文件的名称为hostname.err，其中 hostname 表示 MySQL 服务器的主机名。错误日志的存储位置可以通过log-error 选项来设置。将 log-error 选项加入 my.ini 文件的[mysqld]组中，在 Windows 操作系统中的形式如下：

```
#my.ini 文件
    [mysqld]
    log-error=[path/[filename]]
```

说明：

（1）path 为日志文件所在的目录路径。

（2）filename 为日志文件名，在修改配置项后，需要重启 MySQL 服务才能生效。

2. 查看错误日志

错误日志中记录着开启和关闭 MySQL 服务的时间，以及服务运行过程中出现了哪些异常等信息。如果 MySQL 服务出现故障，可以到错误日志中查找原因。错误日志是以文本文件的形式存储的，可以直接使用普通文本工具查看。Windows 操作系统可以使用文本文件查看器查看。

【例 10.15】 使用记事本查看 MySQL 错误日志。

代码和运行结果如下：

```
#通过 show variables 语句查询错误日志的存储路径和文件名
mysql> show variables like 'log_error';
        +---------------+------------------------+
        | Variable_name | Value                  |
        +---------------+------------------------+
        | log_error     | .\R4TR8O7MK8BANSN.err  |
        +---------------+------------------------+
        1 row in set, 1 warning (0.00 sec)
```
#可以看到错误的文件是 R4TR8O7MK8BANSN.err，位于 MySQL 默认的数据目录下，使用记事本打开该文件，可以看到 MySQL 的错误日志
```
    2020-12-22T00:09:43.277341Z 779 [ERROR] [MY-010045] [Server] Event Scheduler:
[root@localhost][teaching.e_test] Table 'teaching.test' doesn't exist
    2020-12-23T01:32:52.972820Z 1239 [ERROR] [MY-010045] [Server] Event Scheduler:
[root@localhost][teaching.e_test] Table 'teaching.test' doesn't exist
    2020-12-24T01:05:05.324028Z 1658 [ERROR] [MY-010045] [Server] Event Scheduler:
[root@localhost][teaching.e_test] Table 'teaching.test' doesn't exist
    ……
    2020-12-26T13:01:08.131993Z 2540 [Warning] [MY-010312] [Server] The plugin
'newpasswd' used to authenticate user 'king1'@'localhost' is not loaded. Nobody
can currently login using this account.
```

以上是错误日志文件的一部分，里面记载了系统的一些错误。

3．删除错误日志

数据库管理员可以删除很长时间之前的错误日志，以保证 MySQL 服务器上的硬盘空间。在 MySQL 数据库中可以使用 mysqladmin 命令来开启新的错误日志。

mysqladmin 命令的语法格式如下：

```
C:\> mysqladmin -u root -p flush-logs
```

在执行该命令后，数据库系统会自动创建一个新的错误日志，旧的错误日志仍然保留着，只是已经更名为 filename.err-old。

如果在客户端登录 MySQL 数据库，可以执行 flush logs 命令：

```
mysql> flush logs;
        Query OK, 0 rows affected (0.11 sec)
```

10.6.3　二进制日志

视频讲解

二进制日志主要用于记录数据库的变化情况。通过二进制日志可以查询 MySQL 数据库中进行了哪些改变。二进制日志以一种有效的格式，包含了所有更新了的数据或者已经潜在更新了的数据的语句，如没有匹配任何行的一条 delete 语句。语句以事件的形式保存，描述数据的更改。使用二进制日志的主要目的是最大可能地恢复数据，因为二进制日志包含备份后进行的所有更新。

二进制日志包含关于每个更新数据库语句的执行时间信息。它不包含没有修改任何数据的语句。如果要记录所有语句，需要使用通用查询日志。

1．启用二进制日志

在默认情况下，二进制日志功能是关闭的。通过 my.ini 文件的 log-bin 选项可以开启二进制日志。将 log-bin 选项加入 my.ini 文件的[mysqld]组中，在 Windows 操作系统中的形式如下：

```
#my.ini 文件
    [mysqld]
    log-bin [=path\[filename]]
    expire_logs_days=10
    max_binlog_size=100M
```

说明：

（1）log-bin：定义开启二进制的命令关键词。

（2）path：二进制日志文件所在的目录路径。

（3）filename：二进制日志文件名。例如文件的全名为 filename.000001、filename.000002 等，依此类推。另外还有一个 filename.index 文件，文件内容为所有日志的清单，可以利用记事本方式打开文件。

（4）expire_logs_days：定义清除过期日志的时间，即二进制日志自动删除的天数。

（5）max_binlog_size：定义单个二进制日志文件的大小限制，若超出限制，日志就会发生滚动，即关闭当前文件，重新打开一个新的日志文件。该变量的大小范围是 4KB～1GB，如果事务较大，日志文件可能超出 1GB 大小的限制。

在 my.ini 配置文件中[mysqld]的下面添加下列参数,添加完毕后启动 MySQL 服务进程,即可启动二进制日志。

```
log-bin
expire_logs_days=5
max_binlog_size=10M
```

【例 10.16】 使用 show variables 语句查询日志设置。

代码和运行结果如下:

```
mysql> show variables like 'log_%';
+--------------------------------------+------------------------+
| Variable_name                        | Value                  |
+--------------------------------------+------------------------+
| log_bin                              | ON                     |
| log_bin_basename        | C:\ProgramData\MySQL\MySQL Server 8.0\
                                       Data\R4TR8O7MK8BANSN-bin  |
| log_bin_index           | C:\ProgramData\MySQL\MySQL Server 8.0\
                                       Data\R4TR8O7MK8BANSN-bin.index |
| log_bin_trust_function_creators      | OFF                    |
| log_bin_use_v1_row_events            | OFF                    |
| log_error                            | .\R4TR8O7MK8BANSN.err  |
| log_error_services                   | log_filter_internal;
                                            log_sink_internal  |
| log_error_suppression_list           |                        |
| log_error_verbosity                  | 2                      |
| log_output                           | FILE                   |
| log_queries_not_using_indexes        | OFF                    |
| log_raw                              | OFF                    |
| log_slave_updates                    | ON                     |
| log_slow_admin_statements            | OFF                    |
| log_slow_extra                       | OFF                    |
| log_slow_slave_statements            | OFF                    |
| log_statements_unsafe_for_binlog     | ON                     |
| log_throttle_queries_not_using_indexes| 0                     |
| log_timestamps                       | UTC                    |
+--------------------------------------+------------------------+
19 rows in set, 1 warning (0.00 sec)
```

由例 10.16 的运行结果可以看出,log_bin 的值为 ON,表明二进制日志已经启用。

如果想改变日志文件的路径,可以在 my.ini 配置文件中[mysqld]的下面添加下列参数,添加完毕后启动 MySQL 服务进程,即可改变二进制日志文件的路径。

```
[mysqld]
log-bin ="D:/mysql/log/binlog"
```

需要注意的是,在实际的软件开发和应用过程中,日志文件最好不要和数据文件存放在一个磁盘上,以防止出现磁盘故障时无法恢复数据。

2. 查看二进制日志

使用二进制格式可以存储更多的信息，并且可以使写入二进制日志的效率更高，但是用户不能直接打开并查看二进制日志。使用 show binary logs 命令可以查看当前的二进制日志文件个数及其文件名。

【例 10.17】 使用 show binary logs 查看二进制日志文件个数及文件名。

代码和运行结果如下：

```
mysql> show binary logs;
+----------------------------+-----------+-----------+
| Log_name                   | File_size | Encrypted |
+----------------------------+-----------+-----------+
| R4TR8O7MK8BANSN-bin.000001 |   3609180 | No        |
| R4TR8O7MK8BANSN-bin.000002 |      9180 | No        |
| R4TR8O7MK8BANSN-bin.000003 |       785 | No        |
| R4TR8O7MK8BANSN-bin.000004 |       499 | No        |
| R4TR8O7MK8BANSN-bin.000005 |      5876 | No        |
+----------------------------+-----------+-----------+
5 rows in set (0.02 sec)
```

查看二进制日志也可以使用 mysqlbinlog 命令。其语法格式如下：

```
mysqlbinlog filename.number
```

【例 10.18】 使用 mysqlbinlog 查看二进制日志 R4TR8O7MK8BANSN-bin.000003。

代码和运行结果如下：

```
-- 查看二进制日志 R4TR8O7MK8BANSN-bin.000003
C:\Users\Administrator>mysqlbinlog R4TR8O7MK8BANSN-bin.000003
-- 命令运行结果，二进制日志 R4TR8O7MK8BANSN-bin.000003 的内容
/*!50530 SET @@SESSION.PSEUDO_SLAVE_MODE=1*/;
/*!50003 SET @OLD_COMPLETION_TYPE=@@COMPLETION_TYPE,COMPLETION_TYPE=0*/;
DELIMITER /*!*/;
mysqlbinlog: File 'R4TR8O7MK8BANSN-bin.000003' not found (OS errno 2 - No
such file or directory)
ERROR: Could not open log file
SET @@SESSION.GTID_NEXT= 'AUTOMATIC' /* added by mysqlbinlog */ /*!*/;
DELIMITER;
#End of log file
/*!50003 SET COMPLETION_TYPE=@OLD_COMPLETION_TYPE*/;
/*!50530 SET @@SESSION.PSEUDO_SLAVE_MODE=0*/;

C:\Users\Administrator>
```

3. 清理二进制日志

二进制日志会记录大量的信息，如果很长时间不清理二进制日志，将会浪费很多的磁盘空间。清理二进制日志的方法如下：

● 删除所有二进制日志。

- 根据编号来删除二进制日志。
- 根据创建时间来删除二进制日志。

（1）删除所有二进制日志。使用 reset master 语句可以删除所有二进制日志，其语法格式如下：

```
reset master;
```

执行 reset master 语句后，所有二进制日志都被删除，MySQL 会重新创建二进制日志文件，新的二进制日志文件重新从 000001 开始编号。

（2）删除指定的日志文件。使用 purge master logs 语句删除指定的日志文件，其语法格式有以下两种：

```
purge {binary|master}logs to 'log_name'
purge {binary|master}logs before 'date'
```

说明：

① log_name 格式是指定文件名，执行语句后将删除比此文件名编号小的所有二进制日志文件。

② date 是指定日期，执行语句后将删除指定日期以前的所有二进制日志文件。

【例 10.19】 用 purge master logs 删除创建时间比 R4TR8O7MK8BANSN-bin.000003 早的所有日志文件。

分析：为了演示语句的操作过程，准备多个日志文件，可以对 MySQL 服务进行多次启动。例如这里有 5 个日志文件，删除指定文件，可以在查看二进制日志文件数时观察到指定文件被删除了。

代码和运行结果如下：

```
mysql> show binary logs;
    +----------------------------+-----------+-----------+
    | Log_name                   | File_size | Encrypted |
    +----------------------------+-----------+-----------+
    +----------------------------+-----------+-----------+
    | Log_name                   | File_size | Encrypted |
    +----------------------------+-----------+-----------+
    | R4TR8O7MK8BANSN-bin.000001 |   3609180 | No        |
    | R4TR8O7MK8BANSN-bin.000002 |      9180 | No        |
    | R4TR8O7MK8BANSN-bin.000003 |       785 | No        |
    | R4TR8O7MK8BANSN-bin.000004 |       499 | No        |
    | R4TR8O7MK8BANSN-bin.000005 |      9022 | No        |
    +----------------------------+-----------+-----------+
    5 rows in set (0.00 sec)

mysql> purge master logs to 'R4TR8O7MK8BANSN-bin.000003';
    Query OK, 0 rows affected (0.03 sec)

mysql> show binary logs;
    +----------------------------+-----------+-----------+
```

```
| Log_name                   | File_size | Encrypted |
+----------------------------+-----------+-----------+
| R4TR8O7MK8BANSN-bin.000003 |       785 | No        |
| R4TR8O7MK8BANSN-bin.000004 |       499 | No        |
| R4TR8O7MK8BANSN-bin.000005 |      9594 | No        |
+----------------------------+-----------+-----------+
3 rows in set (0.00 sec)
```

【例 10.20】　使用 purge master logs 删除 2020 年 12 月 23 日之前创建的所有日志文件。代码和运行结果如下：

```
mysql> purge master logs before '20201223';
        Query OK, 0 rows affected (0.00 sec)
```

说明：语句执行之后，2020 年 12 月 23 日之前创建的日志文件都将被删除，但 2020年 12 月 23 日的日志会被保留，用户可根据自己计算机中创建日志的时间修改命令参数。

4. 用二进制日志恢复数据库

二进制日志记录了用户对数据库中数据的改变，例如 insert、update、delete、create 等语句都会记录到二进制日志中。一旦数据库遭到破坏，可以使用二进制日志来还原数据库。

如果数据库遭到意外损坏，首先应该使用最近的备份文件来还原数据库。备份之后，数据库可能进行了一些更新，这可以使用二进制日志来还原，因为二进制日志中存储了更新数据库的语句，例如 update 语句、insert 语句等。

使用二进制日志还原数据库的命令如下：

```
mysqlbinlog [option] filename | mysql  -u user -p password
```

说明：

（1）filename 是日志文件名。

（2）option 是可选参数选项，常见的参数有-start-date、-stop-date，用于指定数据库恢复的开始时间点和结束时间点。-start-position、-stop-position 可以指定恢复数据库的开始位置和结束位置。

【例 10.21】　使用 mysqlbinlog 恢复 MySQL 数据库到 2020 年 12 月 23 日 17:00:00 时的状态。

代码和运行结果如下：

```
C:\>mysqlbinlog -stop-date="2020-12-23 17:00:00" C:\Documents and
    Settings\All Users\MySQL\MySQL Server 8.0\Data
    \R4TR8O7MK8BANSN-bin.000005 -u root  -p
Enter password: ******
```

该命令执行后，会根据指定文件恢复数据库的 2020 年 12 月 23 日 17:00:00 以前的所有操作。

5. 暂时停止二进制日志功能

在配置文件中设置了 log-bin 选项以后，MySQL 服务器将会一直开启二进制日志功能。

删除该选项就可以停止二进制日志功能。如果需要再次启动这个功能,需要重新添加 log-bin 选项。在 MySQL 中提供了暂时停止二进制日志功能的语句。

如果用户不希望自己执行的某些 SQL 语句记录在二进制日志中,那么需要在执行这些 SQL 语句之前暂停二进制日志功能。

用户可以使用 set 语句来暂停二进制日志功能。如果其参数的值为 0,表示暂停记录二进制日志;如果为 1,则表示恢复记录二进制日志。set 语句的语法格式如下:

```
set sql_log_bin={0|1};
```

10.6.4　通用查询日志

通用查询日志用来记录用户的所有操作,包括启动和关闭 MySQL 服务、更新语句、查询语句等。

1. 启动和设置通用查询日志

在默认情况下,通用查询日志功能是关闭的。通过 my.ini 文件的 log 选项可以开启通用查询日志。将 log 选项加入 my.ini 文件的[mysqld]组中,在 Windows 操作系统中的形式如下:

```
#my.ini 文件
[mysqld]
log [=path\[filename]]
```

说明:

(1) path 为通用查询日志文件所在的目录路径。

(2) filename 为通用查询日志文件名。如果不指定文件名,通用查询日志文件将默认存储在 MySQL 数据目录的 hostname.log 文件中。hostname 为 MySQL 数据库的主机名。

在不指定参数的情况下,启动通用查询日志的格式如下:

```
[mysqld]
log
```

(1) 查看通用查询日志:查看通用查询日志的操作和结果如下。

```
mysql> show variables like '%general%';
    +------------------+---------------------+
    | Variable_name    | Value               |
    +------------------+---------------------+
    | general_log      | OFF                 |
    | general_log_file | R4TR8O7MK8BANSN.log |
    +------------------+---------------------+
    2 rows in set, 1 warning (0.00 sec)
```

从结果看 general_log 的状态为 OFF,表明通用查询日志是关闭的。

(2) 启动通用查询日志:启动通用查询日志的命令如下。

```
mysql> set @@global.general_log=1;
```

```
Query OK, 0 rows affected (0.13 sec)
```

如果想关闭通用查询日志，设置@@global.general_log 的值为 0 即可。

（3）再次查看通用查询日志的操作和结果如下：

```
mysql> show variables like '%general%';
        +------------------+---------------------+
        | Variable_name    | Value               |
        +------------------+---------------------+
        | general_log      | ON                  |
        | general_log_file | R4TR8O7MK8BANSN.log |
        +------------------+---------------------+
        2 rows in set, 1 warning (0.00 sec)
```

2. 查看通用查询日志

用户的所有操作都会记录到通用查询日志文件 R4TR8O7MK8BANSN.log 中。如果希望了解某个用户最近的操作，可以查看通用查询日志。通用查询日志是以文本文件的形式存储的。

在 Windows 操作系统中可以使用文本文件查看器查看。打开 R4TR8O7MK8BANSN.log 文件的结果如下：

```
C:\Program Files\MySQL\MySQL Server 8.0\bin\mysqld.exe, Version: 8.0.22
(MySQL Community Server - GPL). started with:
TCP Port: 3306, Named Pipe: MySQL
Time                 Id Command    Argument
2021-01-07T05:07:01.161520Z 5141 Query insert    into    test1    values
(current_timestamp)
2021-01-07T05:07:04.067199Z 5137 Query  show variables like '%general%'
2021-01-07T05:08:01.202135Z 5142 Query insert    into    test1    values
(current_timestamp)
2021-01-07T05:09:01.230021Z 5143 Query insert    into    test1    values
(current_timestamp)
2021-01-07T05:10:01.301623Z 5144 Query insert    into    test1    values
(current_timestamp)
2021-01-07T05:11:01.384445Z 5145 Query insert    into    test1    values
(current_timestamp)
2021-01-07T05:12:01.428974Z 5146 Query insert    into    test1    values
(current_timestamp)
2021-01-07T05:13:02.062423Z 5147 Query insert    into    test1    values
(current_timestamp)
2021-01-07T05:14:01.088603Z 5148 Query insert    into    test1    values
(current_timestamp)
......
```

3. 删除通用查询日志

通用查询日志会记录用户的所有操作。如果数据库的使用非常频繁，那么通用查询日志将会占用非常大的磁盘空间。数据库管理员可以删除很长时间之前的通用查询日志，以保证 MySQL 服务器上的硬盘空间。

在 MySQL 数据库中，也可以使用 mysqladmin 命令来开启新的通用查询日志。新的通用查询日志会直接覆盖旧的查询日志，不需要再手动删除。

mysqladmin 命令的语法格式如下：

```
mysqladmin -u root -p flush-logs
```

在 Windows 操作系统中，服务器打开日志文件期间不能重新命名日志文件。首先必须停止服务器，然后重新命名日志文件，最后重启服务器来创建新的日志文件。

10.6.5　慢查询日志

慢查询日志是记录查询时长超过指定时间的日志。慢查询日志主要用来记录执行时间较长的查询语句。通过慢查询日志，可以找出执行时间较长、执行效率较低的语句，然后进行优化。

1. 启用慢查询日志

在默认情况下，慢查询日志功能是关闭的。通过 my.cnf 或者 my.ini 文件的 log-slow-queries 选项可以开启慢查询日志。通过 long_query_time 选项来设置时间值，时间以秒为单位。如果查询时间超过了该时间值，这个查询语句将被记录到慢查询日志。将 log-slow-queries 选项和 long_query_time 选项加入 my.ini 文件的[mysqld]组中，在 Windows 操作系统中的形式如下：

```
#my.ini
[mysqld]
log-slow-queries [=path\ [filename] ]
long_query_time=n
```

2. 查看慢查询日志

执行时间超过指定时间的查询语句会被记录到慢查询日志中。如果用户希望查询哪些查询语句的执行效率低，可以从慢查询日志中获得想要的信息。慢查询日志也是以文本文件的形式存储的，可以使用普通的文本文件查看工具来查看。

【例 10.22】　查看慢查询日志。

使用文本编辑器打开数据目录下的 R4TR8O7MK8BANSN- slow.log 文件，文件部分如下：

```
C:\Program Files\MySQL\MySQL Server 8.0\bin\mysqld.exe, Version: 8.0.22
(MySQL Community Server - GPL). started with:
TCP Port: 0, Named Pipe: MySQL Time          Id Command   Argument
C:\Program Files\MySQL\MySQL Server 8.0\bin\mysqld.exe, Version: 8.0.22
(MySQL Community Server - GPL). started with:
TCP Port: 3306, Named Pipe: MySQL  Time       Id Command   Argument
# Time: 2020-12-02T07:58:47.012179Z
# User@Host: root[root] @ localhost [127.0.0.1]  Id: 16
# Query_time: 10.949582  Lock_time: 0.057310 Rows_sent: 0  Rows_examined: 0
use sakila;
```

```
SET timestamp=1606895916;
INSERT INTO payment VALUES
(1,1,1,76,'2.99','2005-05-25 11:30:37','2006-02-15 22:12:30'),
(2,1,1,573,'0.99','2005-05-28 10:35:23','2006-02-15 22:12:30'),
(3,1,1,1185,'5.99','2005-06-15 00:54:12','2006-02-15 22:12:30'),
……
(12381,'2005-08-18 08:31:43',3651,190,'2005-08-23 12:24:43',2,'2006-02-15
21:30:53');
C:\Program Files\MySQL\MySQL Server 8.0\bin\mysqld.exe, Version: 8.0.22
(MySQL Community Server - GPL). started with:
    ……
C:\Program Files\MySQL\MySQL Server 8.0\bin\mysqld.exe, Version: 8.0.22
(MySQL Community Server - GPL). started with:
TCP Port: 3306, Named Pipe: MySQL Time      Id Command    Argument
```

3. 删除慢查询日志

慢查询日志的删除方法与通用查询日志的删除方法是一样的,可以使用 mysqladmin 命令来删除,也可以使用手工方式来删除。

mysqladmin 命令的语法格式如下:

```
mysqladmin -u root -p flush-logs
```

执行该命令后,命令行会提示输入密码。输入正确的密码后,将执行删除操作。新的慢查询日志会直接覆盖旧的慢查询日志,不需要再手动删除。数据库管理员也可以手工删除慢查询日志。删除之后需要重新启动 MySQL 服务,重启之后就会生成新的慢查询日志。如果希望备份旧的慢查询日志文件,可以将旧的日志文件改名,然后重启 MySQL 服务。

10.7 实践操作指导

数据库的备份、还原和日志文件管理的操作要点如下:
- 数据库备份的基本操作。
- 数据库还原的基本操作。
- 表数据的导入、导出操作。
- 二进制日志的启用、查看、暂停和清理操作。
- 利用二进制日志恢复数据库的操作。
- 错误日志的启用、查看和删除等操作。
- 设置错误日志存取路径的操作。
- 查询日志的启用、查看和删除等操作。

习题 10

1. 选择题
(1) 在数据库系统的生命周期中可能发生的灾难不包括_____。

　　A. 系统故障　　　　B. 事务故障　　　　C. 掉电故障　　　　D. 介质故障

（2）按备份时服务器是否在线划分备份不包括_____。

　　A. 热备份　　　　B. 完全备份　　　　C. 冷备份　　　　D. 温备份

（3）在还原数据库时首先要进行_____操作。

　　A. 创建数据表备份　　　　　　　B. 创建完整数据库备份

　　C. 创建冷设备　　　　　　　　　D. 删除最近事务日志备份

（4）在创建数据库文件或文件组备份时，首先要进行_____操作。

　　A. 创建事务日志　　　　　　　　B. 创建完整数据库备份

　　C. 创建温备份　　　　　　　　　D. 删除差异备份

（5）当下面故障发生时，_____需要数据库管理员进行手工操作恢复。

　　A. 停电　　　　　B. 误删表数据　　　C. 死锁　　　　　　D. 操作系统错误

（6）MySQL 的日志在默认情况下只启用了_____的功能。

　　A. 二进制日志　　B. 错误日志　　　C. 通用查询日志　　D. 慢查询日志

（7）在 MySQL 的日志中，除_____外，其他日志都是文本文件。

　　A. 二进制日志　　B. 错误日志　　　C. 通用查询日志　　D. 慢查询日志

（8）如果很长时间不清理二进制日志，将会浪费很多的磁盘空间。删除二进制日志的方法不包括_____。

　　A. 删除所有二进制日志　　　　　B. 删除指定编号的二进制日志

　　C. 根据创建时间来删除二进制日志　D. 删除指定时刻的二进制日志

（9）如果数据库遭到意外损坏，首先应该使用最近的备份文件还原数据库，可以使用_____来还原。

　　A. 通用查询日志　　　　　　　　B. 错误日志

　　C. 二进制日志　　　　　　　　　D. 慢查询日志

2. 简答题

（1）为什么在 MySQL 中需要进行数据库的备份与恢复操作？

（2）MySQL 数据库备份与恢复的常用方法有哪些？

（3）在使用直接复制方法实现数据库备份与恢复时需要注意哪些事项？

（4）进行数据库还原应该注意哪些问题？

（5）备份数据库的时机如何选择？

（6）MySQL 的日志分几类？各有什么作用？

（7）慢查询日志有什么特点和作用？

（8）简述 MySQL 日志的主要作用。

3. 上机练习题（本题利用 teaching 数据库进行操作）

（1）使用 mysqldump 命令备份数据库 teaching 中的所有表。

（2）使用 source 命令将备份文件 teachingbak.sql 恢复到数据库中。

（3）使用 mysqldump 命令备份数据库中的 score 表。

（4）删除 score 表中的数据，用 source 命令恢复。

（5）使用 MySQL 命令将 teaching 数据库中 course 表的记录导出到文本文件。

（6）用备份好的 teach. txt 文件恢复 course 表数据。为避免主键冲突，要用 replace into

table 直接将数据进行替换来恢复数据。

（7）使用 show variables 语句查看当前查询日志设置。

（8）使用 show binary logs 查看二进制日志文件的个数及文件名。

（9）使用 purge master logs 删除 2021 年 1 月 3 日之前创建的所有日志文件。

（10）使用记事本查看 MySQL 错误日志。

第11章

MySQL 8.0的性能优化

优化性能是通过某些高效的方法提高 MySQL 数据库的整体性能，其目的是通过优化操作系统调度策略，找出影响系统运行的关键因素，优化数据库结构设计和参数调整，尽可能节省系统资源，以便系统可以提供更大负荷的服务，从而使得 MySQL 数据库系统的运行速度更快、占用的磁盘空间更小，提高磁盘 I/O 的读写速度。优化 MySQL 数据库是数据库管理员和数据库开发人员的必备技能。

在实际工作中，性能优化包括优化查询速度、优化更新速度、优化 MySQL 服务器以及分库分表技术等。数据的查询优化可以有效地提高 MySQL 数据库的性能。一个成功的数据库应用系统的开发，在查询优化方面一定会付出资源。对查询优化的处理不仅会影响到数据库的工作效率，而且会给社会和企业带来较高的效益。

本章将学习优化 MySQL 服务器、优化数据表结构、优化查询以及分库分表技术的方法和技巧。

11.1　优化 MySQL 服务器

如果 MySQL 数据库的用户和数据的量达不到一定的规模，MySQL 数据库性能的好坏将很难判断。当有大量用户进行长时间频繁操作时，数据库的性能才能体现出来。当大量用户同时连接 MySQL 数据库进行查询、插入和更新操作时，如果数据库的性能很差，则很可能无法承受如此多用户同时操作，出现数据库系统瘫痪的状况。

优化服务器是 MySQL 数据库管理的重要方法。优化 MySQL 服务器可以从两方面来理解，一个是从硬件方面进行优化，另一个是从 MySQL 服务的参数进行优化。

11.1.1　优化服务器硬件

服务器的硬件性能直接决定了 MySQL 数据库的性能，硬件的性能瓶颈直接决定 MySQL 数据库的运行速度和效率。例如，增加内存和提高硬盘的读写速度能够提高 MySQL 数据库的查询、更新速度。

硬件技术的成熟使得硬件的价格随之降低。一般的计算机都配置 8GB 内存，一些计算机配置 16GB 甚至 32GB 内存。因为内存的读写速度比硬盘的读写速度快，可以在内存中为 MySQL 设置更多的缓冲区，这样可以提高 MySQL 访问的速度。如果将查询频率很高的记录存储在内存中，那么查询速度就会很快。

对于支持 InnoDB 存储引擎的表来说，如果条件允许，可以将内存提高到 16GB，且选择 my-innodb-heavy-8G.ini 作为 MySQL 数据库的配置文件。MySQL 所在的计算机最好是专用数据库服务器，这样数据库可以完全利用该计算机的资源，以提高数据的查询速度，优化查询性能。

11.1.2　修改 my.ini 文件

如果 MySQL 数据库需要进行大量的查询操作，那么就需要对查询语句进行优化。对耗费时间的查询语句进行优化，可以提高整体的查询速度。如果连接 MySQL 数据库的用户很多，那么就需要对 MySQL 服务器进行优化。

在 MySQL 配置文件（my.ini）文件中保存了服务器的配置信息，通过修改 my.ini 文件的配置可以优化服务器，提高性能。

在默认情况下，MySQL 数据库索引的缓冲区大小为 16MB，为了得到更好的索引处理性能，可以修改 my.ini 文件，重新设置索引的缓冲区大小，例如可以在[mysqld]后面加上一行代码设定索引缓冲区为 256MB。

```
key_buffer_size=256M
```

如果 MySQL 服务器的计算机内存为 8GB，则主要的几个参数推荐设置如下：

```
sort_buffer_size=6M       //查询排序时所能使用的缓冲区大小
read_buffer_size=4M       //读查询操作所能使用的缓冲区大小
join_buffer_size=8M       //联合查询操作所能使用的缓冲区大小
query_cache_size=64M      //查询缓冲区的大小
max_connections=800       //指定 MySQL 允许的最大连接进程数
```

11.1.3　通过 MySQL 控制台进行性能优化

数据库管理人员可以使用 show status、show global status 或 show variables like 语句来查询 MySQL 数据库的性能参数，然后用 set 语句对系统变量进行赋值。

1. 查询主要性能参数

（1）利用 show status 语句查询 MySQL 数据库的性能，查询的语法形式如下。

```
show status like 'value';
```

说明：在使用 value 时常用下面几个参数。

- Connections：连接 MySQL 服务器的次数。
- Uptime：MySQL 服务器的上线时间。
- Slow_queries：慢查询的次数。
- Com_select：查询操作的次数。
- Com_insert：插入操作的次数。
- Com_update：更新操作的次数。
- Com_delete：删除操作的次数。

例如，如果需要查看查询次数，可以执行下面的 show status 语句。

```
mysql> show status like 'Com_select';
        +--------------+-------+
        | Variable_name | Value |
        +--------------+-------+
        | Com_select   | 17    |
        +--------------+-------+
        1 row in set (0.00 sec)
```

通过这些参数可以分析 MySQL 数据库的性能参数，根据分析结果进行相应的性能优化。

如果需要查看全局变量的参数性能，可以使用 show global status 命令。例如查看进程使用情况，命令和结果如下：

```
mysql> show global status like 'Thread%';
        +------------------+-------+
        | Variable_name    | Value |
        +------------------+-------+
        | Threads_cached   | 4     |
        | Threads_connected | 1    |
        | Threads_created  | 5     |
        | Threads_running  | 2     |
        +------------------+-------+
        4 rows in set (0.00 sec)
```

Threads_created 表示创建过的线程数，如果用户发现 Threads_created 的值过大，表明 MySQL 服务器一直在创建线程，这比较耗费资源。

（2）利用 show variables like 语句查询 MySQL 数据库的性能，查询的语法形式如下。

```
show variables like 'value';
```

说明：在使用 value 时常用下面几个参数。

- key_buffer_size：表示索引缓存的大小。
- max_connections：表示数据库的最大连接数。
- open_tables：表示打开表的数量。
- opened_tables：表示打开过的表数量。
- table_cache：表示同时打开的表的个数。
- sort_buffer_size：排序缓存区的大小，这个值越大，排序就越快。
- innodb_buffer_pool_size：表示 InnoDB 类型的表和索引的最大缓存，这个值越大，查询的速度就会越快，但是这个值太大也会影响操作系统的性能。

例如，如果需要查看索引的缓存大小，可以执行下面的 show variables like 语句。

```
mysql> show variables like 'key_buffer_size';
        +-----------------+---------+
        | Variable_name   | Value   |
        +-----------------+---------+
        | key_buffer_size | 8388608 |
        +-----------------+---------+
```

```
                1 row in set, 1 warning (0.00 sec)
```

2. 设置性能指标参数

MySQL 服务器的配置参数都在 my.cnf 或 my.ini 文件的[mysqld]中，设置性能指标参数是 MySQL 查询优化的重要内容，用户不仅需要理解一些 MySQL 的专业知识，还需要长时间观察统计并且根据经验进行判断，然后设置合理的参数。

（1）设置性能参数的数值：例如要查看系统变量 max_connections 的默认值，然后修改该变量的值为 200，再进行观察。

代码和运行结果如下：

```
mysql> show variables like 'max_connections';
        +-----------------+-------+
        | Variable_name   | Value |
        +-----------------+-------+
        | max_connections | 151   |
        +-----------------+-------+
        1 row in set, 1 warning (0.00 sec)
-- 如果输入以下命令
mysql> set global max_connections = 200;
        Query OK, 0 rows affected (0.00 sec)
mysql> show variables like 'max_connections';
        +-----------------+-------+
        | Variable_name   | Value |
        +-----------------+-------+
        | max_connections | 200   |
        +-----------------+-------+
        1 row in set, 1 warning (0.00 sec)
```

执行上述命令可以观察到参数发生的相应改变。注意重新设置全局变量的值，在命令中需要加上 global 修饰词。

（2）设置参数的状态或位置信息：例如查看慢查询日志的参数 slow_query_log_file 和 slow_query_log，再进行状态设置和查看。

代码和运行结果如下：

```
mysql> show variables like '%slow%';
        +----------------------------+-------------------------+
        | Variable_name              | Value                   |
        +----------------------------+-------------------------+
        | log_slow_admin_statements  | OFF                     |
        | log_slow_extra             | OFF                     |
        | log_slow_slave_statements  | OFF                     |
        | slow_launch_time           | 2                       |
        | slow_query_log             | ON                      |
        | slow_query_log_file        | R4TR807MK8BANSN-slow.log |
        +----------------------------+-------------------------+
        6 rows in set, 1 warning (0.00 sec)
```

```
mysql> set global slow_query_log_file='test-slow.log';
       Query OK, 0 rows affected (0.00 sec)
mysql> set global slow_query_log = OFF;
       Query OK, 0 rows affected (0.03 sec)
mysql> show variables like '%slow%';
       +-----------------------------+--------------------------+
       | Variable_name               | Value                    |
       +-----------------------------+--------------------------+
       | log_slow_admin_statements   | OFF                      |
       | log_slow_extra              | OFF                      |
       | log_slow_slave_statements   | OFF                      |
       | slow_launch_time            | 2                        |
       | slow_query_log              | OFF                      |
       | slow_query_log_file         | test-slow.log            |
       +-----------------------------+--------------------------+
       6 rows in set, 1 warning (0.00 sec)
```

执行上述命令可以观察到参数 slow_query_log_file 和 slow_query_log 发生的相应改变。

11.2 优化查询

MySQL 作为 Web 数据库，每天都要接受来自 Web 的成千上万用户的连接访问。在对数据库频繁操作访问的情况下，数据库的性能优化状况成为整个应用系统的性能瓶颈。

使用 explain 语句可以对 select 语句的执行效果进行分析，通过分析可以提出优化查询的方法。使用 analyze table 语句可以分析表查询效率，使用 check 语句可以检查表的运行情况，使用 optimize table 语句可以优化表，使用 repair table 语句可以修复表。

11.2.1 分析查询语句

视频讲解

分析查询语句在前面小节中都有应用，在 MySQL 中可以使用 explain 语句和 describe 语句来分析查询语句。

1. explain 语句

应用 explain 关键字分析查询语句，其语法结构如下：

```
explain  select statements;
```

说明："select statements"参数为一般数据库查询命令，例如"select * from student;"。

【例 11.1】 使用 explain 语句分析一个查询语句。

代码如下：

```
mysql> use teaching;
       Database changed
mysql> explain  select  *  from  course;
```

运行结果如图 11-1 所示。

```
| id | select_type | table  | partitions | type | possible_keys | key  | key_len | ref  | rows | filtered | Extra |
| 1  | SIMPLE      | course | NULL       | ALL  | NULL          | NULL | NULL    | NULL | 13   | 100.00   | NULL  |
1 row in set, 1 warning (0.52 sec)
```

图 11-1　explain 语句的执行结果

说明：explain 语句输出行的相关信息所代表的意义如下。

（1）id：指出在整个查询中 select 的位置。

（2）select_type：表示查询的类型。它有几个常用的取值，如表 11-1 所示。

表 11-1　select_type 查询类型参数表

参 数 名	作 用
simple	简单 select（不使用 union 和子查询）
primary	表示主查询或者最外面的 select 语句
union	表示连接查询（union）中第二个或后面的 select 语句
subquery	子查询中的第一个 select 语句

（3）table：查询的源表名。

（4）partitions：查询的源表是否分区。

（5）type：显示连接使用了哪种连接类别，是否使用索引，这是使用 explain 语句分析性能的关键项之一。在该列中存储了很多值，按照从最佳类型到最坏类型进行排序为 system>const>eq_ref>ref>fulltext>ref_or_null>index_merge>unique_subquery>index_subquery>range>index>all。一般来说要保证查询至少达到 range 级别，最好能达到 ref，否则可能会出现性能问题。表 11-2 列出了几个常用的参数取值。

表 11-2　type 列常用的参数取值

参 数 名	作 用
system	表示表中只有一条记录
const	表示表中有多条记录，但只从表中查询一条记录
eq_ref	表示多表连接时后面使用了 unique 或者 primary key
ref	表示多表查询时后面的表使用了普通索引
unique_subquery	表示子查询中使用了 unique 或者 primary key
index_subquery	表示子查询使用了普通索引
range	表示查询语句给出了查询范围
index	表示对表中的索引进行了完整扫描，比 all 快一点
all	表示对表中的数据进行全扫描

（6）possible_keys：指出为了提高查找速度查询在 MySQL 中可能用到哪个索引。如果该列是 null，则没有相关的索引。

（7）key：显示查询实际使用的键（索引）。

（8）key_len：显示使用的索引字段的长度。

（9）ref：显示使用哪个列或常数与索引一起来查询记录。

（10）rows：显示执行查询时必须检查的行数。

（11）filtered：筛选的结果。

（12）Extra：包含解决查询的附加信息。如果想让查询尽可能快，那么就应该注意 Extra 字段的值为 Using filesort 和 Using temporary 的情况，具体作用如表 11-3 所示。

表 11-3　Extra 常用的参数取值

参 数 名	作 用
Distinct	一旦找到了与查询条件匹配的第一条记录，就不再搜索其他记录
Not exists	MySQL 优化了 left join，一旦它找到了匹配 left join 标准的行，就不再搜索更多的记录
Range checked for each Record（index map:#）	没找到合适的可用的索引。对于前一个表的每一个行连接，它会做一个检验以决定该使用哪个索引（如果有），并且使用这个索引从表里取得记录。这个过程不会很快，但总比没有任何索引时做表连接来得快
Using filesort	MySQL 需要进行额外的步骤以排好的顺序取得记录。查询需要优化
Using index	字段的信息直接从索引树中的信息取得，而不再去扫描实际的记录。这种策略用于查询时的字段是一个独立索引的一部分
Using temporary	MySQL 需要创建一个临时表来存储结果，这通常发生在查询时包含了 order by 和 group by 子句，以不同的方式列出了各种字段。查询需要优化
Using where	使用了 where 子句来限制哪些行将与下一张表匹配或者返回给用户

2. describe 语句

在 MySQL 中使用 describe 语句来分析查询语句，其使用方法与 explain 语句是相同的，两者的分析结果也大体相同。describe 可以缩写成 desc。

describe 的语法结构如下：

```
describe select statements;
```

【例 11.2】　使用 describe 分析查询语句。

代码如下：

```
mysql> describe select * from student;
```

运行结果如图 11-2 所示。

```
+----+-------------+---------+------------+------+---------------+------+---------+------+------+----------+-------+
| id | select_type | table   | partitions | type | possible_keys | key  | key_len | ref  | rows | filtered | Extra |
+----+-------------+---------+------------+------+---------------+------+---------+------+------+----------+-------+
|  1 | SIMPLE      | student | NULL       | ALL  | NULL          | NULL | NULL    | NULL |   13 |   100.00 | NULL  |
+----+-------------+---------+------------+------+---------------+------+---------+------+------+----------+-------+
1 row in set, 1 warning (0.00 sec)
```

图 11-2　describe 语句的执行结果

说明：将例 11.2 与例 11.1 对比，可以清楚地看出其运行结果基本相同。

11.2.2　索引对查询速度的影响

在查询过程中使用索引势必会提高数据库的查询效率，使用索引来查询数据库中的内容可以减少查询的记录数，从而达到优化查询的目的。

视频讲解

下面通过对使用索引和不使用索引进行对比来分析查询的优化情况。

【例 11.3】 分析在未使用索引时的查询情况。

代码如下：

```
mysql> explain select * from student  where  sname='崔依歌';
```

运行结果如图 11-3 所示。

id	select_type	table	partitions	type	possible_keys	key	key_len	ref	rows	filtered	Extra
1	SIMPLE	student	NULL	ALL	NULL	NULL	NULL	NULL	13	10.00	Using where

1 row in set, 1 warning (0.02 sec)

图 11-3　未使用索引时的查询情况

该例只是使用了 where 子句的一个简单查询，没有使用索引进行查询，type 为 all 表示要对表进行全扫描。表格字段 rows 下为 13，说明在执行查询过程中 student 表中存在的 13 条数据都被查询了一遍。可以想象，在数据存储量小的时候对查询不会有太大的影响，当数据库中存储了海量的数据时，为搜索一条数据而遍历整个数据表中的所有记录将会耗费很多时间。

如果在 sname 字段上建立一个名为 idx_sname 的索引，然后用 explain 关键字分析执行情况，就可以观察到索引的作用。

代码如下：

```
mysql> create index idx_sname on student(sname);
        Query OK, 0 rows affected (2.34 sec)
        Records: 0  Duplicates: 0  Warnings: 0
mysql> explain select * from student where sname='崔依歌';
```

运行结果如图 11-4 所示。

id	select_type	table	partitions	type	possible_keys	key	key_len	ref	rows	filtered	Extra
1	SIMPLE	student	NULL	ref	idx_sname	idx_sname	32	const	1	100.00	Using index condition

1 row in set, 1 warning (0.03 sec)

图 11-4　使用索引时的查询情况

如图 11-4 所示，由于创建了索引使访问的行数由 13 行减少到 1 行，type 级别已经上升至 ref，明显地提高了查询性能。其实际过程是，因为创建了 idx_sname 索引，在查询姓名"崔依歌"时先在索引文件中查找键值，再通过其 id 号到数据表中查找相关记录。如果数据量较小，顺序查询要比索引查询快。当数据量较大时，索引查询的效率高。

由此可见，在查询操作中使用索引不仅会自动优化查询效率，同时也会降低服务器的开销。

在一般情况下，使用索引可以提高查询的速度，但如果 MySQL 语句使用不恰当，索引将无法发挥它应有的作用。如果在一个表中创建了多列的复合索引，只有在查询条件中使用了这些字段的第一个字段时索引才会使用。

11.2.3　使用索引优化查询

在 MySQL 中可以通过索引提高查询的速度。为了更充分地发挥索引的作用，在应用索引查询时可以通过关键字或其他方式对查询进行优化处理。

1．用 like 关键字优化索引查询

【例 11.4】利用 explain 语句执行查询命令，应用 like 关键字，且匹配字符串中含有百分号"%"。

视频讲解

代码和运行结果如下：

```
mysql> explain select * from student  where  sname  like '赵%'\G
*************************** 1. row ***************************
           id: 1
  select_type: SIMPLE
        table: student
   partitions: NULL
         type: range
possible_keys: idx_sname
          key: idx_sname
      key_len: 32
          ref: NULL
         rows: 2
     filtered: 100.00
        Extra: Using index condition
1 row in set, 1 warning (0.03 sec)
```

再执行下面的类似查询。

```
mysql> explain select * from student where sname like '%江'\G
*************************** 1. row ***************************
           id: 1
  select_type: SIMPLE
        table: student
   partitions: NULL
         type: ALL
possible_keys: NULL
          key: NULL
      key_len: NULL
          ref: NULL
         rows: 13
     filtered: 11.11
        Extra: Using where
1 row in set, 1 warning (0.00 sec)
```

说明：从上面的两个运行结果可以看出 sname 列使用了索引，都与 like 关键字进行匹配。如果匹配字符（%或_）在字符串的后面，索引在其中起作用，如第一种情况，type 值为 range 级，因为有两条符合条件的记录，所以 rows 参数值为 2，检查的行数只有两行。

对于第二种情况，匹配字符（%或_）在字符串的前面，索引将不起作用，type 值为 all 级，即对表进行全扫描，检查的行数为 13 行，虽然符合条件的记录为 3 行。

由此可知，使用 like 关键字和通配符的做法虽然简单、易懂，但是以牺牲系统性能为代价的。

2. 在查询语句中使用 or 关键字

在 MySQL 中，当查询语句只包含 or 关键字时，要求查询的两个字段必须都为索引，如果所搜索的条件中有一个字段不为索引，则在查询中不会应用索引进行查询。

【例 11.5】 通过 explain 分析应用 or 关键字查询索引的命令。

代码和运行结果如下：

```
mysql> explain select * from student where sname='赵%' or phone='132%'\G
*************************** 1. row ***************************
           id: 1
  select_type: SIMPLE
        table: student
   partitions: NULL
         type: ALL
possible_keys: idx_sname
          key: NULL
      key_len: NULL
          ref: NULL
         rows: 13
     filtered: 15.38
        Extra: Using where
1 row in set, 1 warning (0.00 sec)
```

再执行下面的类似查询。

```
mysql> explain select * from student where sname='赵%' or sex='男'\G
*************************** 1. row ***************************
           id: 1
  select_type: SIMPLE
        table: student
   partitions: NULL
         type: ALL
possible_keys: idx_sname
          key: NULL
      key_len: NULL
          ref: NULL
         rows: 13
     filtered: 53.85
        Extra: Using where
1 row in set, 1 warning (0.00 sec)
```

从运行结果中可以看出，若两个字段均为索引，查询会被优化，type 的值为 index_merge。而后一种情况，由于 sex 字段没有被索引，则查询不会被优化。type 值为 all，表示进行了全扫描，rows 值为 13。

3．在查询语句中使用多列索引

多列索引在表的多个字段上创建一个索引，只有在查询条件中使用了这些字段中的第一个字段时索引才会被正常使用。

【例 11.6】　通过 explain 分析应用多列索引的命令。score 表中有 studentno 和 courseno 两个字段，分别用这两个字段进行查询分析。

代码和运行结果如下：

```
mysql> explain  select * from score where studentno='21%'\G
*************************** 1. row ***************************
             id: 1
    select_type: SIMPLE
          table: score
     partitions: NULL
           type: ref
  possible_keys: PRIMARY,sc_index
            key: PRIMARY
        key_len: 44
            ref: const
           rows: 1
       filtered: 100.00
          Extra: Using where
1 row in set, 1 warning (0.02 sec)
```

再执行下面的类似查询。

```
mysql> explain  select * from score where courseno='c05%'\G
*************************** 1. row ***************************
             id: 1
    select_type: SIMPLE
          table: score
     partitions: NULL
           type: ALL
  possible_keys: NULL
            key: NULL
        key_len: NULL
            ref: NULL
           rows: 30
       filtered: 10.00
          Extra: Using where
1 row in set, 1 warning (0.00 sec)
```

说明：在应用 courseno 字段时索引不能被正常使用，进行的是全表扫描，这就是说索引并未在 MySQL 优化中起到任何作用，而必须在使用 studentno 字段时索引才可以被正常使用。

4. 在索引字段上使用函数操作

在建有索引的字段上尽量不要使用函数进行操作，否则会降低查询速度。例如，在一个 date 类型的字段上使用 year()函数时将会使索引不能发挥应有的作用。

【**例 11.7**】 在 student 表的 birthdate 字段上已建立了索引 idx_birth，对比使用 year()函数和没使用 year()函数时的查询结果。

代码和运行结果如下：

```
mysql> create index idx_birth on student(birthdate);
        Query OK, 0 rows affected (1.15 sec)
        Records: 0  Duplicates: 0  Warnings: 0
mysql> explain select sname from student where year(birthdate)> '2003'\G
*************************** 1. row ***************************
            id: 1
   select_type: SIMPLE
         table: student
    partitions: NULL
          type: ALL
 possible_keys: NULL
           key: NULL
       key_len: NULL
           ref: NULL
          rows: 13
      filtered: 100.00
         Extra: Using where
1 row in set, 1 warning (0.02 sec)
mysql> explain select sname from student where birthdate>'2003-12-31'\G
*************************** 1. row ***************************
            id: 1
   select_type: SIMPLE
         table: student
    partitions: NULL
          type: ALL
 possible_keys: idx_birth
           key: NULL
       key_len: NULL
           ref: NULL
          rows: 13
      filtered: 30.77
         Extra: Using where
1 row in set, 1 warning (0.04 sec)
```

说明：在一个 date 类型的字段上使用 year()函数时，将会使索引不能发挥应有的作用，possible_keys 值为 null，而没有使用 year()函数时，possible_keys 值为 idx_birth，证明在查询过程中使用了索引 idx_birth。但是由于数据量较小，在指定查询计划时索引使用的优势显示不明显。

视频讲解

11.2.4　优化多表查询

在 MySQL 中，很多查询中需要使用子查询。子查询可以使查询语句很灵活，但子查询的执行效率不高。在进行子查询时，MySQL 需要为内层查询语句的查询结果建立一个临时表，然后外层查询语句在临时表中查询记录，查询完毕后 MySQL 需要撤销这些临时表，因此子查询的速度会受到一定的影响。如果查询的数据量比较大，这种影响就会随之增大。在 MySQL 中可以使用连接查询来代替子查询。连接查询不需要建立临时表，其速度比子查询要快。

用户可以通过连接来实现多表查询，在查询过程中，用户将表中的一个或多个共同字段进行连接，定义查询条件，返回统一的查询结果。这通常用来建立数据管理系统的数据表之间的关系。在多表查询中，可以应用子查询来优化多表查询，即在 select 语句中嵌套其他 select 语句。采用子查询优化多表查询的好处有很多，其中可以将分步查询的结果整合成一个查询，这样就不需要再执行多个单独查询，从而提高了多表查询的效率。

【例 11.8】 通过一个实例来说明如何优化多表查询，查看子查询方式和表连接方式的查询分析参数。先执行两个查询语句，再执行查询分析。

代码和运行结果如下：

```
mysql> select sname,phone  from student where studentno
    -> in  (select studentno from score  where final>98)\G
    *************************** 1. row ***************************
    sname: 赵雨思
    phone: 13175689345
    *************************** 2. row ***************************
    sname: 孙释平
    phone: 13178978999
    *************************** 3. row ***************************
    sname: 夏文斐
    phone: 15978945645
    3 rows in set (0.12 sec)
mysql> select sname,phone from student,score
    -> where student.studentno=score.studentno and final>98 \G
    *************************** 1. row ***************************
    sname: 赵雨思
    phone: 13175689345
    *************************** 2. row ***************************
    sname: 孙释平
    phone: 13178978999
    *************************** 3. row ***************************
    sname: 夏文斐
    phone: 15978945645
    3 rows in set (0.03 sec)
#子查询方式分析
mysql> explain select sname,phone  from student where studentno
    -> in (select studentno from score  where final>98)\G
```

```
*************************** 1. row ***************************
           id: 1
  select_type: SIMPLE
        table: student
   partitions: NULL
         type: ALL
possible_keys: PRIMARY,uq_stu
          key: NULL
      key_len: NULL
          ref: NULL
         rows: 13
     filtered: 100.00
        Extra: NULL
*************************** 2. row ***************************
           id: 1
  select_type: SIMPLE
        table: <subquery2>
   partitions: NULL
         type: eq_ref
possible_keys: <auto_distinct_key>
          key: <auto_distinct_key>
      key_len: 44
          ref: teaching.student.studentno
         rows: 1
     filtered: 100.00
        Extra: NULL
*************************** 3. row ***************************
           id: 2
  select_type: MATERIALIZED
        table: score
   partitions: NULL
         type: ALL
possible_keys: PRIMARY,sc_index
          key: NULL
      key_len: NULL
          ref: NULL
         rows: 32
     filtered: 33.33
        Extra: Using where
3 rows in set, 1 warning (0.00 sec)
#表连接方式分析
mysql> explain select sname,phone from student,score
    -> where student.studentno=score.studentno and final>98 \G
*************************** 1. row ***************************
           id: 1
  select_type: SIMPLE
        table: score
```

```
                 partitions: NULL
                       type: ALL
              possible_keys: PRIMARY,sc_index
                        key: NULL
                    key_len: NULL
                        ref: NULL
                       rows: 32
                   filtered: 33.33
                      Extra: Using where
*************************** 2. row ***************************
                         id: 1
                select_type: SIMPLE
                      table: student
                 partitions: NULL
                       type: eq_ref
              possible_keys: PRIMARY,uq_stu
                        key: PRIMARY
                    key_len: 44
                        ref: teaching.score.studentno
                       rows: 1
                   filtered: 100.00
                      Extra: NULL
2 rows in set, 1 warning (0.00 sec)
```

说明：

（1）从运行结果中可以看出，虽然查询的结果是一样的，但效率却有差别。子查询方式对两个表进行的是全表扫描，子查询本身生成的临时表<subquery2>也需要扫描；表连接方式仅对 score 表进行全表扫描。基于 student 表的分析，type 的值为 eq_ref，表明该语句已经将算法进行优化，从而提高了数据表的查询效率，实现了查询优化的效果。

（2）使用子查询可以一次性完成很多逻辑上需要多个步骤才能完成的 SQL 操作，同时也可以避免事务或者表锁死，并且写起来也很容易。MySQL 在执行带有子查询的查询时，需要先为内层子查询语句的查询结果建立一个临时表，然后外层查询语句在临时表中查询记录，查询完毕后再撤销这些临时表。

（3）子查询的速度会受到一定的影响，特别是在查询的数据量比较大时这种影响会随之增大，因此应尽量使用连接查询来代替子查询，连接查询不需要建立临时表，其速度比子查询要快。

11.3　优化数据表的操作

优化数据表主要是对数据表结构的合理性、数据量级和索引设计等方面进行分析和优化，从而提高对表数据进行查询和更新的速度。

11.3.1　优化插入记录的速度

如果 MySQL 数据表中创建的索引比较多，当需要对表进行插入记录的操作时就会不断地刷新索引，自动排序数据。如果插入大量数据，索引、唯一性检查都会影响插入记录的速度。优化插入记录的速度可以从以下方面进行处理。

（1）禁用索引：为了解决插入记录时排序过程会降低插入记录速度的情况，在插入记录之前可以先禁用索引，等到记录都插入完毕后再开启索引。

禁用索引和重新开启索引的命令格式如下：

```
alter table tablename disable keys;
alter table tablename enable keys;
```

对于新创建的表，可以先不创建索引，等到记录都导入以后再创建索引，这样可以提高导入数据的速度。

（2）禁用唯一性检查：在插入数据时，MySQL 会对插入的记录进行检查，这种检查也会降低插入记录的速度，可以在插入记录之前禁用唯一性检查，等到记录插入完毕后再开启。

禁用唯一性检查和重新开启唯一性检查的命令如下：

```
set unique_checks=0;
set unique_checks=1;
```

（3）采用 insert 语句的优选方式：在向数据表中插入多条记录时有两种 insert 语句格式，第一种是一个 insert 语句只插入一条记录，执行多个 insert 语句来插入多条记录；第二种是一个 insert 语句插入多条记录。第二种方式减少了与数据库之间的连接等操作，其速度比第一种方式要快。

在实际操作过程中，若有大量数据需要插入，建议使用一个 insert 语句插入多条记录的方式。如果能用 load data infile 语句，尽量用 load data infile 语句，因为 load data infile 语句导入数据的速度比 insert 语句导入数据的速度快。在加载数据时要采用批量加载，尽量减少 MySQL 服务器对索引的刷新频率。

11.3.2 分析表、检查表和优化表

分析表的主要作用是分析关键字的分布，可以帮助查询优化器找到更优的执行计划。检查表的主要作用是检查表是否存在错误。优化表的主要作用是消除删除或者更新造成的空间浪费。

（1）利用 analyze 语句分析表：在 MySQL 中使用 analyze table 语句来分析表。analyze table 语句能够分析 InnoDB 和 MyISAM 类型的表。

MySQL 的优化元件（optimizer）在优化 SQL 语句时首先需要收集相关信息，其中就包括表的散列程度（cardinality），表示某个索引对应的列包含多少个不同的值。如果 cardinality 大大少于数据的实际散列程度，那么索引就基本失效了。

analyze 语句的基本语法格式如下：

```
analyze table tablename1[,tablename2…];
```

在使用 analyze table 分析表的过程中，数据库系统会对表加一个只读锁。在分析期间只能读取表中的记录，不能更新和插入记录。

【例 11.9】 分析 teacher 表的运行情况，先使用 show index 语句查看索引的散列程度，

然后使用 analyze table 进行修复。

代码和运行结果如下：

```
mysql> show index from teacher\G;
        *************************** 1. row ***************************
                Table: teacher
            Non_unique: 0
              Key_name: PRIMARY
          Seq_in_index: 1
           Column_name: teacherno
             Collation: A
           Cardinality: 10
              Sub_part: NULL
                Packed: NULL
                  Null:
            Index_type: BTREE
               Comment:
         Index_comment:
               Visible: YES
            Expression: NULL
1 row in set (0.15 sec)
mysql> analyze table teacher;
+------------------+---------+----------+----------+
| Table            | Op      | Msg_type | Msg_text |
+------------------+---------+----------+----------+
| teaching.teacher | analyze | status   | OK       |
+------------------+---------+----------+----------+
1 row in set (0.33 sec)
```

说明：

① 从例 11.9 的结果可以看到，索引字段是 teacherno，teacher 表的 cardinality 的值为10。teacher 表的 teacherno 数量为 10，说明索引是有效的。如果 teacher 表的 teacherno 数量远远大于 cardinality 的值，则索引是无效的。

② 例 11.9 的结果显示了 4 列信息，在检查表和优化表之后也会出现这 4 列信息，其基本含义如下。

- Table：表示表的名称。
- Op：表示执行的操作。analyze 表示进行分析操作，check 表示进行检查查找，optimize表示进行优化操作。
- Msg_type：表示信息类型，其显示的值通常是状态、警告、错误和信息这四者之一。
- Msg_text：显示信息。

（2）使用 check 语句检查表：在 MySQL 中 check table 语句能够检查 InnoDB 和MyISAM 类型的表是否存在错误。如果数据写入磁盘时发生错误，或者索引没有同步更新，或者数据库未关闭 MySQL 就停止了，则数据库可能发生错误，此时可以使用 check table来检查表是否有错误，该语句还可以检查视图是否存在错误。

该语句的基本语法格式如下：

```
check table tablename1[,tablename2,…][option];
```

其中，option 有 5 个参数，分别是 quick、fast、changed、medium 和 extended，这 5 个参数的执行效率依次降低。option 选项只对 MyISAM 类型的表有效，对 InnoDB 类型的表无效。check table 语句在执行过程中也会给表加上只读锁。

例如检查 student 表的运行情况，语句如下：

```
mysql> check table student;
```

（3）使用 optimize 语句来优化表：在 MySQL 中 optimize table 语句对 InnoDB 和 MyISAM 类型的表都有效。当表上的数据行被删除时，所占据的磁盘空间并没有立即被回收。另外，对于那些声明为可变长度的数据列，时间长了会使得数据表出现很多碎片，减慢查询效率。optimize table 语句可以消除删除和更新操作造成的磁盘碎片，用于回收闲置的数据库空间，从而减少空间浪费。在使用了 optimize table 语句后这些空间将被回收，并且对磁盘上的数据行进行重排。optimize table 只对 MyISAM、BDB 和 InnoDB 表起作用，只能优化表中的 varchar、blob 和 text 类型的字段。

对于写比较频繁的表，要定期进行优化，一周或一个月一次，看实际情况而定。

optimize table 语句的基本语法格式如下：

```
optimize table tablename1[,tablename2,…];
```

例如使用 optimize table 语句优化 student 表，语句如下：

```
mysql> optimize table student;
```

optimize table 语句在执行过程中也会给表加上只读锁。

11.3.3 优化慢查询

MySQL 8.0 支持将执行比较慢的 SQL 语句记录下来。

（1）查看相关系统变量，查询系统默认状态。

【例 11.10】 执行下面的语句并查看系统设置慢查询的标准结果。long_query_time 用来定义慢于多少秒才算"慢查询"，系统默认是 10 秒。

代码和运行结果如下：

```
mysql> show variables like 'long%';
        +-----------------+-----------+
        | Variable_name   | Value     |
        +-----------------+-----------+
        | long_query_time | 10.000000 |
        +-----------------+-----------+
        1 row in set, 1 warning (0.02 sec)
```

执行下面的语句可以查看慢查询的设置参数：

```
mysql> show variables like 'slow%';
```

其运行结果如下：

```
+---------------------+-------------------------+
| Variable_name       | Value                   |
+---------------------+-------------------------+
| slow_launch_time    | 2                       |
| slow_query_log      | on                      |
| slow_query_log_file | R4TR8O7MK8BANSN-slow.log |
+---------------------+-------------------------+
3 rows in set, 1 warning (0.00 sec)
```

说明：

① long_query_time：表示超过多少秒的查询写入日志，默认的是 10 秒，如果设置为 0，表示记录所有的查询。

② slow_query_log：是否打开日志记录慢查询，on 表示打开，off 表示关闭。

③ slow_query_log_file：慢查询日志文件的保存位置，系统默认保存在"C:\ProgramData\MySQL\ MySQL Server 8.0\Data\" 中。

（2）设置变量，优化慢查询。

【例 11.11】 将查询时间超过 1 秒的查询作为慢查询。

代码和运行结果如下：

```
mysql> set long_query_time=1;
       Query OK, 0 rows affected (0.05 sec)
mysql> show variables like 'long%';
       +-----------------+----------+
       | Variable_name   | Value    |
       +-----------------+----------+
       | long_query_time | 1.000000 |
       +-----------------+----------+
       1 row in set, 1 warning (0.00 sec)
```

只要启动慢查询日志记录，一旦 slow_query_log 变量被设置为 on，MySQL 就会立即开始记录。

（3）检查形成慢查询的原因。

① 了解业务方使用场景，查看查询字段是否没有索引或者没有用到索引（这是查询慢最常见的问题，是程序设计的缺陷）。

② 硬件环境问题：内存不足，网络速度慢，I/O 吞吐量小，形成了瓶颈效应。

③ 有没有创建计算列导致查询不优化；查询语句不好，没有优化，是否返回了不必要的数据；查询出的数据量过大（可以采用多次查询，其他方法降低数据量）。

④ 利用 explain 查看执行计划是否与预期一致（从锁定记录较少的表开始查询）。

⑤ 是否形成锁或者死锁（这也是查询慢最常见的问题，是程序设计的缺陷）。

⑥ 利用 sp_lock、sp_who 等参数查看活动的用户是否存在读写竞争资源。

11.3.4　优化表的基本查询性能

（1）limit 1 可以增加性能，如果知道查询的结果只有一行，加上 limit 1 可以增加性能，MySQL 数据库引擎会在找到一条数据后停止搜索，而不是继续往后查找下一条符合记录的数据，从而提高查询的效率。

```
mysql> select sname,birthdate from student where sname='常杉' limit 1;
```

（2）尽量避免使用 “select * from table”，在查询时应明确要查询哪些字段，哪些字段是无关的，从数据库里读出的数据越多，越会增加服务器开销，降低查询的效率。

（3）不要滥用 MySQL 的类型自动转换功能，应该注意避免在查询中让 MySQL 进行自动类型转换，因为转换过程也会使索引变得不起作用。

例如，“select studentno,daily from score where daily >= '60';” 中数字 60 就不能写成字符 '60'，虽然可以输出正确的结果，但会加重 MySQL 的类型转换，使之性能下降。

（4）尽量避免在 where 子句中对字段进行 null 值判断，null 对于大多数数据库都需要特殊处理，MySQL 也不例外。另外不要以为 null 不需要空间，其实它需要额外的空间，并且在进行比较的时候程序会更复杂。当然，这里并不是说就不能使用 null 了，现实情况是很复杂的，依然会有些情况需要使用 null 值。

（5）尽量避免在 where 子句中使用 “!=” 或 “<>” 操作符，MySQL 只有在使用<、<=、=、>、>=、between 和 like 的时候才能使用索引，并且尽量避免 where 子句对字段进行函数操作。

```
mysql> select sname from student where year(birthdate)='2002';
```

可以改为如下形式：

```
mysql> select sname from student where birthdate >='2002-12-1' and birthdate
<= '2002-12-31';
```

（6）尽量避免 where 子句对字段进行表达式操作。例如：

```
mysql> select studentno  from score where  score/2=40;
```

（7）尽量避免使用 in 或 not in 操作。对于连续的数值，能用 between 就不要用 in。

```
mysql> select sname  from score  where score between 60 and 70;
```

11.4　优化数据库结构

优化数据库结构首先是从数据库中应用场合、数据量级的角度去分析表结构是否合理，其次是从是否需要分库分表和分区技术等方面对数据库系统进行优化，目的是要提高对表的查询和更新的速度。

11.4.1　优化表结构设计

在 MySQL 数据库中，为了优化查询，使查询能够更加精练、高效，在用户设计数据表的同时应该考虑一些因素。

（1）在设计数据表时应优先考虑使用特定长度字段，后考虑使用变长字段。例如在用户创建数据表时考虑创建某个字段类型为 varchar 而设置其字段长度为 255，但是在实际应用时，该用户存储的数据根本达不到该字段所设置的最大长度。命令中若设置用户性别的字段，往往用 M 表示男性，用 F 表示女性，如果给该字段设置长度为 50，则该字段占用了过多列宽，这样不仅浪费资源，也会降低数据表的查询效率。通常，适当调整列宽不仅可以减少磁盘空间，同时也可以使数据在进行处理时产生的 I/O 过程减少。将字段长度设置成其可能应用的最大范围可以充分地优化查询效率。

（2）改善性能的另一项技术是使用 optimize table 语句处理用户经常操作的表，频繁地操作数据库中的特定表会导致磁盘碎片增加，这样会降低 MySQL 的效率，故可以使用该语句处理经常操作的数据表，以便于优化访问查询效率。

（3）在考虑改善表的性能的同时用户要检查已经建立的数据表，划分数据的优势在于可以使用户更好地设计数据表，但是过多的表意味着性能降低，故用户应检查这些表，看这些表是否有可能整合为一个表，如没有必要整合，在查询过程中用户可以使用连接，如果连接的列采用相同的数据类型和长度，同样可以达到查询优化的作用。

（4）需要注意的是，InnoDB 或 BDB 类型的表处理行存储与 MyISAM 或 ISAM 表情况不同，在 InnoDB 或 BDB 类型的表中使用定长列并不能提高其性能。

11.4.2　优化数据表结构

根据数据库表中数据的使用频率，可以视具体情况对表结构进行适当修改，以此提高相关查询的效率。

1. 将字段很多的表分解成多个表

有些表在设计时设置了很多字段，有些字段的使用频率很低。当表的数据量很大时，查询数据的速度就会很慢。对于字段特别多且有些字段的使用频率很低的表，可以将其分解成多个表。

例如学生表（student），其 entrance 字段中存储着学生的入学成绩信息，很少使用。该表可以分解出另外一个表，将这个表取名为 stu_entrance，表中存储两个字段，分别为 studentno 和 entrance。

如果需要查询某个学生的入学成绩信息，可以用 studentno 来查询。如果需要将学生的学籍信息与备注信息同时显示，可以将 student 表和 stu_entrance 表进行连接查询。通过这种分解可以提高 student 表的查询效率。

2. 增加冗余字段

有时，在建立表的时候会有意识地增加冗余字段，减少连接查询操作，提高性能。

例如，课程信息存储在 course 表中，成绩信息存储在 score 表中，两表通过课程号（courseno）建立关联。对于要查询选修某门课（例如数据库编程）的学生，必须从 course 表中查找课程名对应的课程号，然后根据这个编号去 score 表中查找该课程成绩。

为减少查询时由于建立连接查询浪费的时间，可以在 score 表中增加一个冗余字段 cname，该字段用来存储课程的名称，这样就不用每次都进行连接操作了。

3. 合理设置表的数据类型和属性

（1）选取适用的字段类型：表中字段的宽度要设得尽可能小。

例如，在定义地址字段时一般使用 char 或 varchar。考虑到一般情况下地址字段的长度是 10 个字符左右，没必要设置 char(255)，以尽量减少不必要的数据库的空间损耗。如果不需要记录时间，使用 date 要比 datetime 好得多。

（2）使用 enum 而不是 varchar 或 char：对于诸如"省份""性别""爱好""民族""部门"等字段，可以选择 enum 数据类型，一方面这样字段的取值是有限而且固定的，另一方面，MySQL 把 enum 类型当作数值型数据来处理，而数值型数据处理起来速度要比文本类型快得多。

（3）为每张表设置一个 id：为每张数据表都设置 id 作为其主键，而且最好是一个 int 型的主键，并设置自动增量（auto_increment）。

（4）尽量避免定义 null：一个提高效率的方法是在可能的情况下尽量把字段设置为 not null，这样在将来执行查询的时候数据库不用去比较 null 值。

11.4.3　增加中间表

若有某些查询经常涉及多表中的几个字段，则需要进行多表连接。经常进行连接查询会降低 MySQL 数据的查询速度，此时可以视情况为这些字段建立一个中间表，并将原来几个表的数据插入中间表中，这样就可以使用中间表来进行查询和统计。

【例 11.12】 利用 student 表、course 表和 score 表的结构创建中间表 stu_score，其包含实际中经常要查询的学生的学号、姓名、课程名和成绩信息。

代码和运行结果如下：

```
#查看 student 表、course 表和 score 表的结构
mysql> describe  student;
+-----------+---------------+------+-----+---------+------+
| Field     | Type          | Null | Key | Default | Extra|
+-----------+---------------+------+-----+---------+------+
| studentno | char(11)      | NO   | PRI | NULL    |      |
| sname     | char(8)       | NO   | MUL | NULL    |      |
| sex       | enum('男','女') | YES  |     | 男      |      |
| birthdate | date          | NO   | MUL | NULL    |      |
| entrance  | int(3)        | YES  |     | NULL    |      |
| phone     | varchar(12)   | NO   | UNI | NULL    |      |
| Email     | varchar(20)   | NO   |     | NULL    |      |
+-----------+---------------+------+-----+---------+------+
7 rows in set (0.03 sec)
mysql> desc course;
+---------+-------------------+------+-----+---------+------+
| Field   | Type              | Null | Key | Default | Extra |
+---------+-------------------+------+-----+---------+------+
```

```
| courseno| char(6)            | NO  | PRI | NULL    |       |
| cname   | char(6)            | NO  | UNI | NULL    |       |
| type    | enum('必修','选修')| YES |     | 必修    |       |
| period  | int(2)             | NO  |     | NULL    |       |
| exp     | int(2)             | NO  |     | NULL    |       |
| term    | int(2)             | NO  |     | NULL    |       |
+---------+--------------------+-----+-----+--------+------+
6 rows in set (0.08 sec)
mysql> desc score;
+---------+----------+------+----+---------+-------+
| Field   | Type     | Null | Key| Default | Extra |
+---------+----------+------+----+---------+-------+
| studentno| char(11)| NO  | PRI| NULL    |       |
| courseno | char(6) | NO  | PRI| NULL    |       |
| daily   | float(3,1)| YES |    | 0.0     |       |
| final   | float(3,1)| YES |    | 0.0     |       |
+---------+----------+------+----+---------+-------+
4 rows in set (0.00 sec)
#创建中间表 stu_score
mysql> create table stu_score as
    -> select student.studentno,sname,cname,daily,final
    -> from student,course,score
    -> where student.studentno=score.studentno
    ->   and score.courseno=course.courseno;
    Query OK, 33 rows affected, 2 warnings (1.45 sec)
    Records: 33  Duplicates: 0  Warnings: 2
```

说明：在创建 stu_score 表以后，可以直接在表中查询学生的学号、姓名、课程名和成绩信息，省去了每次查询时都要进行表连接，这样就节省了查询时间，提高了 MySQL 数据库的查询性能。

【例 11.13】 统计各科课程的总评成绩的平均分，直接利用 stu_score 查询。

代码和运行结果如下：

```
mysql> select cname, avg(daily*0.2+ final*0.8) avg
    -> from stu_score group by cname;
    +---------+----------+
    | cname   | avg      |
    +---------+----------+
    | 高等数学 | 87.77143 |
    | C 语言  | 88.20000 |
    | 会计软件 | 87.60000 |
    | 机械制图 | 84.95000 |
    | 机械设计 | 94.20000 |
    | 铸造工艺 | 84.46667 |
    | 软件工程 | 88.20000 |
    | 经济法   | 78.46667 |
    | PHP 语言 | 90.90000 |
```

```
+---------+----------+
9 rows in set (0.03 sec)
```

11.4.4　数据库和表的分区管理

一般来说，事务处理系统（Transaction Processing System，TPS）的数据随着时间的推移会越积累越多，海量的用户数据每天都会产生，基于用户使用数据的用户行为分析等这样的分析都需要依靠数据统计和分析，特别是在并发操作时会增加单表的访问压力。MySQL 数据库本身比较容易成为系统瓶颈，单机存储容量、连接数、处理能力都有限。当单表的数据量达到 1000 万或 100GB 以后，由于查询维度较多，即使添加从数据库、优化索引，做很多操作，性能仍下降严重。此时就要考虑对其进行分库、分表了，其目的就在于减少数据库的负担，缩短查询时间。同时，可以考虑将数据库或单张数据表根据不同的需求进行拆分，从而提升数据库的访问性能。目前面对海量数据的操作，一般采用 3 种分库分表的方案，即分区、分库分表和 NoSQL/NewSQL 技术。分布式数据库的核心内容无非就是数据分割，以及分割后对数据的定位、整合。数据分割就是将数据分散存储到多个数据库中，使得单一数据库中的数据量变小，通过扩充主机的数量缓解单一数据库的性能问题，从而达到提升数据库操作性能的目的。

在实际的项目中往往是用这 3 种方案的组合来解决问题，目前绝大部分系统的核心数据都是以 RDBMS 存储为主、NoSQL/NewSQL 存储为辅。分区一般都是放在单机里，由MySQL 内部实现。分区用得比较多的是时间范围分区，方便归档。分库分表则需要代码实现，一般是在分布式服务器中实现。在实际的项目开发过程中分库分表和分区并不冲突，可以结合使用。

1. 海量数据库访问的限制

（1）输入和输出的 I/O 限制：一方面在进行磁盘读 I/O 操作时，需要访问的热点数据量太大，数据库的缓存放不下，每次查询时都会产生大量的磁盘与缓存之间的 I/O 操作，降低了查询速度，此时的解决方法是采用分库分表技术；另一方面是网络的 I/O 限制，当请求的传输数据量太大时，网络带宽就成为 I/O 限制，此时可以采用分库技术。

（2）CPU 的访问限制：如果是 MySQL 操作的问题，例如 MySQL 语句中包含 join、group by、order by 和非索引字段条件查询等操作，会极大地增加 CPU 运算的操作，此时需要进行 MySQL 的优化操作，建立合适的索引，在 Service 层进行业务计算。倘若是单表数据量太大，查询时扫描的行太多，MySQL 操作的效率就会变低，CPU 的计算能力就会出现瓶颈，此时一般采用水平分表的方式去解决问题。

2. 分库分表技术介绍

一般来说，项目中数据库的数据随着时间的推移会越来越多，而单表存储的数据又是有限的，当其达到一定的量级（如百万级）时，即使添加了索引，执行查询操作依然会变慢，特别是在并发操作时会增加单表的访问压力。解决办法就是考虑使用分库分表技术，将表数据根据不同的需求进行拆分，从而达到分散单表压力的目的，提升数据库的访问性能。

如何进行分库分表，目前互联网上有许多版本，也有一些著名的方案，归纳起来有两类——client 模式和 proxy 模式。无论是 client 模式还是 proxy 模式，几个核心的步骤是一样的，就是 SQL 解析、重写、路由、执行和结果归并。在实际的操作过程中常采用 client 模式，它的架构简单，性能损耗也比较小，运维成本低。

（1）水平分库：MySQL 的水平分库就是以某字段为依据，按照 hash、range 算法策略，将一个数据库中的数据拆分到多个数据库。这些数据库的特点如下：

- 水平分割的数据库具有同样的结构。
- 每个分数据库中的数据不一样，且没有交集。
- 所有分库的并集是存储全部数据。

当某一系统的绝对并发数据量不断加大，单靠分表难以从根本上解决问题，且在没有明显的业务归属来进行垂直分割数据库时，采用水平分割数据库方式可以成倍缓解 I/O 和 CPU 的工作量压力。

（2）水平分表：水平分表就是以某字段为标志，按照一定的 hash、range 等方法，将一个大数据量的表分割成若干个表结构一致、数据行值没有交集的分表。水平分表是一种物理创建表的设计，它是用户根据指定的需求将记录分别存储到各个分表中。在通常情况下，可以根据表的名称对分表进行增/删/改/查操作。

MySQL 的水平分表适合系统中绝对的并发数据量并不大，只是单表的数据太多，影响了 MySQL 的读写效率，加重了 CPU 处理数据的负担的情况。此时分表的数据量少了，单次 SQL 语句的执行效率就高了，自然提高了 CPU 的效率。

水平分表的特点如下：

- 水平分表使单张表的数据能够保持在一定的量级。
- 在操作时又因其表结构完全相同，只需增加获取对应分表名称的运算就可以提高系统的稳定性和负载能力。
- 水平分表使得数据分散存储，加大了数据的维护难度。

（3）垂直分库：MySQL 按照业务归属不同，将不同业务的表划分成关联表集合存放到不同的数据库中。垂直分割的数据库具有如下特点：

- 每个分库的结构都不一样。
- 每个分库的数据也不一样，没有交集。
- 所有分库的并集是全部数据。

MySQL 的垂直分库是随着系统绝对并发数据量的增加将不同业务模块抽象出来，利用不同的数据库去处理不同的业务。

（4）垂直分表：MySQL 的垂直分表是按照字段的活跃性将表中字段拆分成主表和扩展表。主表和扩展表的表结构都不一样，每个表的数据也不一样，每个表的字段至少有一列交集（一般是主键，用于关联数据）。所有表的并集是全部数据。因此垂直分表在创建时各数据表仅通过一个字段进行连接，其他字段都不相同。

垂直分表的拆分原则是将使用频率高的数据放在一起作为主表，其他数据放在一起作为扩展表，若要获取全部数据就需要关联两个表来取数据。这样在对此数据表进行操作时，不常用的字段也会占据一定的资源，会对系统的整体性能造成一定的干扰和影响。

垂直分表的特点如下：

- 垂直分表后业务逻辑更加清晰，方便数据进行整合与扩展，还可以根据实际需求实现动静分离,为各分表选择不同的存储引擎(如查询操作多可以使用 MyISAM 等)。

- 需要管理冗余字段,查询所有数据需要进行连接。
- 将数据表中的字段根据使用的频率分别存储到不同的表中。

如果系统绝对并发数据量并不大,表的记录并不多,但是字段多,并且热点数据和非热点数据在一起,使得单行数据所需的存储空间较大,以至于数据库缓存的数据行减少,在查询时会去读磁盘数据,产生了大量的随机读 I/O,从而产生 I/O 运行瓶颈的情况。

例如,在学生管理过程中针对 student 表可以利用水平分表的拆分方式,根据学生管理的数据量等级的不同,将 student 表的数据存储到不同的分表中,而分表的数量以及拆分方式还需考虑表的预估容量、可扩展性等因素。

student 表中含有 7 个字段,分别为 studentno、sname、sex、birthdate、entrance、phone 和 Email 等。通常有 4 个字段在用户登录时会经常用到,其余字段的使用率则较小,这时就可以利用垂直分表的设计方式将其拆分成一个主表(studentno、sname、sex、phone)和一个从表(studentno、birthdate、entrance、Email)。

主表和从表利用 studentno 进行连接即可获取一个学生的完整信息。当不需要完整信息时,只需要对相应的主表进行操作即可。

3. 分库分表存在的问题

(1)事务处理问题:分库分表使得数据存储到了不同的数据库中,从而让数据事务管理出现了困难。倘若依赖数据库本身的分布式事务管理功能去执行事务,将要付出高昂的性能代价;如果由应用程序去协助控制,形成程序逻辑上的事务,则又会造成编程方面的负担。

(2)跨库跨表的连接问题:分库分表难以避免会将原本逻辑关联性很强的数据划分到不同的表、不同的库上,这样使得表的 join(连接)操作将受到限制,结果原本一次查询能够完成的业务可能需要多次查询才能完成。

(3)额外的数据管理负担和数据运算压力:额外的数据管理负担,最显而易见的就是数据的定位问题和数据的增/删/改/查的重复执行问题,这些都可以通过应用程序解决,但必然会引起额外的逻辑运算。

11.4.5　数据表的分区技术

数据表的分区就是把一个数据表文件和索引分散存储在不同的物理文件中,就是在操作数据表时可以根据给定的算法将数据在逻辑上分到多个区域中存储。在分区中还可以设置子分区,将数据存放到更加具体的区域内。若在 where 子句中包含分区条件,系统只需扫描相关的一个或多个分区而不用全表扫描,从而提高了查询效率。

分区技术可以使一张数据表中的数据存储在不同的物理磁盘中,相比单个磁盘或文件系统能够存储更多的数据,实现更高的查询吞吐量。

MySQL 支持的分区类型包括 range、list、hash、key,其中 range 比较常用。

- range 分区:基于属于一个给定连续区间的列值,把多行分配给分区。
- list 分区:类似于按 range 分区,区别在于 list 分区是基于列值匹配一个离散值集合中的某个值来进行选择。
- hash 分区:基于用户定义的表达式的返回值来进行选择的分区,该表达式使用将要插入表中的这些行的列值进行计算。这个函数可以包含 MySQL 中有效的、产生非负整数值的任何表达式。

- key 分区：类似于按 hash 分区，区别在于 key 分区只支持计算一列或多列，且 MySQL 服务器提供其自身的哈希函数，必须有一列或多列包含整数值。

对于单表数据量过大的问题，除了可以使用分表技术，在物理上创建多张数据表解决外，还可以使用 MySQL 本身支持的分区技术提高数据库的整体性能。

MySQL 中的分区技术在使用时对存储引擎以及锁有一定的要求，InnoDB 分区表不能设置外键，同样与外键相关的主表和从表也不能被分区。同一个分区表的所有分区必须使用相同的存储引擎。当建表时未指定存储引擎，在创建分区时必须设置存储引擎。

1. 分区管理表的创建

（1）创建分区表的格式：在 MySQL 中创建分区表的格式如下。

```
create table[if not exists]table_name
[(([column_definition], …|[index_definition]))][table_option]
partition by partition_algorithm (partition_fields)[partitions number]
    [subpartition by subpartition_algorithm
            (subpartition_fields)[subpartitions number]]
    [(partition partition_name [values][other options]
            [(subpartition_name [other options])],
… )];
```

创建分区表格式的主要选项说明如下。

- partition by：实现分区是在表选项后添加 partition by。MySQL 8.0 版本只有 InnoDB 存储引擎支持分区表。
- partition_algorithm：分区算法有 range、list、hash 和 key 4 种。每种算法对应的分区字段类型不同，每个分区又都有一种特殊的类型。对于 range 分区，有 range columns 分区；对于 list 分区，有 list columns 分区；对于 hash 分区，有 linear hash 分区；对于 key 分区，有 linear key 分区。在指定分区算法和分区字段后，range 和 list 分区必须用 partition…values 具体定义每个分区选项，且只有这两个算法有 values 选项。
  - range：范围分区，该算法的格式为 range (表达式)，在表达式中必须使用 less than 进行分区值的范围确定。分区的基本格式为 values less than {(表达式|值列表) | maxvalue }。
  - list：列表分区，该算法的格式为 list (表达式)，表达式必须使用 in 进行分区枚举值的确定。分区的基本格式为 values in (值列表)。
  - hash：该算法的格式为 hash(表达式)。表达式的值一般为整型。
  - key：该算法的分区对象必须为列，而不能是基于列的表达式。
- partition_fields：分区字段。
- partitions number：分区数量。
- subpartition by：子分区标志，即分区的下一级分区，各项参数参照分区项的说明。
- subpartition_algorithm 子分区算法仅支持 hash 和 key。

- partition_name values：分区名要符合 MySQL 标识符的规则，但不区分大小写。values 是分区名序号。
- other options：分区的其他选项，具体含义如表 11-4 所示。

表 11-4 分区的其他选项

选 项 名	描 述
engine	用于设置分区的存储引擎
comment	用于为分区添加注释
data directory	用于为分区设置数据目录
index directory	用于为分区设置索引目录
MAX_rows	用于为分区设置最大的记录数
MIN_rows	用于为分区设置最小的记录数
tablespace	用于为分区设置表空间名称

（2）创建分区表。

【例 11.14】 在 mytest 数据库中创建 range 分区表 part_entrance_student，将不同入学成绩的数据存储到不同的分区表中。

代码和运行结果如下：

```
mysql> create table part_entrance_student
    -> (studentno  char(11)  not null,
    -> sname        char(8)  not null,
    -> sex          char(2)  not null,
    -> birthdate    date      not null,
    -> entrance     int       not null,
    -> phone     varchar(12) not null,
    -> Email    varchar(20)  not null)
    -> partition by range(entrance)
    -> (
    -> partition pr0 values less than (600),
    -> partition pr1 values less than (700),
    -> partition pr2 values less than (800),
    -> partition pr3 values less than maxvalue
    -> );
Query OK, 0 rows affected (2.81 sec)
```

说明：

① range 分区的返回值必须为整数，而 range columns 不接受表达式，只能是列名，且不限于整数对象，date、datetime、string 都可作为分区列。

② partition pr3 values less than maxvalue 是非必需的。

【例 11.15】 在 mytest 数据库中创建 list columns 分区表 part_courseno_score，将不同课程的成绩存储到不同的分区文件中。

代码和运行结果如下：

```
mysql> create table part_courseno_score
    -> (
    -> studentno  char(11)    not null,
    -> courseno   char(6)     not null,
    -> daily      float(3,1)  not null,
    -> final      float(3,1)  not null
    -> )
    -> partition by list columns(courseno)
    -> (
    -> partition pl0 values in ('c05103'),
    -> partition pl1 values in ('c05109'),
    -> partition pl2 values in ('c08171'),
    -> partition pl3 values in ('c06108'),
    -> partition pl4 values in ('c06127'),
    -> partition pl5 values in ('c08106')
    -> );
    Query OK, 0 rows affected, 2 warnings (2.49 sec)
```

说明：

① list columns 分区是 list 分区的一种特殊类型，它和 range columns 分区较为相似，同样不接受表达式，同样支持多个列支持 string、date 和 datetime 类型。

② list columns 分区创建完成后，用户会在数据文件 data/mytest 目录下看到对应的 6 个分区数据文件 part_courseno_score#p#pl0.ibd～part_courseno_score#p#pl5.ibd。

【例 11.16】 在 mytest 数据库中创建 hash 分区表 hash_entrance_student，将不同入学成绩的学生信息存储到不同分区文件中。

代码和运行结果如下：

```
mysql> create table hash_entrance_student
    -> (studentno  char(11)   not null,
    -> sname       char(8)    not null,
    -> sex         char(2)    not null,
    -> birthdate   date       not null,
    -> entrance    int        not null,
    -> phone       varchar(12) not null,
    -> Email       varchar(20) not null)
    -> partition by hash(entrance)
    -> partitions 3;
      Query OK, 0 rows affected (1.28 sec)
```

说明：

① hash 分区无须定义分区的条件，只需要指明分区数即可。

② hash 分区可不指定 partitions 子句，例如上文中的 partitions 3，则默认分区数为 3。分区文件的序号默认从 0 开始，当有多个分区时依次递增 1。

③ partition by hash(表达式)子句中的表达式的返回值必须是整数值。

④ key 分区其实跟 hash 分区差不多，用户可以查看相关资料进行了解。

2. 分区表的基本操作

（1）向分区表中添加数据：在向分区表中添加数据之后，就可以查看分区表中数据的分布情况。

【例 11.17】　在 mytest 数据库中向分区表 part_courseno_score 插入数据，然后查看和分析分区表的数据分布。

代码和运行结果如下：

```
#向分区表 part_courseno_score 插入数据
mysql> insert into part_courseno_score values
    -> ('20112100072', 'c05103',    99.0,  92.0),
    -> ('20112100072', 'c05109',    95.0,  82.0),
    -> ('20112100072', 'c08171',    82.0,  69.0),
    -> ('20112111208', 'c06108',    77.0,  82.0),
    -> ('20112111208', 'c06127',    85.0,  91.0),
    -> ('20112111208', 'c08171',    89.0,  95.0),
    -> ('20120203567', 'c05103',    78.0,  67.0),
    -> ('20120203567', 'c05109',    87.0,  86.0),
    -> ('20120203567', 'c06127',    97.0,  97.0),
    -> ('20120210009', 'c05103',    65.0,  98.0),
    -> ('20120210009', 'c05109',    88.0,  89.0),
    -> ('20120210009', 'c06108',    79.0,  88.0),
    -> ('20123567897', 'c06108',    99.0,  99.0),
    -> ('20125121109', 'c05103',    88.0,  79.0),
    -> ('20125121109', 'c05109',    77.0,  82.0),
    -> ('20125121109', 'c08171',    85.0,  91.0),
    -> ('20126113307', 'c05109',    89.0,  95.0),
    -> ('20126113307', 'c06108',    78.0,  67.0),
    -> ('21125111109', 'c05103',    96.0,  97.0),
    -> ('21125111109', 'c05109',    87.0,  82.0),
    -> ('21125111109', 'c06127',    77.0,  91.0),
    -> ('21125221327', 'c05109',    89.0,  95.0),
    -> ('21125221327', 'c06108',    88.0,  62.0),
    -> ('21131133071', 'c06108',    78.0,  95.0),
    -> ('21131133071', 'c08171',    88.0,  98.0),
    -> ('21135222201', 'c06127',    91.0,  77.0),
    -> ('21135222201', 'c08171',    85.0,  92.0),
    -> ('21137221508', 'c05103',    77.0,  92.0),
    -> ('21137221508', 'c06127',    89.0,  62.0);
Query OK, 29 rows affected (0.07 sec)
Records: 29  Duplicates: 0  Warnings: 0
#查看数据表的分区情况
mysql> select  partition_name,partition_description,table_rows
    -> from  information_schema.partitions
    -> where table_name= 'part_courseno_score';
    +----------------+-----------------------+------------+
    | PARTITION_NAME | PARTITION_DESCRIPTION | TABLE_ROWS |
```

```
+----------------+------------------------+------------+
| pl0            | 'c05103'               |          6 |
| pl1            | 'c05109'               |          7 |
| pl2            | 'c08171'               |          5 |
| pl3            | 'c06108'               |          6 |
| pl4            | 'c06127'               |          5 |
| pl5            | 'c08106'               |          0 |
+----------------+------------------------+------------+
6 rows in set (0.09 sec)
#利用explain分析分区表的数据情况
mysql> explain select  * from part_courseno_score partition(pl1)\G
        *************************** 1. row ***************************
                  id: 1
         select_type: SIMPLE
               table: part_courseno_score
          partitions: pl1
                type: ALL
       possible_keys: NULL
                 key: NULL
             key_len: NULL
                 ref: NULL
                rows: 7
            filtered: 100.00
               Extra: NULL
1 row in set, 1 warning (0.00 sec)
mysql> explain select  * from part_courseno_score partition(pl4)\G
        *************************** 1. row ***************************
                  id: 1
         select_type: SIMPLE
               table: part_courseno_score
          partitions: pl4
                type: ALL
       possible_keys: NULL
                 key: NULL
             key_len: NULL
                 ref: NULL
                rows: 5
            filtered: 100.00
               Extra: NULL
1 row in set, 1 warning (0.00 sec)
```

（2）管理分区表中的分区：在分区表创建之后，可以通过修改表的方式向分区表中添加和删除分区，数据情况也会随之变化。当添加分区的数据表中已经含有数据时，会按照分区的算法将已有的数据分配到不同的分区中。

【例11.18】在mytest数据库中，分别向分区表hash_entrance_student和part_courseno_score添加分区，然后再删除分区表part_courseno_score的一个分区。

代码和运行结果如下：

```
#向分区表hash_entrance_student添加一个分区
mysql> alter table hash_entrance_student add partition partitions 1;
     Query OK, 0 rows affected (5.20 sec)
     Records: 0  Duplicates: 0  Warnings: 0
#向分区表part_courseno_score添加两个分区
mysql> alter table part_courseno_score  add  partition (
     -> partition new1 values in ('c05123'),
     -> partition new2 values in ('c08123')
     -> );
     Query OK, 0 rows affected (0.60 sec)
     Records: 0  Duplicates: 0  Warnings: 0
# 删除part_courseno_score的一个分区
mysql> alter table part_courseno_score drop  partition  new2;
     Query OK, 0 rows affected (0.31 sec)
     Records: 0  Duplicates: 0  Warnings: 0
```

说明：

①在添加和删除不同算法的分区时，要和创建分区表的格式一致。

②在删除 range 与 list 算法的分区时，会同时删除分区中保存的数据。

③当数据表的分区仅剩一个时，不能通过以上方式删除，只能利用 drop table 的方式删除表。

若在开发中仅要清空各分区表中的数据，不删除对应的分区文件，可以使用以下的语句格式实现：

```
alter table table_name  truncate  partition {partition_name|all}
```

11.4.6 数据碎片与维护

在 MySQL 数据库中利用 delete 语句删除记录时，仅是删除了数据表中保存的数据，而记录占用的存储空间会被保留。因此，在不断对表进行添加、删除数据的过程中，索引文件和数据文件都将产生很多不连续的数据碎片，造成数据表占用的空间变大，但表中记录数却很少的情况发生。

若要解决以上数据碎片造成的影响，可使用 MySQL 提供的方式——optimize table 重新关联索引数据的物理存储和优化表中数据的组织结构，减少存储空间并提高访问表时的 I/O 效率。下面用一个例题介绍数据碎片的整理过程。

【例 11.19】 在 mytest 数据库中创建表 student1，利用 teaching 数据库的 student 表创建表结构，并多次成批地添加数据，然后删除大部分数据，查看文件的大小。

命令和模拟运行结果如下：

```
mysql> use mytest;
       Database changed
mysql> create table  student1 as
    -> select  *  from  teaching.student;
```

```
    Query OK, 12 rows affected (1.68 sec)
    Records: 12  Duplicates: 0  Warnings: 0
```
#通过数据复制添加测试数据
```
mysql> insert  into  student1
   -> (select * from student1);
    Query OK, 12 rows affected (0.13 sec)
    Records: 12  Duplicates: 0  Warnings: 0
```

#通过多次复制数据添加测试数据

```
mysql> insert  into  student1
   -> ( select  *  from  student1);
    Query OK, 24 rows affected (0.09 sec)
    Records: 24  Duplicates: 0  Warnings: 0
mysql> insert  into  student1
    -> (select  *  from  student1);
    Query OK, 48 rows affected (0.03 sec)
    Records: 48  Duplicates: 0  Warnings: 0
    ……
mysql> insert  into  student1
   -> (select * from student1);
    Query OK, 12288 rows affected (1.17 sec)
    Records: 12288  Duplicates: 0  Warnings: 0
```

在删除数据前打开数据库 data 目录，查看添加完数据后 student1 表的大小，发现 student1.ibd 大约为 10.0 MB（10 485 760 字节）。执行以下命令删除 20 级学生的数据。

```
mysql> delete from student1
    -> where left(studentno,2)='20';
    Query OK, 14336 rows affected (11.53 sec)
```

在利用 delete 命令删除数据后查看数据存储文件 student1.ibd 的大小，可以发现删除数据后 student1 表的大小并没有变化。

利用 optimize 命令整理数据，查看数据存储文件的大小。

```
mysql> optimize table student1 \G
*************************** 1. row ***************************
   Table: mytest.student1
      Op: optimize
Msg_type: note
Msg_text: Table does not support optimize, doing recreate + analyze instead
*************************** 2. row ***************************
   Table: mytest.student1
      Op: optimize
Msg_type: status
Msg_text: OK
2 rows in set (6.82 sec)
```

此时再次查看 student1.ibd 文件会发现数据文件的大小变为 7.00 MB(7 340 032 字节)。由于 InnoDB 存储引擎的数据表不支持 optimize table 操作,因此有如下说明:

- 给出第一条记录进行报错。
- 系统自动重新构建表并整理相关数据碎片,释放未使用的存储空间,返回第 2 条记录信息。
- Op 表示执行 optimize 操作,Msg_type 表示信息的类型,除此之外还有 error、info 和 warning;Msg_text 表示具体的返回信息内容。

除了以上讲解的 optimize 操作外,还可以使用 alter table 命令将数据表的存储引擎修改为当前数据表的存储引擎 MyISAM,实现对数据碎片的整理。

在修复数据表的数据及索引碎片时会把所有的数据文件重新整理一遍,因此,若数据表的记录数比较大,也会消耗一定的资源,所以不能频繁地对数据碎片进行维护,可根据实际情况按周、月或季度等进行操作。

11.5　实践操作指导

优化 MySQL 服务的操作要点如下:

- MySQL 服务的主要性能参数的查询。
- 使用临时表提高优化查询效率的方法。
- 可以使用 explain 语句对 select 语句的执行效果进行分析。
- 可以使用 analyze table 语句分析表查询效率。
- 可以使用 check 语句检查表的运行情况。
- 可以使用 optimize table 语句优化表。
- 分库分表技术的应用。

习题 11

1. 选择题

(1) 使用 explain 语句可以对_____语句的执行效果进行分析,通过分析提出优化运行速度的方法。

　　A. select　　　　B. insert　　　　C. delete　　　　D. create

(2) 多列索引在表的多个字段上创建一个索引,只有当查询条件中使用了这些字段中的_____时索引才会被正常使用。

　　A. 最后一个字段　B. 第二个字段　　C. 第一个字段　　D. 所有字段

(3) 在使用 analyze table 分析表的过程中,数据库系统会对表加一个_____。在分析期间,只能读取表中的记录,不能更新和插入记录。

　　A. 排他锁　　　　B. 只读锁　　　　C. 读写锁　　　　D. 意向锁

(4) 若有某些查询经常涉及多表连接,可以视情况将这些字段建立一个_____来进行查询和统计,提高查询效率。

　　A. 查询表　　　　B. 排序表　　　　C. 中间表　　　　D. 子查询

（5）为了解决插入记录时_____过程会降低插入记录速度的情况，在插入记录之前可以先禁用索引，等到记录都插入完毕后再开启索引。

　　　A. 索引　　　　　　　B. 排序　　　　　　　C. 查询　　　　　　　D. 插入

2. 简答题

（1）如何使用查询缓存区？

（2）为什么查询语句中的索引有时没有发挥作用？

（3）什么是慢查询？形成慢查询的原因有哪些？

（4）如何从优化查询的角度进行表字段的设计？

3. 上机练习题（本题利用 teaching 数据库中的表进行操作）

（1）使用 explain 语句来分析一个查询语句。

（2）分析查询语句，对比不使用索引和使用索引的情况。

（3）利用 explain 语句执行查询命令，应用 like 关键字，且匹配字符串中含有百分号 "%"。

（4）执行 analyze table 语句分析 course 表。

（5）执行 check table 语句检查 course 表。

（6）参照 score 表结构创建 hash columns 分区表 part_final_score，将不同期末成绩的学生信息存储到 5 个不同分区文件中。

第12章

使用PHP管理MySQL数据

PHP（Hypertext Preprocessor）为超级文本预处理语言，它是一种集服务器端、跨平台、HTML 嵌入式的脚本语言。PHP 的语法集成了 C 语言、Java 语言和 Perl 语言的特点，是一种被广泛应用的开源式的、多用途的 HTML 内嵌式的脚本语言。PHP 易于学习且能高效地运行于服务器端的优势使之成为目前比较流行的动态网页开发技术。

PHP 提供了标准的数据接口，数据库连接也十分方便，兼容性好，扩展性好，可以进行面向对象编程。尤其适合与 MySQL 搭档，实现编写信息管理系统或开发 Web 网站软件。

基于初学者学习的目的，本书采用 Apache 2.4+PHP 7.1.6+MySQL 8.0.22 的框架结构介绍利用 PHP 管理 MySQL 数据库的基本技术。

12.1 初识 PHP 语言

PHP 是目前数据库编程和开发动态网页过程中使用最为广泛的语言之一，成千上万的网站和组织正以各种形式、多种自然语言提供 PHP 语言的资料、最新的应用和研究成果。

12.1.1 PHP 语言的特点

PHP 能运行在 Windows、Linux 等大多数操作系统环境下，常与 Web 服务器软件 Apache 和 MySQL 数据库结合应用于软件开发平台上，成为目前软件开发技术的"黄金组合"，具有非常高的性价比。下面介绍 PHP 开发语言的特点。

（1）运行速度快：PHP 是一种强大的 CGI 脚本语言，语法混合了 C、Java、Perl 的新语法，执行网页的速度比 CGI、Perl 和 ASP 更快，而且内嵌 Zend 加速引擎，性能稳定、快速。

（2）功能强大：PHP 在 Web 项目开发过程中具有极其强大的功能，而且实现相对简单，主要表现在以下几点。

- 可操纵多种主流与非主流的数据库，例如 MySQL、SQL Server、Oracle、Access、DB2 等，其中 PHP 与 MySQL 是极佳的组合，可以跨平台运行。
- 可与轻量级目录访问协议进行信息交换。
- 可与多种协议进行通信，包括 IMAP、POP3、SMTP、SOAP 和 DNS 等。
- 使用基于 POSIX 和 Perl 的正则表达式库解析复杂字符串。
- 可以实现对 XML 文档进行有效管理及创建和调用 Web 服务等操作。
- 支持面向对象技术：PHP 能够使用面向对象编程（OOP）的思想来进行高级编程，

提高了 PHP 编程能力，优化了 Web 开发构架，能够实现程序逻辑与用户界面分离。

● 版本更新速度快：PHP 几乎每年更新一次，比其他同类软件的更新速度要快得多。

（3）经济实用性强：PHP 语法结构简单，易于入门，许多功能只需一个函数就可以实现，并且很多机构相继推出了用于开发 PHP 的 IDE 工具（例如 NetBeans IDE 8.2）。由于 PHP 是一种面向对象的、完全跨平台的新型 Web 开发语言，所以无论从开发者角度考虑还是从经济角度考虑，都是非常实用的。

（4）可选择性：PHP 可以采用面向过程和面向对象两种开发模式，开发人员可以从所开发网站的规模和日后维护等多角度考虑来选择所开发网站应采取的模式。PHP 进行 Web 开发过程中使用最多的是 MySQL 数据库。在 PHP 中不仅提供了早期 MySQL 数据库操纵函数，而且提供了 MySQLi 扩展技术对 MySQL 数据库的操纵，这样开发人员可以从稳定性和执行效率等方面考虑操纵 MySQL 数据库的方式。

（5）应用范围广：PHP 具有很好的开放性和可扩展性，属于自由软件，其源代码完全公开，任何程序员为 PHP 扩展附加功能非常容易。在很多网站上都可以下载到最新版本的 PHP。目前，PHP 主要是基于 Web 服务器运行的，支持 PHP 脚本运行的服务器有多种，其中最有代表性的是 Apache 和 IIS，PHP 不受平台束缚，可以在 Windows、UNIX、Linux 等众多版本的操作系统中架设基于 PHP 的 Web 服务器。目前在互联网上有很多知名网站的开发都是通过 PHP 语言来完成的，例如搜狐、网易和百度等。

（6）PHP 结合数据库应用的优势：PHP 支持多种数据库，而且提供了与诸多数据库连接的相关函数或类库。在实际应用中，PHP 的一个最常见的应用就是与数据库结合。无论是建设网站还是开发信息系统，都少不了数据库的参与。广义的数据库可以理解成关系型数据库管理系统、XML 文件甚至文本文件等。

除了使用 PHP 内置的连接函数以外，用户还可以自行编写函数来间接存取数据库。这种机制给程序员带来了很大的灵活性。

12.1.2　PHP 语言的工作原理

PHP 是基于服务器端运行的脚本程序语言，实现数据库和网页之间的数据交互。一个完整的 PHP 开发环境由以下几部分构成。

（1）操作系统：网站运行服务器所使用的操作系统。PHP 不要求操作系统的特定性，其跨平台的特性允许PHP运行在任何操作系统上，常见的服务器操作系统有Windows系列、和 Linux 系列（包括 Ubuntu、Red Hat、CentOS 等）。

（2）服务器：搭建 PHP 运行环境时所选择的服务器。PHP 支持多种服务器软件，包括 Apache、IIS、Nginx 等。

（3）PHP 包：用于解析 PHP 脚本文件、访问数据库等，是运行 PHP 代码所必需的软件。

（4）数据库系统：实现系统中数据的存储。PHP 支持多种数据库系统，包括 MySQL、SQL Server、Oracle 及 DB2 等。

（5）浏览器：可以浏览网页。由于 PHP 在发送到浏览器的时候已经被解析器编译成其他的代码，所以 PHP 对浏览器没有任何限制。

对于通过浏览器访问 PHP 网站系统的全过程，读者可以从如图 12-1 所示的描述中更加清晰的理解，具体包括以下内容：

① PHP 的代码传递给 PHP 包，请求 PHP 包进行解析并编译。

② 在操作系统的支持下，服务器根据 PHP 代码的请求读取数据库。

③ 服务器与 PHP 包共同根据数据库中的数据或其他运行变量将 PHP 代码解析成普通的 HTML 代码。

④ 解析后的代码发送给浏览器，浏览器对代码进行分析获取可视化内容。

⑤ 用户通过访问浏览器浏览网站内容。

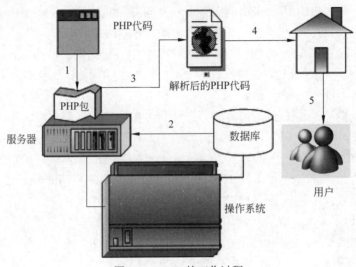

图 12-1　PHP 的工作过程

12.2　搭建 PHP+MySQL 集成开发环境

在运行 PHP 之前，首先需要配置集成开发环境（Integrated Development Environment，IDE），它是一种为项目开发提供集成环境的应用程序，程序中包含了代码编写、分析调试等工具，方便用户使用。

12.2.1　配置集成开发环境

在编写代码时，IDE 能够进行语法高亮、错误检查、智能补全等辅助操作，可以显著地提高工作效率。

在开发 PHP 项目时，常见的 IDE 有 PHPStorm、NetBeans、ZendStudio 等，其中 NetBeans 是一款开源免费的 IDE，功能强大且支持跨平台，推荐使用。NetBeans 支持 Java、PHP、C++等编程语言，目前最新版本是 NetBeans IDE 9.0，本书选用 netbeans-8.2-windows.exe 版本，在 NetBeans 的官方网站（https://netbeans.org）可以下载。安装后的界面如图 12-2 所示。

12.2.2　安装和配置 Apache 软件

Apache HTTP Server（简称 Apache）是 Apache 软件基金会发布的一款 Web 服务器软件，由于其开源、跨平台和安全性的特点被广泛使用。从免费网站 www.apachelounge.com/

图 12-2　NetBeans 安装完成后的初始界面

download/获取软件，目前其最新版本是 httpd-2.4.46-win64-VS16.zip，本书选择如图 12-3
所示的 httpd-2.4.25-win64-VC14.zip 版本进行下载使用。

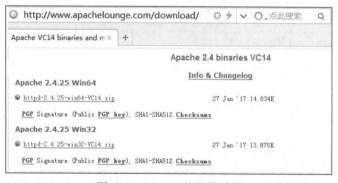

图 12-3　Apache 软件的下载

下面以 Apache 2.4 版本为例，讲解 Apache 软件的安装和配置。

1. 安装准备

首先创建 C:\web\apache2.4 作为默认安装目录。VC14 是指该软件需要相应的 Visual
C++版本的运行库进行编译，因此在安装 Apache 之前需要在 Windows 系统中安装 Microsoft
Visual Studio C++ 2015 版本的运行库，然后解压软件压缩包 httpd-2.4.25-win64-VC14.zip，
之后将 apache2.4 文件夹下的文件剪切到 C:\web\apache2.4 目录下，如图 12-4 所示。

在查看 Apache 目录后，对照表 12-1 了解 Apache 常用目录的功能介绍，重点关注 conf
和 htdocs 两个目录。conf 是服务器的配置目录，包括主配置文件 httpd.conf 和 extra 目录下
的若干个辅配置文件。在默认情况下辅配置文件是没有开启的。htdocs 是默认站点的网页
文档目录，当 Apache 软件服务器启动后，通过浏览器访问本机时，就会查看到 htdocs 目
录的网页文档。

图 12-4　C:\web\apache2.4 文件夹

表 12-1　Apache 常用目录的功能说明

目录名	说　　明
bin	Apache 可执行文件目录，例如 httpd.exe、ApacheMonitor.exe 等
cgi-bin	CGI 网页程序目录
conf	Apache 配置文件目录
htdocs	默认站点的网页文档目录
logs	Apache 日志文件目录，主要包括访问日志 access.log 和错误日志 error.log
manual	Apache 帮助手册目录
modules	Apache 动态加载模块目录

2. 配置 Apache 软件

在安装 Apache 软件前需要先行配置。Apache 软件的配置文件为 conf\httpd.conf，使用 NetBeans 打开该文件，就可以进行下面的配置步骤。

（1）配置安装目录：如图 12-5 所示，在配置文件中进行全篇文本替换，将 c:/Apache24

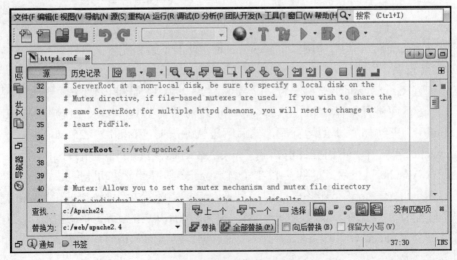

图 12-5　配置安装目录

全部替换为 c:/web/apache2.4（注意此处是斜杠/）。

如果是较新的版本，则不需要进行文本替换，只需要修改一次 httpd.conf 文件中以下行中的代码，将"c:/Apache24"改为"c:/web/apache2.4"即可。

```
Define SRVROOT "c:/Apache24"
ServerRoot "${SRVROOT}"
```

（2）配置服务器域名：在如图 12-5 所示的界面中搜索 ServerName 找到下面一行配置。

```
#ServerName www.example.com:80
```

其中#表示注释文本，去掉文本注释符号"#"使其生效。

```
ServerName www.example.com:80
```

说明：经过上述操作后，Apache 已经配置完成。表 12-2 对 Apache 的常用配置进行了解释。

表 12-2　Apache 的常用配置

配 置 项	说 明
ServerRoot	Apache 服务器的根目录，即安装目录
Listen	服务器监听的端口号，例如 80、8080
LoadModule	需要加载的模块
ServerAdmin	服务器管理员的邮箱地址
ServerName	服务器的域名
DocumentRoot	网站根目录
ErrorLog	用于记录错误日志

需要注意的是，一旦修改错误，会造成 Apache 无法安装或无法正常启动，建议在修改前先备份 httpd.conf 配置文件。对于安装目录 ServerRoot 和服务器监听 Listen 的端口号，由于每个人的计算机安装的软件不一样，有时会发生端口占用问题，使得 Apache 安装或启动发生异常，此时可以将端口号 80 改成 81 或 8080 等，以保证 Apache 的正常使用，此时本地访问方式也会有所不同。

3. 安装 Apache 软件

（1）启动命令行工具：单击"开始"按钮，选择"命令提示符"命令并右击，执行"以管理员身份运行"方式，启动命令行窗口。

（2）在命令模式下，切换到 Apache 安装目录下的 bin 目录：

```
cd c:\web\apache2.4\bin
```

（3）输入以下命令代码开始安装（如果需要卸载 Apache，可以使用 httpd.exe -k uninstall 命令）。

```
httpd.exe -k install
```

在安装 Apache 软件后，它就可以作为 Windows 的服务项进行管理了。用户也可以通过运行 bin 目录下的 ApacheMonitor.exe 程序来管理 Apache 服务，此时在 Windows 系统任务栏右下角的状态栏中会出现 Apache 的小图标管理工具，用户可以通过该图标启动 Apache 服务，当图标由红色变为绿色时表示启动成功，如图 12-6 所示。

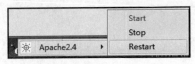

图 12-6　管理 Apache 服务

Apache 软件启动后，用户可以通过浏览器访问本机站点 http://localhost，如果页面出现"It works!"的结果，说明 Apache 运行正常。

当然也可以将其他网页放到 htdocs 目录下，然后通过"http://localhost:80/网页文件名"的方式进行访问。

12.2.3　安装和配置 PHP 软件

视频讲解

在安装 Apache 软件后，就可以开始 PHP 模块的安装了。PHP 软件有两种安装方式：一种是使用 CGI 应用程序方式，另一种是作为 Apache 服务的模块使用的方式。下面介绍第 2 种方式。

1．获取 PHP 软件

PHP 的官方网站（http://php.net）提供了 PHP 最新版本的下载，本书选择 php-7.1.6-Win32- VC14-x86.zip 版本。需要注意的是，PHP 提供了 Thread Safe（线程安全）和 Non Thread Safe（非线程安全）两种选择，在与 Apache 软件匹配时选择 Thread Safe 版本。

2．解压文件

创建 C:\web\php7.1 目录，将下载的 php-7.1.6-Win32-VC14-x86.zip 压缩包解压到该文件夹中，如图 12-7 所示。

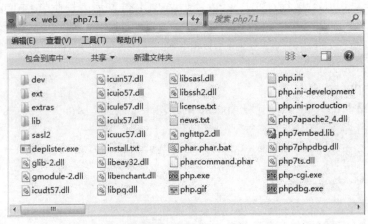

图 12-7　PHP 安装目录

PHP 目录结构和主要文件的功能介绍如下：

- ext 是 PHP 扩展文件所在的目录。

- php.exe 是 PHP 的命令行应用程序。
- php7apache2_4.dll 是用于 Apache 的 DLL 模块。
- php.ini-development 是 PHP 预设的配置模板，适用于开发环境。
- php.ini-production 也是配置模板，适合网站上线时使用。

3. 配置 PHP 软件

PHP 提供了开发环境和上线环境的配置模板，模板中有一些选项需要用户手动配置。

（1）创建配置文件 php.ini：在 PHP 的学习阶段推荐选择开发环境的配置模板。复制一份 php.ini-development 文件，并命名为 php.ini，该文件将作为 PHP 的配置文件。

（2）配置扩展目录：在 NetBeans 中打开 php.ini，搜索文本选项 extension_dir 找到下面一行配置。

```
;extension_dir = "ext"
```

在 PHP 配置文件中以分号开头的一行表示注释文本，不会生效。这行配置用于指定 PHP 扩展所在的目录，应将其修改为以下内容：

```
extension_dir = "c:\web\php7.1\ext"
```

（3）配置 PHP 时区：搜索文本时区选项 date.timezone，找到下面一行配置。

```
;date.timezone =
```

时区可以配置为 UTC（协调世界时）或 PRC（中国时区），配置后如下。

```
date.timezone = PRC
```

（4）在 Apache 中引入 PHP 模块：打开 Apache 配置文件 c:\web\apache2.4\conf\httpd.conf，添加对 Apache 2.4 的 PHP 模块的引入。

```
LoadModule php7_module "c:/web/php7.1/php7apache2_4.dll"
  <FilesMatch "\.php$">
    setHandler application/x-httpd-php
  </FilesMatch>
PHPIniDir "c:/web/php7.1"
```

说明：

- 第 1 行配置表示将 PHP 作为 Apache 的模块来加载。
- 第 2～4 行配置是添加对 PHP 文件的解析，告诉 Apache 服务器将以.php 为扩展名的文件交给 PHP 处理。
- 第 5 行是配置 php.ini 的位置。

配置代码添加后如图 12-8 所示。

（5）配置 Apache 的索引页：设置访问一个目录时自动打开哪个文件作为索引页。例如，访问 http://localhost 实际上是访问 http://localhost/index.html，因为 index.html 是默认索引页，所以可以省略文件名。在配置文件 c:\web\apache2.4\conf\httpd.conf 中搜索到 DirectoryIndex，可以找到如下代码：

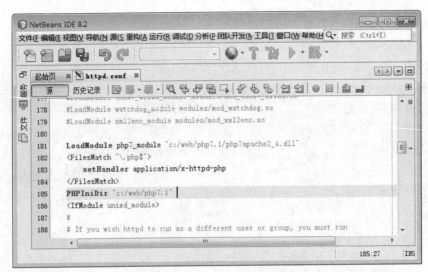

图 12-8　在 Apache 中引入 PHP 模块

```
<IfModule dir_module>
    DirectoryIndex index.html
</IfModule>
```

修改为：

```
<IfModule dir_module>
    DirectoryIndex index.html index.php
</IfModule>
```

上述配置表示在访问目录时首先检测是否存在 index.html，如果存在则显示，否则继续检查是否存在 index.php。如果一个目录下不存在索引页文件，Apache 会显示该目录下所有的文件和子文件夹（也可以关闭此功能）。

（6）重新启动 Apache 服务：在修改 Apache 配置文件后，需要重新启动 Apache 服务才能使配置生效。单击右下角的 Apache 服务图标，选择 Apache2.4 下的 Restart 命令就可以重启服务。

4. 测试运行 PHP 软件

重启 Apache 服务后，PHP 作为 Apache 的一个模块也一起启动。

（1）创建测试文件：如果想测试 PHP 是否安装成功，可以在 Apache 的 web 站点目录 c:\web\apache2.4\htdocs 下使用 NetBeans 创建一个名为 test.php 的文件（也可以直接在该目录下创建此文件），其内容如下。

```php
<?php
    phpinfo();
?>
```

上述代码将 PHP 的配置信息输出到网页中。代码输入之后如图 12-9 所示。保存文件内容到目录 c:\web\apache2.4\htdocs 中。

（2）测试 PHP 模块是否安装成功：使用浏览器访问地址 http://localhost/test.php，如果

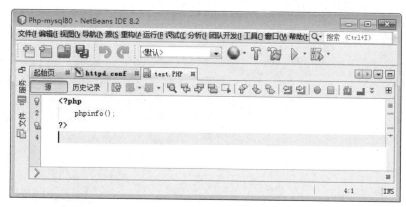

图 12-9 创建测试文件

看到如图 12-10 所示的 PHP 配置信息，说明上述配置成功，否则需要检查上述配置操作是否有误。

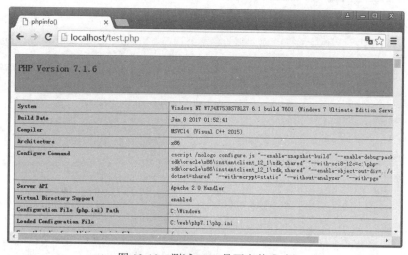

图 12-10 测试 PHP 是否安装成功

12.2.4 创建 PHP 项目

当 PHP 和 Apache 软件安装配置完毕之后，就可以在 NetBeans 中创建 PHP 项目了。通过 IDE 来管理项目中的代码文件，可以实现编程的可视化。下面介绍如何在 NetBeans 中创建 PHP 项目。

（1）新建项目：在 NetBeans 中选择"文件"下的"新建项目"命令，然后选择"PHP 应用程序"，如图 12-11 所示。

（2）配置项目信息：在新建项目的界面中单击"下一步"按钮，开始配置项目的基本信息，如图 12-12 所示。

- 项目名称：建议按照项目的特点取名，符合见名知意的原则。
- 源文件夹：选择 Apache 站点目录，即 c:\web\apache2.4\htdocs。
- PHP 版本：用于代码编辑器的语法检查和代码提示，如果考虑项目代码的向下兼容，推荐选择 7.0 版本。

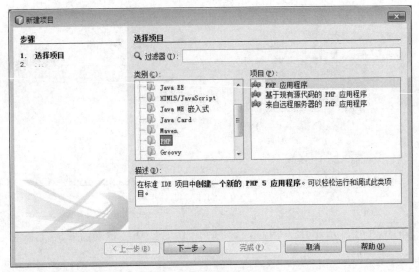

图 12-11　创建 PHP 项目

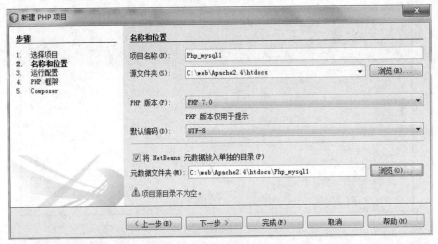

图 12-12　设置 PHP 项目参数

- 默认编码：常见的编码有 GBK、UTF-8 等。GBK 是国标码，是为了在计算机中处理汉字而设计的编码，只适合中文网站使用，而 UTF-8 支持大多数国家和地区的文字，适合国际化的网站应用。

- 将 NetBeans 元数据放入单独的目录：元数据保存项目的基本配置。如果不选中，元数据保存到项目的 nbproject 目录中；如果选中，元数据保存到指定目录。

（3）运行配置：在完成项目信息配置后，单击"下一步"按钮进行运行配置。其中，运行方式选择"本地 Web 站点"，项目 URL 修改为 http://localhost，如图 12-13 所示。

（4）编写代码：在完成配置后，单击"完成"按钮即可创建项目。创建项目后 NetBeans 的界面如图 12-14 所示，用户可以在 NetBeans 界面中编辑、保存和运行 PHP 文件。

（5）运行程序：在完成代码编写后，可以通过 NetBeans 自动打开浏览器测试程序，也可以自己在浏览器中输入 URL 地址进行测试。

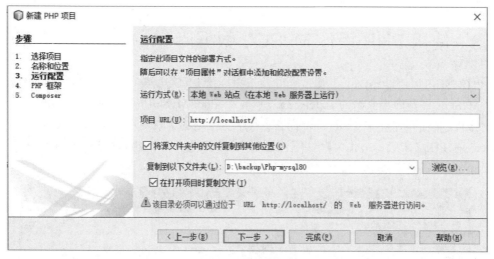

图 12-13　运行配置

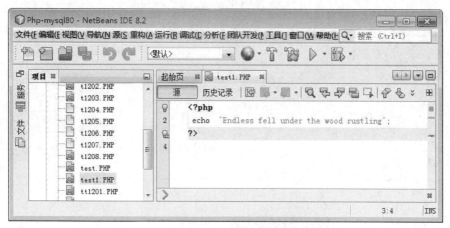

图 12-14　在 NetBeans 界面中编辑 PHP 文件

在 NetBeans 中可以切换浏览器，然后单击绿色三角按钮（快捷键为 F6）运行项目，程序调用浏览器自动访问 index.php；或选择“运行”下的“运行文件”命令（快捷键为 Shift+F6），访问当前编辑的文件。

当然，用户也可以利用文本文件编写 PHP 文件，也可以通过浏览器执行文件 test1.php。图 12-15 所示就是该文件的执行结果。

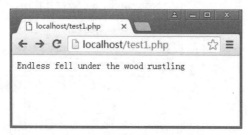

图 12-15　test1.php 的执行结果

12.3 使用 PHP 操作 MySQL 数据库

PHP 7.1 可以通过 mysqlnd 或 mysqli 接口来连接 MySQL 数据库，PHP-MySQL 是 PHP 操作 MySQL 资料库最原始的 Extension（扩展），PHP-MySQLi 的 i 代表 improvement（改进），提供进阶的功能，就 Extension 而言，其本身也增加了安全性。mysqlnd（Mysql Native Driver）在 PHP 7.1 版本被作为默认配置选项。从执行 http://localhost/test.php 的结果中可以看到 mysqlnd 的参数设置，如图 12-16 所示。

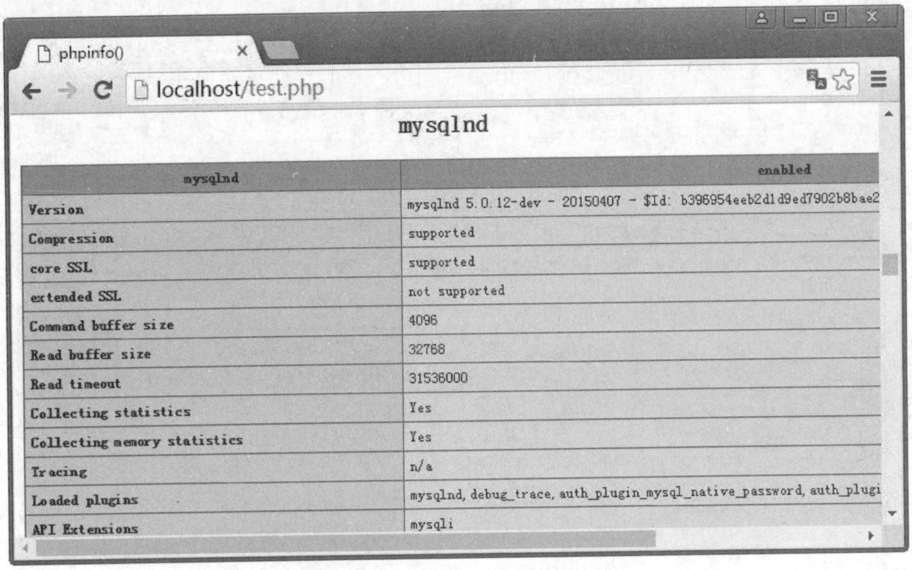

图 12-16   mysqlnd 的参数设置

12.3.1   连接 MySQL 服务器

1. 使用 PHP 操作 MySQL 数据库的步骤

PHP 具有强大的数据库支持能力，PHP 操作 MySQL 数据库的步骤如图 12-17 所示。从根本上来说，PHP 是通过预先写好的一些函数与 MySQL 数据库进行通信，向数据库发

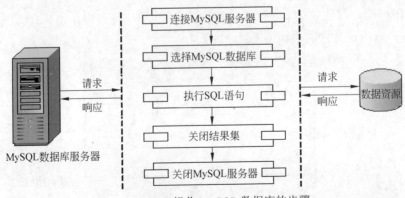

图 12-17   PHP 操作 MySQL 数据库的步骤

送指令、接收返回数据等都是通过函数来完成。

PHP 可以通过 MySQL 接口来访问 MySQL 数据库。在 PHP 中加入了 MySQL 接口后才能够顺利地访问 MySQL 数据库。

在默认情况下，PHP 不自动开启对 MySQL 的支持，而是放到扩展函数库中，所以用户需要手动开启 MySQL 函数库。其具体操作步骤如下：

（1）在 NetBeans 中打开 php.ini 文件，查找 ";extension=php_mysqli.dll"，去掉 ";" 后保存 php.ini 文件。

（2）由于 MySQL 8.0 采用 default_authentication_plugin=caching_sha2_password 设置，直接连接 MySQL 会出现 "The server requested authentication method unknown to the client" 错误，所以需要将 php.ini 文件的 default_authentication_plugin=caching_sha2_password 改为 default_authentication_plugin=mysql_native_password，然后保存 php.ini 文件。

（3）MySQL 8.0 的默认字符集为 utf8mb4，可以修改要连接的数据库 teaching 的默认字符集为 utf-8。

（4）重新启动 Apache 服务器。

2. 利用 mysqli_connect()函数连接 MySQL 服务器

如果要操作 MySQL 数据库，必须先与 MySQL 服务器建立连接。在 PHP 中通过 mysqli_connect()函数连接 MySQL 服务器，该函数的语法格式如下：

```
mysqli_connect(hostname,username,password);
```

说明：

- mysqli_connect()：该函数的返回值用于表示这个数据库连接。如果连接成功，则函数返回一个连接标识，如果失败则返回 false。
- hostname：MySQL 服务器的主机名或 IP，如果省略端口号，默认值为 3306。
- username：登录 MySQL 服务器的用户名。
- password：MySQL 服务器的用户密码。

【例 12-1】 使用 mysqli_connect()函数连接本地 MySQL 服务器。
PHP 代码如下：

```
<?php
$conn = mysqli_connect("localhost", "root", "123456")
    or die("连接数据库服务器失败！".mysql_error());
?>
```

说明：

（1）为了方便查询因为连接问题而出现的错误，使用 die()函数生成错误处理机制，使用 mysql_error()函数提取 MySQL 函数的错误文本，如果没有出错，则返回空字符串，如果浏览器显示 "Warning: mysqli_connect()……" 的字样，说明是数据库连接的错误，这样就能迅速地发现错误位置，及时改正。

（2）在 mysqli_connect()函数前面添加符号 @，用于限制这个命令的出错信息的显示。如果函数调用出错，将执行 or 后面的语句。die()函数表示向用户输出引号中的内容后程序终止执行。这样是为了防止数据库连接出错时用户看到一堆莫名其妙的专业名词，而是提示定制的出错信息。注意在调试时不要屏蔽出错信息，以避免出错后难以找到问题。

12.3.2　使用 PHP 管理 MySQL 数据库

视频讲解

1. 使用 mysqli_select_db()函数选择 MySQL 数据库

与 MySQL 服务器建立连接后，可以使用 mysqli_select_db()函数连接 MySQL 服务器中的数据库，函数的语法如下：

```
mysqli_select_db(resource link_identifier,databasename)
```

说明：

- mysqli_select_db()：连接 MySQL 服务器中数据库的函数。
- resource link_identifier：MySQL 服务器的连接标识。
- databasename：选择要连接的 MySQL 数据库的名称。

【例 12-2】　连接数据库 teaching，用户名为 root，用户密码为 123456，本地登录。
PHP 代码如下：

```php
<?php
$conn=mysqli_connect("localhost","root","123456"); //连接 MySQL 数据库服务器
$select=mysqli_select_db("teaching",$conn);      //连接服务器中的 teaching
if($select) {                                    //判断是否连接成功
    header("Content-Type:text/html; charset=gb2312");  //设置字符集
    echo "数据库连接成功! ";
        }
?>
```

2. 使用 mysqli_query()函数执行 SQL 语句

在 PHP 中通常使用 mysqli_query()函数执行对数据库操作的 SQL 语句，包括对数据进行查询、插入、更新和删除等操作。mysqli_query()函数一次只能执行一条 SQL 语句。如果 SQL 语句是 insert、update 和 delete 语句等，语句执行成功，mysqli_query()函数返回 true，否则返回 false。另外可以通过 mysqli_affected_rows()函数获取发生变化的记录数。

mysqli_query()函数的语法如下：

```
mysqli_query(resource link_identifier,string query)
```

说明：

（1）参数 query 是传入的 SQL 语句，包括插入数据（insert）、修改记录（update）、删除记录（delete）、查询记录（select）。

（2）参数 link_identifier 是 MySQL 服务器的连接标识。

mysqli_affected_rows()函数的语法如下：

```
mysqli_affected_rows(resource link_identifier);
```

【例 12-3】　利用 PHP 语言查询数据表 student 中的数据。
代码如下：

```php
<?php
$conn1=mysqli_connect("localhost","root","123456");//连接 MySQL 数据库服务器
$select=mysqli_select_db($conn1,"teaching");    //连接服务器中的 teaching
if($select) {                                    //判断是否连接成功
    header("Content-Type:text/html;charset=gb2312"); //设置字符集
    echo "数据库连接成功! ";
          }
$query = "select * from  student";
$result = mysqli_query($conn1,$query) or die("查询失败! ".mysqli_error());
echo mysqli_affected_rows($conn1);
?>
```

运行结果如下:

数据库连接成功!

【例 12-4】 向 score 表中插入数据。
主要代码如下:

```php
$sqlinsert = "insert into score values('20120210009','c05108',88,99)";
$result = mysqli_query($conn1,$sqlinsert)
    or die("插入失败! ".mysqli_error());
```

【例 12-5】 删除 score 表中的数据。
主要代码如下:

```php
$sqldelete = "delete from  score  where  studentno = '20120210009'  and
courseno='c05108'";
    mysqli_query($conn1,$sqldelete);
```

【例 12-6】 更新 score 表中的数据。
主要代码如下:

```php
$sqldelete = " update score  set final=99 where studentno = '20120210009'
and courseno='c06108'";
    mysqli_query($conn1,$sqldelete);
```

如果需要一次执行多条 SQL 语句，需要使用 mysqli_multi_query()函数。
【例 12-7】 通过 mysqli_multi_query()函数执行多条 SQL 语句。
分析：具体做法是把多条 SQL 命令写在同一个字符串里作为参数传递给 mysqli_multi_query()函数，多条 SQL 之间使用分号分隔。如果第一条 SQL 命令在执行时没有出错，这个方法就会返回 true，否则将返回 false。将字符集设置为 GB2312，并向 score 表中插入一行数据，然后查询 score 表中的数据。代码如下：

```php
$query = "insert into score values('20120210009','c05109',87,97);";
 //向 score 表中插入一行数据
$query = "select * from score;";    //设置查询 score 表中的数据
mysqli_multi_query($conn1,$query);
```

3. 使用 mysqli_close()函数关闭连接

每次使用 mysqli_connect()或 mysqli_query()函数都会消耗系统资源。在少量用户访问 Web 网站时问题还不大，但如果用户的连接超过一定的数量就会造成系统性能下降。为了避免这种现象的发生，在完成数据库的操作后应使用 mysqli_close()函数关闭与 MySQL 服务器的连接，以节省系统资源。mysqli_close()函数的语法如下：

```
mysqli_close($conn);
```

说明：在 Web 网站的实际项目开发过程中，经常需要在 Web 页面中查询数据信息。查询后要使用 mysqli_close()函数关闭数据源。

12.3.3　使用 PHP 处理 MySQL 结果集

1. 在 PHP 中定义数组

（1）PHP 数组的概念：PHP 中的数组是存储一组数据的集合。数组中的数据称为数组元素，通过"键=>值"形式表示。其具体的表示方法如下：

- "键"是数组元素的识别名称，也被称为数组下标。
- "值"是数组元素的内容，"键"和"值"之间使用"=>"连接数组。
- 各个元素之间使用逗号","分隔，最后一个元素后面的逗号可以省略。

PHP 中的数组根据下标的数据类型可分为索引数组和关联数组。索引数组是下标为整型的数组，默认下标从 0 开始，也可以由用户指定；关联数组是下标为字符串的数组，如图 12-18 所示。

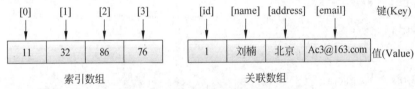

图 12-18　数组存储结构的示意图

（2）定义 PHP 数组：在使用数组前首先需要定义数组，在 PHP 中可以使用 array()函数进行定义。数组中的元素通过"键=>值"的形式表示，各个元素之间使用逗号分隔。

```
//定义关联数组
$card = array('id'=>100, 'name'=>'Tom');      //使用字符串作为键
//定义索引数组
$color = array('red', 'blue');                //省略键时默认使用 0、1 作为键
$fruit = array(2=>'apple', 5=>'grape');       //指定下标
//定义空数组、混合型数组
$empty = array();                             //空数组
//数组元素支持多种数据类型和多维数组
$mixed = array(0,'str', true, array(1, 2));
$data = array('name'=>'test', 123);           //此时 123 省略键，默认使用 0 作为键
$list = array(5=>'a', 'id'=>'b', 123);        //此时 123 省略键，默认使用 6 作为键
```

从 PHP 5.4 版本起新增了定义数组的简写语法"[ ]"，使用"[ ]"定义数组的语法与 array()

语法类似，书写更加方便。

```
$color=['red','blue'];              //相当于: array('red', 'blue')
$fruit=['a'=>'apple','b'=>'grape'];
                                    //相当于: array('a'=>'apple', 'b'=>'grape')
$number=[[1,2],[3,4]];              //相当于: array(array(1,2), array(3,4))
```

在定义数组时还需要注意以下几点：

- 数组元素的下标只有整型和字符串两种类型，如果有其他类型，则会进行类型转换。
- 在 PHP 中合法的整数值下标会被自动转换为整型下标。
- 若数组存在相同的下标，后面的元素值会覆盖前面的元素值。

（3）访问 PHP 的数组元素。

① echo()函数在前面的内容中已经使用过，用于输出一个或多个字符串。

- 单引号：定义字符串最简单的方法是用单引号括起来。如果要在字符串中表示单引号，则需要用转义符 "\" 将单引号转义之后才能输出。和其他语言一样，如果在单引号之前或者字符串结尾处出现一个反斜线 " \"，就要使用两个反斜线来表示。
- 双引号：使用双引号将字符串括起来同样可以定义字符串。如果要在定义的字符串中表示双引号，则同样需要用转义符转义。

② print_r()函数显示关于一个变量的易于理解的信息。如果给出的是 string、integer 或 float，将打印变量值本身；如果给出的是 array，将会按照一定的格式显示键和元素。注意，print_r() 将把数组的指针移到最后边。使用 reset() 可让指针回到开始处。

在开发过程中，若要获取数组中的某个元素，或想要查看数组中的所有元素，可以通过 print_r() 或 echo()函数实现。例如：

```
//定义数组
$info = ['id'=>5, 'name'=>'Tom'];
//通过键名访问元素
echo $info['name'];     //输出结果: Tom
$var = 'id';            //也可以使用变量的值作为键名
echo $info[$var];       //输出结果: 5
//通过 print_r()或 var_dump()
print_r($info);         //输出结果: Array([id]=> 5 [name]=> Tom)
var_dump($info);
        //输出结果: array(2){["id"]=> int(5) ["name"]=> string(3) "Tom" }
```

（4）数组赋值：数组赋值的方式和访问数组类似，键名可以省略，省略时自动使用数字索引。

```
$arr = [];              //定义数组（此步骤也可以省略）
$arr[] = 'PHP';         //等价于: $arr[0] = 'PHP'
$arr[] = 'Java';        //等价于: $arr[1] = 'Java'
$arr[5] = 'C 语言';     //等价于: $arr[5] = 'C 语言';
$arr['sub'] = 'iOS';    //等价于: $arr['sub'] = 'iOS';
$arr[] = 'HTML';        //等价于: $arr[6] = 'HTML'
$arr[6] = 'Javaee';     //修改数组，替换已经存在的元素
```

经过上述赋值后，数组的完整结构为：

```
$arr =[0=>'PHP',1=>'Java', 5=>'C 语言','sub'=>'iOS','6'=>'Javaee']
```

2. 使用 mysqli_fetch_array()函数将结果集返回到数组中

在使用 mysqli_query()函数执行 select 语句时,将成功返回查询结果集,返回结果集后,使用 mysqli_fetch_array()函数可以获取查询结果集信息,并放入一个数组中。函数的语法如下：

```
array mysqli_fetch_array(result[,int result_type])
```

说明：

（1）result：资源类型的参数，要传入的是由 mysqli_query()函数返回的数据指针。

（2）result_type：可选项，设置结果集数组的表述方式，默认值是 mysqli_both。其可选值如下。

- mysqli_assoc：表示数组采用关联索引。
- mysqli_num：表示数组采用数字索引。
- mysqli_both：同时包含关联和数字索引的数组。

3. 使用 mysqli_fetch_row()函数从结果集中获取一行作为枚举数组

mysqli_fetch_row()函数从结果集中取得一行作为枚举数组。在应用 mysqli_fetch_row()函数逐行获取结果集中的记录时,只能使用数字索引来读取数组中的数据,其语法如下：

```
array mysqli_fetch_row(result)
```

说明：

（1）mysqli_fetch_row()函数返回根据所取得的行生成的数组，如果没有更多行则返回 false。返回数组的偏移量从 0 开始，即以$row[0]的形式访问第一个元素（只有一个元素时也是如此）。

（2）result：资源类型的参数，要传入的是由 mysqli_query()函数返回的数据指针。

4. 使用 mysqli_num_rows()函数获取查询结果集中的记录数

使用 mysqli_num_rows()函数可以获取由 select 语句查询到的结果集中行的数目，mysqli_num_rows()函数的语法如下：

```
int mysqli_num_rows(result)
```

说明：此命令仅对 select 语句有效。如果要取得被 insert、update 或者 delete 语句所影响的行的数目，需要使用 mysqli_affected_rows()函数。

5. 使用 mysqli_fetch_assoc()函数从结果集中取得一行作为关联数组

使用 mysqli_fetch_assoc()函数从 select 语句查询到的结果集中取得一行作为关联数组。mysqli_fetch_assoc()函数的语法如下：

```
mysqli_fetch_assoc(result);
```

说明：

（1）该函数返回的字段名是区分大小写的。

（2）result 是必需的参数，需要是 mysqli_use_result()、mysqli_store_result()或 mysqli_query()返回的结果集标识符。

12.3.4 使用 mysqli_free_result()函数释放内存

mysqli_free_result()函数用于释放内存，在数据库操作完成后需要关闭结果集，以释放系统资源，该函数的语法如下：

```
mysqli_free_result(result);
```

说明：mysqli_free_result()函数将释放所有与结果标识符 result 所关联的内存。该函数仅需要在考虑到返回很大的结果集会占用多少内存时调用。在脚本结束后所有关联的内存都会被自动释放。

12.3.5 关闭创建的对象

对 MySQL 数据库的访问完成后必须关闭创建的对象。在连接 MySQL 数据库时创建了 $connection 对象，在处理 SQL 语句的执行结果时创建了 $result 对象。操作完成后，这些对象都必须使用 close()方法来关闭。

使用 mysqli_close()关闭数据库对象的基本形式如下：

```
mysqli_close(connect);
```

说明：connect 为连接标识符。

【例 12-8】查询课程号为 c08171 的成绩信息，并利用 echo 命令和 print_r()函数两种方式输出。

PHP 代码如下：

```php
<?php
$conn1=mysqli_connect("localhost","root","123456");  //连接 MySQL 数据库服务器
$select=mysqli_select_db($conn1,"teaching");   //连接服务器中的 teaching
if($select) {                                   //判断是否连接成功
   header("Content-Type:text/html;charset=gb2312");  //设置字符集
   echo "数据库连接成功！";
}
$sql = "select * from score where courseno='c08171';";
if ($result = mysqli_query($conn1,$sql))
   {
       while ($row= mysqli_fetch_assoc($result))
        {
          echo  "<br />";
          echo  "echo 格式: "."<br />";
          echo  "学号    ".$row['studentno'];
          echo  "  课程号 ".$row['courseno'];
```

```
            echo "  平时成绩".$row['daily'];
            echo "  期末成绩".$row['final']."<br/>";
            echo "print_r()函数格式: "."<br />";
            print_r($row);
        }
        mysqli_free_result($result);        //释放内存
    }
    mysqli_close($conn1);                    //关闭连接对象
?>
```

运行结果如下：

数据库连接成功！
echo 格式：
学号 20112100072 课程号 c08171 平时成绩 82.0 期末成绩 69.0
print_r()函数格式：
Array ([studentno] => 20112100072 [courseno] => c08171 [daily] => 82.0
[final] => 69.0)
echo 格式：
学号 20125121109 课程号 c08171 平时成绩 85.0 期末成绩 91.0
print_r()函数格式：
Array ([studentno] => 20125121109 [courseno] => c08171 [daily] => 85.0
[final] => 91.0)
echo 格式：
学号 21131133071 课程号 c08171 平时成绩 88.0 期末成绩 98.0
print_r()函数格式：
Array ([studentno] => 21131133071 [courseno] => c08171 [daily] => 88.0
[final] => 98.0)
echo 格式：
学号 21135222201 课程号 c08171 平时成绩 85.0 期末成绩 92.0
print_r()函数格式：
Array ([studentno] => 21135222201 [courseno] => c08171 [daily] => 85.0
[final] => 92.0)

12.4 常见问题与解决方法

在使用 PHP 访问 MySQL 数据库的过程中，除了代码本身、数据格式等因素的错误外，因为硬件环境、软件配置的差异，用户还会碰到很多意想不到的问题。下面对几个常见问题的处理方法介绍一下。

1. MySQL 服务器无法连接

MySQL 服务器无法连接的错误信息如下：

```
Warning:mysqli_connect() [function.mysql-connect]: Unknown MySQL server
host 'localhost'(11001) in E:\wep\www\test.php on line 2
```

（1）出现这条错误信息的原因可能有以下几点：

- 代码中的 mysqli_connect() 函数中指定的服务器地址有误。
- 数据库服务器没有启用。

（2）解决方案如下：

- 检查代码中的服务器地址是否正确。
- 检查数据库服务器是否已经启动并且可用。

2．用户无权限访问 MySQL 服务器

用户无权限访问 MySQL 服务器的错误信息如下：

```
Warning:mysqli_connect() [function.mysql-connect]: Access denied for user
'root'@ 'localhost'(using password:NO) in E:\wep\www\test.php on line 2
```

出现这条错误信息的原因可能是代码中的 mysqli_connect() 函数中能够指定的用户名或密码有误或者在当前服务器上不可用。此类错误的解决方案如下：

- 检查代码中的用户名和密码是否正确。
- 通过 MySQL 命令行测试是否可以使用该用户名和密码登录 MySQL 数据库服务器。

3．提示 mysqli_connect() 等函数未定义

提示 mysqli_connect() 等函数未定义的错误信息如下：

```
Fatal error: Call to undefined function mysqli_connect() in E:\wep\www\
test.php on line 2
```

出现这条错误信息的原因可能是在 php.ini 文件中没有配置 MySQL 的扩展库。一般的解决方案是编辑 php.ini 文件，定位到如下位置，去掉此项前面的分号，保存后重新启动 Apache 服务器。

```
;extension=php_mysql.dll
```

4．SQL 语句出错或没有返回正确的结果

这种情况经常在使用动态 SQL 语句时出现，以下代码就存在一个错误。

```php
<?php
    mysqli_connect("localhost", "root", "111") or die;
    mysqli_select_db("db_database17 ");
    $sql="select * from $table";
    $result=mysqli_query($sql);
    print_r(mysqli_fetch_row($result));
?>
```

上述代码中错误地使用了一个没有赋值的变量 $table 作为操作的数据表名称，结果返回以下错误信息：

```
Warning: mysqli_fetch_row(): supplied argument is not a valid MySQL result
resource in E:\wep\www\index.php on line 6
```

解决方案：使用 print_r() 函数或者 echo 命令输出 SQL 语句来检查错误。例如对上述代码进行修改，通过 echo 命令直接输出 $sql 的值，查看这个 SQL 语句是否正确，其代码

如下：

```php
<?php
    mysqli_connect("localhost", "root", "123456") or die;  //连接数据库
    mysqli_select_db("db_database17 ");        //选择数据库
    $sql="select * from $table";               //定义 SQL 语句
    echo $sql;                                 //输出 SQL 语句
    $result=mysqli_query($sql);                //执行 SQL 语句
    print_r(mysqli_fetch_row($result));        //输出执行结果
?>
```

至此，从运行结果就可以看出 SQL 语句中的错误了。

5. 数据库乱码问题

在获取数据库中的数据时，中文字符串的输出会出现乱码。

（1）问题分析：输出数据库中的数据之所以会出现乱码，是因为在获取数据库中的数据时数据本身所使用的编码格式与当前页面的编码格式不符，从而导致输出数据乱码。

（2）解决方案：在与 MySQL 服务器和指定数据库建立连接后，使用 mysqli_query()函数设置数据库中字符的编码格式，使其与页面中的编码格式一致。

```php
<?php
$conn=mysqli_connect("localhost","root","123456"); //连接数据库服务器
mysqli_select_db("db_database17",$conn);           //连接 db_database17 数据库
mysqli_query("set names uft8");                    //设置数据库的编码格式
?>
```

上述通过 mysqli_query()函数设置的编码格式是 UFT-8，同样还可以设置其他编码格式，唯一的条件就是要与数据库中的编码格式相匹配。

这就是解决数据库中中文输出乱码的方法，用 mysqli_query()函数设置数据库的编码格式，使其与页面中的编码格式保持一致，也就不会出现乱码的问题。

6. 使用 mysqli_error()函数输出错误信息

在执行 MySQL 语句时产生的错误是很难发现的，因为在 PHP 脚本中执行 MySQL 的添加、查询、删除语句时，如果是 MySQL 语句本身的错误，在程序中不会输出任何信息，除非对 MySQL 语句的执行进行判断，成功输出什么，失败输出什么。

解决方案：为了查找出 MySQL 语句执行中的错误，可以通过 mysqli_error()函数对 SQL 语句进行判断，如果存在错误则返回错误信息，否则没有输出。该语句的应用被放置在 mysqli_query()函数之后。

例如在下面的代码中，通过 mysqli_query()函数执行查询语句之后，用 mysqli_error() 函数获取 SQL 语句中的错误。

```php
<?php
  $sql="select * from student";              //定义查询语句，" "内少";"
  $query=mysqli_query($sql,$conn);           //执行查询操作
  echo mysqli_error();                       //获取 SQL 语句中的错误
    while($myrow=mysqli_fetch_array($query)) //循环输出查询结果
?>
```

　　此方法不仅对查询语句的执行有效，而且对添加、更新和删除语句都适用，是一个查找 SQL 语句本身错误的好方法。

12.5　实践操作指导

PHP 访问 MySQL 数据库的实践操作要点如下：
- Apache 服务器的安装和配置。
- 利用 PHP 使用 mysqli 接口连接 MySQL 8.0 数据库。
- 利用 PHP 一次执行多个 select 语句的过程。
- PHP 执行多个 select 语句时使用 mysqli_multi_query()函数的方法。
- 通过 MySQLi 函数操作 MySQL 8.0 数据库。
- 使用 PHP 操作 MySQL 8.0 数据表的基本操作。

习题 12

1. 简答题

（1）简述 PHP 语言的基本特点。

（2）简述利用 PHP 与 MySQL 8.0 数据库连接的步骤。

（3）设置结果集数组的表述方式中 mysqli_assoc、mysqli_num 和 mysqli_both 分别表示什么？

（4）简述 mysqli_query()函数的作用。

2. 上机练习题（本题利用 teaching 数据库中的表进行操作）

（1）利用 PHP 语言查询数据表 course 中的数据。

（2）利用 mysqli_query()函数向 course 表中插入数据。

（3）利用 mysqli_query()函数删除 course 表中的数据。

（4）利用 mysqli_query()函数更新 course 表中的数据。

（5）查询教师号为 t05001 的教师信息，并利用 echo 命令和 print_r()函数两种方式输出。

第13章
基于JSP技术的MySQL
数据库应用开发实例

MySQL 数据库的应用非常广泛,许多网站和管理系统都使用 MySQL 数据库存储数据。JSP（Java Server Pages）是一种动态网页技术标准。JSP 技术是在传统的网页（HTML）文件中插入 Java 程序段和 JSP 标记从而形成 JSP 文件。JSP 网页的很多技术（例如 Hibernate、Spring、Struts 等）都是建立在 Java 语言的基础上的。

本章主要介绍如何对在线考试系统的数据库进行设计,并在数据库设计的基础上应用 NetBeans 集成开发环境,通过 JSP 技术实现一个在线考试系统的设计与开发工作,从而体现 MySQL 数据库在实际应用系统开发中的强大功能。

13.1　实例开发的背景和意义

在线考试系统将传统的考试与网络模式相结合，使教师用户可根据课程自身的特点快速构建考试、测试、学习、调查及分析于一体的网络化考试平台。

13.1.1　项目开发的背景

开发在线考试系统的目的在于提高教师的工作效率,让学生实现对所学课程的自我评定,是提高学生的自我学习意识和自我管理能力的有效途径。应用在线考试系统在可预见的未来较长的一段时间内应该是一种能够改善考试环境、提高教学管理效率、实现课程管理的信息化的必要手段。

在系统的实现过程中应该结合软件工程的思想,了解当前一般高校的课程考试规范过程,然后从经济、技术、法律和方案等几方面进行可行性分析,从而进行概要设计和逻辑设计。限于资源的关系,目前此项目在进行调研的基础上首先实现初步的开发,即能够实现客观题的出题、答题等功能。

13.1.2　系统开发的可行性分析

当系统开发人员接受开发任务时，首先要研究开发任务，判断是否有简单、明确的解决办法。事实上，许多问题不可能在一定的系统规模之内解决，如果问题没有可行的解决办法，那么花费在这项开发工程上的任何时间、资源、经费都是无谓的浪费。

可行性研究的目的就是付出较低的开发成本而取得较好的软件功能和付出较低的软件维护费用，在有限的时间内确定问题是否能够解决。当然，可行性研究的目的不仅是要解决问题，还要确定问题是否有研究或经济价值。这就需要利用现有的手段去进行客观分析，在分析、权衡几种主要可能方案的利弊的基础上选择合理的方法与步骤。一般来说，至少应该从以下几方面研究每种解法的可行性。

（1）经济可行性：即进行成本与效益的核算分析，从经济角度判断开发该系统的预期经济效益能否超过它的开发成本。从经济方面来看，基于 JSP 技术的在线考试系统所用的开发工具和软件基本上都是免费的，在经济上是完全可行的。

（2）技术可行性：即进行技术风险评估，从开发者的技术实力、工作基础及问题的复杂程度等几方面判断系统开发在时间、费用等限制条件下利用现有的技术能否实现系统的功能要求，以及系统的操作方式是否在某些用户组织内行得通。

本章实例"基于 JSP 的在线考试系统"就是采用"JSP 技术+MySQL 数据库"组合进行开发的，整个系统在 NetBeans 8.2 集成环境下进行编写、编译、调试和部署，其中 Web 服务器使用 apache-tomcat-7.0。NetBeans 可以非常方便地安装于多种操作系统平台，提供了强大的 JavaScript 编辑功能，能比较方便地使用 MySQL 数据库，启动速度提升的幅度很大，在建立一个大工程时有较低的内存消耗和更快的响应速度。

从技术方面来看，对于 MySQL 数据库与 JSP 技术的结合，在实际应用中是较为成功的解决方案，对于机器本身没有太大的要求，一般个人计算机完全满足对技术的要求。基于 JSP 的在线考试系统采用了三层体系结构，即用户界面层、业务逻辑层、数据存储层，在用户机上几乎不需要安装任何相关的应用程序，这样不仅应用起来对用户更加方便，也保证了安全性。同时，JSP 是一种服务器端 HTML 嵌入 Java 代码的脚本语言，是开发动态 Web 网站很好的工具，在保证很好的操作性的同时比其他的脚本语言具有更快的执行速度。

如图 13-1 所示，本系统的支持平台具体分为数据存储层、业务逻辑层、用户界面层，这就能够确保数据的安全性、系统的稳定性和系统的响应速度要求。

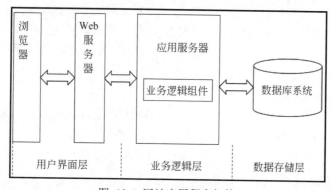

图 13-1 网站应用程序架构

如图 13-2 所示，系统采用 B/S（Browser/Server，浏览器/服务器）结构，Web 浏览器是客户端最主要的应用软件。三层 B/S 体系结构可以从技术上保证实现简化客户端操作、实现集中管理与维护的跨平台操作。

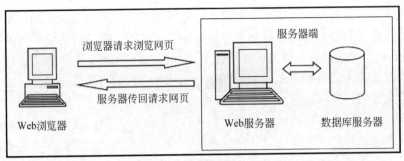

图 13-2　三层 B/S 体系结构

在进行实际的软件开发环境搭建时，系统选择应用最为广泛的 Windows 操作系统，Web 服务器端采用 Tomcat+JSP+MySQL 的方式，这是在实际应用中已经证明的成功的技术解决方案，而采用 JSP 技术会使得软件运行具有更快的执行速度。

（3）法律可行性：确定系统开发可能导致的任何知识产权方面的侵权行为以及妨碍性后果和责任。

（4）方案可行性：评价系统或产品开发的几种方案，并进行系统分解，定义各个子系统的功能、性能和界面，最后得出结论性意见。

分析人员应该为每个可行的解法制定一个粗略的实现进度。当然，可行性研究的根本任务是对后续的阶段提出建议，如果问题没有可行解，分析人员应该建议停止这项开发工程，以避免资源浪费；如果问题可行，分析人员应该推荐一个较好的解决方案，并为工程制定一个初步的计划。可行性研究需要的时间长短取决于工程的规模。一般来说，可行性研究的成本只是预期工程总成本的 5%～10%。

13.1.3　开发项目的目标

本系统是基于 JSP 的在线考试系统，主要完成了学生考试、系统改卷、教师增/删/改/查学生成绩及学生信息管理等基本功能，能够基本实现客观题的答题和改卷的功能。由于当前资源的限制，还没能够实现与传统模式下的考试完全一样的效果。

本系统很好地解决了客观题考核与改卷的问题，使得教师能够简化劳动，提高工作效率，达到简化考试流程的效果。结合传统的考试方法，项目应该具有的功能如下：

- 基于 JSP 的在线考试系统根据用户类型可划分系统管理员、教师、学生 3 种类型，更为具体一些就是他们的 id、姓名等。
- 本系统的使用用户有教师、学生。不同的用户具有不同的职责和权限，教师可以进行试题库的更新等操作；学生只负责答题和查看自己的成绩，无法行使教师权限。
- 试卷由系统自动生成，无须人工干预，并保证在试题库足够大的前提下所生成的试题没有重复。

此外，用户操作界面是否好用美观、是否具有人性化设计、是否达到国家或者软件公司的行业标准以及软件是否具有很好的兼容性和稳定性等也是评价软件的一些重要指标。

13.2　在线考试系统的数据库设计

数据库设计的目标是为用户和各种应用系统提供一个信息基础设施和高效率的运行环境。高效率的运行环境是指数据库数据的存取效率、数据库存储空间的利用率、数据库系统运行管理的效率等都是高的。

按照数据库规范化设计的方法，数据库设计可分为需求分析、概念结构设计、逻辑结构设计、物理结构设计、数据库实施和数据库运行与维护6个阶段。在实际的项目开发中，如果系统的数据关系较复杂，数据存储量较大，设计的表较多，表和表之间的关系比较复杂，就需要首先考虑规范的数据库设计，然后再进行具体的创建库、创建表的工作。所以，数据库设计的重要性不言而喻。

13.2.1　需求分析

设计人员要了解需求分析的任务，掌握常用的需求分析的方法，能够根据不同的应用程序选择不同的需求分析方法进行需求分析。

明确地把需求收集和分析作为数据库设计的第一阶段是十分重要的，这一阶段收集到的基础数据（用数据字典来表达）是下一步进行概念结构设计的基础。

数据库设计是指对于一个给定的应用环境构造优化的数据模型，并据此建立数据库及其应用系统，使之能够有效地存储和管理数据，满足各种用户的应用需求。数据库设计是在DBMS支持下进行的，它包括数据库的结构设计和数据库的行为设计。数据库的结构设计是模式与子模式的设计，是信息系统数据模型的静态模型；数据库的行为设计是应用程序设计，是在模型上的动态操作。将数据库的结构设计和行为设计相结合是现代数据库设计的特点之一。

需求分析和概念结构设计阶段面向现实世界或用户的应用需求，与DBMS无关；逻辑结构设计和物理结构设计阶段是面向DBMS的；数据库实施和数据库运行与维护阶段面向"实现"。

每个设计阶段在完成后要根据一定的指标对设计结果进行评价，对不满足用户要求的部分进行分析和修改，所以数据库设计是一个不断反复、逐步完善的过程。

1. 需求分析的基本过程

常用的需求分析方法有调查客户的公司组织情况、各部门的业务需求情况，协助客户分析系统并请用户填写，查阅业务相关数据记录等。

需求是用户要求数据库应用系统必须满足的所有功能和限制，它包括功能要求、性能要求、可靠性要求、安全性和完整性要求等限制，其中功能要求又包括信息要求和处理要求。需求分析就是通过与用户的沟通和交流获取用户的需求，并对需求进行分析和整理，最终形成需求文档。需求分析包括需求获取、需求分析和处理等多个过程。

需求分析是数据库设计的首要任务，也是后续设计工作的基础。通过调查，详细了解用户的每一个业务过程和业务活动的工作流程及信息处理流程，准确理解用户对信息系统的需求，使需求分析尽可能充分与准确。需求分析的重点是调查、收集并分析客户业务的数据需求、处理需求、安全性和完整性需求。

需求分析的任务是通过详细调查现实世界中要处理的对象，充分了解原系统的工作概况，明确用户的各种需求，然后在此基础上确定新系统的功能。新系统必须充分考虑今后可能的扩充和改变，不能仅按当前应用需求来设计数据库。

调查的重点是"数据"和"处理"，通过调查、收集与分析获得用户对数据库的如下要求。

（1）信息要求：指用户需要从数据库中获得信息的内容与性质，由信息要求可以导出数据要求，即在数据库中需要存储哪些数据。

（2）处理要求：指用户要完成什么处理功能，对处理的响应时间有什么要求，处理方式是批处理还是联机处理。

（3）安全性与完整性要求：对所有系统用户需要有完善的口令加密功能，以保证系统及数据的安全性。应用软件对输入的数据进行合法性、有效性和完整性检验，如果输入数据存在问题，系统应能及时给予提示。

2. 获取需求的内容

通过调查来获取用户的实际需求，采用的调查方法有开调查会、用户访谈、问卷调查法和参加业务实践等，针对不同用户采用不同的调查方法，一般是几种方法互补使用。需要调查的内容如下。

（1）调查组织结构：要建立数据库应用系统，首先要清楚当前系统的组织结构情况，即了解该组织各部门的划分及其相互关系、各部门的职责、人员配备、业务分工等。调查结果可用组织结构图来描述。

（2）调查管理功能：该功能指的是完成某项工作的能力。每个系统都有一个总目标，为了达到总目标，必须完成各个子系统的功能，子系统的功能又依赖于其下面各项更具体功能的实现。在调查中可以用功能层次图来描述从系统目标到各项功能的层次关系。

（3）调查各部门的业务流程：调查各部门的处理业务、信息来源、处理方法、计算方法、信息流经去向、提供信息的时间和形态以及安全性和完整性要求，调查结果用业务流程图来描述。

（4）确定新系统的边界：一个组织业务活动的管理不可能全部由计算机来完成，所以设计人员通过对上述调查结果的分析来确定系统的边界，即确定哪些功能由计算机完成或将来准备让计算机完成，哪些活动由人工完成。由计算机完成的功能就是新系统要实现的功能。

3. 需求的处理

按照某种分析方法对所获得的需求进行分析，典型的分析方法有结构化分析方法和面向对象分析方法。结构化分析方法是一种面向过程的方法，它以过程为中心建立系统用户需求模型，常用的分析工具主要有数据字典、数据流程图等。面向对象分析方法就是运用面向对象的方法，对问题域和系统责任进行分析和理解，正确认识其中的事物和它们之间的关系，找出描述问题域和系统责任所需的类及对象，定义这些类和对象的属性和服务，以及它们之间所形成的结构、静态联系和动态联系，并产生面向对象的模型。

（1）分析业务流程：了解某项业务的具体处理过程，发现和处理系统调查工作中的错误和疏漏，修改和删除原系统中的不合理部分，在新系统的基础上优化业务处理流程。

（2）分析系统数据：在调查的基础上进一步收集和分析数据，主要包括以下方面。

- 明确用户在数据库中需要存储哪些数据，即确定各实体以及各实体集所包含的属性。

- 明确各实体集之间的联系，即确定联系的类型。
- 明确各属性的组成，即属性的名称、类型、长度、值域、使用特点等。

13.2.2　数据字典的开发

数据字典主要是对数据项、数据结构和数据存储等几方面进行具体的定义。

（1）数据项：数据项又称为数据元素，是数据的最小单位，描述数据的静态特性，其定义包含以下内容。

数据项的描述={数据项名称，别名，描述，数据类型及取值长度，取值范围，取值含义，存储处}

例如，"学号"数据项的定义如下。

① 数据项名称：学号（studentID）。

② 别名：学生编号。

③ 描述：学号是学生信息表的主码，每个学生都有一个唯一的学号。

④ 数据类型及取值长度：字符型，6~20 位。

⑤ 取值范围：6~20 位数字字符。

⑥ 取值含义：学号编码可以有一定的规则，比如 2 位年，1 位性别，2 位学院，3 位专业，3 位专业排名。

⑦ 存储处：学生表 tb_student。

（2）数据结构：数据结构描述某些数据项之间的关系。一个数据结构可以由若干个数据项组成，也可以由若干个数据结构组成，还可以由若干个数据项和数据结构组成。其定义包含以下内容：

数据结构的描述={数据结构名称，描述，数据结构组成，其他说明}

例如，"试题类型表"数据结构的定义如下。

① 数据结构名称：试题类型表 tb_type。

② 描述：包括试题类型的主要信息。

③ 数据结构组成：编号+试卷名称+试卷类型描述。

④ 其他说明：在系统功能扩充时可能增加定义项。

（3）数据存储：数据存储在数据字典中只描述数据的逻辑存储结构，而不涉及它的物理组织，其定义包含以下内容。

数据存储的描述={数据存储名称，描述，数据存储组成，主码，相关联的处理}

例如，"成绩"数据存储的定义如下。

① 数据存储名称：成绩。

② 描述：存放学生某门课程的成绩。

③ 数据存储组成：学生的某门课程的成绩，即由编号+学生编号+对应学科类型+考试科目类型+考试成绩+学生姓名组成。

④ 主码：编号。

13.2.3　设计数据库的概念结构

在本节要学会将现实世界的事物和特性抽象为信息世界的实体间的联系，能够使用实体-联系图（E-R 图）描述实体、属性和实体之间的联系。

概念结构设计是在需求分析的基础上形成一个反映用户信息需求的并且独立于计算机硬件和 DBMS 的概念结构。将在线考试系统需求分析得到的用户需求抽象为信息结构（即概念模型）的过程就是概念结构设计，它是整个数据库设计的关键，本项目要求把在线考试系统抽象出来，绘制出在线考试系统的 E-R 图。

若要将现实世界中的事物直接存储到计算机中进行处理，就必须能够将在需求分析的基础上得到的用户需求抽象出来，对它们进行数据化后存储到计算机中进行处理。本项目以在线考试系统为具体应用,介绍如何将现实世界的客观事物进行数据化,然后绘制E-R图。

1. 数据模型和概念模型

在数据库技术中，数据是数据库中存储的基本对象。数据是信息的载体，信息是一种已经被加工为特定形式的数据。

（1）数据模型：数据模型就是对现实世界数据的模拟和抽象，而数据库要基于某种数据模型组织和存储数据，数据模型是严格定义的一组概念的集合，这些概念精确地描述了系统的静态特性、动态特性和完整性约束条件（integrity constraints），因此数据模型通常由数据结构、数据操作和完整性约束 3 个部分组成。

（2）概念模型：概念模型用于信息世界的建模，是现实世界到信息世界的第一层抽象，是数据库设计人员进行数据库设计的有力工具，也是数据库设计人员和用户之间进行交流的语言，因此概念模型一方面应该具有较强的语义表达能力，能够方便、直接地表达应用中的各种语义知识，另一方面还应该简单、清晰、易于用户理解。

概念模型包括实体、属性、码、域、实体型、实体集和联系（Relationship）等元素。在现实世界中，事物内部以及事物之间都是有联系的，这些联系在概念模型中反映为实体（型）内部的联系和实体（型）之间的联系。实体内部的联系通常是指组成实体的各属性之间的联系；实体之间的联系通常是指不同实体集之间的联系。

（3）实体之间的联系：实体之间的联系可以归纳为 3 种类型，即一对一联系（1:1）、一对多联系（1:n）和多对多联系（m:n）。

2. 概念模型的描述方法

目前描述概念模型最常用的方法是"实体-联系"（Entity-Relationship，E-R 图）方法，E-R 图中包括实体、属性和联系 3 种图素。

实体用矩形框来表示，属性用椭圆形框来表示，联系用菱形框来表示，框内填入相应的实体名和联系名；实体与属性或者实体与联系之间用直线连接。E-R 图中使用的基本符号如图 13-3 所示。

（1）绘制"在线考试系统"的各个实体图：针对"在线考试系统"的需求，抽取出各实体及其所需属性形成各个实体图。

学生实体图如图 13-4 所示。

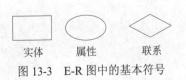

图 13-3　E-R 图中的基本符号

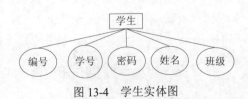

图 13-4　学生实体图

题目实体如图 13-5 所示。

图 13-5　题目实体图

试题类型实体图如图 13-6 所示。

教师在系统中兼任管理员，教师实体中简化设置教师号和密码，实体图如图 13-7 所示。

图 13-6　试题类型实体图　　　　　　　图 13-7　教师实体图

（2）绘制"在线考试系统"的全局 E-R 图：对各局部 E-R 图汇总后得到整个"在线考试系统"的全局 E-R 图，如图 13-8 所示。教师能够对学生进行添加、删除、修改操作，

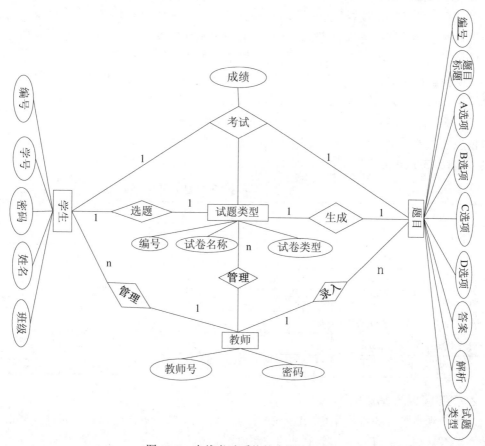

图 13-8　在线考试系统的全局 E-R 图

能够对试题类型（或考试科目）进行添加、删除和修改，并能够实现对试题题目的添加、删除和修改。学生能够通过选题后完成系统自动生成的试卷，学生考试后系统自动判卷得出成绩。另外，教师还能够实现若干查询操作。

在需求分析阶段所得到的应用需求应该是信息世界的结构的抽象，概念设计阶段则需要将这些抽象信息利用某种方式表达出来，E-R 图是这些表达方式之一，只有这样才能更好、更准确地在下一步利用 MySQL 实现这些需求。

13.2.4　设计数据库的逻辑结构

本阶段的任务就是能够将概念结构设计阶段绘制的 E-R 图转换为关系模式，根据开发需求，将关系模式规范化到一定的程度。

逻辑结构设计是将概念结构转换为 MySQL 所支持的数据模型，并对数据模型进行优化。E-R 图表示的概念模型是直接表达用户的各种需求的，它独立于任何一种数据模型，与计算机硬件无关，与 DBMS 无关。

关系模型是目前数据库系统普遍采用的数据模型，也是应用最广泛的数据模型，关系模型通过二维表来表示实体以及实体之间的联系，本项目将详细介绍关系模型以及如何将 E-R 模型转换为关系模型。

1. 数据的组织方式

数据库中的数据是按照一定的逻辑结构存储的，这种结构是用数据模型来表示的。现有的数据库管理系统都是基于某种数据模型的，按照数据库中数据采用的不同联系方式，数据模型可以分为 3 种，即层次模型、网状模型和关系模型。

关系模型与层次和网状模型的理论和风格截然不同，如果层次和网状模型是用"图"表示实体和实体之间的联系，那么关系模型则是用"二维表（关系）"来表示实体和实体之间的联系的。从现实世界中抽象出的实体及实体之间的联系都使用关系这种二维表来表示。关系模型使用若干个二维表来表示实体及实体之间的联系，这是关系模型的本质。学生关系模型如表 13-1 所示。

表 13-1　学生关系模型

学　　号	姓　　名	成　绩	班　　级	流 水 编 号	密　　码
123456789	招望舒	95	软件 2004	2	123456
123457899	李明华	90	计科 2002	3	123456
070408000	徐艮	85	软件 2105	4	123456
081523000	张思睿	80	软件 2102	5	123456
091578900	王法务	90	软件 2002	6	123456
181234567	徐赛文	98	软件 2005	7	123456
123456798	苏西坡	95	软件 2004	8	123456

2. 关系模型的基本概念

从用户观点看，关系模型由一组关系组成，每个关系的数据结构是一张规范化的二维表。在关系数据库中有以下几个常见的关系术语。

（1）关系：关系就是一个二维表格，每个关系都有一个关系名，在 MySQL 中关系称为表（Table）。

（2）元组（记录）：在一个具体的关系中，表中的一行称为一个元组（记录）。

（3）属性（字段）：表中的一列即为一个属性（字段），给每一个属性取一个名称即属性名。

（4）域：属性的取值范围，例如成绩一般为 0～100，性别的域是（男,女）等。

（5）码：也称为键。表中的某个属性组，可以唯一确定一个元组，例如学生学号可以唯一确定一个具体的学生，也就成为学生关系的码。

（6）分量：元组中的一个具体的属性值，称为分量。

（7）关系模式：对关系的描述称为关系模式，一个关系模式对应一个关系。它是命名的属性集合，一般表示为：

关系名（属性名 1，属性名 2，…，属性名 n）

例如：学生（学号，姓名，成绩，班级，流水编号，密码）

3．关系的基本性质

关系表现为二维表，但不是所有的二维表都是关系。基本关系具有以下 6 个性质：

（1）列是同质的（Homogeneous），即每一列中的分量是同一类型的数据，来自同一个域。

（2）不同的列可来自同一个域，称其中的每一列为一个属性，不同的属性要给予不同的属性名。

（3）列的顺序无所谓，即列的次序可以任意交换。

（4）任意两个元组的候选码不能相同。

（5）行的顺序无所谓，即行的次序可以任意交换。

（6）分量必须取原子值，即每一个分量都必须是不可分的数据项。

关系模型要求关系必须是规范化（Normalization）的，即要求关系必须满足一定的规范条件。这些规范条件中最基本的一条就是关系的每一个分量必须是一个不可分的数据项。

4．数据规范化

（1）数据依赖是一个关系内部属性与属性之间的一种约束关系。这种约束关系是通过属性间值的相等与否体现出来的数据间相关联系，它是现实世界属性间相互联系的抽象，是数据内在的性质，是语义的体现。比如描述一个学生的关系，可以用学号、姓名、性别、班级编号等几个属性。由于一个学号只对应一个学生，所以一旦"学号"值确定，学生的姓名、性别、班级编号等的值也就被唯一地确定了。

例如建立一个描述学校考务系统的数据库，该数据库涉及的对象包括学生学号、学生姓名、班级编号、班级名称、课程名和成绩。假设用一个单一的关系模式"学生"来表示，则该关系模式的属性集合为：

U={学生学号，学生姓名，班级编号，班级名称，课程名，成绩}

考察这个关系模式发现存在以下问题。

① 数据冗余度大：班级名称重复出现，重复次数与该班所有学生的所有课程成绩出现的次数相同。

② 更新异常：由于数据冗余，当更新数据库中的数据时，系统要付出很大的代价来维

护数据库的完整性，否则会面临数据不一致的危险。

③ 插入异常：如果一个班级刚成立，尚无学生选课记录，则系统无法把该班级信息存入数据库。

④ 删除异常：如果某个班级的学生全部毕业了，在删除该班学生信息的同时把这个班的信息也一起删掉了。

鉴于存在以上种种问题，可以得出结论：学生关系模式不能满足不会发生插入异常、删除异常、更新异常以及数据冗余度应尽可能小等规则。

（2）规范化设计：在进行数据库设计时有一些专门的规则，称为数据库的设计范式，遵守这些规则将创建设计良好的数据库。

在实际的数据库设计过程中，在利用规范化设计考察关系模式时，可以针对不同的关系、关系转化成的表可以预估的数据量、物理存取路径等因素对规范化关系采用一些另外的处理方法。

在本系统中，优化数据模型需要对 MySQL 适合的模型进行转换，转换的主要依据是MySQL 数据库管理系统的功能及限制。

因此，数据库逻辑设计的结果不是唯一的。在得到初步数据模型后还应该适当地修改、调整数据模型的结构，以进一步提高 MySQL 数据库应用系统的性能，这就是数据模型的优化。

关系数据模型的优化通常以规范化理论为指导，优化数据模型的方法主要体现在以下几个方面。

- 确定数据依赖：按需求分析阶段所得到的语义分别写出每个关系模式内部各属性之间的数据依赖以及不同关系模式属性之间的数据依赖。
- 对于各个关系模式之间的数据依赖进行极小化处理，消除冗余的联系。
- 按照数据依赖的理论对关系模式进行分析，考察是否存在部分函数依赖、传递函数依赖、多值依赖等，确定各关系模式分别属于第几范式。
- 按照需求分析阶段得到的各种应用对数据处理的要求，分析对于这样的应用环境这些模式是否合适，确定是否要对它们进行合并或分解。

并不是规范化程度越高的关系就越优，当查询经常涉及两个或多个关系模式的属性时，系统必须经常地进行连接运算。连接运算的代价是相当高的，因此在这种情况下第二范式甚至第一范式也许是适合的。非第三范式规范化关系模式虽然会存在不同程度的更新异常，但如果在实际应用中对此关系模式只是查询，并不执行更新操作，就不会产生实际影响。对于一个具体应用来说，规范化到底进行到什么程度，需要权衡响应时间和潜在问题两者的利弊才能决定。

5. E-R 模型向关系模型的转换过程

E-R 模型向关系模型的转换主要解决两个问题，一个是如何将实体型和实体间的联系转换为关系模式，另一个是如何确定这些关系模式的属性组成和码。因为关系模型的逻辑结构是一组关系模式的集合，而 E-R 模型是由实体型、属性和实体之间的联系组成的，所以将 E-R 模型转换为关系模型就是将实体型、属性和实体之间的联系转换为关系模式。

具体的通用转换原则如下：

（1）实体型转换为一个关系模式，实体的属性就是关系的属性，实体的码就是关系的码。

（2）一个 1:1 的联系可以单独转换为一个独立的关系模式，也可以与任意一端对应的关系模式合并。若转换为一个独立的关系模式，则与该联系相连的各实体的码以及联系本身的属性均转换为关系的属性，每个实体的码均是该关系模式的候选码。若与任意一端对应的关系模式合并，则需要在该关系的属性中加入另一端关系模式的码和联系本身的属性。

（3）一个 1:n 的联系可以单独转换为一个独立的关系模式，也可以与 n 端对应的关系模式合并。若转换为一个独立的关系模式，则与该联系相连的各实体的码以及联系本身的属性均转换为关系的属性，该关系的码为 n 端实体的码。若与 n 端对应的关系模式合并，则与该关系相连的 1 端实体的码以及联系本身的属性需要加入 n 端关系模式中，n 端关系模式的码为该关系模式的码。

（4）一个 m:n 的联系只能单独转换为一个独立的关系模式。与该联系相连的各实体的码以及联系本身拥有的属性均转换为关系的属性，该关系的码为两端实体码的组合。

（5）3 个或 3 个以上实体间的多元联系只能转换为一个独立的关系模式。与该多元联系相连的各实体的码以及联系本身拥有的属性均转换为关系的属性，该关系的码为各实体码的组合。

（6）具有相同码的关系模式可以合并。

概念结构是独立于任何一种数据模型的信息结构，逻辑结构设计的任务就是将概念结构设计阶段设计好的基本 E-R 图转换为与选用的 DBMS 产品所支持的数据模型相符合的逻辑结构，为下一步的数据库应用程序开发提供逻辑模式或外模式，并能够在 MySQL 数据库服务器上构建数据库，基于该数据库构造数据表，完成数据表中数据的基本操纵，并能够应用某种开发工具完成数据库应用程序的开发。

13.2.5 设计数据表

在进行数据库设计时要确定创建哪些表、表中有哪些字段、字段的数据类型和长度。本章介绍的在线考试管理系统选择 MySQL 数据库。因为本书主要是介绍 MySQL 数据库的知识，所以在设计数据库时会尽量用到书中介绍过的 MySQL 数据库的知识点，这样可以让读者对 MySQL 数据库有一个全面的认识。

本系统由于功能相对简单，所有的表都放在 examsystem 数据库下，创建 examsystem 数据库后，在该数据库下一共存放 5 张表，分别是学生表 tb_student、试题类型表 tb_type、题目表 tb_subject、成绩表 tb_score 和教师表 tb_teacher。其中，tb_teacher 表中存储管理员的用户名和密码；tb_student 表中存储学员的信息；tb_type 表中存储课程类型信息；tb_subject 表中存储试题，相当于题库；tb_score 表中存储学生的成绩信息。

索引是创建在表上的，是对数据库表中一列或多列的值进行排序的一种结构。

examsystem 数据库中 5 张表的结构如表 13-2～表 13-6 所示。

表 13-2　tb_student 表结构

字　段　名	数　据　类　型	是　否　主　键	描　述
id	varchar	是	主键，编号
studentID	varchar	否	学号
password	varchar	否	密码

续表

字 段 名	数 据 类 型	是 否 主 键	描 述
studentName	varchar	否	姓名
sclass	varchar	否	班级

表 13-3　tb_type 表结构

字 段 名	数 据 类 型	是 否 主 键	描 述
id	int	是	编号
name	varchar	否	试卷名称
description	varchar	否	试卷类型

表 13-4　tb_subject 表

字 段 名	数 据 类 型	是 否 主 键	描 述
subjectID	int	是	编号
subjectTitle	varchar	否	题目标题
subjectOptionA	varchar	否	A 选项
subjectOptionB	varchar	否	B 选项
subjectOptionC	varchar	否	C 选项
subjectOptionD	varchar	否	D 选项
subjectAnswer	varchar	否	答案
subjectParse	text	否	解析
subjectType	int	否	试题类型

表 13-5　tb_teacher 表

字 段 名	数 据 类 型	是 否 主 键	描 述
teacherID	varchar	是	教师号
password	varchar	否	密码

表 13-6　tb_score 表

字 段 名	数 据 类 型	是 否 主 键	描 述
id	int	是	主键
stuId	int	否	对应学生 id
typeId	int	否	对应科目类型 id
typeName	varchar	否	科目类型名称
result	float	否	考试成绩
stuName	varchar	否	姓名

13.3　在线考试系统的应用开发

本节通过该在线考试系统的开发详细介绍了使用 MySQL 进行 JSP 应用程序的开发过程，并按照软件开发方法与流程，从需求分析到编码实施，可以理解软件项目开发的基本过程。

13.3.1　在线考试系统的功能分析

了解可行性分析、需求分析在软件开发过程中的作用，给定任意语义的系统描述，能够分析这些系统的功能需求，并绘制系统需求的 UML 用例图。

完全理解软件需求对于软件开发工作的成功是至关重要的，需求说明的任务是发现、规范的过程，有益于提高软件开发过程中的能见度，便于对软件开发过程中的控制与管理，便于采用工程方法开发软件，提高软件的质量，便于开发人员、维护人员、管理人员之间的交流、协作，并作为工作成果的原始依据，并且向潜在用户传递软件功能、性能需求，使其能够判断该软件是否与自己的需求相关。

任何一个软件系统的设计与开发都需要进行详细的需求分析，其目的就是尽量快速、准确、全面地获得系统的真实需求，规划出系统的整体功能，为系统的设计与实现做好完备而坚实的基础，使系统的开发工作得以顺利进行。

1. 系统性能需求

性能需求是指系统必须满足的定时约束或容量约束，通常体现在终端用户接入速率、响应时间、稳定性、可扩展性和并发用户支持等几方面。因为本系统包含与成绩有关的数据操作，所以数据不仅要保证 100%准确、可靠，而且要保证 100%安全。系统在现有功能规划的基础上必须满足以下性能需求。

（1）可靠性：系统要求选用可靠的计算机及网络设备，数据库服务器等在条件允许的条件下还需采用磁盘镜像技术。数据库及操作系统软件要采用成熟的、能提供有效技术支持的主流产品，应用软件的设计编制应遵循规范化标准，整个项目的开发过程应得到有效监控。

（2）安全性：系统的安全性是非常重要的，合理的安全控制可以使应用系统中的信息资源得到有效保护，故系统在数据库层和应用层都做了安全方面的设置，例如对所有系统用户需要有完善的口令加密功能，以保证系统及数据的安全性。

（3）完整性：应用软件对输入的数据进行合法性、有效性和完整性检验，如果输入的数据存在问题，系统应能及时给予提示。

（4）易用性：系统的软/硬件设计面向非专业的管理人员，管理系统具有美观友好的操作界面，使用简捷、易懂易学。

2. 分析在线考试系统的功能需求

可行性分析也称为可行性研究，是在考察的基础上针对新系统的开发是不是具有必要性和可能性对新系统的开发从经济、技术、法律、方案等方面进行分析和钻研，以避免投资失误，确保新系统成功开发。可行性研究的目标便是用最小的代价在尽量短的时间内确定问题是不是能够解决。

在线考试系统不仅是对学生成绩的管理，还涵盖与学生成绩紧密相关的教师信息、学生信息和课程信息的管理。

从教务管理流程和管理方便的角度考虑，对系统提出以下要求。

（1）需要进行身份认证登录：系统只允许合法用户进行登录操作，该系统主要面向 3 类用户，一类为学生用户，一类为教务人员用户，一类为教师用户。合法用户登录后可以进行系统的主要功能操作。本系统为了简化设计，将教师用户和管理员的功能进行了合并。

（2）具备数据管理功能：数据管理主要是对班级基本信息、学生基本信息、课程基本信息、教师基本信息、教师讲授班级课程信息、学生选修课程成绩信息、与登录用户相关的用户信息等基础数据进行的管理和维护工作。

（3）具备教师讲授班级课程管理功能：教师讲授班级课程主要完成对教师讲授哪个班级的哪门课程进行设置的操作，把教师、班级和课程之间的讲授信息进行关联。

（4）具备成绩管理功能：成绩管理主要是对学生在校期间的学习成绩进行录入、修改和管理。

3．功能分析

根据需求分析，在线考试系统包括教师信息管理、学生信息管理、题目信息管理、成绩管理、科目管理、数据查询及系统管理等模块，系统模块结构如图 13-9 所示。

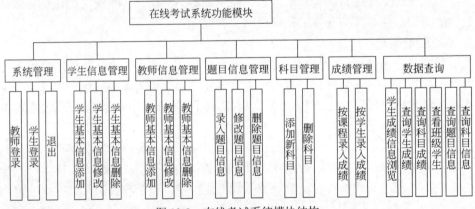

图 13-9　在线考试系统模块结构

13.3.2　在线考试系统的系统实现

1．在线考试系统的建设目标

（1）登录功能：根据用户类型划分为学生角色和教师角色。由于在考试系统中的定位不同，生成的权限不同。教师的职责是组织考试的进行并更新后台数据库，学生的职责则是进行考试并在考完之后查看成绩。

（2）自动生成试卷：只要后台数据库的题库足够庞大，在学生选定考试科目之后，程序会根据难度随机从题库中抽取试题组成试卷，并保证了每一位学生拿到的考题不会完全相同。

（3）阅卷和统计分数：在考生做完题目并单击"提交"按钮之后，系统会自动根据标准答案进行阅卷，阅卷成绩会及时显示给考生，并将成绩传到后台数据库进行保存。

（4）学生成绩查询：在学生提交试卷后就能够查看自己的成绩。

（5）数据库的其他操作：对学生信息及考试题目的增/删/改/查。

2. 模块层次结构分析

在线考试系统中的教师、学生、试卷、试题等，都能够进行增/删/改/查。

（1）在线考试：成功登录后，会提示考生进行何种科目的考试，考生在选定考试科目后会马上进行答题，在规定时间内答完，提交答题信息之后系统能即刻评卷，将考试成绩显示给考生。

（2）成绩管理：系统为方便查询设定了 4 种查询方式，即查询所有成绩、查询科目成绩、通过姓名查找学生成绩、查找某班级全部学生成绩。

（3）后台数据库管理：此功能由教师来完成。教师能进行试题管理、学生管理、成绩管理。其中学生管理指学生信息管理（包括姓名、班级等）；试题管理包括录入试题类型、录入试题、管理试题、查询试题。

3. 构建工程

在 NetBeans IDE 8.2 中创建一个 Java Web 工程，并将这个 Java Web 工程取名为 exam。服务器选用 Apache Tomcat 类型，如图 13-10 所示。本工程的所有 JSP 页面都放在 WebRoot 文件夹下。

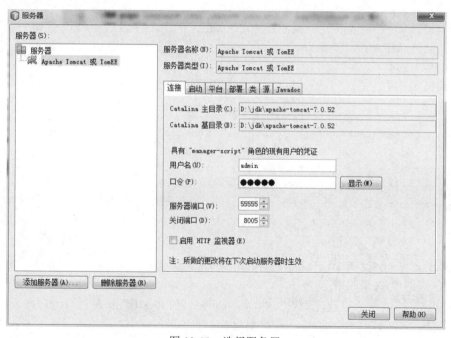

图 13-10　选择服务器

4. 数据层功能的实现

基于 JSP 的在线考试系统的持久化逻辑以 Hibernate 为中间件，采用 DAO 设计模式。DAO 模式是 Java EE 核心模式中的一种，其主要是在业务核心方法和具体数据源之间增加一层，减少耦合性。

每个持久化类对应一个 DAO，它实现了持久化类的创建、查询、更新及删除方法，和其他访问持久化机制的方法。在相应的 DAO 实现中，调用 Hibernate API 访问持久层。这样只有特定于 Hibernate 的 DAO 实现需要依赖 Hibernate API，当改用其他的持久化机制或持久化中间件时，只需要创建新的 DAO 实现，无须更改应用中的其他业务逻辑代码。

基于 JSP 的在线考试系统以 MySQL 为后台数据库，通过 Hibernate 访问数据库的配置文件 hibernate.xml 的主要内容如下：

```xml
<?xml version='1.0' encoding='UTF-8'?>
<!DOCTYPE hibernate-configuration PUBLIC
    "-//Hibernate/Hibernate Configuration DTD 3.0//EN"
    "http://hibernate.sourceforge.net/hibernate-configuration-3.0.dtd">
<hibernate-configuration>
<session-factory>
    <property name="dialect">
        org.hibernate.dialect.MySQLDialect
    </property><!-- 数据库方言 -->
    <property name="connection.url">
        jdbc:mysql://localhost:3306/db_examsystem
    </property><!-- 数据库连接 URL -->
    <property name="connection.username">root</property>
    <!-- 数据库用户名 -->
    <property name="connection.password">123456</property>
    <!-- 数据库用户密码 -->
    <property
name="connection.driver_class"><!--com.mysql.jdbc.Driver-->
        com.mysql.jdbc.Driver
    </property>
    <property name="myeclipse.connection.profile">mysql</property>
    <property name="show_sql">true</property>
    <mapping resource="com/sanqing/po/Student.hbm.xml" />
    <mapping resource="com/sanqing/po/Teacher.hbm.xml" />
    <mapping resource="com/sanqing/po/Type.hbm.xml" />
    <mapping resource="com/sanqing/po/Subject.hbm.xml" />
</session-factory>
</hibernate-configuration>
```

5. 创建对象/关系映射

根据数据库的各个表创建映射文件，tb_teacher 表、tb_student 表、tb_subject 表、tb_type 表、tb_score 表都对应产生 Hibernate 映射文件。

```xml
//Student 类的映射文件
<hibernate-mapping>
    <class name="com.sanqing.po.Student" table="tb_student"><!-- 每个 class
对应一个持久化对象 -->
    <id name="studentID" type="string"><!-- id 元素用来定义主键标识,并指定主键生成
策略 -->
    <generator class="assigned"></generator>
```

```
    </id>
    <property name="password"></property><!-- 映射 password 属性 -->
    <property name="studentName"></property><!-- 映射 studentName 属性 -->
    <property name="result"></property><!-- 映射 result 属性 -->
    <property name="sclass"></property><!-- 映射 sclass 属性 -->
    </class>
    </hibernate-mapping>
```

6. 创建持久化类

根据创建的映射文件创建持久化类，基于 JSP 的在线考试系统使用的持久化类如下。

- Student 类：对应学生实体，实现学生信息的持久化工作。
- Teacher 类：对应教师实体，实现教师信息的持久化工作。
- Subject 类：对应题目实体，实现题目信息的持久化工作。
- Type 类：对应试卷类型实体，实现试卷类型信息的持久化工作。
- Score 类：对应学生成绩实体，实现学生成绩信息的持久化工作。

7. 创建 DAO 实现

SubjectDAO 接口定义了系统进行题目管理的方法，包括题目的增/删/改/查等。其接口定义如下：

```
public interface SubjectDAO {
    public void addSubject(Subject subject);    //保存方法，用来保存试题
    public Subject findSubjectByTitle(String subjectTitle);
                                        //根据试题标题查找试题
    public List<Subject> findSubjectByPage(Page page);  //分页查询试题
    public int findSubjectCount();             //查询试题总量
    public Subject findSubjectByID(int subjectID);    //根据试题 ID 查找试题
    public void updateSubject(Subject subject);      //更新方法，用来更新试题
    public void deleteSubject(int subjectID);       //根据试题 ID 删除试题
    public List<Subject> likeQueryByTitle(String subjectTitle,Page page);
                                        //根据试题标题模糊查询试题
    public int findLinkQueryCount(String subjectTitle);  //查询模糊记录数
    public List<Subject> randomFindSubject(int number);  //随时取出记录
}
```

13.3.3 系统功能模块的实现

本项目模型由实现业务逻辑的 NetBeans 构成，控制器由 Action 来实现，视图由一组 JSP 文件构成。因此本项目大致实现了模型、控制器、视图三者的分离，使得整个系统结构清晰。系统功能模块的实现过程可由 Struts2 的工作过程来描述：开始由用户通过浏览器发送请求，Action 控制器收到用户请求后返回响应，调用 Action 实例的 execute()方法，由 execute()方法调用模型和 DAO 对象，实现业务逻辑，执行完后 execute()返回响应，最后再查找响应，其中 FilterDispatcher 根据配置查找响应的对应信息，例如 success、error，将跳转到哪个 JSP 页面。下面将详细介绍系统各功能模块的具体实现。

1. 用户管理

用户以浏览器为媒介发出请求信息，系统调用 struts.xml 中配置的跳转页面，验证当前用户是否具有权限，拥有何种权限。若通过后台数据库验证，则跳转到对应页面，否则停留在登录页面。struts.xml 中的配置如下：

```
<action name="login" class="com.sanqing.action.LoginAction">
<result name="studentSuccess" type="chain">getRandomSubject</result>
<!-- 进入考试页面 -->
<result name="teacherSuccess" type="redirect">/teacher/index.html</result>
<!-- 教师登录成功页面 -->
<result name="input">/login.jsp</result><!-- 登录失败页面 -->
</action>
```

2. 考试功能

学生用户登录成功之后，系统会随机生成一张试卷，并保证相同考生不会出现雷同试卷。与此同时，系统开始倒计时。生成随机试题的代码如下：

```
public class GetRandomSubject extends ActionSupport
{
    private SubjectService subjectService = new SubjectServiceImpl();
    public String execute() throws Exception
    {
      List<Subject> subjects = subjectService.randomFindSubject(20);
                                                //获得试题记录
      HttpServletRequest request = ServletActionContext.getRequest();
      request.setAttribute("subjects", subjects);
      return success;
    }
}
```

只要学生用户单击"提交"按钮或者达到规定答题时间，系统将会跳转到显示成绩页面。显示学生成绩的代码如下：

```
public class SubmitExamAction extends ActionSupport
{
  private List<Integer> subjectID;
  private SubjectService subjectService = new SubjectServiceImpl();
  private StudentService studentService = new StudentServiceImpl();
    public List<Integer> getSubjectID()
    {
        return subjectID;
    }
    public void setSubjectID(List<Integer> subjectID) {
        this.subjectID = subjectID;
    }
    public String execute() throws Exception {
        HttpServletRequest request = ServletActionContext.getRequest();
```

```
        List<String> studentAnswers = new ArrayList<String>();
        for(int i = 0; i < 20; i++) {
            String answer = request.getParameter("subjectAnswer"+i);
            studentAnswers.add(answer);
        }
        int GeneralPoint = subjectService.accountResult(subjectID,
studentAnswers);

        Map session = ActionContext.getContext().getSession();
        Student student = (Student)session.get("studentInfo");
        String studentID = student.getStudentID();
        studentService.setStudentResult(studentID, GeneralPoint);
        request.setAttribute("studentName", student.getStudentName());
        request.setAttribute("GeneralPoint", GeneralPoint);
        session.put("subjectIDs", subjectID);
        return success;
    }
}
```

得到成绩之后，学生可以及时查看答案解析，相应的代码如下：

```
public class ShowSubjectAnswer extends ActionSupport{
    private SubjectService subjectService = new SubjectServiceImpl();
    public String execute() throws Exception {
        List<Subject> subjects = new ArrayList<Subject>();
        HttpServletRequest request = ServletActionContext.getRequest();
        Map session = ActionContext.getContext().getSession();
        List<Integer> subjectIDs = (List<Integer>) session.get("subjectIDs");
        for(Integer subjectID: subjectIDs) {
            Subject subject = subjectService.showSubjectParticular(subjectID);
            subjects.add(subject);
        }
        request.setAttribute("subjects", subjects);
        return success;
    }
}
```

3. 教师管理

在本系统中为教师设置管理员功能，主要管理试题、学生信息的增/删/改/查。

（1）试题管理模块：以下是增加试题的代码，修改、删除、查看的代码与之类似。

```
public class SubjectAddAction extends ActionSupport{
    private String subjectTitle;
    private String subjectOptionA;
    private String subjectOptionB;
    private String subjectOptionC;
    private String subjectOptionD;
    private String subjectAnswer;
```

```java
    private String subjectParse;
    private int subjectType;
    private SubjectService subjectService = new SubjectServiceImpl();
    public String getSubjectTitle() {
        return subjectTitle;
    }
    public void setSubjectTitle(String subjectTitle) {
        this.subjectTitle = subjectTitle;
    }
    public String getSubjectOptionA() {
        return subjectOptionA;
    }
    public void setSubjectOptionA(String subjectOptionA) {
        this.subjectOptionA = subjectOptionA;
    }
    public String getSubjectOptionB() {
        return subjectOptionB;
    }
    public void setSubjectOptionB(String subjectOptionB) {
        this.subjectOptionB = subjectOptionB;
    }
    public String getSubjectOptionC() {
        return subjectOptionC;
    }
    public void setSubjectOptionC(String subjectOptionC) {
        this.subjectOptionC = subjectOptionC;
    }
    public String getSubjectOptionD() {
        return subjectOptionD;
    }
    public void setSubjectOptionD(String subjectOptionD) {
        this.subjectOptionD = subjectOptionD;
    }
    public String getSubjectAnswer() {
        return subjectAnswer;
    }
    public void setSubjectAnswer(String subjectAnswer) {
        this.subjectAnswer = subjectAnswer;
    }
    public String getSubjectParse() {
        return subjectParse;
    }
    public void setSubjectParse(String subjectParse) {
        this.subjectParse = subjectParse;
    }
    public int getSubjectType() {
        return subjectType;
```

```
        }
        public void setSubjectType(int subjectType) {
            this.subjectType = subjectType;
        }
        public String execute() throws Exception {
            Subject subject = new Subject();
            subject.setSubjectTitle(subjectTitle);
            subject.setSubjectOptionA(subjectOptionA);
            subject.setSubjectOptionB(subjectOptionB);
            subject.setSubjectOptionC(subjectOptionC);
            subject.setSubjectOptionD(subjectOptionD);
            subject.setSubjectAnswer(subjectAnswer);
            subject.setSubjectParse(subjectParse);
            subject.setSubjectType(subjectType);
            if(subjectService.saveSubject(subject)) {
                return success;
            }else {
                this.addActionError("该试题已经添加过了，请不要重复添加!");
                return input;
            }
        }
    }
```

（2）查看成绩模块：以下是教师通过学生姓名查看成绩的代码。

```
public class QueryStudentByName extends ActionSupport{
    private String studentName;
    private StudentService studentService = new StudentServiceImpl();
    public String getStudentName() {
        return studentName;
    }
    public void setStudentName(String studentName) {
        this.studentName = studentName;
    }
    public String execute() throws Exception {
        HttpServletRequest request = ServletActionContext.getRequest();
        List<Student> students = studentService.getStudentByName
(studentName);
        request.setAttribute("students", students);
        return this.success;
    }
}
```

13.4　考试管理系统的运行与测试

本系统是基于 JSP 的在线考试系统，主要完成了教师增/删/改/查学生信息、学生成绩，以及学生考试、系统改卷、试卷自动生成等基本功能，能够基本实现客观题的答题和改卷的功能。

13.4.1　教师用户的功能运行

用户通过 login.jsp 页面输入用户名和密码，单击"登录"按钮就可以提交用户名和密码，如图 13-11 和图 13-2 所示。

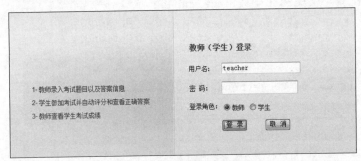

图 13-11　教师用户登录界面

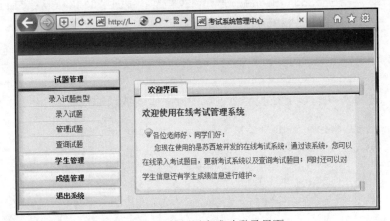

图 13-12　教师用户成功登录界面

在该界面中，录入试题类型（科目）界面如图 13-13 所示。

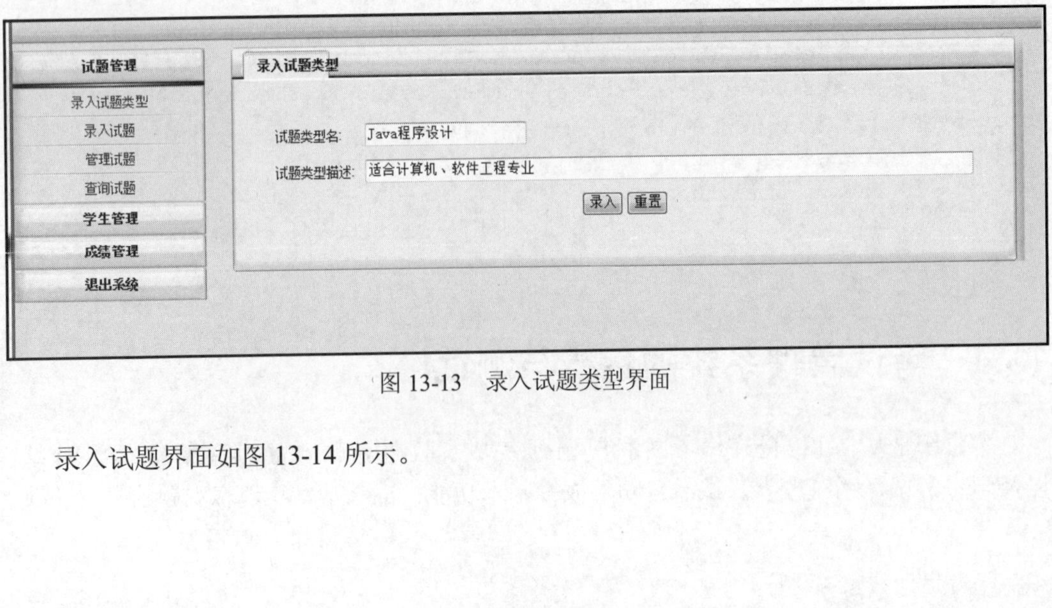

图 13-13　录入试题类型界面

录入试题界面如图 13-14 所示。

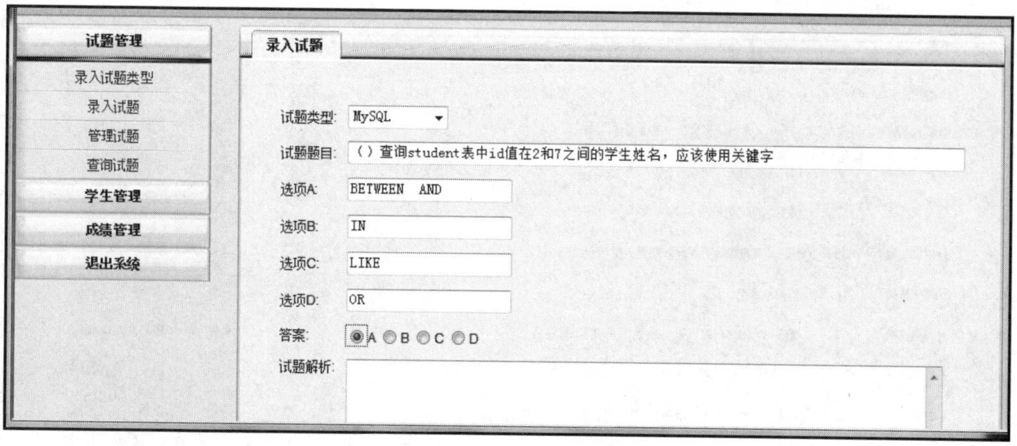
试题管理
录入试题类型
录入试题
管理试题
查询试题
学生管理
成绩管理
退出系统
录入试题
试题类型: MySQL
试题题目: （）查询student表中id值在2和7之间的学生姓名，应该使用关键字
选项A: BETWEEN AND
选项B: IN
选项C: LIKE
选项D: OR
答案: A B C D
试题解析:

图 13-14 录入试题界面

在管理试题界面中，教师可进行试题的增/删/改/查，如图 13-15 所示。

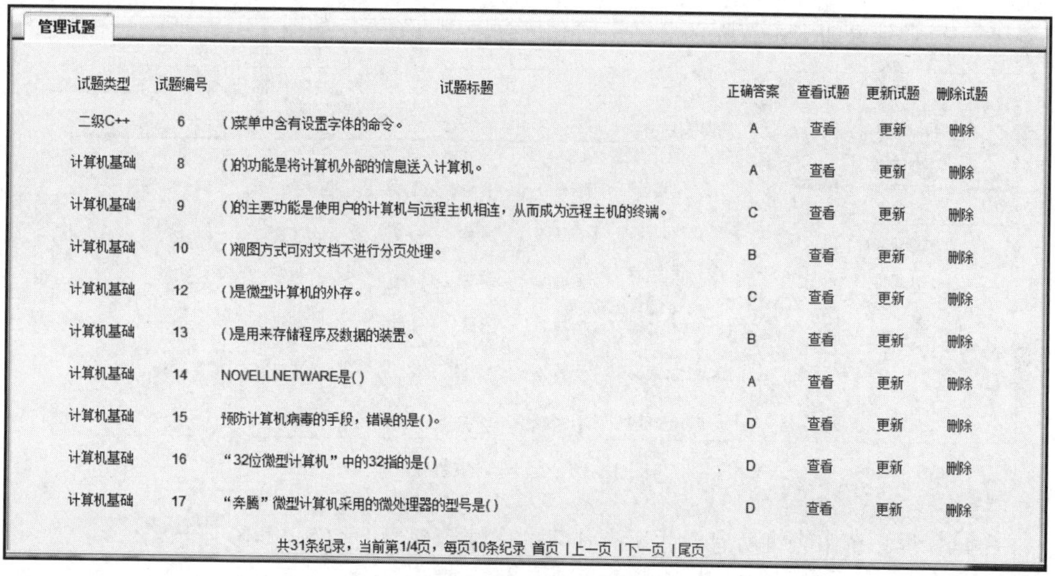
管理试题
试题类型 试题编号 试题标题 正确答案 查看试题 更新试题 删除试题
二级C++ 6 （）菜单中含有设置字体的命令。 A 查看 更新 删除
计算机基础 8 （）的功能是将计算机外部的信息送入计算机。 A 查看 更新 删除
计算机基础 9 （）的主要功能是使用户的计算机与远程主机相连，从而成为远程主机的终端。 C 查看 更新 删除
计算机基础 10 （）视图方式可对文档不进行分页处理。 B 查看 更新 删除
计算机基础 12 （）是微型计算机的外存。 C 查看 更新 删除
计算机基础 13 （）是用来存储程序及数据的装置。 B 查看 更新 删除
计算机基础 14 NOVELLNETWARE是（） A 查看 更新 删除
计算机基础 15 预防计算机病毒的手段，错误的是（）。 D 查看 更新 删除
计算机基础 16 “32位微型计算机”中的32指的是（） D 查看 更新 删除
计算机基础 17 “奔腾”微型计算机采用的微处理器的型号是（） D 查看 更新 删除
共31条纪录，当前第1/4页，每页10条纪录 首页 |上一页 |下一页 |尾页

图 13-15 管理试题界面

查看试题界面如图 13-16 所示，此处为对包含关键字“计算机”的查询，结果界面如图 13-17 所示。

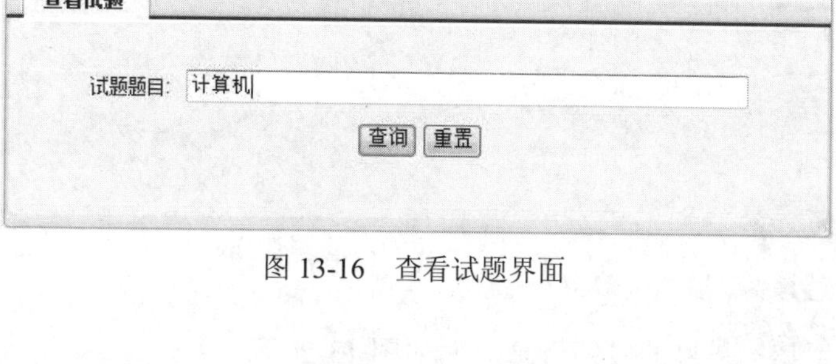
查看试题
试题题目: 计算机
查询 重置

图 13-16 查看试题界面

管理试题

试题类型	试题编号	试题标题	正确答案	查看试题	更新试题	删除试题
计算机基础	8	( )的功能是将计算机外部的信息送入计算机。	A	查看	更新	删除
计算机基础	9	( )的主要功能是使用户的计算机与远程主机相连,从而成为远程主机的终端。	C	查看	更新	删除
计算机基础	12	( )是微型计算机的外存。	C	查看	更新	删除
计算机基础	15	预防计算机病毒的手段,错误的是( )。	D	查看	更新	删除
计算机基础	16	"32位微型计算机"中的32指的是( )	D	查看	更新	删除
计算机基础	17	"奔腾"微型计算机采用的微处理器的型号是( )	D	查看	更新	删除
计算机基础	21	"溢出"一般是指计算机在运算过程中产生的( )。	C	查看	更新	删除
计算机基础	22	《计算机软件条例》中所称的计算机软件(简称软件)是指( )。	D	查看	更新	删除

共8条纪录,当前第1/1页,每页10条纪录 首页 |上一页 |下一页 |尾页

图 13-17　查看试题结果界面

在学生管理界面中,教师可对学生信息进行增/删/改/查,如图 13-18 所示。

管理学生

学生编号	所属班级	学生姓名	增加学生	更新学生信息	删除学生信息
123456789	软件2004	招望舒	增加	更新	删除
123457899	计科2002	李明华	增加	更新	删除
070408000	软件2105	徐艮	增加	更新	删除
081523000	软件2102	张思睿	增加	更新	删除
091578900	软件2002	王法务	增加	更新	删除

（侧边栏：试题管理、学生管理、学生信息管理、成绩管理、退出系统）

图 13-18　管理学生界面

考试管理系统中查询所有学生所有科目的成绩管理界面如图 13-19 所示。

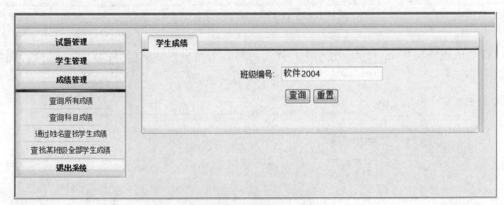

学生成绩

班级编号: 软件2004

[查询] [重置]

（侧边栏：试题管理、学生管理、成绩管理、查询所有成绩、查询科目成绩、通过姓名查找学生成绩、查找某班级全部学生成绩、退出系统）

图 13-19　成绩管理界面

查询所有学生某一科目的成绩管理界面如图 13-20 所示。

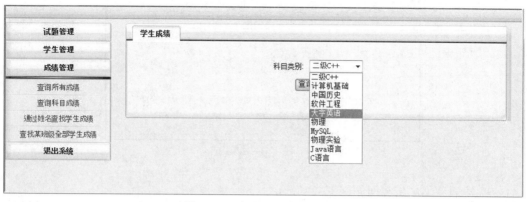

图 13-20 查询某科成绩的界面

13.4.2 学生用户的功能运行

学生成功登录考试系统后进入考试科目选择界面，如图 13-21 所示。

图 13-21 考试管理系统的学生考试科目选择界面

学生选好科目后进入考试界面，如图 13-22 所示。

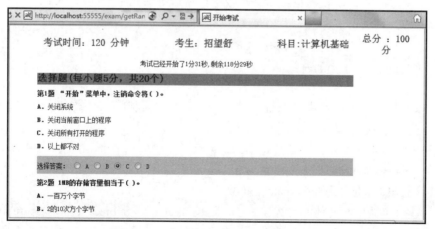

图 13-22 考试管理系统的学生考试界面

提交试卷界面如图 13-23 所示。

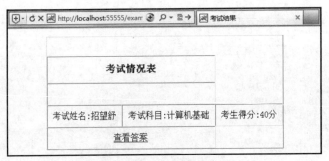

图 13-23　提交试卷界面

考生查看答案解析界面如图 13-24 所示。

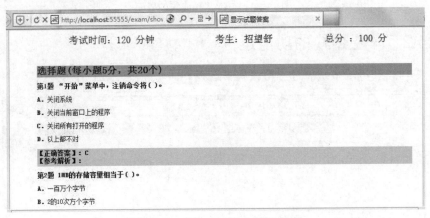

图 13-24　考生查看答案解析界面

基于 JSP 的在线系统能够帮助教师解决一些关于考试的问题，但就目前来看，系统还有很大的改进空间，最重要的是系统结构的改进，这也是日后可能成为系统安全方面瓶颈的问题。除此之外，实现技术也可以进行改进，将服务放在不同的服务器上，由特定的负载均衡算法进行调度。

13.5　实践操作指导

本章以基于 JSP 的在线考试系统的设计为例，介绍了利用 JSP 技术访问 MySQL 数据库的过程和技术要点，操作要点如下：

- 利用绘图软件设计和绘制 E-R 图。
- 在 Apache Tomcat 环境下构建 Java Web 工程。
- 通过 Hibernate 配置 hibernate.xml 文件。
- 创建对应数据库实体的持久化类 Student、Teacher、Subject Type、Score 等。
- 系统功能模块的开发与实现。
- 系统的测试和维护。

习题 13

1. 选择题

（1）在关系数据库设计中，设计关系模式属于数据库设计的_____。

    A. 需求分析阶段　　　　　　　　　B. 概念设计阶段

    C. 逻辑设计阶段　　　　　　　　　D. 物理设计阶段

（2）E-R 图提供了表示信息世界中实体、属性和_____的方法。

    A. 数据　　　　　B. 联系　　　　　C. 表　　　　　D. 模式

（3）E-R 图是数据库设计的工具之一，它一般适用于建立数据库的_____。

    A. 逻辑模型　　　B. 结构模型　　　C. 物理模型　　　D.概念模型

（4）在将 E-R 图转换为关系模式时，实体与联系都可以表示成_____。

    A. 属性　　　　　B. 关系　　　　　C. 键　　　　　D. 域

（5）如果关系模式 R 属于 1NF，且每个非主属性都完全函数依赖于 R 的主码，则 R 属于_____。

    A. 2NF　　　　　B. 3NF　　　　　C. BCNF　　　　　D. 4NF

2. 简答题

（1）简述 MySQL 数据库设计优化的基本过程。

（2）简述对系统功能进行分析的基本要求。

（3）说明关系模型的基本术语的含义。

第14章

NoSQL数据库技术及基本操作

NoSQL（Not Only SQL）是用于泛指一类非关系（Non-Relational）数据库的概念，其最基本的特点是运用非关系型模式进行数据存储，而不必保证关系数据的 ACID 特性。NoSQL 数据库结构简单，数据之间无规范性关联，这无形之间也在架构层面上提升了其可扩展能力。近年来，NoSQL 数据库已成为大数据处理领域研究的热点，并以其高可用性、高扩展性和高并发读写等优势获得各大互联网公司的广泛应用。

本章将主要介绍 NoSQL 的基本理论和新技术特点，并以近年来全球数据库市场占有率名列前茅的 MongoDB 和 Redis 数据库为例，详细介绍有关 NoSQL 类数据库的基本操作。

14.1 NoSQL 数据库概述

NoSQL 的发展目标主要指非关系型、分布式和非 ACID 模式的数据库设计。NoSQL 数据库应用广泛，鉴于目前大多数 NoSQL 数据库都是专有软件或仅适用于特定场景，这显然限制了新技术的普及和应用。但从发展趋势上看，非关系型数据库 NoSQL 将与 MySQL 等关系型数据库的应用相辅相成地发展。

14.1.1 NoSQL 数据库简介

NoSQL 的数据存储不需要固定的模式，易于操作，并通过第三方平台可以很容易地访问和获取数据。NoSQL 用于超大规模数据的处理有着较大的优势，能够对用户的社交网络、地理位置、个人信息等用户数据和操作日志迅速增加的状况进行有效处理。例如，Facebook（现更名为 Meta）、Google 和 Twitter 等社群网站每天可以收集 TB、PB 级别的数据，如果要对这些用户数据进行挖掘，利用 NoSQL 数据库处理海量数据有着比传统数据库更多的潜力。

1. 从 MySQL 到 NoSQL 的数据存储与处理的演变

早期的网站以使用静态网页为主，一个网站的访问量并不大，动态交互型的网站也不多，用单机 MySQL 数据库完全可以轻松应对。随着时间和业务量的增加，数据库中的表会变得越来越多，表中的数据量也会越来越大，操纵数据的资源需求也会越来越大。一台服务器的资源（例如 CPU、内存、磁盘、I/O 等）是有限的，无法进行分布式部署，最终数据库所能承载的数据处理能力会遭遇瓶颈。为此，在开发和应用的实践中出现了多种解决此类问题的方案。

（1）采用缓存技术：采用缓存技术可以实现多服务器垂直分离的 MySQL 数据库，优化数据库的结构和索引，可以将一台服务器的数据库实例需要做的工作分配给多台服务器去处理。

（2）设置主从服务器：通过复制设置主从服务器，将多台 MySQL 服务器进行合理分工操作，实现数据的读写分离，即专门设置查询的数据库服务器和修改数据的数据库服务器，结合缓存能实现事务处理性能的极大提升。

（3）部署 MySQL 集群：MySQL 集群可以通过垂直分割和水平分割两种分库分表的方式优化系统数据库的性能。

由于 MySQL 的扩展性较差，表结构难以更改，当图片、音频、视频等半结构化形式的数据需要存储到数据库中时，数据处理就会变得很困难。MySQL 数据库经常存储一些大文本字段，会导致数据库表非常大，这在快速恢复数据库时会变得非常困难。NoSQL 数据库能够通过主从数据库互备来实现在线系统的数据的动态迁移、服务器在线扩展和数据的高可用性。面对 Web 2.0 中的超大规模和高并发的社交网络服务类型的动态网站，NoSQL 数据库则因其本身的特点得到了非常迅速的发展，解决了大规模数据的存储以及多种数据类型处理带来的难题。

NoSQL 是针对并发海量数据存储的情况进行设计的，在这种高并发海量数据下数据一致性并不像银行那样保持数据的强一致性，所以 NoSQL 放弃对强一致性的追求，从而达到更高的可用性和扩展性，并能够达到最终的一致性。NoSQL 可以在不显著丢失稳定性的情况下提供一个远比传统数据库系统更高效的解决方案。

2. NoSQL 数据库的基本特征

NoSQL 采用 Key-Value 方式进行存储数据，大多数 NoSQL 数据库使用内存来保存数据，然后经过一段时间将数据同步到磁盘中，能够很好地满足对高并发读写的要求。该方案极大地增加了可用时间和伸缩性，也会导致数据丢失，这个问题的严重程度取决于数据库服务器的支持情况和应用代码的质量。

NoSQL 数据库普遍存在的共同特征如下。

（1）数据扩展能力强：NoSQL 数据种类繁多，数据之间没有关系型数据库的关联特性，这样在架构层面上就极大地提升了数据可扩展的能力。NoSQL 数据库还可以实现高效的读写性能。

（2）数据存储结构灵活：NoSQL 可以随时存储自定义的数据格式，无须事先为要存储的数据建立字段，这一点在大数据量的 Web 2.0 时代的优势尤其明显。

（3）能高效存储海量数据：NoSQL 提供了根据 Key 值进行横向分表，通过用户 id 可将几千万条数据放到一台数据库服务器的一张用户表中，从而实现了主从数据库互备，数据库的动态迁移和数据库服务器的横向扩展变得容易了。

（4）高可用性：大多数的 NoSQL 采用内存来存储数据，一段时间之后才把数据同步到磁盘中，很好地解决了高并发读写的问题；NoSQL 在不太影响性能的情况下能够方便地实现高可用的架构。例如 Cassandra、HBase 软件，通过复制模型实现其高可用性。

由此可知，NoSQL 适合用于对数据库性能要求较高，数据模型比较简单，但不需要高度的数据一致性的信息管理系统。

3. NewSQL 即将兴起

NewSQL 是对各种新的易扩展、高性能数据库的简称。NewSQL 的目标是实现标准 SQL 的 ACID 保证与 NoSQL 的可扩展性和高性能相结合，利用现有的编程语言和先前不可用的技术去开发软件。NewSQL 在数据价值密度、实时性以及数据管理能力等方面比较均衡，能够结合每个解决方案的优势和缺陷进行优化，或许将来会成为一类新的数据库标准。

例如，分布式关系型数据库 MemSQL 对于集群分析很有用，但在 ACID 事务上表现出较差的一致性；内存数据库 SAP HANA 能够加速由数据驱动的实时决策和行动，可以轻松处理低到中等的事务性工作负载，但不使用本机集群。当然，在这些解决方案变得真正普及之前可能还需要一段时间的探索和经验积累。

14.1.2　NoSQL 的基本理论和基本架构

视频讲解

1. NoSQL 数据库的基本理论

对于关系数据库来说，ACID 是数据库事务正确执行的 4 个基本要素。对于 NoSQL 来说，CAP 原则、BASE 理论和最终一致性原则是 NoSQL 数据库存在的三大基石。

（1）CAP 原则：CAP 原则的基本内容是指任何数据库系统最多只会具有一致性（Consistency）、可用性（Availability）和分区容错性（Partition Tolerance）3 种重要属性中的两个。具体来说，3 个属性的基本含义如下。

- 一致性：在分布式环境中，任何一个读操作总是能读取到之前完成的写操作结果，即多节点的数据是一致的。
- 可用性：系统随时都是可用的，每个操作总是能够在确定的时间内返回结果。
- 分区容错性：在网络分区出现状况（例如断网）的情况下，分离的系统能够正常运行。

（2）BASE 理论：BASE 理论是对 CAP 原则的延伸，是对 CAP 原则中一致性和可用性权衡的结果。BASE 理论的核心思想是即使无法保证系统的强一致性（Strong Consistency），但每个应用都可以根据自身的业务特点采用适当的方式来使系统达到最终一致性（Eventual Consistency）。

BASE 理论包含三大要素，即基本可用（Basically Available）、软状态（Soft-State）和最终一致性，具体含义如下。

- 基本可用：指分布式系统中允许损失部分可用性，即在出现不可预知故障的时候保证系统核心功能可用。
- 软状态（也称为柔性事务）：指允许系统中的数据存在中间状态，并认为该中间状态的存在不会影响系统的整体可用性，即允许系统在不同节点之间进行数据同步的过程存在延迟，允许有一段时间处于不同步状态。
- 最终一致性：是指系统中的所有节点数据副本经过一定时间后最终能够达到一致的状态。

（3）最终一致性原则：最终一致性的本质是需要系统保证最终数据能够达到一致，而不需要实时保证系统数据的强一致性。NoSQL 的应用是以放宽 ACID 原则为代价的，即采取最终一致性原则，而不是所有参数在每个事务中保持一致。NoSQL 主要用此解决标准 SQL 的可扩展性问题，并在没有架构的分布式系统上实现数据集的扩展和分割。

NoSQL 数据库的最终一致性原则可以保证用户最终能够读取到某操作对系统特定数据的更新。随着时间的推移，不同节点上的同一份数据总是在向趋同的方向变化，在一段时间后，节点之间的数据会最终达到一致状态。

现在的数据库系统肯定是同一个时刻有多个进程对数据库进行读写操作，假设有 A、B、

C 等 3 个进程对数据库的某数据表进行操作。

- 强一致性：A 写入数据 k，B、C 可以读到数据 k。
- 弱一致性：A 写入数据 k，B、C 一段时间内读不到，最后会读到。
- 最终一致性：一种特殊的一致性，保证在一段时间内没有数据更新，但所有的返回都是把最新的数据返回。这是缓存的概念，即在一段时间后把数据更新到数据库，达到最终一致性。

2. NoSQL 数据库的框架体系

NoSQL 框架体系分为 4 层，其由下至上分别为数据持久层（Data Persistence）、数据分布模型层（Data Distribution Model）、数据逻辑模型层（Data Logical Model）和接口层（Interface），层次之间相辅相成，协调工作。

（1）数据持久层确定了数据的存储形式，主要包括基于内存、基于硬盘、内存与硬盘接口、订制可拔插等 4 种形式。内存和硬盘相结合的形式既保证了速度，又保证了数据不丢失。此机制保证了数据存取具有较高的灵活性。

（2）数据分布模型层定义了数据的分布原则。NoSQL 可选的机制比较多，主要有 3 种形式：一是 CAP 原则支持，可用于水平扩展；二是实现了多数据中心支持，可以保证在横跨多数据中心时也能够平稳运行；三是动态部署支持，可以在运行着的集群中动态地添删节点。

（3）数据逻辑模型层表述了数据的逻辑结构。NoSQL 在逻辑表现上主要有 4 种形式：一是键值对（Key-Value）模型，这种模型在表现形式上比较单一，但却有很强的扩展性；二是列式（List）模型，这种模型相对于键值对模型能够支持较为复杂的数据，但扩展性相对较差；三是文档（Document）模型，这种模型对于复杂数据的支持和扩展性都有很大的优势；四是图形（Graph）模型，这种模型的使用场景不多，通常是基于图数据结构的数据定制的。

（4）接口层为上层应用，接口层提供了方便的数据调用接口，提供的选择远多于关系型数据库，使得应用程序和数据库的交互更加方便。

NoSQL 分层架构并不代表每个产品在每一层只有一种选择。相反，这种分层设计提供了很大的灵活性和兼容性，每种数据库在不同层面上可以支持多种特性。

14.1.3 NoSQL 数据库的分类

近年来，NoSQL 数据库的发展势头很快。据 NoSQL 官方（https://hostingdata.co.uk/nosql-database/）统计，目前已经产生超过 225 个 NoSQL 数据库管理系统。归结起来，可以将 NoSQL 划分为 4 种典型的类型，分别是键值对数据库、列式存储数据库、文档存储数据库和图形存储数据库。

1. 键值对数据库

键值对数据库主要会使用到一个哈希表，该表中有一个特定的键和一个指针指向特定的数据。数据库不能对 Value 进行索引和查询，只能通过 Key 进行查询，检索具体的 Value 数据。Value 可以用来存储任意类型的数据，包括整型、字符型、数组、对象等。键值对数据库的示意图如图 14-1 所示。

键（Key）	值（Value）
StudentNo	21071357011
Name	扶嵋
Sex	女
Birthdate	2003-3-3

图 14-1　键值对数据库的示意图

　　键值对数据库可以进一步划分为内存键值对数据库和持久化键值对数据库。内存键值对数据库把数据保存在内存中，例如 Memcached 和 Redis 等；持久化键值对数据库把数据保存在磁盘中，例如 BerkeleyDB、Voldmort 和 Riak 等。因此，在存在大量写操作的情况下，键值对数据库可以具有良好的伸缩性，理论上讲可以实现数据量的无限扩容。

　　2. 列式存储数据库

　　列式存储数据库通常是用来应对分布式存储的海量数据，其数据模型可以看作一个每行列数可变的数据表。列式存储数据库可以分为 Column、Super Column、Column Family 和 Super Column Family 等 4 种实现模式。在列式存储数据库中也存在键，但其特点是一个键可以指向多个列。

　　列式存储数据库可以分别存储每个列，从而在列数较少的情况下更快速地进行扫描，每一列都有一个索引，索引将行号映射到数据，采用这种方式计数更快，很容易就可以查询到某个项目的具体数据。列式存储数据库的示意图如图 14-2 所示。

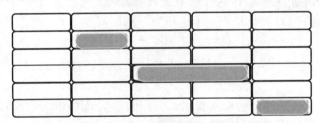

图 14-2　列式存储数据库的示意图

　　列式存储数据库能够在其他列不受影响的情况下轻松添加一列，更适合执行分析操作，例如进行汇总或计数。列式存储数据库采用高级查询执行技术，以简化的方法处理列块，从而减少了 CPU 的使用率。

　　3. 文档存储数据库

　　文档存储数据库类型的数据模型是版本化的文档，半结构化的文档以特定的格式存储，例如 JSON。文档存储数据库可以看作键值对数据库的升级版，允许之间嵌套键值，在处理网页等复杂数据时，文档存储数据库比传统键值对数据库的查询效率更高。

　　文档存储数据库是通过键来定位一个文档的，所以是键值对数据库的一种衍生品。在文档存储数据库中，文档是数据库的最小单位。文档存储数据库是 NoSQL 数据库类型中出现的最自然的类型，因为它们是按照日常文档的存储来设计的，并且允许对这些数据进行复杂的查询和计算。

　　文档格式包括 JSON、XML 和 BSON 等，一个文档可以包含复杂的数据结构，并且不需要采用特定的数据模式，每个文档可以具有完全不同的结构。文档存储数据库的示意图如图 14-3 所示。

文档存储数据库主要用于存储和检索文档数据，非常适合把输入数据表示成文档的应用。文档存储数据库既可以根据键来构建索引，也可以基于文档内容来构建索引。基于文档内容的索引和查询能力是文档存储数据库不同于键值对数据库的主要特征，因为在键值对数据库中，值对数据库是透明不可见的，不能基于值构建索引。

4. 图形存储数据库

图形存储数据库是使用灵活的图形模型，并且能够扩展到多个服务器上。图形存储数据库是基于数学中的图论实现的一种数据库，图形存储数据库将数据和数据之间的关系称作"节点"和"关系"。节点是实体本身，节点之间的连线代表两个实体之间的关系，并具有自己的属性。图形存储数据库在处理实体间的关系时具有很好的性能，但是在其他应用领域，其性能不如其他 NoSQL 数据库。图形存储数据库的示意图如图 14-4 所示。

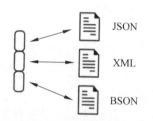

图 14-3　文档存储数据库的示意图

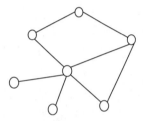

图 14-4　图形存储数据库的示意图

图形存储数据库是 NoSQL 数据库类型中最复杂的一个，旨在以高效的方式存储实体之间的关系。图形存储数据库适用于高度相互关联的数据，可以高效地处理实体间的关系。

NoSQL 数据库没有标准的查询语言，因此进行数据库查询需要制定数据模型。从目前的市场使用率情况来看，其中最常用的是 MongoDB、Redis、HBase 和 Neo4j 等产品。表 14-1 所示的是 NoSQL 数据库的简单分类及特点。

表 14-1　NoSQL 数据库不同分类的比较

分　类	常 用 软 件	数 据 模 型	典 型 应 用 场 景
键值对数据库	Redis、Voldemort、OracleDB	Key-Value 的值，通常用 Hash 来实现	内容缓存，用于处理大量数据的高访问问负载及日志系统等
列式存储数据库	HBase、Cassandra、Riak、HyperTable	以列式存储，将同一列数据存在一起	分布式的文件系统，例如日志记录、博客网站等
文档存储数据库	MongoDB、CouchDB、RavenDB	在 Key-Value 中 Value 为 BSON 类型	Web 应用，包括内容管理应用程序、电子商务应用程序等
图形存储数据库	Neo4j、FlockDB、GraphDB	图结构	欺诈检测、社交网络、推荐系统等，专注于构建关系图谱

14.2　MongoDB

14.2.1　MongoDB 概述

MongoDB 是用 C++语言编写的一个基于分布式文件存储的、开源的数据库产品。MongoDB 能够在高负载的情况下添加更多的节点，并保证服务器的性能，从而解决海量数据的访问效率问题，为 Web 2.0 应用提供可扩展的高性能数据存储解决方案。

1. MongoDB 的主要特点

MongoDB 是一个介于关系数据库和非关系数据库之间的产品，支持的数据结构非常松散，可以存储比较复杂的数据类型，其语法有点类似于面向对象的查询语言。MongoDB 数据库灵活、可靠，用户可以自行配置写入可靠性级别。由于 MongoDB 的文档型数据结构与面向对象编程有天然的兼容性，非常适合数据建模。

MongoDB 的安装过程简单、便捷，支持 C、C++、Java、JavaScript、Lisp、Perl、PHP、Python 等多种编程语言。MongoDB 的主要功能特征如下。

- 易于存储对象类型数据：MongoDB 的数据被分组存储在称为集合（Collection）的数据集中。每个集合在数据库中都有一个唯一的标识名，并且可以包含一定数目的文档，相当于表中的记录行。
- 存储模式自由：在 MongoDB 数据库中可以把不同结构的文档存储在同一个数据库中，而不需要知道其结构定义。
- 数据操作简便：MongoDB 支持丰富的查询表达式，查询指令使用 JSON 形式的标记，可轻易查询文档中内嵌的对象及数组。用户可以使用 update 命令更新数据，并在 MongoDB 文档中设置任何属性的索引来实现更快的排序。
- 扩展性强：MongoDB 可以通过本地或者网络创建数据镜像。如果需要更多的存储空间和更强的处理能力，MongoDB 可以通过在分布式计算机网络中的其他节点上增加负载实现。
- 设置内置功能：GridFS 是 MongoDB 中的一个内置功能，可以用于存放大量小文件。
- 允许在服务端执行脚本：MongoDB 可以用 JavaScript 编写某个函数，直接在服务端执行，也可以把函数的定义存储在服务端，下次直接调用即可。

2. MongoDB 的主要管理工具

（1）网络和系统监控：对于 MongoDB 的网络和系统监控工具，都是作为插件应用于 MongoDB 数据库中的，主要包括 Munin、Gangila 和 Cacti 等 3 种软件。Munin 是用于网络和系统监控的工具；Gangila 是高性能的系统监视工具；Cacti 是基于图形界面的开源工具，用于查看 CPU 负载和网络带宽的利用率。

（2）可视化工具 GUI：常见的 MongoDB 数据库 GUI 工具主要包括网页形式的 FangofMongo，适用于 OSX 苹果操作系统的应用程序的 MongoHub，用 PHP 编写而成的基于浏览器的 MongoDB 控制台——Opricot。Windows 下的 MongoDB 管理工具 DatabaseMaster，以及 RockMongo、RockMongo 是适合 PHP 语言的 MongoDB 管理工具。其具有轻量级、支持多国语言的优势。

14.2.2　MongoDB 数据库软件的安装和配置

1. MongoDB 的下载和安装

视频讲解

（1）下载 MongoDB 软件：MongoDB 提供了可用于 32 位和 64 位系统的预编译二进制包，MongoDB 官网中 MongoDB 预编译二进制包的下载地址为 "https://www.mongodb.com/download-center/communit"。在如图 14-5 所示的界面中选择当前版本 mongodb-windows-x86_64-4.4.4 -signed.msi。本版本适合在各种 Windows 系统下安装使用。双击下载的.msi

文件，按操作提示安装即可。

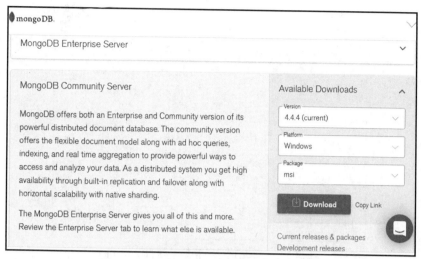

图 14-5　下载 MongoDB 软件时的选择界面

（2）MongoDB 的安装：在安装过程中，可以通过单击图 14-6 中的 Complete（完全）、Custom（自定义）按钮来设置安装目录。如果单击 Complete（完全），则可以通过各个界面中的默认选项基本实现安装过程。

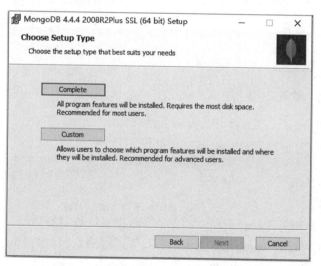

图 14-6　选择 MongoDB 软件的安装性能

在如图 14-7 所示的界面中可以选择不安装图形界面管理工具，取消勾选 Install MongoDB Compass 复选框即可（也可以在安装 MongoDB 软件后从下载地址"https:// www.mongodb .com/download-center/compass"下载安装）。

2. 配置 MongoDB 服务器

（1）创建存储数据目录：安装 MongoDB 结束后，系统在安装目录文件夹 C:\Program Files\MongoDB\Server\4.4 中创建 3 个文件夹，即 bin、data 和 log。首先创建存储数据目录，该目录一般是自定义的。MongoDB 一般将数据目录存储在 db 目录下。因为在 C 盘安装了

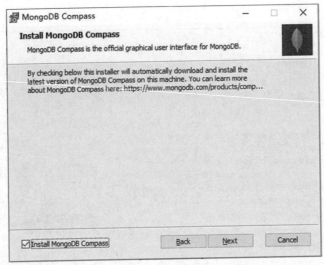

图 14-7　选择图形界面管理工具的安装性能

MongoDB，可以在系统安装的 data（C:\Program Files\MongoDB\Server\4.4\data）文件夹中创建 db 和 log 文件夹，也可以通过 Windows 的资源管理器创建这些文件夹。

在命令提示符下以管理员的身份运行 MongoDB 服务器，需要从 MongoDB 的 C:\Program Files\MongoDB\Server\4.4\bin 目录中执行 mongod.exe 文件，命令如下：

```
Cd C:\Program Files\MongoDB\Server\4.4\bin
C:\Program Files\MongoDB\Server\4.4\bin>mongod.exe --dbpath "C:\Program
Files\MongoDB\Server\4.4\data\db"
```

如果执行成功，会输出如下信息：

```
Microsoft Windows [版本 10.0.16299.15]
(c) 2017 Microsoft Corporation。保留所有权利。
C:\Program Files\MongoDB\Server\4.4\bin>mongod.exe --dbpath "C:\Program
Files\MongoDB\Server\4.4\data\db"
......
```

此时 MongoDB 服务器已经启动，并保持命令提示符终端不关闭。

（2）利用浏览器查看 MongoDB 服务器：可以通过浏览器访问 http://localhost:27017/网址，如果界面上出现 It looks like you are trying to access MongoDB over HTTP on the native driver port，则说明 MongoDB 服务器已经启动，默认端口 27017 没有被占用。

（3）查看 Windows 系统的服务界面：可以直接查看 Windows 系统的服务界面，查看 MongoDB 服务器是否已经启动。

3. 利用命令启动和停止 MongoDB

关闭命令提示符窗口不会关闭 MongoDB 服务，可以用 net 命令来控制它的开启和关闭。在命令提示符后输入以下语句可以启动和关闭 MongoDB 服务。

```
net start MongoDB   -- 启动 MongoDB 命令
```

```
net stop  MongoDB    --  关闭 MongoDB 命令
```

4. 从 MongoDB shell 访问 MongoDB

在 MongoDB 中，访问数据库服务器和客户端的命令分别为 mongod 和 mongo。

MongoDB shell 是一个可执行文件，位于 MongoDB 安装路径下的/bin 目录中。如果要启动 MongoDB shell，可以打开一个 Windows 命令提示符窗口，并使用 cd 命令转到 MongoDB 安装路径下的/bin 目录，执行 mongo 命令。

```
#启动 MongoDB shell
>mongo
    Microsoft Windows [版本 10.0.16299.15]
    (c) 2017 Microsoft Corporation。保留所有权利。
    C:\Users\Administrator>cd C:\Program Files\MongoDB\Server\4.4\bin
    C:\Program Files\MongoDB\Server\4.4\bin>mongo
    MongoDB shell version v4.4.4
    connecting to: mongodb://127.0.0.1:27017/ ?compressors=disabled&
gssapiServiceName=mongodb
    Implicit session: session { "id": UUID("ea992d27-f00e-4eb1-9ba9-
11bf5f38302b") }
    MongoDB server version: 4.4.4
    ...
    To permanently disable this reminder, run the following command:
db.disableFreeMonitoring()
    ...
  >
```

启动 MongoDB shell 后，可以进入 MongoDB 后台进行管理。MongoDB shell 的命令、方法和数据结构基于 JavaScript shell 语言，MongoDB 自带许多交互式命令，用来对 MongoDB 进行操作和管理。例如在命令提示符下输入 help，将出现可以使用的常用命令提示：

```
 > help
    db.help()           help on db methods
    db.mycoll.help()    help on collection methods
    sh.help()           sharding helpers
    rs.help()           replica set helpers
    help admin          administrative help
    help connect        connecting to a db help
    help keys           key shortcuts
    help misc           misc things to know
    help mr             mapreduce
    show dbs            show database names
    show collections    show collections in current database
    show users          show users in current database
    show profile        show most recent system.profile entries with time >= 1ms
    show logs           show the accessible logger names
    show log [name]     prints out the last segment of log in memory, 'global'
is default
```

```
use <db_name>    set current database
db.mycoll.find()  list objects in collection mycoll
db.mycoll.find( { a: 1 } )  list objects in mycoll where a == 1
it       result of the last line evaluated; use to further iterate
DBQuery.shellBatchSize = x   set default number of items to display on
shell
exit      quit the mongo shell
>
```

如果要查看当前数据库（test 是系统初始默认的数据库），从前面的帮助中可以看出是使用 db 命令：

```
>db
test
```

由于 MongoDB shell 是一个 JavaScript shell，可以运行一些简单的算术运算，例如：

```
> 7.5*2.3
17.25
>
```

14.2.3　MongoDB 数据库的基本概念

1. MongoDB 的数据类型

在 MongoDB 数据库中，常用的数据类型如表 14-2 所示。

表 14-2　MongoDB 中常用的数据类型

数 据 类 型	描　　述
String	字符串，在 MongoDB 中 UTF-8 编码的字符串才是合法的
Integer	整型数值，根据采用的服务器可分为 32 位或 64 位类型
Boolean	布尔值，用于存储布尔值（真/假）
Double	双精度浮点值，用于存储浮点值
Min/Maxkeys	将一个值与 BSON（二进制的 JSON）元素的最低值和最高值相对比
Array	用于将数组、列表或多个值存储为一个键
Timestamp	时间戳，记录文档修改或添加的具体时间
Object	用于内嵌文档
Null	用于创建空值
Date	日期时间，用 UNIX 时间格式来存储当前日期或时间
ObjectId	对象 ID，用于创建文档的 ID
Binary Data	二进制数据，用于存储二进制数据
Regular expression	正则表达式类型，用于存储正则表达式

下面对常见的数据类型进行说明。

（1）ObjectId：类似唯一主键，可以很快地生成和排序，包含 12 字节的 BSON 类型数据,如图 14-8 所示。前面 4 字节表示创建时间戳,格林尼治时间比北京时间晚了 8 个小时; 接下来的 3 字节是机器标识码;紧接着的两字节是由进程 id 组成的 PID;最后 3 字节是随机数计数器。

字节序号	0 | 1 | 2 | 3	4 | 5 | 6	7 | 8	9 | 10 | 11
含义	时间戳	机器标识码	PID	计数器

图 14-8　ObjectId 数据位码的含义

MongoDB 数据库中存储的文档必须有一个_id 键,该键值可以是任何类型的,默认值是一个 ObjectId 对象。ObjectId 中保存了创建的时间戳,用户可以通过 ObjectId()获取 ObjectId 的数据位码,利用 getTimestamp()函数获取文档的创建时间。例如,变量 varnewObject 获取 ObjectId()值后,可以通过如下命令观看结果。

```
//获取 ObjectId 的数据位码//
> varnewObject=ObjectId()
ObjectId("603631465a99a4de0a143d7e")
//从 ObjectId 中获取 UTC 时间//
> varnewObject.getTimestamp()
ISODate("2021-02-24T10:58:14Z")
//ObjectId 转为字符串//
> varnewObject.str
603631465a99a4de0a143d7e
```

(2)Timestamp:BSON 有一个特殊的时间戳类型供 MongoDB 内部使用,与普通的日期类型不相关。BSON 时间戳类型主要供 MongoDB 内部使用。

(3)Date:表示当前距离 UNIX 新纪元(1970 年 1 月 1 日)的毫秒数。例如利用 new Date()函数获取 UTC 时间,操作如下:

```
>//获取新的 UTC 时间//
>varmydate1 = new Date()
>varmydate1
ISODate("2021-03-04T14:58:51.233Z")
>//查看 varmydate1 类型//
>typeof varmydate1
object
```

2. MongoDB 的常用概念解析

MongoDB 的逻辑结构是一种层次结构,主要由文档、集合、数据库 3 部分组成。 MongoDB 中的基本概念如表 14-3 所示。

表 14-3　MySQL 和 MongoDB 中的基本概念

MySQL 术语/概念	MongoDB 术语/概念	解释/说明
database	database	数据库
table	collection	数据库表/集合

续表

MySQL 术语/概念	MongoDB 术语/概念	解释/说明
row	document	数据记录行/文档
column	field	数据字段/域
primary key	primary key	主键，MongoDB 自动将_id 字段设置为主键
index	index	索引
table join		表连接，MongoDB 不支持

下面介绍 MongoDB 中的一些基本概念。

（1）MongoDB 数据库：在一个 MongoDB 实例中可以建立多个数据库，一个数据库可以由多个集合组成。一个 MongoDB 服务器通常有多个独立的数据库，每一个数据库都有自己的集合和权限，不同的数据库放置在不同的文件中。MongoDB 的默认数据库为 db，该数据库存储在 data 目录中。

有一些数据库名是保留的，用户可以直接访问这些有特殊作用的数据库。

- admin 数据库：从权限的角度来看，这是 root 数据库。如果要将一个用户添加到这个数据库，这个用户自动继承所有数据库的权限。一些特定的服务器端命令只能从这个数据库运行，比如列出所有的数据库或者关闭服务器。

- local 数据库：可以用来存储限于本地单台服务器的任意集合，该数据库永远都不可以复制。

- config 数据库：当 MongoDB 使用分片设置模式时，config 数据库用于在内部保存分片的相关信息。

（2）集合：MongoDB 的集合就是一组用途相同或类似的 MongoDB 文档，类似于传统关系数据库中的表。在 MongoDB 中，集合不受严格模式的约束，其中的文档可根据需要采用不同的结构，数据库的信息存储在集合中。当然，集合存在于数据库中，集合没有固定的结构，通常情况下插入集合的数据都需要有一定的关联性。

（3）文档：文档是 MongoDB 中数据的基本存储单元，是表示单个实体的数据。文档是一组键值对，即 BSON 类型数据。MongoDB 的多个键（Key）及其关联的值（Value）有序地放置在一起的键值对（Key:Value）便是文档。

图 14-9 所示为一个 student 集合的典型文档示例。

```
{
    "name":"datamis",
    "number":210246
    "deskmate":[
        {
            "name":"daiping",
            "number":210265
        },
        {
            "name":"dailan",
            "number":"212064"
        }
    ]
}
```

图 14-9　student 集合的文档示例

合法的文档需要具有以下条件：

- 文档中的键值对是有序的。文档中的值不仅可以是双引号里面的字符串，还可以是其他几种数据类型，也可以是整个嵌入的文档。
- MongoDB 区分类型和大小写。
- MongoDB 的文档不能有重复的键，文档的键是字符串。除了少数例外情况，键可以使用任意 UTF-8 字符。

14.2.4　MongoDB 数据的管理

视频讲解

1. MongoDB 数据库的管理

MongoDB 数据库没有提供显式地创建数据库的 MongoDB shell 命令。数据库是在添加集合或用户时隐式地创建的。MongoDB 可以创建、显示和删除数据库。

【例 14.1】　MongoDB 数据库的查看和创建。

代码和运行结果如下：

```
> //查看 MongoDB 的保留数据库//
> show  dbs;
admin   0.000GB
config  0.000GB
local   0.000GB
> //访问默认数据库 test//
> db
test
> //创建数据库 datamis//
> use datamis
switched to db datamis
> db.dropDatabase()
{ "ok": 1 }
> show users
>
```

说明：

- show dbs：查看数据库，会显示当前的数据库以及占用的内存大小。该命令不会显示用户新建的空数据库。
- db：查看当前用户连接的数据库。test 是系统默认的初始数据库。
- use datamis：创建一个库，名为 datamis，并设置为当前数据库，数据库名可以是满足一定条件的任意 UTF-8 字符串。
- db.dropDatabase()：删除当前连接的数据库，类似对对象调用方法的操作，db 表示当前的用户，dropDatabase()函数表示执行删除操作。
- show users：显示当前用户，没有数据则不显示。

2. MongoDB 集合的管理

MongoDB 在 MongoDB shell 中提供了显示、创建、删除集合的功能。当第一个文档插入时集合就会被创建。创建集合必须在 MongoDB 数据库中进行，创建集合就是要存储文档，为此需要使用数据库对象调用 createCollection()方法，其语法格式如下：

```
db.createCollection(name,[options])
```

表 14-4 列出了创建集合格式参数 options 的选项。

表 14-4　创建集合格式参数 options 的选项

字　　段	类型	描　　述
capped	布尔值	默认值为 false。如果值为 true，则必须指定 size 参数，且创建一个不能超过属性 size 指定值大小的固定集合
autoIndexId	布尔值	默认值为 true，此时将自动为加入集合中的每个文档创建_id 字段，并以此字段创建一个索引。对于固定集合，应将这个属性设置为 false
size	数值	指定固定集合的大小，单位为字节
max	数值	指定固定集合中最多可包含文档的数量

例如，以下示例表示在当前库下创建了一个集合，该集合自动添加索引，并且该集合为固定长度，70 字节，集合中最多包含 10 000 个文档。

```
db.createCollection("user",{size:70,capped:true,
    autoIndexId: false,max:10000})
```

【例 14.2】 MongoDB 集合的查看和创建。
代码和运行结果如下：

```
> db.getCollectionNames("system.indexes", "user")
[ ]
> show collections
> db.getCollection("user")
datamis.user
> db.printCollectionStats();
> db.user.drop()
false
>
```

说明：

- db.getCollectionNames()和 show collections：两个指令都是要获得当前库下的所有集合名。
- db.getCollection("user")：要获得单个的集合信息。
- db.printCollectionStats()：会显示当前库下集合的创建信息。
- db.user.drop()：删除当前数据库中的 user 集合。

3. MongoDB 文档的管理

（1）插入文档：MongoDB 可以使用 insert()、save()和 insertMany()几种方法向集合中插入文档，其语法格式如下。

```
db.collection_name.insert(document)
db.collection_name.save(document)
```

```
db.collection_name.insertMany(documents)
```

说明：在上述语法中，对象、方法以及参数的详细介绍如下。

- db：表示当前数据库对象。
- collection_name：表示当前集合对象。
- insert()和 save()：是用于插入文档的方法，这两个方法均包含参数 document，该参数表示插入一个文档至集合中。insert()和 save()方法的区别在于，若使用 insert()方法插入文档，且集合中已存在该文档，则会报错；若使用 save()方法插入文档，且集合中已存在该文档，则会更新文档。
- insertMany()：是用于插入多个文档的方法，该方法包含参数，该参数是由多个文档组成的数组。

（2）更新文档：MongoDB 常用 update()方法更新集合中的文档，下面分别进行介绍。

```
db.collection_name.update({filter},{objnew}[,{upsert},{multi}])
```

说明：上述语法中参数的含义详细介绍如下。

- filter：表示更新的查询条件。
- objnew：表示更新的对象和一些更新的操作符等。
- upsert：在不存在更新文档的情况下，该参数用于判断是否插入新值，若为 true，则插入，默认为 false，不插入。该参数为可选参数。
- multi：该参数默认为 false，只更新找到的第一个文档；若这个参数为 true，则按条件查出来的多个文档都更新。该参数为可选参数。

（3）删除文档：从 MongoDB 集合中删除文档常使用 remove()等方法实现，其语法格式如下。

```
db.collection_name.remove([{filter}])
```

说明：利用 remove()方法删除文档，可以删除 filter 条件指定的文档，如果没有条件，则删除集合中的所有文档。

【例 14.3】　MongoDB 文档的插入和查询操作。

代码和运行结果如下：

```
> db.student.insert({"name":"datamis","school":"beifang101",
        "numbe":21071357011})
WriteResult({ "nInserted": 1 })
 > db.student.insert({"class":101,"number":2101920,"teach":"datamis"})
WriteResult({ "nInserted": 1 })
 > db.student.find()
{ "_id": ObjectId("6038c88ece60acab99c4b8f1"), "name": "datamis",
        "school": "beifang101", "numbe": 21071357011 }
{ "_id": ObjectId("6038c89cce60acab99c4b8f2"), "class": 101,
         "number": 2101920, "teach": "datamis" }
 > db.student.find().pretty()
{
```

```
    "_id": ObjectId("6038c88ece60acab99c4b8f1"),
    "name": "datamis",
    "school": "beifang101",
    "numbe": 21071357011
}
{
    "_id": ObjectId("6038c89cce60acab99c4b8f2"),
    "class": 101,
    "number": 2101920,
    "teach": "datamis"
}
> db.student.insert({"name":"datamis","number":210246,
    "deskmate":[{"name":"daiping","number":210265},
    {"name":"dailan","number":"212064"}]})
WriteResult({ "nInserted": 1 })
>
```

说明：

- db.student.insert()：插入一个文档，创建集合 student，直接写插入语句，如果表不存在会自动创建，也可以用 createCollection()创建集合。
- 再插入一个文档时，发现两个文档之间的格式要求可以没有任何关系。但是一般一个集合常用来插入一类信息的文档。
- db.student.find()：查看该集合中所有的文档。此处发现 MongoDB 会自动生成一个唯一的 id 键。
- db.student.find().pretty()：采用格式化显示查询的语句。
- 第 3 条 db.student.insert()：插入一个复杂一些的文档，可以和 JSON 一样嵌套。只要是符合键值对的形式都可以使用。如果多个嵌套，要使用中括号。

（4）查询文档：在 MongoDB 文档中，可以用 find()方法查询指定集合中满足条件的全部文档，也可以用 findOne()查询满足条件的第一个文档，当然还可以根据算术运算符、逻辑运算符查询满足条件的文档。MongoDB 用 find()方法查询指定集合中满足条件的全部文档，其语法格式如下。

```
db.collection_name.find({filter},{projection}).<aggregation>()
```

说明：

- < aggregation>()：表示查询中的聚合函数。
- Projection：要查询的投影，即查询结果中的对象。

如果想格式化显示查询结果，需要用 pretty()方法，其语法格式如下。

```
db.collection_name.find({filter},{projection}).pretty()
```

MongoDB 中的查询运算符如表 14-5 所示。

表 14-5　MongoDB 中的查询

数据查询条件	MongoDB 中的符号	示　　例
等于（=）	----	db.stud.find({"name":"扶嵋"});
等于（!=）	$ne	db.stud.find({"name":{$ne:"扶嵋"}});
大于（>）	$gt	db.stud.find({"age":{$gt:5}});
小于（<）	$lt	db.stud.find({"age":{$lt:15}});
大于或等于（>=）	$gte	db.stud.find({"age":{$gte:5}});
小于或等于（<=）	$lte	db.stud.find({"age":{$lte:15}});
与（and）	----	db.stud.find({"age":{$lte:15},"class_id":1});
或（or）	{$or:[{条件 1},{条件 2}]}	db.stud.find({$or:[{"age":{$lte:15}},{"class_id":1}]});
异或（nor）	{$nor:[{条件 1},{条件 2}]}	条件 1 不能满足和条件 2 不能满足
包含（in）	$in	db.stud.find({"age":{$in:[12,13,14]}});
包含（all）	$all	db.stud.find({"hobby":{$all:["football","basketBall"]}});
存在否（exists）	$exists	db.stud.find({hobby:{$exists:1}}),{$exists:0}

【例 14.4】 MongoDB 查询的基本操作。

代码和运行结果如下：

```
> //先插入一些数据，书名和书的价格
> db.books.insert({"name":"nosql","price":27.59})
WriteResult({ "nInserted": 1 })
> db.books.insert({"name":"mysql","price":39.97})
WriteResult({ "nInserted": 1 })
> db.books.insert({"name":"java","price":17.80})
WriteResult({ "nInserted": 1 })
> db.books.insert({"name":"linux","price":89.70})
WriteResult({ "nInserted": 1 })
> db.books.insert({"name":"python","price":49.30})
WriteResult({ "nInserted": 1 })
> db.books.insert({"name":"c++","price":57.67})
WriteResult({ "nInserted": 1 })
> //查看数据
> db.books.find()
{ "_id": ObjectId("6038d9ffce60acab99c4b8f4"), "name": "nosql", "price":
27.59 }
{ "_id": ObjectId("6038d9ffce60acab99c4b8f5"), "name": "mysql", "price":
39.97 }
{ "_id": ObjectId("6038d9ffce60acab99c4b8f6"), "name": "java", "price":
17.8 }
{ "_id": ObjectId("6038d9ffce60acab99c4b8f7"), "name": "linux", "price":
89.7 }
{ "_id": ObjectId("6038d9ffce60acab99c4b8f8"), "name": "python", "price":
49.38 }
{ "_id": ObjectId("6038d9ffce60acab99c4b8f9"), "name": "c++", "price":
```

```
57.67 }
    >
    > //分页查看数据。从第一条开始，显示 3 条
    > db.books.find().skip(0).limit(3)
    { "_id": ObjectId("6038d9ffce60acab99c4b8f4"), "name": "nosql", "price":
27.59 }
    { "_id": ObjectId("6038d9ffce60acab99c4b8f5"), "name": "mysql", "price":
39.97 }
    { "_id": ObjectId("6038d9ffce60acab99c4b8f6"), "name": "java", "price":
17.8 }
    >
    > //分页查看数据。limit 和 skip 两个函数可以更换位置，结果都一样
    > db.books.find().limit(3).skip(0)
    { "_id": ObjectId("6038d9ffce60acab99c4b8f4"), "name": "nosql", "price":
27.59 }
    { "_id": ObjectId("6038d9ffce60acab99c4b8f5"), "name": "mysql", "price":
39.97 }
    { "_id": ObjectId("6038d9ffce60acab99c4b8f6"), "name": "java", "price":
17.8 }
    >
    > //分页查看数据。等同于 db.books.find().skip(0).limit(3)
    > db.books.find().limit(3)
    { "_id": ObjectId("6038d9ffce60acab99c4b8f4"), "name": "nosql", "price":
27.59 }
    { "_id": ObjectId("6038d9ffce60acab99c4b8f5"), "name": "mysql", "price":
39.97 }
    { "_id": ObjectId("6038d9ffce60acab99c4b8f6"), "name": "java", "price":
17.8 }
    >
    > //跳过前 5 条，显示第 6 条以后的所有文档//
    > db.books.find().skip(5)
    { "_id": ObjectId("6038d9ffce60acab99c4b8f9"), "name": "c++", "price":
57.67 }
    >
```

【例 14.5】 指定 MongoDB 带条件的查询。
代码和运行结果如下：

```
    > db.books.find({"name":"nosql"})
    { "_id": ObjectId("6038d9ffce60acab99c4b8f4"), "name": "nosql", "price":
27.59 }
    > db.books.find({"name":"nosql","price":27.59})
    { "_id": ObjectId("6038d9ffce60acab99c4b8f4"), "name": "nosql", "price":
27.59 }
    > db.books.find({$or:[{"name":"nosql"},{"name":"java"}]})
    { "_id": ObjectId("6038d9ffce60acab99c4b8f4"), "name": "nosql", "price":
27.59 }
```

```
    { "_id": ObjectId("6038d9ffce60acab99c4b8f6"), "name": "java", "price":
17.8 }
    > db.books.find({"price":{$gte: 30}})
    { "_id": ObjectId("6038d9ffce60acab99c4b8f5"), "name": "mysql", "price":
39.97 }
    { "_id": ObjectId("6038d9ffce60acab99c4b8f7"), "name": "linux", "price":
89.7 }
    { "_id": ObjectId("6038d9ffce60acab99c4b8f8"), "name": "python", "price":
49.38 }
    { "_id": ObjectId("6038d9ffce60acab99c4b8f9"), "name": "c++", "price":
57.67 }
    > db.books.find({"price":{$lte: 20}})
    { "_id": ObjectId("6038d9ffce60acab99c4b8f6"), "name": "java", "price":
17.8 }
    > db.books.find({"price":{$gte:10,$lte:35}})
    { "_id": ObjectId("6038d9ffce60acab99c4b8f4"), "name": "nosql", "price":
27.59 }
    { "_id": ObjectId("6038d9ffce60acab99c4b8f6"), "name": "java", "price":
17.8 }
    > db.books.find({$or:[{"price":{$gt:50}},{"price":{$lt:20}}]})
    { "_id": ObjectId("6038d9ffce60acab99c4b8f6"), "name": "java", "price":
17.8 }
    { "_id": ObjectId("6038d9ffce60acab99c4b8f7"), "name": "linux", "price":
89.7 }
    { "_id": ObjectId("6038d9ffce60acab99c4b8f9"), "name": "c++", "price":
57.67 }
    > //查询books集合的记录数//
    >db.books.find().count()
    6
    >//查询第一条记录//
    > db.books.findOne()
    {
        "_id": ObjectId("6038d9ffce60acab99c4b8f4"),
        "name": "nosql",
        "price": 27.59
    }
    >
```

【例14.6】 MongoDB中修改和删除文档的基本操作。
代码和运行结果如下：

```
>//修改书名和价格//
> db.books.update({"name":"java"},{$set:{"name":"javase","price":57.60}})
WriteResult({ "nMatched": 1, "nUpserted": 0, "nModified": 1 })
>//修改书的价格//
> db.books.update({"name":"nosql"},{$set: {"price":36.9}},{multi:true})
WriteResult({ "nMatched": 1, "nUpserted": 0, "nModified": 1 })
```

```
> db.books.find()
{ "_id": ObjectId("6038d9ffce60acab99c4b8f4"), "name": "nosql", "price":
36.9 }
{ "_id": ObjectId("6038d9ffce60acab99c4b8f5"), "name": "mysql", "price":
39.97 }
{ "_id": ObjectId("6038d9ffce60acab99c4b8f6"), "name": "javase", "price":
57.6 }
{ "_id": ObjectId("6038d9ffce60acab99c4b8f7"), "name": "linux", "price":
89.7 }
{ "_id": ObjectId("6038d9ffce60acab99c4b8f8"), "name": "python", "price":
49.38 }
{ "_id": ObjectId("6038d9ffce60acab99c4b8f9"), "name": "c++", "price":
57.67 }
> //删除一本书籍数据//
> db.books.remove({"name":"javase"})
WriteResult({ "nRemoved": 1 })
> db.books.find()
{ "_id": ObjectId("6038d9ffce60acab99c4b8f4"), "name": "nosql", "price":
36.9 }
{ "_id": ObjectId("6038d9ffce60acab99c4b8f5"), "name": "mysql", "price":
39.97 }
{ "_id": ObjectId("6038d9ffce60acab99c4b8f7"), "name": "linux", "price":
89.7 }
{ "_id": ObjectId("6038d9ffce60acab99c4b8f8"), "name": "python", "price":
49.38 }
{ "_id": ObjectId("6038d9ffce60acab99c4b8f9"), "name": "c++", "price":
57.67 }
> //删除当前集合的所有数据,不要乱用//
> db.books.remove({})
>
```

4. MongoDB 索引的管理

(1)索引的分类:MongoDB 索引类型如表 14-6 所示。

表 14-6　MongoDB 索引类型

类　　型	描　　述
默认的 id 索引	所有 MongoDB 集合默认都包含 id 的索引
单字段索引	最简单的索引是单字段索引
复合索引	这种索引基于多个字段,它首先根据第一个字段排序,再根据第二个字段排序,依此类推
多键索引	当基于数组字段创建索引时,将为数组中的每个元素创建一个索引项
地理空间索引	MongoDB 支持创建基于二维坐标或二维球面坐标的地理空间索引
全文索引	MongoDB 还支持创建全文索引,这使得根据单词查找字符串元素的速度更快
散列索引	在使用基于散列的分片时,MongoDB 支持创建散列索引,其中值包含存储在特定服务器中的散列值,这可避免在其他服务器中存储不相关散列值的开销

（2）创建索引：在 MongoDB 中可以使用 ensureIndex()方法创建索引，其语法格式如下。

```
db.collection_name.ensureIndex(keys,options)
```

说明：ensureIndex(keys,options)是用于创建索引的方法，其两个参数 keys 和 options 的具体含义如下。

- keys：该参数的数据类型为文档类型，是包含字段和值的文档，其中字段是索引键，值为描述该字段的索引类型。若指定字段为升序索引，则指定值为 1，反之指定值为-1。
- options：该参数的数据类型为文档类型，其为可选项，包含一组控制索引创建的选项的文档。常见的选项有 unique 和 name。其中选项 unique 描述建立的索引是否唯一，若值为 true，则创建唯一索引，默认值为 false。选项 name 描述所创建索引的名称，若是未指定名称，MongoDB 则会通过连接索引的字段名和排列顺序生成一个索引名称。

（3）删除索引：有时候需要将索引从集合中删除，因为它们占用的服务器资源太多或不再需要。删除索引很容易，只需使用 collection 对象的 dropIndex()方法即可，其语法格式如下。

```
db.collection_name.dropIndex(索引名)
db.collection_name.dropIndex(索引文档)
```

【例 14.7】　MongoDB 索引的基本操作。
代码和运行结果如下：

```
> //创建组合索引，MongoDB 会自动为索引创建名字 ensureIndex，如果{}里面为一个，则为
单个索引，为多个就为组合索引，其中 1 和-1 表示索引的方向//
> db.books.ensureIndex({"name":1,"price":-1})
{
        "createdCollectionAutomatically": false,
        "numIndexesBefore": 1,
        "numIndexesAfter": 2,
        "ok": 1
}
> //创建一个索引，并指定索引的名字//
> db.books.ensureIndex({"price":1},{"name":"index_price"})
{
        "createdCollectionAutomatically": false,
        "numIndexesBefore": 2,
        "numIndexesAfter": 3,
        "ok": 1
}
> //为 name 创建一个唯一索引//
> db.books.ensureIndex({"name":1},{"unique":true})
{
```

```
        "createdCollectionAutomatically": false,
        "numIndexesBefore": 3,
        "numIndexesAfter": 4,
        "ok": 1
}
> //查看当前集合中的索引信息//
> db.books.getIndexes()
[
        { "v": 2,
          "key": {"_id": 1
                  },
          "name": "_id_"
        },
        { "v": 2,
          "key": {"name": 1,
                   "price": -1
                  },
          "name": "name_1_price_-1"
        },
        { "v": 2,
          "key": {"price": 1
                  },
          "name": "index_price"
        },
        { "v": 2,
          "unique": true,
          "key": { "name": 1
                  },
          "name": "name_1"
        }
]
> //删除books集合中索引名为name_1的索引//
> db.books.dropIndex("name_1")
{ "nIndexesWas":4, "ok": 1 }
> //删除books集合中索引名为name_1的索引//
> db.books.dropIndex("name_1")
{ "nIndexesWas":4, "ok": 1 }
```

14.3 Redis

Redis(Remote Dictionary Server,远程字典服务器)是一个基于Key-Value存储系统的、开源的、跨平台的非关系型数据库。Redis支持主从(master-slave)服务器同步,能够实现主服务器与任意数量的从服务器数据同步,而且从服务器也可以是关联其他下一级从服务器的主服务器。Redis可执行单层树复制,完全实现了发布/订阅机制,从而使得从服务器数据库在任何节点执行同步树操作时可订阅一个频道并接收主服务器完整的消息发布记录。

14.3.1 Redis 概述

Redis 是一个使用 ANSI C 语言编写、遵守 BSD（Berkeley Software Distribution）协议、支持网络、可基于内存、分布式、可选持久性的键值对存储数据库，并提供多种语言的应用程序接口（Application Programming Interface，API）。Redis 支持存储的 Value 类型相对更多，包括字符串（string）、列表（list）、集合（set）、有序集合（sorted set）和哈希（hash）等类型。这些数据类型都支持 push/pop、add/remove 以及取交集、并集、差集等更丰富的操作，而且这些操作都是原子性的。在此基础上 Redis 支持各种不同方式的排序，数据都是缓存在内存中。Redis 会周期性地把更新的数据写入磁盘或者把修改操作写入追加的记录文件，并且在此基础上实现了主从同步。

1. Redis 的主要优点

Redis 的主要优点如下：

（1）Redis 提供了 Java、C/C++、C#、PHP、JavaScript、Perl、Object-C、Python、Ruby、Erlang 等客户端，使用很方便。

（2）Redis 支持内存数据库，也支持数据的持久化，可以将内存中的数据保存在磁盘中，在重启的时候可以再次加载进行使用，具有快速和持久化的特征。Redis 在对不同数据集进行高速读写时需要权衡内存，因为数据量不能大于硬件内存。

（3）Redis 的数据结构复杂，数据类型对程序员透明，无须进行额外的抽象。相比磁盘上相同的复杂的数据结构，在内存中操作起来非常简单。

2. Redis 的主要缺点

Redis 的主要缺点如下：

（1）Redis 不具备自动容错和恢复功能，主机或从机的死机都会导致前端部分读写请求失败，需要等待计算机重启或者手动切换前端的 IP 才能恢复。

（2）Redis 较难支持在线扩容，在集群容量达到上限时在线扩容会变得很复杂。运维人员在系统上线时必须确保有足够的空间，这对资源造成了很大的浪费。

（3）Redis 支持多个数据库，并且每个数据库的数据是隔离的，不能共享，并且基于单机才有，如果是集群就没有数据库的概念。

3. Redis 的主要应用

Redis 的应用主要包括以下场合。

（1）热点数据的缓存：支持数据高并发的读写操作，Redis 访问速度快，支持的数据类型比较丰富，很适合用来存储热点数据。

（2）限时业务的运用：在 Redis 中可以使用 expire 命令设置一个键的生存时间，到时间后 Redis 会删除它。Redis 利用这一特性可以运用在限时的优惠活动信息、手机验证码等业务。

（3）计数器相关问题：Redis 由于 incrby 命令可以实现原子性的递增，所以可以运用于高并发的秒杀活动、分布式序列号的生成，具体业务还体现在限制一个手机号发多少条短信、一个接口一分钟限制多少请求、一个接口一天限制调用多少次等。

（4）排行榜相关问题：可以借助 Redis 的 sorted set 命令进行热点数据的排序。常见的排行问题，例如最热话题、游戏排名、点赞、好友等相互关系的存储等，都可以通过 Redis 轻松实现。

（5）分布式锁：利用 Redis 的 setnx 命令的特性在后台中有所运用，因为 Redis 服务器是集群的，定时任务可能在两台计算机上都会运行，所以在定时任务中首先通过 setnx 设置一个 lock，如果成功设置则执行，如果没有成功设置，则表明该定时任务已执行。该特性运用于其他需要分布式锁的场景中，结合过期时间主要是防止死锁的出现。

（6）查找最新的回复：相对于传统的关系型数据库的数据库性能状况，Redis 可以直接创建一个 list，去查找和输出该 list 的记录。

（7）删除过期数据：Redis 可以给数据加上一个时间，在有效时间超过时，Redis 会自动删除对应数据。

另外，延时操作和分页、模糊搜索等也是 Redis 的常用应用场合。

14.3.2　基于 Windows 平台的 Redis 部署

视频讲解

1. Redis 的下载

打开参考网站"https://github.com/MicrosoftArchive/redis/releases"，从如图 14-10 所示的界面中下载 Redis-x64-3.2.100.msi 文件，也可以下载 Redis-x64-3.2.100.zip 文件。.zip 文件直接解压即可，.msi 文件在安装时需要指定路径。如果有需要，还可以下载可视化工具自行安装。

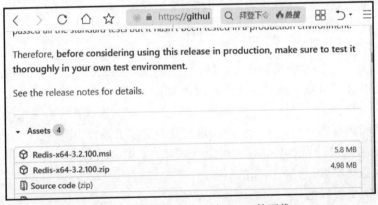

图 14-10　Windows 平台中 Redis 的下载

2. 安装 Redis 服务器

在 Windows 10 操作系统下安装 Redis 服务，首先双击 Redis-x64-3.2.100.msi 文件，进入安装界面后执行默认的操作。在如图 14-11 所示的界面中选择添加环境变量，然后按照默认选择，单击 Next 按钮进入如图 14-12 所示的界面中，单击 Install 按钮进入安装状态，直到安装完成，单击 Finish 按钮。

安装完成后，按照默认安装路径"C:\Program Files\Redis"可以找到安装 Redis 服务的文件夹，此时可以看到 Redis 服务的相关文件。

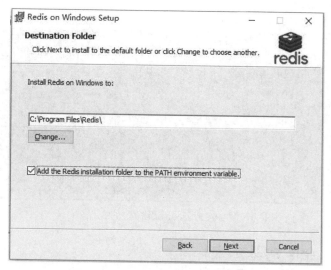

图 14-11 安装 Redis 时添加环境变量

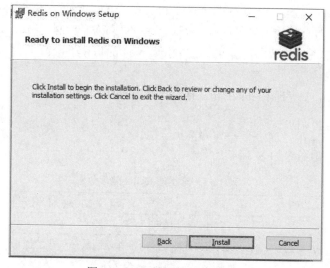

图 14-12 开始安装 Redis 服务

3. 启动 Redis 服务器和客户端

（1）启动 Redis 服务器：Redis 服务安装后，可以在"Windows 管理工具➔服务"的界面中找到已经启动 Redis 服务。利用 CMD 命令进入命令窗口，可以利用命令对 Redis 服务进行启动和退出。

```
- 开启服务 redis-server --service-start
- 关闭服务 redis-server --service-stop
- 卸载服务 redis-server --service-uninstall
- 服务重命名 redis-server --service-name server-name
```

（2）启动 Redis 的客户端：由于在前面的安装过程中已经将安装 Redis 的默认路径添加到环境变量中，所以启动redis-cli命令的过程可以直接在命令窗口中执行，如图14-13所示。

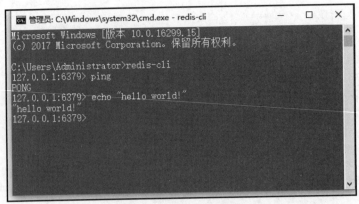

图 14-13　redis-cli 命令的执行

视频讲解

14.3.3　Redis 的基本操作

Redis 是一种高级的 Key-Value 存储系统，其中 Value 支持 5 种数据类型，即字符串（String）、字符串列表（List）、字符串集合（Collection）、有序字符串集合（Sorted Collection）和哈希（Hash）。在实际使用的过程中，Key 尽量不要超过 1024 字节。如果键值太长，会消耗内存，会降低查找的效率；如果键值太短，Key 的可读性会降低。

1. Redis 键命令

Redis 键命令用于管理 Redis 的键。Redis 键命令的基本语法如下：

```
COMMAND KEY_NAME
```

常用的 Redis 键命令如表 14-7 所示。

表 14-7　常用的 Redis 键命令

序号	命　　令	功　能　描　述
1	DEL key	用于删除 key
2	DUMP key	序列化给定 key，并返回被序列化的值
3	EXISTS key	检查给定 key 是否存在
4	EXPIRE key seconds	为给定 key 设置过期时间，以秒计
5	KEYS pattern	查找所有符合给定模式（pattern）的 key
6	PERSIST key	移除 key 的过期时间，key 将持久保持
7	TTL key	以秒为单位，返回给定 key 的剩余生存时间
8	RENAME key newkey	修改 key 的名称
9	TYPE key	返回 key 所存储的值的类型

【例 14.8】　Redis 键命令的基本操作。

代码和运行结果如下：

```
#字符串类型
127.0.0.1:6379> SET  str1 "hello world!"
OK
```

```
127.0.0.1:6379> TYPE str1
string
```
#列表类型
```
127.0.0.1:6379> LPUSH books_list "programming in javase"
(integer) 1
127.0.0.1:6379> TYPE books_list
List
```
#集合类型
```
127.0.0.1:6379> SADD coll2  "dog" "cat"
(integer) 2
127.0.0.1:6379> TYPE coll2
Set
```
#检测 coll2 是否存在
```
127.0.0.1:6379> EXISTS coll2
(integer) 1
```

2. 操作字符串

Redis 字符串数据类型的相关命令用于管理 Redis 字符串值，其基本语法如下：

```
COMMAND KEY_NAME
```

常用的 Redis 字符串命令如表 14-8 所示。

表 14-8　常用的 Redis 字符串命令

序号	命　　令	功　能　描　述
1	SET key value	设置指定 key 值
2	GET key	获取指定 key 值
3	GETRANGE key start end	返回 key 中字符串值的子字符
4	GETSET key value	将给定 key 的值设为 value，并返回 key 的旧值
5	MGET key1 [key2…]	获取所有（一个或多个）给定 key 的值
6	SETNX key value	只有在 key 不存在时设置 key 的值
7	STRLEN key	返回 key 所存储的字符串值的长度
8	INCR key	将 key 中存储的数字值增 1
9	INCRBY key increment	将 key 所存储的值加上给定的增量值（increment）
10	DECR key	将 key 中存储的数字值减 1
11	DECRBY key decrement	将 key 所存储的值减去给定的减量值（decrement）
12	APPEND key value	将指定的 value 追加到该 key 原来值（value）的末尾

【例 14.9】 Redis 字符串的基本操作。

代码和运行结果如下：

#设置 strkey 的值并截取字符串
```
127.0.0.1:6379> SET strkey "This is myredis key"
OK
127.0.0.1:6379> GETRANGE strkey 8 15
```

```
"myredis "
127.0.0.1:6379> GETRANGE strkey 0 -1
"This is myredis key"
#没有旧值，返回 nil
 127.0.0.1:6379> GETSET setdb  strmongo
(nil)
127.0.0.1:6379> GET setdb
"strmongo"
#返回旧值 strmongo
127.0.0.1:6379> GETSET setdb redis
"strmongo"
127.0.0.1:6379> GET setdb
"redis"
#对不存在的 key 执行 APPEND
127.0.0.1:6379> EXISTS mystu
(integer) 0
127.0.0.1:6379> APPEND mystu "nokia"
(integer) 5
#对已存在的字符串进行 APPEND
127.0.0.1:6379> APPEND mystu " --12345"
(integer) 13
127.0.0.1:6379> GET mystu
"nokia --12345"
```

3. 操作列表

Redis 列表是简单的字符串列表，按照插入顺序排序。用户可添加一个元素到列表的头部（左边）或者尾部（右边）。一个列表最多可以包含 $2^{32}-1$ 个元素（4 294 967 295，每个列表超过 40 亿个元素）。常用的 Redis 列表命令如表 14-9 所示。

表 14-9　常用的 Redis 列表命令

序号	命　令	功　能　描　述
1	BLPOP key1 [key2] timeout	移出并获取列表的第一个元素
2	BRPOP key1 [key2] timeout	移出并获取列表的最后一个元素
3	LINDEX key index	通过索引获取列表中的元素
4	LLEN key	获取列表的长度
5	LPOP key	移出并获取列表的第一个元素
6	LPUSH key value1 [value2]	将一个或多个值插入列表的头部
7	LPUSHX key value	将一个值插入已存在的列表的头部
8	LRANGE key start stop	获取列表指定范围内的元素
9	LREM key count value	移除列表元素
10	LSET key index value	通过索引设置列表元素的值
11	LTRIM key start stop	让列表只保留指定区间内的元素
12	RPOP key	移除列表的最后一个元素，返回值为移除的元素
13	RPOPLPUSH source destination	移除列表的最后一个元素，将该元素添加到另一个列表并返回

续表

序号	命 令	功 能 描 述
14	RPUSH key value1 [value2]	在列表中添加一个或多个值
15	RPUSHX key value	为已存在的列表添加值

【例14.10】 Redis 列表的基本操作。

代码和运行结果如下：

```
#在列表中添加一个或多个值
127.0.0.1:6379> LPUSH relist redis
(integer) 1
127.0.0.1:6379> LPUSH relist mongodb
(integer) 2
127.0.0.1:6379> LPUSH relist mysql
(integer) 3
127.0.0.1:6379> RPUSH relist "nosql"
(integer) 4
(0.65s)
127.0.0.1:6379> RPUSH relist "five"
(integer) 5
#在列表中获取列表指定范围内的元素
127.0.0.1:6379> LRANGE relist 0 0
1) "mysql"
127.0.0.1:6379> LRANGE relist -3 2
1) "redis"
127.0.0.1:6379> LRANGE relist -100 100
1) "mysql"
2) "mongodb"
3) "redis"
4) "nosql"
5) "five"
127.0.0.1:6379> LRANGE relist 5 10
(empty list or set)
#输出列表的长度
127.0.0.1:6379> LLEN relist
(integer) 5
127.0.0.1:6379>
```

4. 操作集合

Redis 集合的成员是无序的、唯一的，Redis 中的集合是通过哈希表实现的。集合中最大的成员数为 $2^{32}-1$。常用的 Redis 集合命令如表 14-10 所示。

表 14-10 常用的 Redis 集合命令

序号	命 令	功 能 描 述
1	SADD key member1 [member2]	向集合添加一个或多个成员
2	SCARD key	获取集合的成员数

序号	命　　令	功 能 描 述
3	SISMEMBER key member	判断 member 元素是否为集合 key 的成员
4	SMEMBERS key	返回集合中的所有成员
5	SPOP key	移除并返回集合中的一个随机元素
6	SRANDMEMBER key [count]	返回集合中的一个或多个随机数
7	SREM key member1 [member2]	移除集合中的一个或多个成员
8	SSCAN key cursor	迭代集合中的元素

【例 14.11】　Redis 集合的基本操作。

代码和运行结果如下：

```
#在集合中添加一个或多个值
127.0.0.1:6379> SADD redset redis
(integer) 1
127.0.0.1:6379> SADD redset mongodb
(integer) 1
127.0.0.1:6379> SADD redset mysql
(integer) 1
127.0.0.1:6379> SADD redset mysql
(integer) 0
127.0.0.1:6379> SMEMBERS redset
1) "mysql"
2) "mongodb"
3) "redis"
#返回集合中的随机元素
127.0.0.1:6379> SPOP redset  1
1) "mysql"
127.0.0.1:6379> SPOP redset  2
1) "redis"
2) "mongodb"
#判断成员元素是否为集合的成员
127.0.0.1:6379> SISMEMBER redset "mysql"
(integer) 1
127.0.0.1:6379> SISMEMBER redset "nosql"
(integer) 0
127.0.0.1:6379>
#返回集合中元素的数量
127.0.0.1:6379> SCARD redset
(integer) 3
127.0.0.1:6379>
```

5. 操作散列

Redis 散列（hash）是一个 String 类型的字域-值（field-value）的映射表，特别适合用于存储对象。每个 hash 可以存储 $2^{32}-1$ 个键值对。常用的 Redis 散列命令如表 14-11 所示。

表14-11 常用的 Redis 散列命令

序号	命 令	功 能 描 述
1	HDEL key field1 [field2]	删除一个或多个哈希表字段
2	HGET key field	获取存储在哈希表中指定字段的值
3	HGETALL key	获取在哈希表中指定 key 的所有字段和值
4	HINCRBY key field increment	为哈希表 key 中指定字段的整数值加上增量 increment
5	HKEYS key	获取所有哈希表中的字段
6	HLEN key	获取哈希表中字段的数量
7	HMGET key field1 [field2]	获取所有给定字段的值
8	HMSET key field1 value1 [field2 value2]	同时将多个 field-value（域-值）对设置到哈希表 key 中
9	HSET key field value	将哈希表 key 中字段 field 的值设为 value
10	HVALS key	获取哈希表中的所有值

【例 14.12】 Redis 散列的基本操作。
代码和运行结果如下：

```
#建立散列并赋值
127.0.0.1:6379> HMSET user01 username fumei password pp1122 age 18
OK
#列出散列的内容
127.0.0.1:6379> HGETALL user01
1) "username"
2) "fumei"
3) "password"
4) "pp1122"
5) "age"
6) "18"
#更改散列中的某一个值
127.0.0.1:6379> HSET user01 password 12345
(integer) 0
127.0.0.1:6379> HINCRBY user01 age 1
(integer) 19
#再次列出散列的内容
127.0.0.1:6379> HGETALL user01
1) "username"
2) "fumei"
3) "password"
4) "12345"
5) "age"
6) "19"
127.0.0.1:6379>
```

6. 操作有序集合

Redis 有序集合（sorted set）和集合一样也是 string 类型元素的集合，且不允许重复成员。不同的是每个元素都会关联一个 Double 类型的分数。Redis 正是通过分数来为集合中的成员进行从小到大的排序。有序集合中的成员是唯一的，但分数却可以重复。有序集合是通过哈希表实现的，集合中最大的成员数为 $2^{32}-1$（4 294 967 295）。常用的 Redis 有序集合命令如表 14-12 所示。

表 14-12　常用的 Redis 有序集合命令

序号	命　令	功 能 描 述
1	ZADD key score1 member1 [score2 member2]	向有序集合添加一个或多个成员，或者更新已存在成员的分数
2	ZCARD key	获取有序集合的成员数
3	ZCOUNT key min max	计算在有序集合中指定区间分数的成员数
4	ZRANGE key start stop [WITHSCORES]	通过索引区间返回有序集合指定区间内的成员
5	ZREM key member [member…]	移除有序集合中的一个或多个成员
6	ZSCORE key member	返回有序集合中成员的分数值

【例 14.13】　Redis 有序集合的基本操作。

代码和运行结果如下：

```
#新增一个有序集合 resortset，并加入一个元素 sdut.com，赋给它的序号是1
127.0.0.1:6379> zadd resortset 1 sdut.com
(integer) 1
#向 resortset 中新增一个元素 redisio.com，赋给它的序号是 3
127.0.0.1:6379> zadd resortset 3 redisio.com
(integer) 1
#向 resortset 中新增一个元素 mondbabc.com，赋给它的序号是 2
127.0.0.1:6379> zadd resortset 2 mondbabc.com
(integer) 1
#列出 resortset 的所有元素，同时列出其序号，可以看出 resortset 已经是有序的了
127.0.0.1:6379> zrange resortset 0 -1 withscores
1) "sdut.com"
2) "1"
3) "mondbabc.com"
4) "2"
5) "redisio.com"
6) "3"
#只列出 resortset 的元素
127.0.0.1:6379> zrange resortset 0 -1
1) "sdut.com"
2) "mondbabc.com"
3) "redisio.com"
#查看有序集合 resortset 的元素数量
127.0.0.1:6379> ZCARD resortset
(integer) 3
127.0.0.1:6379>
```

14.4　几种常用 NoSQL 数据库简介

14.4.1　Neo4j

Neo4j 是由 Java 实现的开源 NoSQL 图形存储数据库，具有完整的传统数据库特性，包括 ACID 事务的支持、集群支持、备份与故障转移等，而 Neo4j 企业版中具有集群支持功能。

Neo4j 数据库最大的优势体现在对数据关系的检索上，通过简单的 Cypher 语句就可以实现较为复杂的查询功能，并且执行速度会快很多。Neo4j 也支持查询一些复杂的关系，例如某节点周围一级的关系节点有哪些，二级的关系节点又有哪些。其尤其适合社交网络方面的检索。图形存储数据库也被称为图形存储数据库管理系统。

Neo4j 数据库利用的 Cypher 是一个描述性的图形查询语言，允许不编写图形结构的遍历代码就能够实现对图形存储有表现力和效率的查询。Cypher 适合开发者和在数据库上做点对点模式查询的专业操作人员使用。

Neo4j 图形存储数据库的主要构建模块如下。

- 节点：图表的基本单位，包含具有键值对的属性。
- 关系：连接两个节点，具有方向，即单向和双向。每个关系包含"开始节点"和"结束节点"，关系也可以包含属性作为键值对。
- 属性：用于描述图节点和关系的键值对 Key-Value，其中 Key 是一个字符串，Value 可以通过使用任何 Neo4j 数据类型来表示。
- 标签：可以将节点分组为集合，将一个公共名称与一组节点或关系相关联。节点或关系可以包含一个或多个标签。另外，可以为现有节点或关系创建新标签，也可以从现有节点或关系中删除现有标签。
- 数据浏览器：用于执行 CQL（Cypher Query Language）命令并查看输出。

Neo4j 是将数据存储在内存中的，对硬件有一定的要求。若数据越来越多，同时有事务的操作因素，查询速度会变慢。

Neo4j 数据库常见的应用主要有社区网络、交通运输、推荐引擎、物流管理、主数据管理、访问控制以及欺诈检测等场合。

14.4.2　HBase

HBase（Hadoop Database）是一个高可靠性、高性能、面向列、可伸缩、基于 Java 的列式非关系数据库，利用 HBase 技术仅使用普通的硬件配置就可以搭建起大规模结构化的存储集群，处理由成千上万的行和列所组成的海量数据，因此 HBase 也称为列式分布式数据库。

HBase 作为一种 NoSQL 数据库，与传统数据库的区别很大，主要表现在存储模式、表字段和可延伸性等三方面。

- 存储模式：HBase 中的数据是基于列进行存储的。
- 表字段：HBase 中的表字段数量不做限制，而传统数据库中的表字段数量一般要求限制在 30 以内。

- 可延伸性：HBase 根据数据存储的大小动态地增加列，列是不固定的，但是列族是固定的。

HBase 是主要应用于半结构化或非结构化数据的 NoSQL 数据库，适用于记录非常稀疏、多版本数据和超大数据量的环境。HBase 更具体的特点如下。

- 高可靠性：HBase 底层使用的是 HDFS（Hadoop Distributed File System），HDFS 的分布式集群具有备份机制，能够保证数据不会发生丢失或损坏，可以提供高并发读写操作的支持。

- 海量存储：HBase 可以通过多台廉价的 PC Server 机存储 PB 级别的海量数据，并且可以在几百毫秒内返回数据。

- 面向列：HBase 面向列的存储和权限控制，并支持独立检索。HBase 是根据列族来存储数据的，列族下面可以有非常多的列，列族在创建表的时候就必须指定，并且可以单独对列进行各种操作。

- 多版本：HBase 中表的每一列的数据存储都有多个版本，即同一条数据可以插入不同的时间戳。此时每一列虽然对应着一条数据，但是有的数据会对应多个版本的历史数据。例如，在存储个人信息的 HBase 表中，如果某个人多次更换过单位，就可以记录单位数据的多个版本。

- 稀疏性：HBase 的稀疏性主要体现出列的灵活性，在 HBase 列族中可以指定任意多个列，在列数据为空的情况下是不会占用存储空间的，即列可以动态增加，并且列为空就不存储数据，节省了存储空间。

- 易扩展性：能够自动切分数据，使得数据存储自动具有水平可扩展性（Scalability）。HBase 的扩展性主要体现在两个方面，一个是基于上层区域服务器（Region Server）处理能力的扩展，另一个是基于存储的 HDFS 扩展。当磁盘空间不足时，依赖 HDFS HBase 的底层可以动态地增加数据节点（DataNode）服务，从而避免进行数据的迁移。

当然，HBase 的单一行键（Row Key）固有的局限性决定了它不可能有效地支持多条件查询，同时也不适合大范围扫描查询的状况，不能够直接支持 SQL 的语句查询。

HBase 分布式数据库常见的应用包括时空数据、时序数据、对象存储、推荐画像、多维数据分析、消息/订单存储以及社交 Feeds 流等场合。社交 Feeds 流一般包括微信朋友圈、微博、头条等社交信息来源。

14.4.3 MemcacheDB

MemcacheDB 数据库是一个分布式、具有 Key-Value 形式的持久存储系统，是一个基于对象存取的、可靠的、快速的持久存储引擎。其协议跟 Memcache（一个自由和开放源代码、高性能、分配的内存对象缓存系统）基本一致，所以很多 Memcache 客户端都可以与其连接。MemcacheDB 采用 BerkeleyDB（BDB，一种以 Key-Value 为结构的嵌入式数据库引擎）作为持久存储组件，支持很多 BerkeleyDB 数据库的特性。

MemcacheDB 是在 Memcached（Memcache 系统的主程序文件，以守护程序方式运行于分布式服务器中，随时接受客户端的连接操作，使用共享内存存取数据）的基础上开发出来的，与 Memcache 不同的是它提供了数据持久化存储。

（1）MemcacheDB 数据库的优点如下：

- Memcached 可以利用多核优势，单实例吞吐量极高，可以达到几十万的每秒查询率（Query Per Second，QPS），该值取决于密钥、Key-Value 的字节大小以及服务器的硬件性能，日常环境中 QPS 高峰在 4 万～6 万。
- 支持直接配置为会话句柄（Session Handle）。

（2）MemcacheDB 数据库的缺点如下：

- 只能够支持简单的 Key-Value 数据结构，不支持丰富的数据类型。
- 数据不能备份，只能用于缓存，且重启后数据全部丢失。
- 无法进行数据同步，不能将计算机中的数据迁移到其他计算机中。
- Memcached 采用 Slab Allocation 机制管理内存，若 Value 大小分布差异较大会造成内存利用率降低，并引发低利用率时依然出现踢出等问题，需要用户注重 Value 设计。

（3）应用场合。MemcacheDB 本身就是新浪网基于 Memcached 开发的一个分布式的 Key-Value 存储持久化开源项目，并应用于新浪博客。

MemcacheDB 分布式缓存服务器还具有 BerkeleyDB 的持久化存储机制和异步主辅复制机制，让 Memcached 具备了事务恢复能力、持久化能力和分布式复制能力，非常适合于需要超高性能读写速度，但是不需要严格事务约束，能够被持久化保存的应用场合。其读写速度每秒可达上万次，主要适用于网页的浏览、点击等统计功能，网页的访客列表、评论等需要频繁写数据的场合，也可以局部代替 MySQL 的 count()函数。

14.5　实践操作指导

NoSQL 数据库种类繁多，到目前为止官方统计超过 225 种，每种数据库的操作更是千差万别。本章的实践操作内容如下：

- MongoDB 数据库的基本操作。
- Redis 数据库的基本操作。
- 借助于网络和参考书，了解其他常用非关系型数据库的基本特点和基本功能。

习题 14

1. 选择题

（1）在下列数据库中，_____是结构最简单的 NoSQL 数据库。

　　A. 键值对存储数据库　　　　　　　　B. 文档存储数据库

　　C. 列式存储数据库　　　　　　　　　D. 图形存储数据库

（2）在下列说法中，关于文档存储数据库的说法正确的是_____。

　　A. 文档存储数据库是文档管理系统

　　B. 文档存储数据库用于存储和管理文档，其中文档是非结构化的数据

　　C. 文档存储数据库存储的文档可以是不同结构的

　　D. 文档存储数据库主要应用于会话存储和购物车等场合

（3）在下列选项中，_____属于列式存储数据库。

　　A. MongoDB　　　B. Redis　　　　　C. Neo4j　　　　　　D. HBase

（4）在下列数据库中，_____数据库是 MongoDB 系统默认的初始数据库。

　　A. admin　　　　B. config　　　　　C. local　　　　　　D. test

（5）在下列选项中，_____不是 Redis 的特点。

　　A. 读写速度慢　　　　　　　　　B. 只支持一种数据结构

　　C. 功能丰富　　　　　　　　　　D. 性能低

2. 简答题

（1）简述 CAP 原则的基本内容。

（2）简述 MongoDB 数据库的优势。

（3）简述 Redis 的应用场合。

3. 上机练习题

（1）利用 MongoDB 创建数据库 DBmis，分别创建集合 col_score 和 col_stud，并在集合中添加文档。

（2）利用 MongoDB 查询集合 col_score 和 col_stud 中的指定文档。

（3）利用 Redis 数据库软件实现集合 kkset 数据的添加、查询等基本操作。

（4）在 Redis 中实现散列 student 的创建、更新和查询操作。